1+X 职业技能等级证书配套教材

——“可编程控制系统集成及应用”职业技能等级证书

可编程控制系统集成

浙江瑞亚能源科技有限公司　组编

□ 李万军　沈　博　主编

□ 葛跃田　桑宁如　李方园　姚利森　袁海嵘　参编

中国教育出版传媒集团

高等教育出版社·北京

内容简介

本书以可编程控制系统集成及应用职业技能等级标准（初级）为主线，采用项目教学、任务驱动的方式组织教材内容。各项目源于工程实际，按照从易到难、从单一到综合的原则进行编排，符合职业教育学生的认知特点和学习规律。全书共设电动机控制线路的装调、S7-1200 PLC系统的初调、电气控制系统的S7-1200 PLC编程、触摸屏的应用与仿真、G120变频器的S7-1200 PLC控制、PLC系统综合应用六个项目15个任务，每个任务中都有相应的考核要求和评分标准，对技能考核全过程进行记录，便于过程性教学评价。

本书图文并茂、案例纷呈，配有电子课件和微课等教学资源，读者扫描书中二维码就可以观看微课视频。选用本书授课的教师可发送电子邮件至gzdz@pub.hep.cn获取部分教学资源。

本书适合高等职业院校电气自动化技术、工业机器人技术、智能控制技术、机电一体化技术等相关专业作为“可编程控制系统集成及应用”1+X职业技能等级证书（初级）配套用书或“可编程控制器应用”课程的主教材，也适合广大自动化技术人员、中高级电工人员作为工程指导用书。

图书在版编目（C I P）数据

可编程控制系统集成 / 浙江瑞亚能源科技有限公司组编 ; 李万军，沈博主编. -- 北京 : 高等教育出版社，2023.5

ISBN 978-7-04-058716-6

Ⅰ. ①可… Ⅱ. ①浙… ②李… ③沈… Ⅲ. ①可编程序控制器－系统设计－高等职业教育－教材 Ⅳ. ①TM571.6

中国版本图书馆CIP数据核字(2022)第094581号

KEBIANCHENG KONGZHI XITONG JICHENG

策划编辑　曹雪伟　　责任编辑　曹雪伟　　封面设计　王　洋　　版式设计　马　云
责任绘图　于　博　　责任校对　高　歌　　责任印制　赵　振

出版发行　高等教育出版社
社　　址　北京市西城区德外大街4号
邮政编码　100120
印　　刷　天津鑫丰华印务有限公司
开　　本　787mm×1092mm　1/16
印　　张　18.75
字　　数　440千字
购书热线　010-58581118
咨询电话　400-810-0598

网　　址　http://www.hep.edu.cn
　　　　　http://www.hep.com.cn
网上订购　http://www.hepmall.com.cn
　　　　　http://www.hepmall.com
　　　　　http://www.hepmall.cn
版　　次　2023年5月第1版
印　　次　2023年5月第1次印刷
定　　价　49.80元

本书如有缺页、倒页、脱页等质量问题，请到所购图书销售部门联系调换

物 料 号　58716-00

前言

党的二十大报告指出，坚持把发展经济的着力点放在实体经济上，推进新型工业化，加快建设制造强国、质量强国。根据我国制造业发展蓝图，今后十年，新一代智能制造技术将在全国制造业实现大规模推广应用，我国的智能制造技术和应用水平以及制造业总体水平将达到世界先进水平。作为智能制造的核心，工业自动化尤其是可编程控制系统（即PLC系统）的发展将进入快车道，对从事PLC系统集成、产品开发、工程项目实施等工作的高技能人才需求量也将相应剧增。

2019年1月，国务院印发《国家职业教育改革实施方案》，提出要在职业院校、应用型本科高校启动“学历证书＋若干职业技能等级证书”（即1+X证书）制度试点，要进一步发挥好学历证书作用，夯实学生可持续发展基础，鼓励职业院校学生在获得学历证书的同时，积极取得多类职业技能等级证书，拓展就业创业本领，缓解结构性就业矛盾。2019年4月，国家发展和改革委员会、教育部、财政部、市场监督管理总局联合印发了《关于在院校实施“学历证书＋若干职业技能等级证书”制度试点方案》，部署启动“学历证书＋若干职业技能等级证书”制度试点工作。在《关于受权发布参与1+X证书制度试点的第四批职业教育培训评价组织及职业技能等级证书名单的通知》（教职所〔2020〕257号）中，确定浙江瑞亚能源科技有限公司为“可编程控制系统集成及应用”职业技能等级证书的培训评价组织。

“可编程控制系统集成及应用”职业技能等级标准（初级）主要面向电气设备生产企业安装调试、技术服务、销售、电气工程等职业岗位，电气设备应用企业操作维护、设备管理、电气工程等职业岗位，系统集成企业安装调试、操作编程、技术服务、销售、电气工程等职业岗位，从事安全作业与保护、设备安装、电气连接及检查、设备参数设置与调试、系统通信和调试、控制系统的点检、资料备份等工作，具体要求详见下表。

“可编程控制系统集成及应用”职业技能等级要求（初级）

工作领域	工作任务	职业技能要求
1　系统装配	1.1　安全作业与保护	1.1.1　能识读系统安全标识
		1.1.2　能识别系统潜在危险，通过合理的方法和措施对风险进行客观评估和评定，并加以控制
		1.1.3　根据系统安全要求，做出对应保护措施
		1.1.4　正确穿戴电工作业服及装备

续表

工作领域	工作任务	职业技能要求
1　系统装配	1.2　电气设备安装	1.2.1　能够正确识读系统电气图纸及设备安装说明书
		1.2.2　能够正确识别电器元件规格
		1.2.3　能够正确使用电工常用工具
		1.2.4　能够根据系统电气图纸及设备安装说明书，正确完成电源及断路器安装
		1.2.5　能够根据系统电气图纸及设备安装说明书，正确完成可编程控制器的安装
		1.2.6　能够根据系统电气图纸及设备安装说明书，正确完成电器元件的安装
	1.3　电气设备连接与检查	1.3.1　能够根据系统电气图纸，正确完成一次回路的连接
		1.3.2　能够根据系统电气图纸，正确完成一次回路的检查
		1.3.3　能够根据系统电气图纸，正确完成二次回路的连接
		1.3.4　能够根据系统电气图纸，正确完成二次回路的检查
2　系统调试	2.1　电气设备调试	2.1.1　能够根据控制要求，结合设备说明书，正确设置断路器、热继电器等过电流保护参数
		2.1.2　能够根据控制要求，结合设备说明书，正确设置时间继电器等时间参数
		2.1.3　能够根据控制要求，结合系统电气图纸，正确测试电器元件的控制回路
		2.1.4　能够根据控制要求，结合系统电气图纸，正确测试电器元件的动力回路。
	2.2　可编程控制器调试	2.2.1　能够进行可编程控制器编程软件安装及项目新建
		2.2.2　能够根据控制要求，结合设备手册，正确设置控制器的 IP 地址和名称
		2.2.3　能够根据控制要求，结合设备手册，正确设置控制器的通信连接
		2.2.4　能够根据控制要求，结合设备手册，正确组态控制器的硬件
		2.2.5　能够根据控制要求，结合设备手册，正确设置控制器的功能参数
		2.2.6　能够根据控制要求，结合系统电气图纸，正确测试常用电器元件的输出动作

续表

工作领域	工作任务	职业技能要求
2　系统调试	2.3　触摸屏调试	2.3.1　能够根据控制要求，结合设备手册，正确设置触摸屏的通信连接参数
		2.3.2　能够根据控制要求，结合设备手册，正确设置触摸屏常用元素
		2.3.3　能够根据控制要求，结合设备手册，正确设置触摸屏常用控件
		2.3.4　能够根据控制要求，结合设备手册，正确下载及测试程序
	2.4　变频器调试	2.4.1　能够根据控制要求，结合设备手册，通过面板正确设置变频器参数
		2.4.2　能够根据控制要求，结合设备手册，通过面板正确点动测试电动机
		2.4.3　能够根据控制要求，结合设备手册，通过软件正确设置变频器参数
		2.4.4　能够根据控制要求，结合设备手册，通过软件正确点动测试电动机
	2.5　系统通信调试	2.5.1　能够正确制作工业以太网通信电缆
		2.5.2　能够正确连接工程师站与控制器
		2.5.3　能够根据系统通信要求，结合任务要求，正确测试控制器与触摸屏通信
		2.5.4　能够根据系统通信要求，结合任务要求，正确测试控制器与变频器通信
3　系统维保	3.1　系统点检	3.1.1　能够根据电气安全规范，完成设备用电安全检查
		3.1.2　能够根据控制要求，结合系统电气图纸，正确检测系统输入 / 输出
		3.1.3　能够根据控制要求，结合系统电气图纸，进行设备的试运行
		3.1.4　能够根据控制要求，结合系统电气图纸，正确检测和更换继电器、接触器等电器元件
		3.1.5　能够根据电气设备的保养手册，完成电气设备的保养
		3.1.6　能够根据检测结果，填写维护记录单

续表

工作领域	工作任务	职业技能要求
3　系统维保	3.2　程序及参数备份	3.2.1　能够正确使用编程软件，进行控制器程序备份
		3.2.2　能够正确使用组态软件，进行触摸屏程序备份
		3.2.3　能够正确使用编程软件，进行变频器程序备份
		3.2.4　能够正确使用参数面板，进行控制器、变频器、触摸屏参数备份

本教材具有以下特点。

（1）按照“课证融通”思路进行编写，既符合电气自动化技术、工业机器人技术、智能控制技术、机电一体化技术等相关专业教学标准的要求，又覆盖了“可编程控制系统集成及应用”职业技能等级标准（初级）的要求，将专业教学目标和证书目标相互融合，既保证了学历培养规格，又能促进职业技能培养。

（2）采用项目教学、任务驱动方式组织相关内容。各项目源于工程实际，按照从易到难、从单一到综合的原则进行编排，符合职业教育学生的认知特点和学习规律。

本教材共有六个项目，包括电动机控制线路的装调、S7-1200 PLC 系统的初调、电气控制系统的 S7-1200 PLC 编程、触摸屏的应用与仿真、G120 变频器的 S7-1200 PLC 控制、PLC 系统综合应用六个项目 15 个任务，每个任务中都有相应的考核要求和评分标准，对技能考核全过程进行记录，便于过程教学评价。

本教材由浙江瑞亚能源科技有限公司组织编写，由西安航空职业技术学院李万军和陕西国防工业职业技术学院沈博担任主编，克拉玛依职业技术学院葛跃田、杭州瑞亚教育科技有限公司桑宁如、浙江工商职业技术学院李方园、浙江瑞亚能源科技有限公司姚利森、西门子工厂自动化工程有限公司袁海嵘参与了编写。李万军编写了项目 1、2，沈博编写了项目 3，葛跃田编写了项目 4，桑宁如、李方园、姚利森、袁海嵘共同编写了项目 5、6。由李万军确定整体框架，由李万军、沈博统稿、审核定稿。

在编写过程中，编者参阅了大量的论著、文献和互联网资料，得到了浙江瑞亚能源科技有限公司、西门子工厂自动化工程有限公司等相关工程技术人员的大力帮助，并提供了相当多的典型案例和实践经验，在此衷心地表示感谢。

由于编者水平有限，书中疏漏之处在所难免，诚望广大读者提出宝贵意见，以便进一步修改和完善。

编者

2023 年 4 月

目录

项目 1　电动机控制线路的装调　// 1

任务 1.1　电动机自锁控制线路的安装与调试　// 2

【任务描述】　// 2

【知识准备】　// 3

1.1.1　电气安全　// 3

1.1.2　低压断路器和熔断器的选用　// 7

1.1.3　接触器和中间继电器的选用　// 10

1.1.4　热继电器的选用　// 12

【任务实施】　// 13

1.1.5　识读电动机控制线路电气原理图　// 13

1.1.6　电动机自锁电路的安装　// 14

【技能考核】　// 19

任务 1.2　电动机星—三角降压启动控制线路的安装与检修　// 21

【任务描述】　// 21

【知识准备】　// 22

1.2.1　时间继电器的选用　// 22

1.2.2　低压电器的电器元件图形符号和文字符号　// 25

1.2.3　电气控制线路故障检修　// 27

【任务实施】　// 29

1.2.4　识读电动机星—三角降压启动控制线路电气原理图　// 29

1.2.5　电动机星—三角降压启动控制线路安装接线与调试　// 30

1.2.6　电动机星—三角降压启动控制线路常见故障检修　// 32

【技能考核】　// 32

【思考与练习】　// 34

项目 2　S7-1200 PLC 系统的初调　// 37

任务 2.1　PLC 控制指示灯亮灭　// 38

【任务描述】　// 38

【知识准备】　// 38

2.1.1　S7-1200 PLC 的基本构成　// 38

2.1.2　S7-1200 PLC 的常见扩展模块　// 43

2.1.3　PLC 梯形图编程、位元件与寻址方式　// 45

【任务实施】　// 48

2.1.4　PLC 控制电路接线　// 48

2.1.5　PLC 项目新建　// 49

2.1.6　以太网通信设置　// 57

2.1.7　PLC 程序下载与监控　// 58

【技能考核】　// 63

任务 2.2　PLC 控制三相电动机

正反转 // 65
【任务描述】 // 65
【知识准备】 // 65
2.2.1 S7-1200 PLC 的存储器 // 65
2.2.2 S7-1200 PLC 的基本数据类型 // 66
2.2.3 S7-1200 PLC 实现控制的过程 // 67
【任务实施】 // 69
2.2.4 PLC 的 I/O 分配与外围电路接线 // 69
2.2.5 PLC 梯形图编程 // 71
2.2.6 PLC 调试与诊断 // 74
【技能考核】 // 78
【思考与练习】 // 79

项目 3 电气控制系统的 S7-1200 PLC 编程 // 81

任务 3.1 位逻辑编程控制伸缩气缸 // 82
【任务描述】 // 82
【知识准备】 // 83
3.1.1 PLC 的位逻辑指令 // 83
3.1.2 逻辑“与”“或”“非”操作 // 84
3.1.3 输出线圈与取反线圈 // 84
3.1.4 置位与复位 // 85
3.1.5 扫描周期与边沿识别指令 // 85
【任务实施】 // 86
3.1.6 PLC I/O 分配和控制电路接线 // 86
3.1.7 伸缩气缸控制的气路连接 // 88
3.1.8 PLC 梯形图编程 // 90
【技能考核】 // 92
任务 3.2 定时器编程改造传统电动机星—三角启动 // 93
【任务描述】 // 93
【知识准备】 // 94
3.2.1 S7-1200 PLC 定时器种类 // 94
3.2.2 TON、TOF、TP 和 TONR 定时器指令 // 95
3.2.3 系统和时钟存储器 // 99
【任务实施】 // 100
3.2.4 PLC I/O 分配和控制线路接线 // 100
3.2.5 指示灯闪烁编程 // 101
3.2.6 PLC 梯形图编程 // 105
【技能考核】 // 107
任务 3.3 计数器编程控制气动机械手搬运 // 108
【任务描述】 // 108
【知识准备】 // 109
3.3.1 计数器种类 // 109
3.3.2 CTU 计数器 // 110
3.3.3 CTD 计数器 // 112
3.3.4 CTUD 计数器 // 113
【任务实施】 // 115
3.3.5 PLC 的 I/O 分配和控制电路接线 // 115
3.3.6 气路与气动元件安装 // 115
3.3.7 PLC 梯形图编程 // 118
【技能考核】 // 120
任务 3.4 功能指令编程控制电动机运行次数 // 121
【任务描述】 // 121
【知识准备】 // 122
3.4.1 比较指令 // 122
3.4.2 移动指令 // 123
3.4.3 数学运算指令 // 125
3.4.4 其他功能指令 // 128
【任务实施】 // 130
3.4.5 PLC I/O 分配和控制电路接线 // 130
3.4.6 PLC 梯形图编程 // 131

【技能考核】 // 133
【思考与练习】 // 134

项目 4　触摸屏的应用与仿真 // 139

任务 4.1　触摸屏控制指示灯亮灭 // 140
【任务描述】 // 140
【知识准备】 // 140
4.1.1　触摸屏概述 // 140
4.1.2　西门子 KTP 精简触摸屏介绍 // 142
4.1.3　触摸屏组态 // 144
【任务实施】 // 145
4.1.4　触摸屏画面切换 // 145
4.1.5　触摸屏按钮控制指示灯亮灭 // 156
【技能考核】 // 162
任务 4.2　电动机两地启停控制 // 163
【任务描述】 // 163
【知识准备】 // 164
4.2.1　触摸屏周期设定 // 164
4.2.2　触摸屏动画 // 165
【任务实施】 // 166
4.2.3　PLC I/O 分配和电气接线 // 166
4.2.4　PLC 梯形图编程 // 167
4.2.5　触摸屏组态 // 172
4.2.6　系统调试 // 175
【技能考核】 // 176
任务 4.3　PLC 与触摸屏控制两台电动机仿真 // 178
【任务描述】 // 178
【知识准备】 // 178
4.3.1　仿真概述 // 178
4.3.2　从仿真测试到工程验证 // 179
【任务实施】 // 179
4.3.3　单按钮控制两台电动机启停离线仿真 // 179
4.3.4　两电动机延时启停联合仿真 // 184
【技能考核】 // 189
【思考与练习】 // 191

项目 5　G120 变频器的 S7-1200 PLC 控制 // 193

任务 5.1　PLC 端子控制 G120 变频器 // 194
【任务描述】 // 194
【知识准备】 // 194
5.1.1　变频器概述 // 194
5.1.2　变频器的频率指令方式 // 196
5.1.3　变频器的启动指令方式 // 197
5.1.4　G120 变频器的硬件与调试软件 // 198
【任务实施】 // 200
5.1.5　PLC 的 I/O 分配与控制电路设计 // 200
5.1.6　通过 Startdrive 调试 G120 变频器 // 202
5.1.7　通过 Startdrive 进行 G120 变频器参数设置 // 219
5.1.8　PLC 梯形图编程 // 222
5.1.9　变频器 LED 指示及报警故障诊断 // 224
【技能考核】 // 225
任务 5.2　PLC 通信控制 G120 变频器 // 226
【任务描述】 // 226
【知识准备】 // 226
5.2.1　G120 变频器的 PROFINET 网络通信功能 // 226
5.2.2　G120 变频器通信控制字和状态字格式 // 227

5.2.3 速度设定转换指令 // 230
【任务实施】 // 231
5.2.4 通过 Startdrive 进行 G120 变频器报文配置 // 231
5.2.5 PLC 编程与触摸屏组态 // 234
5.2.6 系统调试 // 237
【技能考核】 // 237
【思考与练习】 // 238

项目 6 PLC 系统综合应用 // 241

任务 6.1 小型装配工作站的设计与 PLC 应用 // 242
【任务描述】 // 242
【知识准备】 // 243
6.1.1 PLC 控制系统设计的步骤 // 243
6.1.2 智能制造背景下的 PLC 应用 // 245
【任务实施】 // 246
6.1.3 小型装配工作站输入输出定义 // 246
6.1.4 小型装配工作站气路图设计与安装 // 247
6.1.5 小型装配工作站 PLC 编程 // 248
6.1.6 小型装配工作站触摸屏组态 // 256
6.1.7 小型装配工作站变频器故障诊断 // 259
【技能考核】 // 262
任务 6.2 物料输送系统的 PLC 综合应用 // 264
【任务描述】 // 264
【知识准备】 // 264
6.2.1 PLC 控制系统的设计原则 // 264
6.2.2 PLC 控制系统设计的注意事项 // 265
【任务实施】 // 267
6.2.3 物料输送系统电气系统设计 // 267
6.2.4 物料输送系统 PLC 编程 // 268
6.2.5 物料输送系统触摸屏画面组态和调试 // 277
【技能考核】 // 282
【思考与练习】 // 283

参考文献 // 287

项目1

电动机控制线路的装调

导读

电动机基本控制线路包括直接启动、双向启动、星—三角降压启动、自耦变压器启动等多种启动控制方式。电动机控制线路的装调是电气从业人员的基本技能要求，包括识读线路所用低压电器元件及明确选用依据，根据电路图或电器元件清单配齐电器元件，检验低压电器，按工艺要求进行电气接线以及通电调试。在符合安全规范的情况下完成电气控制线路的故障检修也是快速提高技能的一种方法。检修方法包括调查研究法、试验法、逻辑分析法和测量法，通过检查，最终找出故障点。

知识目标

- 熟练掌握低压电器元件的选用依据。
- 熟练识读电动机控制线路，正确分析工作原理。
- 熟悉电气控制线路故障的常用分析方法。

能力目标

- 能根据电气原理图完成电器元件布置图和电气安装接线图。
- 能按工艺要求完成电路的安装，符合电工接线规范。
- 能对所接电路进行检查，并根据检查结果进行判断。
- 能使用万用表排除常见的电气故障。

素养目标

- 具有从事电气工作所需的既精神饱满又按规定操作的爱岗敬业精神。
- 具有较强的求知欲，善于使用所学电气技术知识解决生产实际问题。
- 具有实事求是的科学态度，善于通过亲历实践检验所学的技术方法。

任务 1.1　电动机自锁控制线路的安装与调试

任务描述

图 1–1 所示为具有自锁控制功能的电动机控制线路（主电路、控制电路）电气原理图和电动机铭牌示意图。其操作过程为：按下启动按钮 SB2，电动机 M 运转；松开启动按钮 SB2，电动机 M 保持运转；只有按下停止按钮 SB1 时，电动机才能停止运转。

任务要求如下。

（1）熟悉安全用电的基本规范，学会防止低压触电的有效措施。

（2）能识别和正确使用电动机控制线路中的低压电器元件。

（3）能识读具有自锁功能的电动机控制线路电气原理图，明确线路中所用电器元件的作用。

（4）会根据电气原理图绘制电气安装接线图，并按工艺要求完成安装接线。

（5）能够对所接电路进行检测和通电试验，并用万用表检测电路，排除常见电气故障。

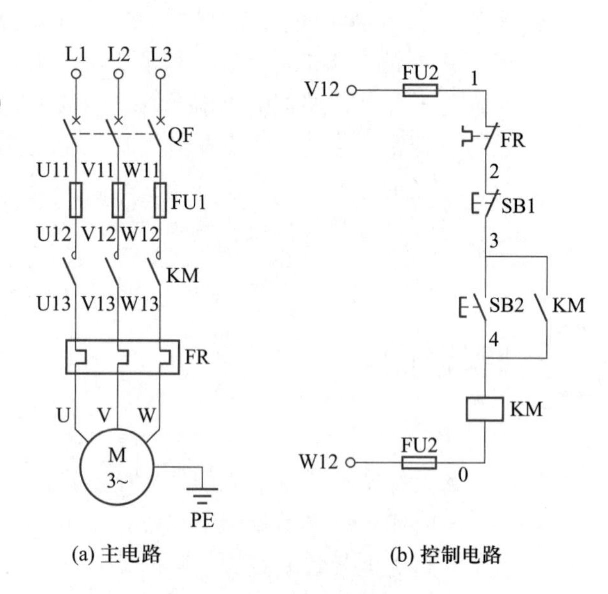

(a) 主电路　(b) 控制电路

三相异步电动机			
型号：Y112M–4		编号	
4.0　kW		8.8　A	
380 V	1 440　r/min	LW　82dB	
接法　△	防护等级　IP44	50 Hz	45 kg
标准编号	工作制 SI	B级绝缘	2021年8月
**电机有限公司			

(c) 电动机铭牌示意图

图 1–1　任务 1.1 控制示意图

知识准备 >>>

1.1.1　电气安全

1. 人体触电及其影响因素

（1）电击和电伤。

人体触电有电击和电伤两种情况。所谓电击，是指电流流经人体内部器官，使其受到伤害。当电流作用于人体中枢神经时，会使心脏和呼吸器官的正常功能受到破坏，血液循环减弱，人体发生抽搐、痉挛、失去知觉甚至假死，若救护不及时，则会导致死亡。

电伤是指电流的热效应、化学效应和机械效应对人体外部器官造成的局部伤害，包括电弧引起的灼伤。电流长时间作用于人体，由其化学效应及机械效应，会在接触电流的皮肤表面形成肿块、电烙印或在电弧的高温作用下导致熔化的金属渗入人体皮肤表层，造成皮肤金属化等。电伤是人体触电事故中危害较轻的一种。

（2）电流对人体的伤害。

电流对人体的伤害程度与电流的强弱、流经的途径、电流的频率、触电的持续时间、触电者健康状况及人体的电阻等因素有关，具体见表 1-1。

表 1-1　电流对人体的伤害

项目	成年男性	成年女性
感知电流 /mA	1.1	0.7
摆脱电流 /mA	9~16	6~10
致命电流 /mA	直流 30~300，交流 30 左右	直流 30~200，交流小于 30
危及生命的触电持续时间 /s	1	0.7
电流流经路径	流经人体胸腔，则会导致心脏机能紊乱；流经中枢神经，则会导致神经中枢严重失调而造成死亡	
人体健康状况	女性比男性对电流的敏感性高，承受能力为男性的 2/3；未成年人比成年人受电击的伤害程度严重；过度疲劳、心情差的人比有思想准备的人受伤害程度高；患者受伤害程度比健康人严重	
电流频率	40~60 Hz 的交流电对人体伤害最严重，直流电与较高频率交流电的危害则小一些	
人体电阻	皮肤在干燥、洁净、无破损的情况下电阻可达数十千欧；潮湿、破损的皮肤电阻最多可降至 800 Ω 以下，通常为 1~2 kΩ	

2. 人体触电的方式

（1）直接触电。

人体任何部位直接触及处于正常运行条件下的电气设备的带电部分（包括中性导体）

而导致的触电，称为直接触电。直接触电又分为单相触电和两相触电两种情况。

如图 1-2 所示，当人体站在大地或其他接地体上不绝缘的情况下，身体的某一部分直接接触带电体的一相而形成的触电，称为单相触电。单相触电的危险程度与电压的高低、电网中性点的接地情况及每相对地绝缘阻抗的大小等因素有关。在高电压系统中，人体虽然未直接接触带电体，但因安全距离不够，高压系统经电弧对人体放电，也会导致单相触电。在图 1-2（a）所示的中性点接地系统（220 V，50 Hz）中，通过人体的电流达到 220 V/(1×10^3 Ω)= 220 mA，远远超过人体的摆脱电流，会对人造成致命伤害，一定要避免出现此类情况。

人体若发生单相触电，将产生严重后果。在图 1-2（b）所示的中性点不接地系统中，若线路绝缘不良，则绝缘阻抗会降低，触电时流过人体的电流便相应增大，增加了人体触电的危险性。

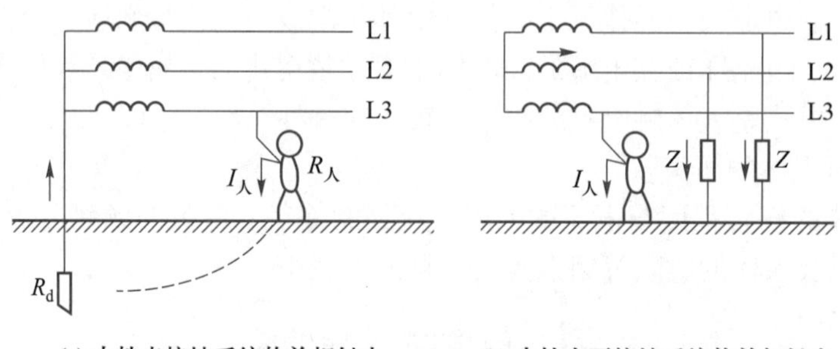

(a) 中性点接地系统的单相触电　(b) 中性点不接地系统的单相触电

图 1-2 单相触电

人体同时触及带电设备或线路不同电位的两个带电体所导致的触电，称为两相触电，如图 1-3 所示。当发生两相触电时，人体承受电网的线电压为相电压的$\sqrt{3}$倍，故两相触电时流过人体电流为单相触电的$\sqrt{3}$倍，比单相触电有更大的危险性。

（2）间接触电。

电气设备在故障情况下，使正常工作时本来不带电的部位（如设备外壳、地面等）处于带电状态，当人体任何部位触及带电的部位时所造成的触电，称为间接触电。当电气设备绝缘损坏而发生接地故障或线路一相带电导线断落于地面时，地面各点会出现电位分布，当人体进入到上述具有电位分布的区域时，两脚间（人的跨步距离按 0.8 m 计算）就会因为地面电位不同而承受电压作用，这一电压称为跨步电压。由跨步电压引起的触电，称为跨步电压触电，如图 1-4 所示。

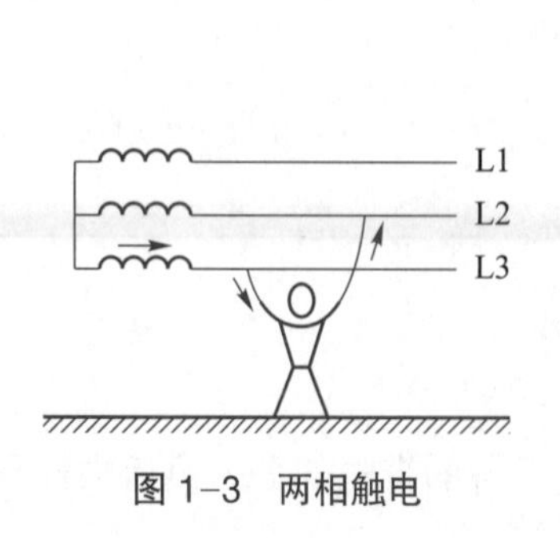

图 1-3 两相触电

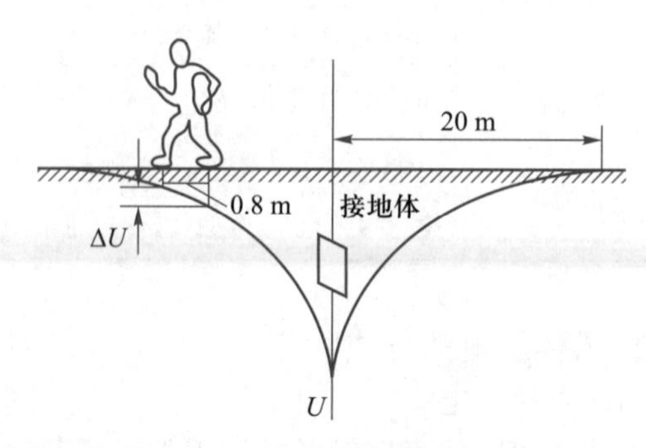

图 1-4 跨步电压触电

用电设备因一相电源线绝缘损坏接触设备金属外壳时，接地电流自设备金属外壳通过接地体向四周大地形成半球状流散。此时，当人体触及漏电设备外壳时，因人体与脚处于不同的电位点，就会承受电压，此电压称为接触电压。人体因接触电压而引起的触电，称为接触电压触电。

接触电压和跨步电压与接地电流、土壤电阻率、设备接地电阻及人体位置有关。接地电流较大时，就会产生较大的接触电压和跨步电压，发生触电事故。

（3）其他类型触电。包括静电电击、残余电荷电击、雷电电击和感应电压电击等。

3. 电工安全操作规范

下面介绍在 PLC 控制线路安装、调试和维护过程中的电工安全操作规范，其他涉及高电压、强电流的场合请参考相应安全规范进行。

（1）工作前必须检查工具、测量仪表和防护用具是否完好，作业中必须做到正确使用工具、测量仪表和防护用具，如图 1–5 所示。

图 1–5　正确使用工具、测量仪表和防护用具

（2）任何电气设备未经检测证明确实没有带电时，一律视为带电，不准用手触摸、靠近和盲目操作。

（3）必须在电气设备完全停止运行后，切断电源、取下熔断器或断开断路器，在明显位置挂出“禁止合闸，有人工作”的警示牌（见图 1–6），并在验明电气设备不带电后，方可进行电气设备的搬移、拆卸和检查修理。

（4）每次维修结束时，必须清点所带的工具、零配件，以防遗留在电气设备内部而造成事故。

（5）禁止带负载操作动力配电箱中的刀开关、断路器等开关设备。

（6）熔断器或断路器的容量要与电气设备、线路的容量相适应。

（7）在拆除电气线路或设备后，可能继续供电的裸露线头必须用绝缘胶布包扎好。

（8）电气设备的外壳必须可靠接地，接地线要符合相关国家标准。

（9）电气设备发生火灾时，要立即设法切断电源，并使用 1211 灭火器或 CO_2 灭火器灭火，严禁使用水性泡沫灭火器灭火。CO_2 灭火器的操作方法如图 1–7 所示。

图 1-6　警示牌

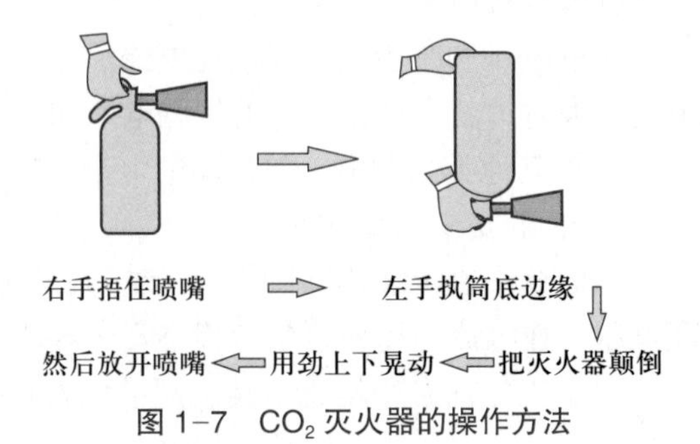

图 1-7　CO_2 灭火器的操作方法

4. 触电急救

人体触电后，由于痉挛或失去知觉等原因，触电者会本能地抓紧带电体，不能自行摆脱电源，使其成为一个带电体。触电事故瞬间发生，情况危急，必须实行紧急救护。统计资料表明，触电急救心脏复苏成功率与开始急救的时间有关，二者关系见表 1-2。因此，发现有人触电，务必争分夺秒地进行紧急抢救。

表 1-2　触电急救心脏复苏成功率与开始急救的时间关系

施救开始时间 /min	<1	>1~2	>2~4	>4~6	>6
心脏复苏成功率（%）	60~90	45	27	10~20	<10

急救处理的基本原则如下。

（1）发现有人触电，用切断电源、挑或拉开电源线等方式尽快断开与触电者接触的导体，使触电者脱离电源，这是减轻电伤害和实施救护的关键和首要工作。

（2）当触电者脱离电源后，应根据其临床表现，实行人工呼吸或在胸腔处施行心脏按压法急救。按图 1-8 所示动作要领进行四步法人工呼吸，按图 1-9 所示进行胸外心脏按压，两者交互进行，以获得救治效果。同时迅速拨打急救电话（120），联系专业医护人员来现场抢救。

（3）抢救生命垂危者，一定要在现场或附近就地进行，切忌长途护送到医院，以免延误抢救时间。紧急抢救要有信心和耐心，不要因一时抢救无效而轻易放弃抢救。

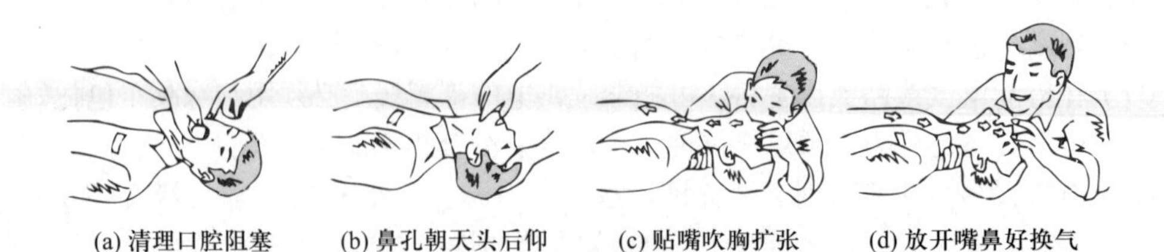

图 1-8　四步法人工呼吸动作要领

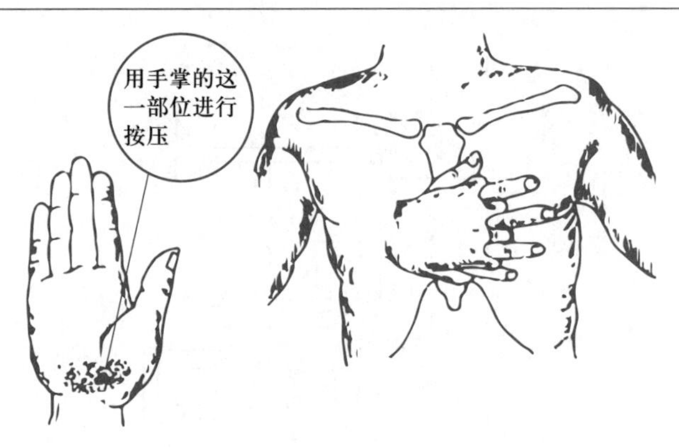

图 1-9　胸外心脏按压

（4）抢救人员在救护触电者时，必须注意自身和周围的安全，当触电者尚未脱离触电源，救护者也未采取必要的安全措施前，严禁抢救人员直接接触触电者。

（5）当触电事故发生在夜间时，应该考虑好临时照明，以方便切断电源时保持临时照明，便于救护。

1.1.2　低压断路器和熔断器的选用

1. 低压断路器的工作原理

低压断路器也称自动开关或自动空气断路器，是一种既能作为开关，又具有电路自动保护功能的低压电器。图 1-10 所示为两种典型低压断路器的外观，即小型断路器和塑壳断路器。

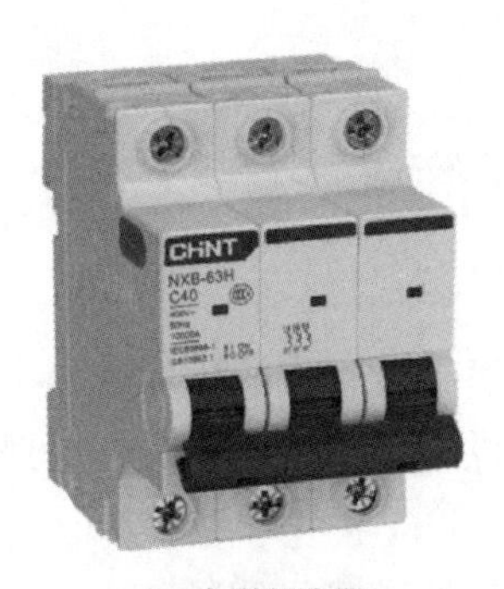

(a) 小型断路器

(b) 塑壳断路器

图 1-10　两种典型低压断路器的外观

如图 1-11 所示，低压断路器的主触点 2 有三对，分别串联在被控制的三相主电路中。当手动按下手柄至“合”位置时，主触点 2 保持在闭合状态，锁键 3 由搭钩 4 钩住。要使开关分断时，按下手柄至“分”位置，搭钩 4 被杠杆 7 顶开，主触点 2 就被弹簧 1 拉开，电路被分断。低压断路器的自动分断是由过电流脱扣器 6、双金属片 12 和欠电压脱扣器 11 使搭钩 4 被杠杆 7 顶开而完成的。过电流脱扣器 6 的线圈和主电路串联，当电路工作正常时，所产生的电磁吸力不能将衔铁吸合，只有当电路发生短路或产生很大的过电

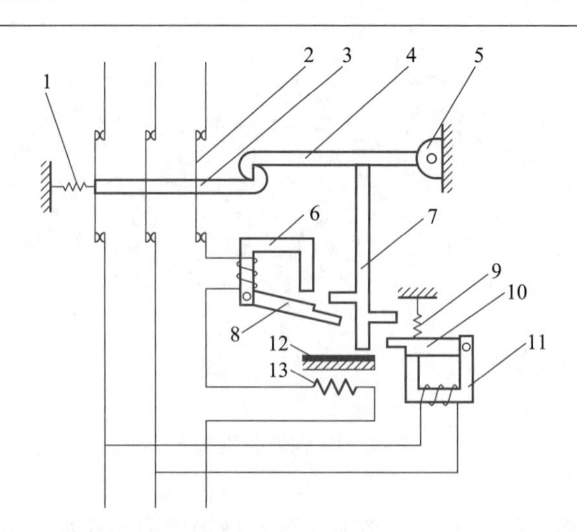

1、9—弹簧　2—主触点　3—锁键　4—搭钩　5—轴　6—过电流脱扣器
7—杠杆　8、10—衔铁　11—欠电压脱扣器　12—双金属片　13—电阻丝

图 1-11　低压断路器的结构

流时，电磁吸力才能将衔铁吸合，从而撞击杠杆 7，顶开搭钩 4，使主触点 2 断开，最终将电路分断。

图 1-12 所示为三相低压断路器的图形符号和文字符号。

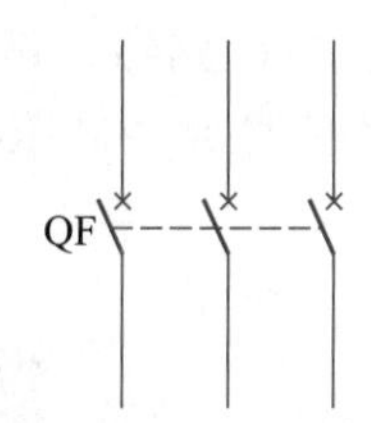

图 1-12　三相低压断路器的图形符号和文字符号

2. 低压断路器的选用依据

低压断路器应根据具体的使用条件选择使用类别及相应的极数、额定工作电压、额定电流、脱扣器整定电流等参数，参照产品样本提供的保护特性曲线选用保护特性，并需对短路特性和灵敏系数进行校验。

（1）极数。极数选择应符合实际电路要求，主要极数包括单极、二极、三极和四极。

（2）额定工作电压和额定电流。低压断路器的额定工作电压 U_n 和额定电流 I_n 应分别不低于线路设备的正常额定工作电压和工作电流或计算电流。低压断路器的额定工作电压与通断能力及使用类别有关，同一台低压断路器产品可以有几个额定工作电压和相对应的通断能力使用类别。

以 DZ47-60 小型低压断路器为例，其额定工作电压为 380 V，额定电流 I_n 分为 1 A、2 A、3 A、4 A、5 A、6 A、10 A、15 A、16 A、20 A、25 A、32 A、40 A、50 A 和 60 A 等十余种。

（3）长延时脱扣器整定电流 I_{r1}。所选低压断路器的长延时脱扣器整定电流 I_{r1} 应大于或等于线路的计算负载电流，可按计算负载电流的 1～1.1 倍确定，同时应不大于线路导体长期允许电流的 0.8 倍。

（4）瞬时或短延时脱扣器的整定电流 I_{r2}。所选低压断路器的瞬时或短延时脱扣器整定电流 I_{r2} 应大于线路尖峰电流。配电用的低压断路器可按不低于尖峰电流 1.35 倍的原则确定。电动机保护电路用的低压断路器，当动作时间大于 0.02 s 时可按不低于 1.35 倍启动电流的原则确定；如果动作时间小于 0.02 s，则应增加为不低于启动电流的 2 倍。这些系数是考虑到整定误差和电动机启动电流可能变化等因素而确定的。

（5）短路通断能力和短时耐受能力校验。低压断路器的额定短路分断能力和额定短路接通能力应不低于其安装位置上的预期短路电流。当动作时间大于 0.02 s 时，可不考虑短路电流的非周期分量，即把短路电流周期分量有效值作为最大短路电流；当动作时间小于 0.02 s 时，应考虑非周期分量，即把短路电流第一周期内的全电流作为最大短路电流。

以 DZ47−60 小型低压断路器为例，共有两种类型的低压断路器，即照明配电系统 C 型和电动机的配电系统 D 型，两种低压断路器的额定运行短路分断能力见表 1−3 和表 1−4。

表 1−3　额定运行短路分断能力（C 型低压断路器）

额定电流 /A	极数	电压 /V	通断能力 /A
1～40	1	230/400	6000
1～40	2，3，4	400	6000
50～60	1	230/400	4000
50～60	2，3，4	400	4000

表 1−4　额定运行短路分断能力（D 型低压断路器）

额定电流 /A	极数	电压 /V	通断能力 /A
1～60	1	230/400	4000
1～60	2，3，4	400	4000

3. 熔断器的选用依据

熔断器是一种结构简单、使用方便、价格低廉的保护电器，广泛应用于低压配电系统和控制电路中，主要作为短路保护元件，也常作为单台电气设备的过载保护元件，这一点具有和低压断路器相同的作用。图 1−13 所示为熔断器的外观。图 1−14 所示为熔断器的图形符号和文字符号。

熔断器选用依据如下。

（1）根据使用条件确定熔断器的类型，如插入式熔断器、螺旋式熔断器、封闭式熔断器、快速熔断器和自复熔断器等。

（2）选择熔断器的规格时，应首先选定熔体的规格，然后根据熔体规格去选择熔断器的规格。

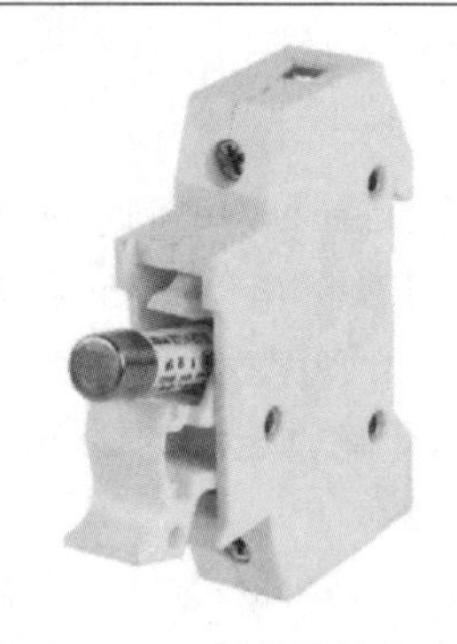

图 1–13 熔断器的外观

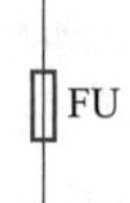

图 1–14 熔断器的图形符号和文字符号

（3）熔断器的保护特性应与被保护对象的过载特性有良好的配合。

（4）在配电系统中，各级熔断器应相互匹配，一般上一级熔体的额定电流是下一级熔体的额定电流的 2~3 倍；对于保护电动机的熔断器，应注意电动机启动电流的影响，熔断器一般只作为电动机的短路保护，而过载保护应采用热继电器。

（5）熔断器的额定电流应不小于熔体的额定电流；额定分断能力应大于电路中可能出现的最大短路电流。

1.1.3 接触器和中间继电器的选用

1. 接触器的工作原理

接触器是电气控制中重要的低压电器，可以频繁地接通或分断交直流电路，并且可以实现远距离控制。接触器的主要控制对象是电动机，也可以用于其他负载。接触器不仅能实现远距离自动操作及欠电压和失电压保护，而且具有控制容量大、过载能力强、工作可靠、操作频率高、使用寿命长、设备简单经济等特点。

图 1–15（a）所示为接触器的外观，图 1–15（b）所示为接触器的结构示意图。在结构示意图中，动触点和静触点组成了主触点，用于接通或断开主电路或大电流电路，主触点容量较大，一般为三极；电磁部分包括静铁芯、线圈、衔铁（即动铁芯）；灭弧罩起着熄灭电弧的作用。当线圈通电后，线圈电流在静铁芯中产生磁通，该磁通对衔铁产生克服复位弹簧反力的电磁吸力，衔铁被吸合，从而带动触点动作。触点动作时，动断触点先断开，动合触点后闭合。当线圈断电或线圈中的电压值降低到某一数值时（无论是正常控制还是欠电压或失电压故障，一般降至线圈额定电压的 85%），铁芯中的磁通下降，电磁吸力减小，当减小到不足以克服复位弹簧的反力时，衔铁在复位弹簧的反力作用下复位，使主触点、辅助触点的动合触点断开，动断触点恢复闭合，这就是接触器的欠电压、失电压保护功能。

接触器的图形符号和文字符号如图 1–16 所示。

2. 接触器的选用依据

接触器的选用依据如下。

（1）一般没有特殊要求的，均应采用空气电磁式结构。对于极数，在三相电路一般采用三极，单相系统中，则采用单极、双极交流接触器，但也可以采用由三极并联的接触器。

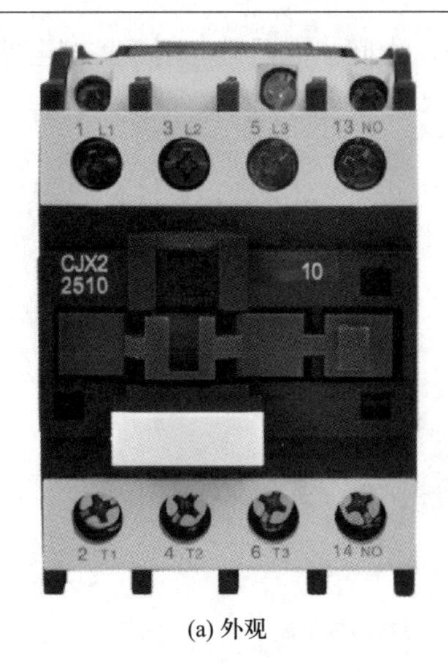

(a) 外观

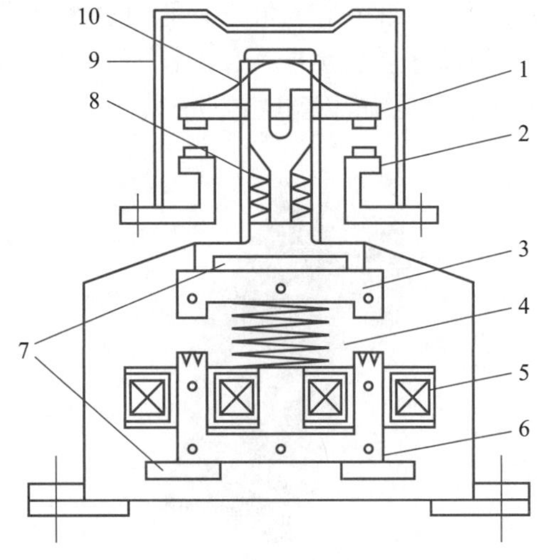

(b) 结构示意图

1—动触点　2—静触点　3—衔铁　4—弹簧　5—线圈　6—静铁芯
7—垫毡　8—触点弹簧　9—灭弧罩　10—触点压力弹簧

图 1–15　接触器外观和结构示意图

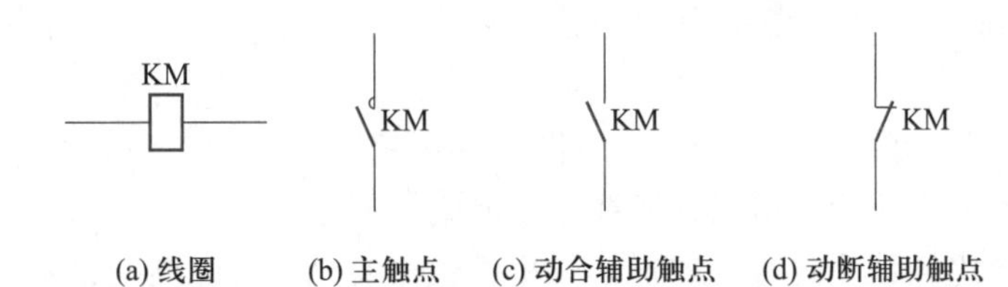

(a) 线圈　(b) 主触点　(c) 动合辅助触点　(d) 动断辅助触点

图 1–16　接触器的图形符号和文字符号

（2）一般要求接触器触点额定工作电压与触点额定工作电流（或额定控制功率）应与实际使用的主电路参数相符，接触器的额定值绝不能低于实际使用值。线圈额定电压应该符合控制电路电压要求。

（3）接触器的辅助触点（见图 1–17）用于控制辅助电路的通断，其种类和数量可在一定范围内按用户要求选用。同时要注意辅助触点的通断能力和其他额定参数。如触点不够，还可以利用中间继电器、辅助触点组等来扩展。

3. 中间继电器的选用依据

在继电保护与自动控制系统中，常选用中间继电器以增加触点的数量及容量，即在控制电路中传递中间信号。中间继电器的结构和原理与交流接触器基本相同，它与接触器的主要区别在于：接触器的主触点可以通

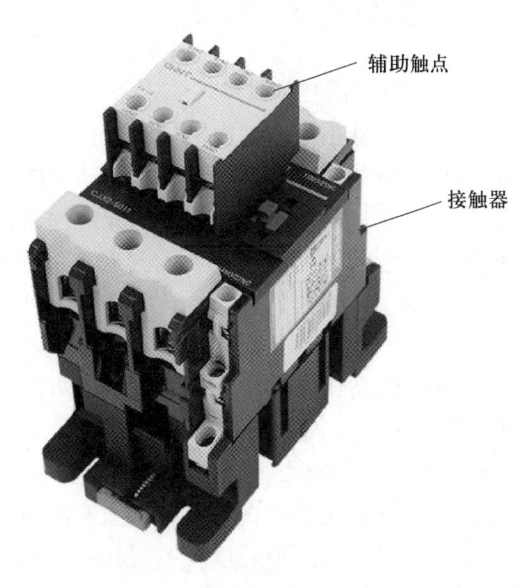

图 1–17　接触器与辅助触点

过大电流，而中间继电器的触点只能通过小电流。所以，中间继电器只能用于控制电路中，它一般是没有主触点的，用的全部都是辅助触点，数量比较多，但过载能力比较小。图 1–18 所示为常见中间继电器的外观。

(a) 底座　　(b) 线圈与触点

图 1–18　中间继电器的外观

中间继电器的选用依据如下。

（1）触点容量。触点的额定电压及额定电流应大于控制线路所使用的额定电压及控制线路的工作电流。

（2）触点的种类和数目应满足控制线路的需要。

（3）电磁线圈的电压等级应与控制线路电源电压相等。

（4）应考虑继电器使用过程中的操作频率，也需要充分考虑继电器动作时需要的吸合时间和释放时间。

（5）应与使用系统的工作制（长期、间断、反复工作制）相匹配。

1.1.4　热继电器的选用

1. 工作原理

热继电器用于电动机的过载保护，图 1–19（a）所示为其外观。热继电器的工作原理为：热元件接入电动机主电路，若长时间过载，则双金属片被加热。因双金属片的下层膨胀系数大，使其向上弯曲，杠杆被弹簧拉回，动断触点断开，如图 1–19（b）所示。图 1–20 所示为热继电器的图形符号和文字符号。

2. 选用依据

（1）热继电器类型的选择。热继电器从结构形式上可分为两极式和三极式。三极式中又分为带断相保护和不带断相保护两种，主要应根据被保护电动机的定子接线情况进行选择。

（2）热继电器额定电流的选择。在正常的启动电流和启动时间、非频繁启动的场合，必须保证电动机的启动不致使热继电器误动。当电动机启动电流小于等于额定电流的 6 倍、启动时间不超过 6 s、很少连续启动时，一般可按电动机的额定电流来选择热继电器。

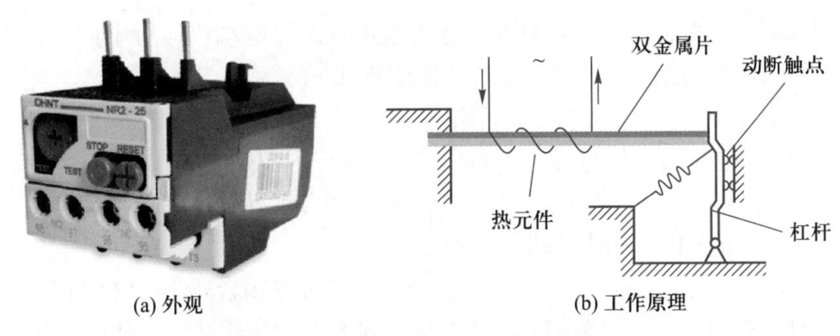

(a) 外观　　(b) 工作原理

图 1-19　热继电器的外观和工作原理

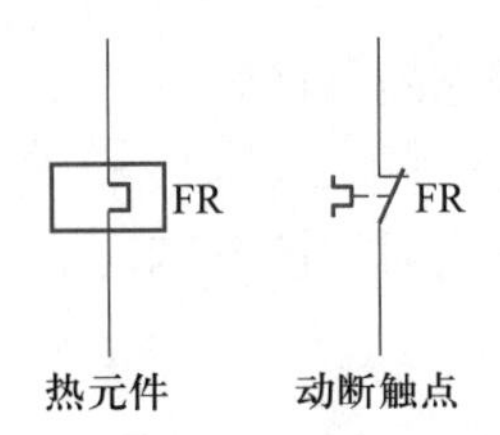

图 1-20　热继电器的图形符号和文字符号

电动机的绝缘材料等级有 A 级、E 级、B 级等，它们的允许温升各不相同，因此其承受过载的能力也不相同，在选择热继电器时应引起注意。

（3）热元件整定电流选择。热继电器的脱扣值是根据电动机的过载特性设计的，不动作电流为 1.05 倍的额定电流，动作电流为 1.2 倍的额定电流。所以选择热继电器时，只要热继电器的电流调节范围可以满足电动机的额定电流就可以。

任务实施 >>>

1.1.5　识读电动机控制线路电气原理图

1. 识读工作原理

在图 1-1（a）中，三相电源的相线 L1、L2 和 L3 接在低压断路器 QF 上端。FU1 是主电路的保护用熔断器。准备启动电动机时，首先合上低压断路器 QF，之后如果交流接触器 KM 主触点闭合，则电动机得电运行；接触器 KM 主触点断开，则电动机停止运行。接触器触点闭合与否，与控制电路相关。

在图 1-1（b）中，FU2 是控制电路熔断器，SB1 是停止按钮，SB2 是启动按钮，FR 是热继电器的保护输出触点。按下 SB2，交流接触器 KM 的线圈得电，其主触点闭合，电动机开始运行。同时接触器的辅助触点也闭合，它使接触器线圈获得持续的工作电源，接触器的吸合状态得以保持。该电路称为自保电路或自锁电路。

在电动机运行过程中，若因各种原因出现过电流或短路等异常情况，则热继电器 FR 内部的双金属片会因电流过大而发热变形，在一定时限内使其保护触点动作断开，致使接触器线圈失电，接触器主触点断开，电动机停止运行，保护电动机不被过载烧坏。保护动作后，接触器的辅助触点断开，电动机保持在停止状态。电动机运行中如果按下 SB1，同样会停止运行，其动作过程与热保护器的动作过程相同。

2. 流程法识读电路

在图 1-1 中，电路的工作过程为：首先合上电源开关 QF。

（1）启动：按下 SB2 → KM 线圈得电 ┬→ KM 动合辅助触点闭合自锁
└→ KM 主触点闭合 → 电动机 M 启动运行

松开启动按钮 SB2，由于接在按钮 SB2 两端的 KM 动合辅助触点闭合自锁，控制电路仍保持接通，电动机 M 继续运行。

（2）停止：按下 SB1 → KM 线圈断电释放 ┬→ KM 动合辅助触点断开 → 自锁解锁
└→ KM 主触点断开 → 电动机 M 停止运行

（3）过载保护：当电动机 M 运行时，按下 FR 的测试按钮，KM 线圈断电释放，按照停止的工作过程，电动机 M 停止运行。

1.1.6　电动机自锁电路的安装

1. 制作电器元件清单

电器元件清单如表 1-5，型号参考国产品牌正泰电气。

表 1-5　电器元件清单

代号	名称	型号或规格	单位	数量	备注
M	三相异步电动机	Y112M-4	台	1	根据用户实际配置电动机情况给出型号，这里选 4 kW
QF	断路器	DZ47-60 3P 20A D 型	个	1	选配电动机专用断路器
FU1	熔断器	熔断器座：RT28N32 3P 熔断体：RT28-32 32 A	套	1	32 A/3P（需要充分考虑电动机启动电流）
FU2	熔断器	熔断器座：RT28N32 2P 熔断体：RT28-32 2 A	套	1	2 A/2P
KM1/KM2	交流接触器	CJX2-2510 （线圈 AC 380 V）	个	2	25 A/ 线圈 AC 380 V
SB1	按钮	NP2-BA4322	个	1	停止用，红色，1 动断触点
SB2	按钮	NP2-BA3311	个	1	启动用，绿色，1 动合触点
FR	热继电器	NR2-25/Z 9-13 A	个	1	9~13 A
无	端子排	JX2-1015	条	4	15 位端子
无	配线盘	600 mm × 600 mm × 15 mm	个	1	网孔板或绝缘板，配置 35 mm 导轨

2. 检验相关低压电器

低压电器的检验要求如下。

（1）电器元件的技术数据（如型号、规格、额定电压、额定电流）应完整并符合要求，外观无损伤。

（2）接触器的线圈电压和电源电压是否一致，电器元件的电磁机构动作是否灵活，有无衔铁卡阻等不正常现象，用万用表检测电磁线圈的通断情况以及各触点的分合情况。对于电磁接触器还需要进行通电测试，如图 1-21 所示为对 AC 380 V 的接触器进行电磁机构检查。

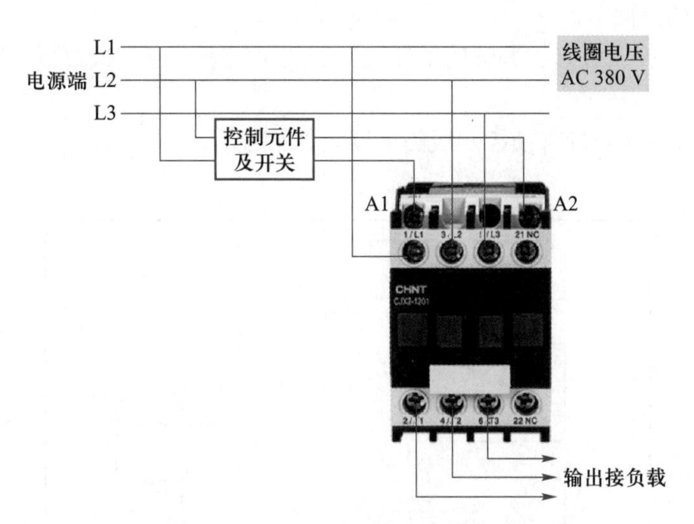

图 1-21　AC 380 V 的接触器电磁机构检查

（3）对熔断器进行静态测试，用万用表确认其是否导通。

（4）用绝缘电阻表对电动机的质量进行常规检查，包括每相绕组的通断、相间绝缘、相对地绝缘是否符合要求。以图 1-22 所示的相对地绝缘测试为例，测试前先对绝缘电阻

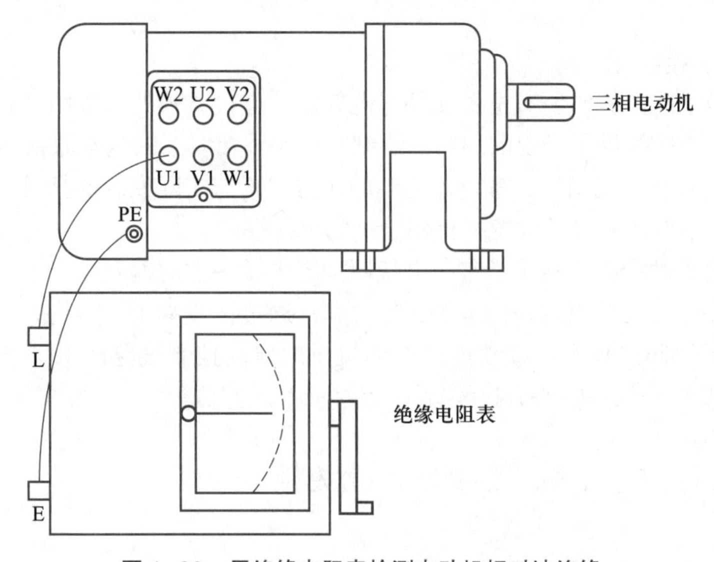

图 1-22　用绝缘电阻表检测电动机相对地绝缘

表进行完好性测试，做一次开路和短路测试，正常后，绝缘电阻表 L 端接绕组，E 端接电动机外壳，摇动绝缘电阻表，保持匀速 120 r/min 转动 1 min 后，读取读数，阻值不得低于 0.5 MΩ。

3. 绘制电器元件布置图

电器元件布置图是表明电气原理图中所有电器元件、电气设备实际位置的电气图，它为电气控制设备的制造、安装提供了必要的资料。它应遵循以下规定。

（1）各电器代号应与有关电气图和电器元件清单上所列的元器件代号相同。

（2）体积大的和较重的电器元件应该安装在电气安装板的下面，发热的电器元件应安装在电气安装板的上面。

（3）经常要维护、检修、调整的电器元件安装位置不宜过高或过低，图中不需要标注尺寸。

图 1-23 所示为电动机自锁控制线路电器元件布置图。

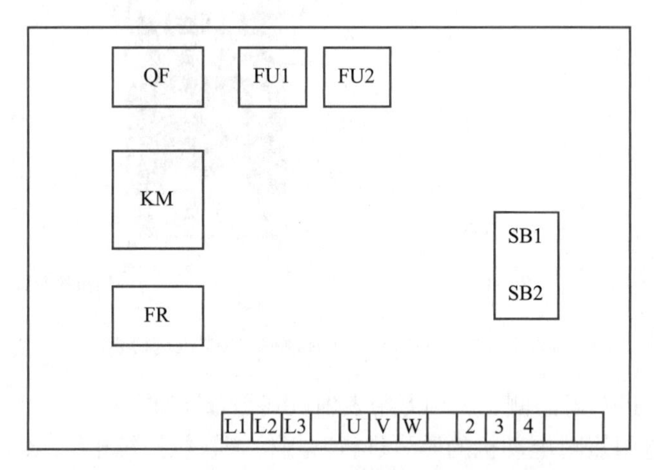

图 1-23　电动机自锁控制线路电器元件布置图

4. 电气安装接线图

电气安装接线图是表明所有电器元件、电气设备连接方式的电气图，它为电气控制设备的安装和检修调试提供了必要的资料。绘制电气安装接线图的基本原则如下。

（1）在电气安装接线图中，各电器元件的相对位置与实际安装的相对位置一致，且所有部件都画在一个按实际尺寸以统一比例绘制的虚线框中。

（2）各电器元件的接线端子都有与电气原理图中相一致的编号。

（3）安装在电气安装板内外的电器元件之间需通过接线端子板接线。

根据图 1-1 绘制出具有自锁功能的电动机单向启动控制线路的电气安装接线图如图 1-24 所示。需要注意的是，所有接线端子标注的编号应与电气原理图一致，不能有误。

5. 电路安装

根据图 1-25 所示进行电动机自锁控制线路安装。

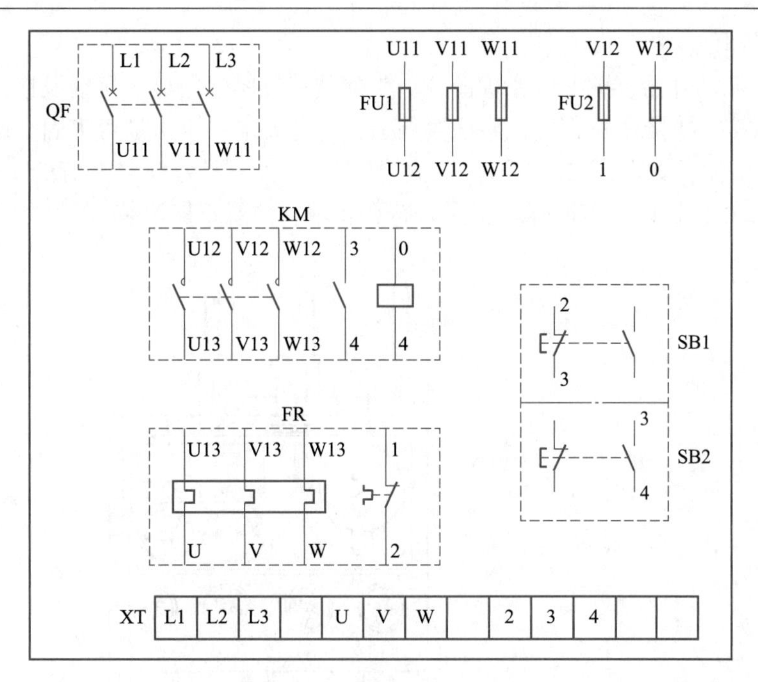

图 1-24　电气安装接线图

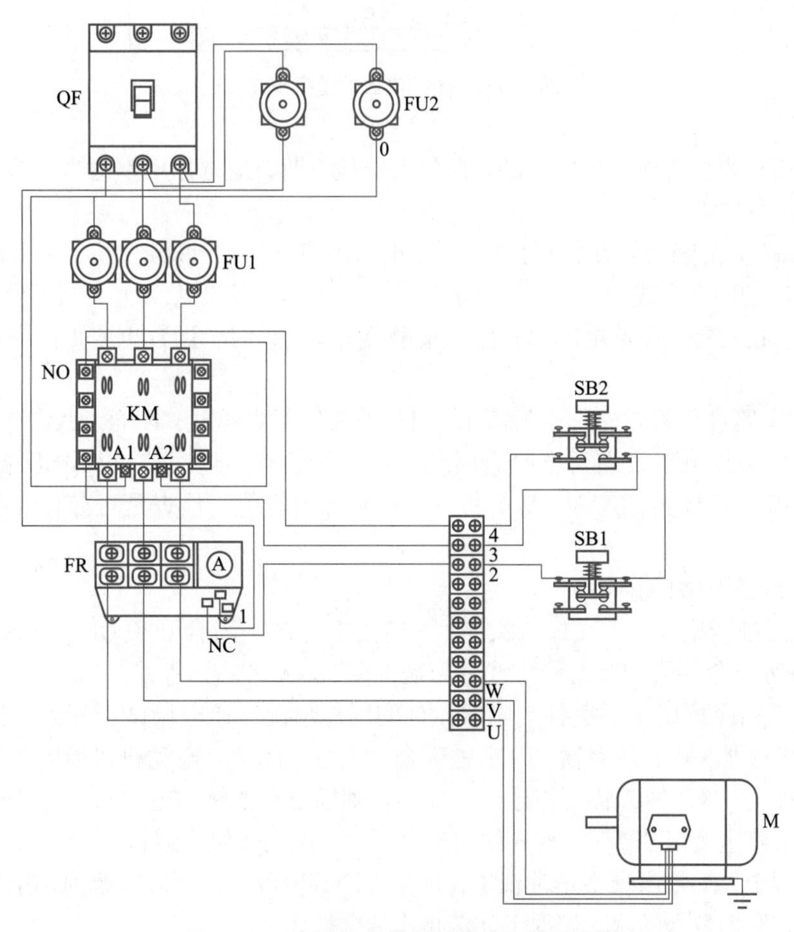

图 1-25　电动机自锁控制线路安装示意图

6. 电路断电检查

（1）从电源端开始，按电气原理图或电气安装接线图逐段核对接线及接线端子处是否正确，有无漏接、错接之处。检查导线接点是否符合要求，压接是否牢固。调整好热继电器FR的整定电流，如图1-26所示，电流设定为10 A，即为额定电流的1~1.15倍。检查FU1和FU2熔断器内的熔断体规格是否符合要求，注意不能混装。

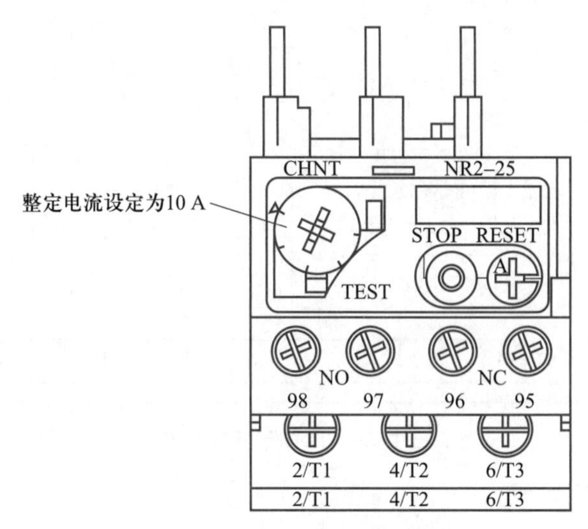

图1-26　热继电器的整定电流

（2）用万用表检查所连接电路的通断情况。检查时，应选用倍率适当的欧姆挡，并在使用前应先进行校零。

① 对控制电路进行检查时，可先断开主电路，使QF处于断开位置，将万用表两表笔分别搭在FU2的两个出线端（V12和W12）上，此时读数应为无穷大。按下启动按钮SB2时，读数应为接触器线圈的电阻值；压下接触器KM衔铁时，读数也应为接触器线圈的电阻值。

② 对主电路进行检查时，电源线L1、L2、L3先不要通电，闭合QF，用手压下接触器的衔铁来代替接触器线圈得电吸合时的情况进行检查，依次测量从电源端（L1、L2、L3）到电动机出线端子（U、V、W）每一相电路的电阻值，检查是否存在开路或接触不良的现象。

7. 通电调试及故障排除

（1）检测进线电压。把L1、L2、L3三端接上电源，闭合开关QF，引入三相电源。如图1-27所示，使用万用表检测进线电压是否在380 V左右。

（2）操作相应按钮，观察各个电器元件的动作情况。通电调试步骤如下：按下启动按钮SB2，接触器KM的线圈通电，衔铁吸合，主触点闭合，电动机接通电源直接启动运行。松开SB2时，KM线圈仍可以通过KM动合辅助触点继续通电，从而保持电动机的连续运行。按下停止按钮SB1时，KM线圈断电释放，电动机停止运行。

操作过程中，如果出现不正常现象，应立即断开电源，分析故障原因，用万用表仔细检查电路，在实训教师确认的情况下才能再次通电调试。

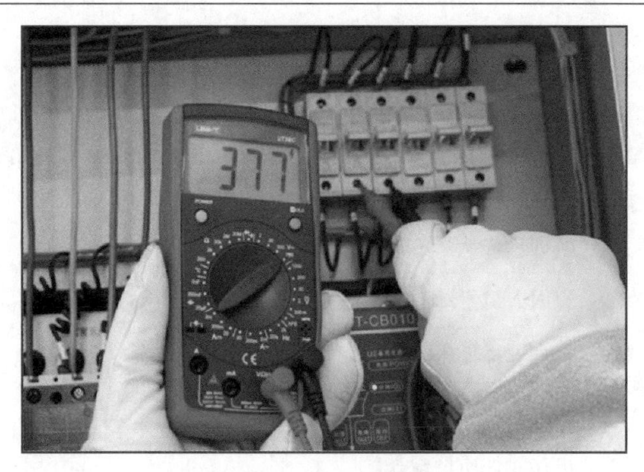

图 1–27　检测进线电压

技能考核

1. 考核任务

根据电动机自锁控制线路的电气原理图，实现电器元件布置、安装和调试。

（1）在规定时间内按工艺要求完成具有自锁功能的控制线路的安装接线，且通电试验成功。

（2）安装工艺应达到电工基本要求，线头长短应适当且接触良好。

（3）遵守电工安全规范，做到文明生产。

2. 评分标准

按要求完成考核任务，其评分标准见表 1–6。

表 1–6　评 分 标 准

<table>
<tr><td colspan="2">姓名：</td><td>任务编号：1.1</td><td colspan="3">综合评价：</td></tr>
<tr><th>序号</th><th>考核项目</th><th>考核内容及要求</th><th>配分</th><th>评分标准</th><th>得分</th></tr>
<tr><td rowspan="6">1</td><td rowspan="6">电工安全操作规范</td><td>着装规范</td><td rowspan="6">20</td><td rowspan="6">现场考评</td><td rowspan="6"></td></tr>
<tr><td>安全用电</td></tr>
<tr><td>走线规范、合理</td></tr>
<tr><td>工具摆放整齐</td></tr>
<tr><td>工具及仪器仪表使用规范、摆放整齐</td></tr>
<tr><td>任务完成后，进行场地整理，保持场地清洁、有序</td></tr>
</table>

续表

序号	考核项目	考核内容及要求	配分	评分标准	得分
2	实训态度	不迟到、不早退、不旷课	10	现场考评	
		实训过程认真负责			
		组内人员主动沟通、协作，小组间互助			
3	电器元件选择	合理选择低压电器	10		
		正确填写电器元件清单			
4	电器元件安装	电器元件质量检查	10		
		按电器元件布置图安装			
		电器元件固定牢固整齐			
		保持电器元件完好			
5	接线工艺	按电气原理图接线	20		
		线路敷设整齐			
		导线压接紧固规范			
6	通电调试	通电调试前进行静态测试	15		
		正确整定热继电器整定值和选配熔体			
		正确连接电源和电动机，拆接线顺序规范正确			
		通电一次成功			
7	实践效果	系统工作可靠	5		
		满足工作要求			
		按规定的时间完成任务			
8	汇报总结	工作总结，PPT 汇报	5		
		填写自我检查表及反馈表			
9	创新实践	在本任务中有另辟蹊径、独树一帜的实践内容	5		
合计			100		

注　综合评价，可以采用教师评价、学生评价、组间评价、企业评价等按一定比例计算后综合得出五级制成绩，即 90~100 为优、80~89 为良、70~79 为中、60~69 为及格、0~59 为不及格。

任务 1.2　电动机星—三角降压启动控制线路的安装与检修

任务描述

图 1-28 所示为电动机星—三角降压启动控制线路电气原理图。它是指在电动机启动时，把定子绕组接成星形联结，以降低电动机的启动电压，限制启动电流，待电动机启动延时一定时间后，再把电动机的绕组接成三角形联结，使电动机在全压下运行。这里选用的电动机仍为任务 1.1 中的 Y112M-4 型，延时时间设定为 6 s。

（1）能识读电气原理图，明确电路中所用电器元件的作用。

（2）会根据电气原理图绘制电气安装接线图，并按工艺要求完成安装接线。

（3）能够对所接电路进行检测和通电试验，并且能用万用表检测电路和排除常见电气故障。

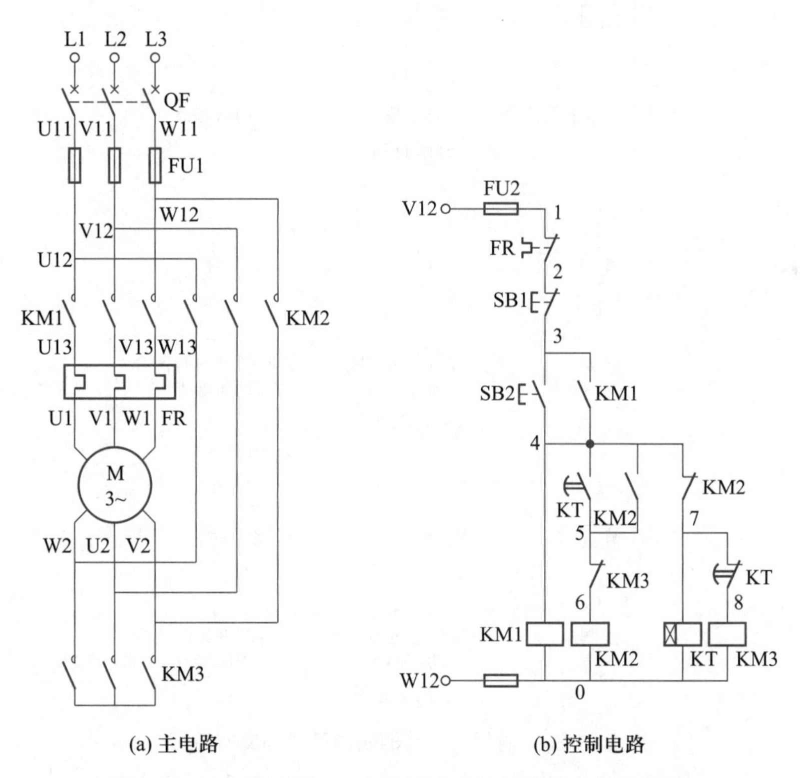

(a) 主电路　　(b) 控制电路

图 1-28　电动机星—三角降压启动控制线路电气原理图

知识准备 >>>

1.2.1　时间继电器的选用

1. 时间继电器的种类

在电气控制系统中，有时需要按一定的时间间隔来进行某种控制。例如，某工业现场的润滑泵需要定时启动、定时运行，以控制润滑油量，这类自动控制称为时间控制。简单的方法是利用时间继电器来实现自动控制。

时间继电器的种类有很多，按工作原理不同，时间继电器可分为电磁式、空气阻尼式、电动式和电子式等；按工作方式不同时间继电器可分为通电延时时间继电器和断电延时时间继电器。时间继电器一般具有瞬时触点和延时触点两种触点。时间继电器的图形符号和文字符号如图 1-29 所示。

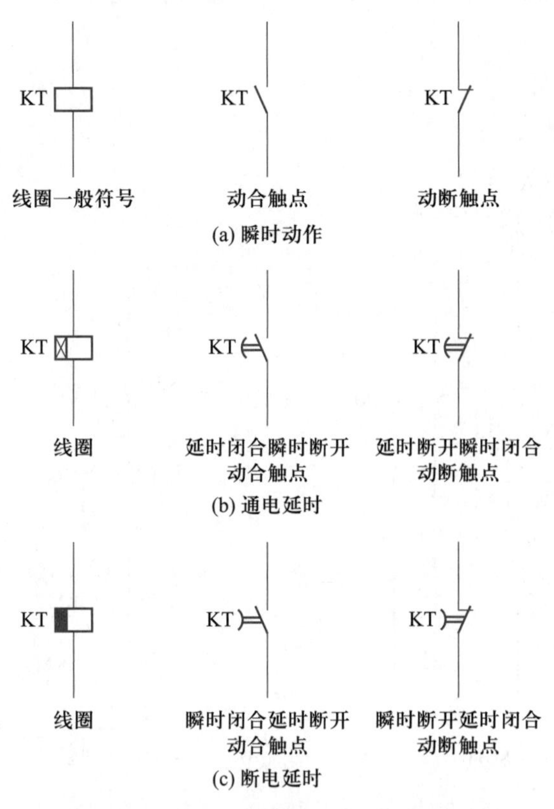

图 1-29　时间继电器的图形符号和文字符号

（1）空气阻尼式时间继电器。空气阻尼式时间继电器是利用空气阻尼原理获得延时的。它由电磁机构、延时机构、触点系统三部分组成。延时机构采用气囊式阻尼器；电磁机构可以是直流的，也可以是交流的。其延时方式有通电延时型和断电延时型两种。如图 1-30 所示是空气阻尼式时间继电器的外观。

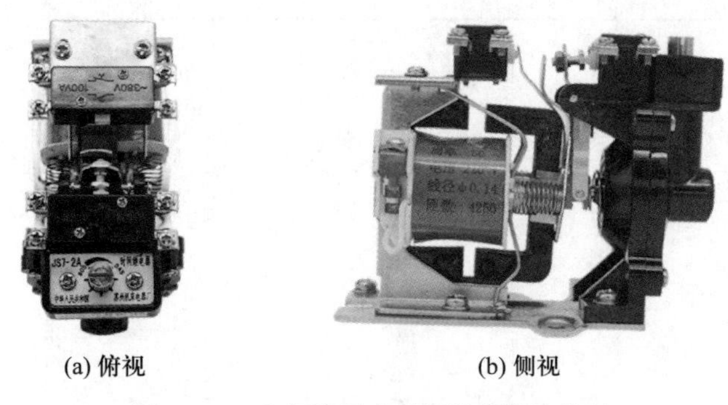

(a) 俯视　　(b) 侧视

图 1–30　空气阻尼式时间继电器的外观

（2）电子式时间继电器。电子式时间继电器采用晶体管或单片机结合外围电子线路构成。图 1–31 所示为一种利用 *RC* 电路电容充电原理作为延时环节的电子式时间继电器原理图。图 1–32 所示为电子式时间继电器的外观。

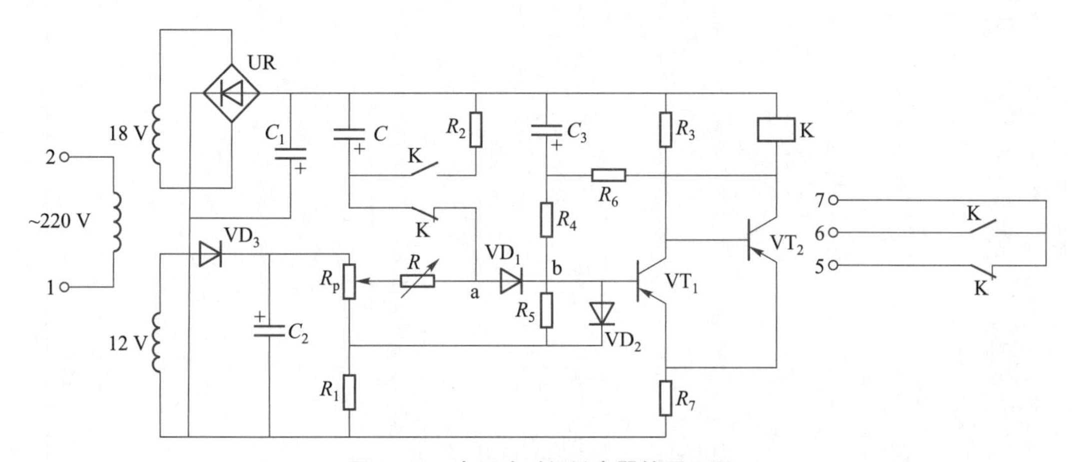

图 1–31　电子式时间继电器的原理图

图 1–32　电子式时间继电器的外观

2. 选用依据

（1）根据控制电路对延时触点的要求选择延时方式，即通电延时型或断电延时型。

（2）根据延时范围和精度要求选择时间继电器类型。表 1–7 为国产 JSZ3 系列时间继电器的技术指标。

表 1-7　国产 JSZ3 系列时间继电器的技术指标

型号	JSZ3A	JSZ3C	JSZ3F	JSZ3K	JSZ3Y	JSZ3R
工作方式	通电延时	通电延时带瞬动触点	断电延时	信号断开延时	星—三角启动延时	往复循环延时
延时范围	A：0.05～0.5 s/5 s/30 s/3 min B：0.1～1 s/10 s/60 s/6 min C：0.5～5 s/50 s/5 min/30 min D：1～10 s/100 s/10 min/60 min E：5～60 s/10 min/60 min/6 h F：0.25～2 min/20 min/2 h/12 h G：0.5～4 min/40 min/4 h/24 h		0.1～1 s 0.5～5 s 1～10 s 2.5～30 s 5～60 s 10～120 s 15～180 s	0.1～1 s 0.5～5 s 1～10 s 2.5～30 s 5～60 s 10～120 s 15～180 s	0.1～1 s 0.5～5 s 1～10 s 2.5～30 s 5～60 s 10～120 s 15～180 s	0.5～6 s/60 s 1～10 s/10 min 2.5～30 s/30 min 5～60 s/60 min
设定方式	电位器					
工作电压	AC 50 Hz，36 V，110 V，127 V，220 V，380 V DC 24 V		AC 50 Hz，36 V，110 V，127 V，220 V，380 V， DC 24 V	AC 110 V，220 V，380 V，DC 24 V	AC 110 V，220 V，380 V，DC 24 V	AC 110 V，220 V，380 V，DC 24 V
延时精度	≤ 10%		≤ 10%	≤ 10%	≤ 10%	≤ 10%
触点数量	延时 2 转换，延时 1 转换，瞬时 1 转换		延时 1 转换或延时 2 转换	延时 1 转换	延时星—三角 1 转换	延时 1 转换
触点容量	U_e/I_e：AC-15 220 V/0.75 A，380 V/0.47 A；DC-13 220 V/0.27 A；I_{th}：5 A					
电气寿命	1×10^5 次					
机械寿命	1×10^6 次					
环境温度	-5～+40 ℃					
安装方式	面板式、装置式、导轨式					
配用底座	面板式：FM8858、CZSO8S；装置式（导轨式）：CZS08X-E					

（3）根据使用场合、工作环境选择时间继电器的类型。例如，电源电压波动大的场合可选空气阻尼式或电动式时间继电器；电源频率不稳定的场合不宜选用电动式时间继电器；环境温度变化大的场合不宜选用空气阻尼式和电子式时间继电器。

1.2.2　低压电器的电器元件图形符号和文字符号

表 1-8 所列为常用的低压电器的电器元件图形符号和文字符号。

表 1-8　低压电器的电器元件图形符号和文字符号

类别	名称	图形符号	文字符号	类别	名称	图形符号	文字符号
开关	单极控制开关		SA	位置开关	动合触点		SQ
	两极开关		SA		动断触点		SQ
	三极控制开关		QS		复合触点		SQ
	三极隔离开关		QS	按钮	动合按钮		SB
	三极负荷开关		QS		动断按钮		SB
	组合旋钮开关	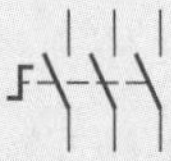	QS		复合按钮		SB
	低压断路器	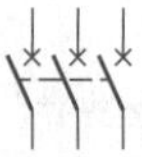	QF		急停按钮		SB
	控制器或操作开关	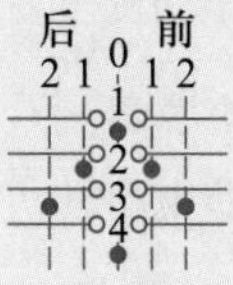 后 前 2 1 0 1 2 1 2 3 4	SA		钥匙操作式按钮		SB
接触器	线圈	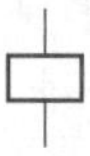	KM	热继电器	热元件	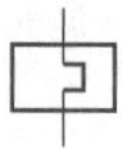	FR
	动合主触点	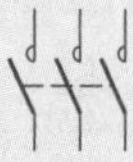	KM		动断触点	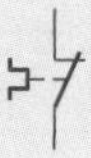	FR
	动合辅助触点		KM	中间继电器	线圈	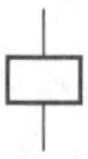	KA
	动断辅助触点		KM		动合触点		KA

续表

类别	名称	图形符号	文字符号	类别	名称	图形符号	文字符号
时间继电器	通电延时（缓吸）线圈		KT	中间继电器	动断触点		KA
	断电延时（缓放）线圈		KT	电流继电器	过电流线圈	$I>$	KA
	瞬时闭合的动合触点		KT		欠电流线圈	$I<$	KA
	瞬时断开的动断触点		KT		动合触点		KA
	延时闭合的动合触点		KT		动断触点		KA
	延时断开的动断触点		KT	电压继电器	过电压线圈	$U>$	KV
	延时闭合的动断触点		KT		欠电压线圈	$U<$	KV
	延时断开的动合触点		KT		动合触点		KV
电磁操作器	电磁铁的一般符号		YA		动断触点		KV
	电磁吸盘		YH	电动机	三相笼型异步电动机	M 3~	M
	电磁离合器		YC		三相绕线转子异步电动机	M 3~	M
	电磁制动器		YB		他励直流电动机	M	M
	电磁阀		YV		并励直流电动机	M	M
非电量控制的继电器	速度继电器动合触点	n	KS		串励直流电动机	M	M
	压力继电器动合触点	p	KP	熔断器	熔断器		FU

续表

类别	名称	图形符号	文字符号	类别	名称	图形符号	文字符号
发电机	发电机	G	G	变压器	单相变压器		TC
	直流测速发电机	TG	TG		三相变压器		TM
灯	信号灯（指示灯）		HL	互感器	电压互感器		TV
	照明灯		EL		电流互感器		TA
接插器	插头和插座	或	X 插头 XP 插座 XS		电抗器		L

1.2.3　电气控制线路故障检修

1. 故障检修一般步骤

电气控制线路的故障一般可分为自然故障和人为故障两大类。自然故障是由于电气设备在运行时过载、振动、锈蚀、金属屑和油污侵入、散热条件恶化等原因，导致电气绝缘下降、触点熔焊、电路接点接触不良，甚至发生接地或短路而形成的。人为故障是由于在安装控制线路时布线、接线错误，在维修电气故障时没有找到真正原因或者修理操作不当，不合理地更换电器元件或改动线路而产生的。线路一旦发生故障，轻者会使电气设备不能工作，影响生产；重者会造成人身伤害、设备损坏事故的发生。因此，作为电气操作人员，一方面应加强电气设备日常维护与检修，严格遵守电气操作规范，消除隐患，防止故障发生；另一方面还要在故障发生后，保持冷静，及时查明原因并准确地排除故障。

电气控制线路故障检修的一般步骤如下。

（1）确认故障现象的发生，并分清故障是属于电气故障还是机械故障。

（2）根据电气原理图，认真分析发生故障的可能原因，大概确定可能发生故障的部位或回路。

（3）通过一定的技术、方法、经验和技巧找出故障点。这是检修工作的难点和重点。由于电气控制线路结构复杂多变，故障形式多种多样，因此要想快速、准确地找出故障点，就要求操作人员在掌握电路原理的基础上，灵活运用“看”（看是否有明显损坏或其他异常现象）、“听”（听是否有异常声音）、“闻”（闻是否有异味）、“摸”（摸是否发热）、“问”（向有经验的老师傅请教）等检修经验。

（4）排除故障后通电运行试验。

2. 电气控制线路故障的常用分析方法

电气控制线路故障的常用分析方法包括调查研究法、试验法、逻辑分析法和测量法等。

（1）调查研究法。调查研究法就是通过“看”“听”“闻”“摸”“问”，了解明显的故障现象；通过走访操作人员，了解故障发生的原因；通过询问他人或查阅资料，帮助查找故障点的一种常用方法。这种方法效率高，经验性强，技巧性高，需要在长期的生产实践中不断地积累和总结经验。

（2）试验法。试验法是在不损伤电气和机械设备的条件下，以通电试验来查找故障的一种方法。通电试验一般采用“点触”的形式进行试验。若发现某一电器动作不符合要求，即说明故障范围在与此电器有关的电路中，然后在这部分故障电路中进一步检查，便可找出故障点。有时也可以采用暂时切除部分电路（如主电路）的方法，来检查各控制环节的动作是否正常，但必须注意不要随意用外力使接触器或继电器动作，以防引起事故。

（3）逻辑分析法。逻辑分析法是根据电气控制线路工作原理、控制环节的动作程序以及它们之间的联系，结合故障现象进行故障分析的一种方法。它以故障现象为中心，对电路进行具体分析，提高了检修的针对性，可缩小范围，迅速判断故障部位，适用于对复杂线路的故障检查。

（4）测量法。测量法是利用校验灯、试电笔、万用表、蜂鸣器、示波器等对线路进行带电或断电测量的一种方法。在利用万用表欧姆挡和蜂鸣器检测电器元件及线路是否断路或短路时必须切断电源。同时，在测量时要特别注意是否有并联支路或其他电路对被测线路产生影响，以防误判。

3. 电阻法检查电气故障实例

如图1-33所示为顺序启动、逆序停止控制线路的电气原理图。假设电路只有一处故障，按下启动按钮SB2时，电动机M1不能启动，则故障是在“FU2熔断器→1号线→FR1动断触点→2号线→FR2动断触点→3号线→SB1动断触点→4号线→SB2动合触点→5号线→KM1线圈→9号线”的路径中。

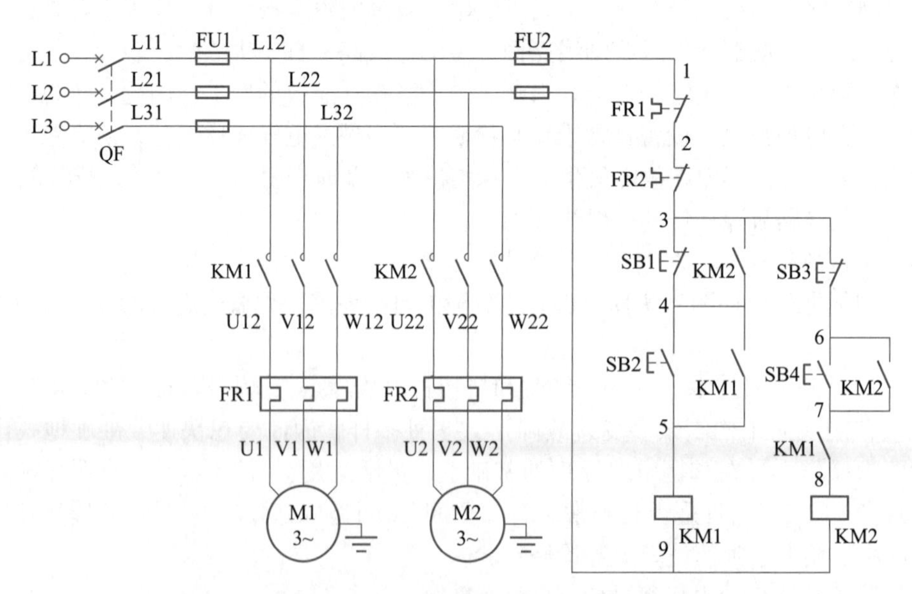

图1-33　顺序启动、逆序停止控制线路的电气原理图

（1）检查并排除电路故障过程。

把万用表从空挡切换到 10 Ω 或 100 Ω 欧姆挡，并进行电气调零。调零后，可利用二分法进行电路故障排除。如按下启动按钮 SB2 时，电动机 M1 不能启动，则把万用表的一支表笔（黑表笔或红表笔）搭在所分析最短故障路径的起始一端（或末端），这里搭在图 1-33 中 1 号线所接的 FU2 接线柱，另一支表笔搭在所判断故障路径中间位置电器元件的接线柱上，如 4 号线所接的 SB1 接线柱（两表笔间如有启动按钮，应按下启动按钮）。此时，万用表指针应指向零位，表明故障不在两表笔间的电路路径中，即不在“1 号线→FR1 动断触点→2 号线→FR2 动断触点→3 号线→SB1 动断触点”中，而在所分析故障路径的另一半路径中；若电阻为无穷大，则故障在此路径中。需要注意的是，如果两表笔间有线圈，则无故障时电阻值应为线圈的直流电阻值，为几千欧。

再用万用表检查另一半电路，把万用表的一支表笔（黑表笔或红表笔）搭在 5 号线所接的 SB2 接线柱，另一支表笔搭在 9 号线所接的 FU2 接线柱，电阻应为几千欧，则路径“SB2 动合触点→5 号线→KM1 线圈→9 号线→熔断器 FU2”无故障，故障应在 SB1 与 SB2 之间的 4 号线。用万用表测量 SB1 与 SB2 之间的 4 号线电阻为无穷大，表明故障判断正确（注：这是假定故障处）。然后用短接线连接 SB1 与 SB2 之间的 4 号线，排除故障。

（2）排除故障后复查。

调试前先用万用表初步检查控制电路的正确性，使用万用表的 10 Ω 或 100 Ω 欧姆挡，将表笔搭在控制电路熔断器 FU2 的 9 号线与 1 号线之间，按下启动按钮 SB2，电阻应为几千欧；在主电路不通电情况下模拟 KM1 通电吸合状态，手动使 KM1、KM2 同时通电吸合状态，电阻也为几千欧，则电路功能正常。

完成上述步骤后，即可通电调试。

4. 注意事项

（1）注意检电，必须检查有金属外壳的电器元件外壳是否漏电。

（2）电阻法必须在断电时使用，万用表不能在通电状态下测量电阻。

（3）在排除故障时，通常以接触器、继电器的得电与否来判断故障在主电路还是控制电路。

任务实施 >>>

1.2.4　识读电动机星—三角降压启动控制线路电气原理图

1. 主电路的工作过程

闭合 QF，当 KM1、KM3 主触点闭合时，电动机定子绕组接成星形联结降压启动；当 KM1、KM2 主触点闭合时，电动机定子绕组接成三角形联结全压运行。

2. 控制电路的工作过程

控制电路的工作过程如下。

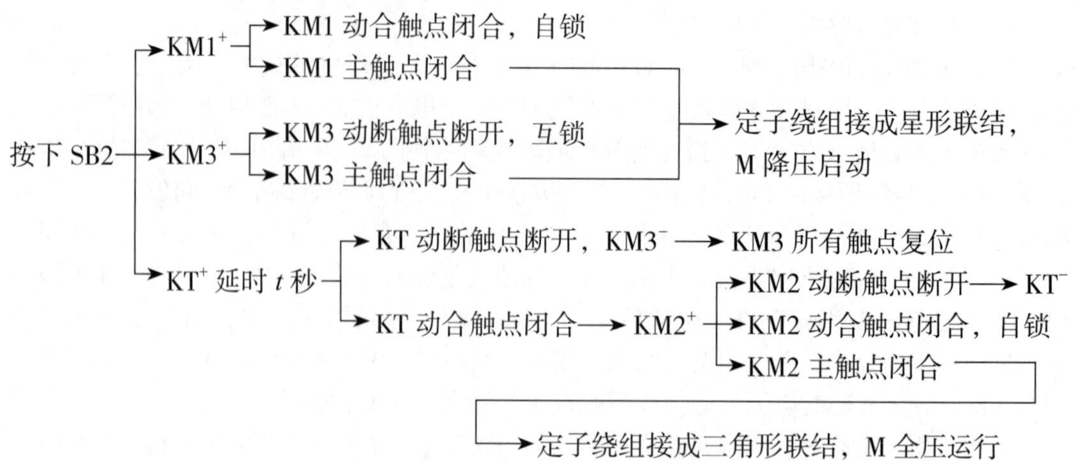

按下 SB1 ⟶ $KM1^-$、$KM2^-$ ⟶ KM1、KM2 所有触点复位，其主触点断开，M 停车

注意：右上标“+”表示得电，右上标“-”表示失电。

1.2.5　电动机星—三角降压启动控制线路安装接线与调试

1. 制作电器元件清单

本任务选用 Y112M-4 型电动机，电器元件清单参考任务 1.1，另外需要增加的是下列两个电器元件：① 星形联结回路的接触器 KM3，选用电流略低于三角形联结回路中的 KM1、KM2 的接触器，如 CJX2-1810 型接触器（线圈 AC 380 V）；② 时间继电器 KT，选用 JSZ3A-A 型通电延时时间继电器，设定延时时间为 6 s。

2. 安装接线

图 1-34 所示为电动机星—三角降压启动控制线路电气安装接线图，主电路和控制电路已经标注了线号。

3. 电路检查

（1）检查时间继电器的线圈、触点和时间设定。图 1-35 所示为 JSZ3A-A 型时间继电器的接线示意图，2 和 7 为线圈，1、3、4 和 5、6、8 为两组触点。

如图 1-36 所示，这里设定时间应为 6 s，故需要设定时间继电器右下角的跳线 2 和 3，即 30 s，然后用旋钮调整至 6 s。

（2）检查主电路和控制电路接线。电路全部安装完毕后，用万用表欧姆挡检查主电路和控制电路接线是否正确。

① 检查主电路时，电源线 L1、L2 和 L3 先不要通电，合上 QF，先用手压下接触器 KM1 的衔铁来代替接触器 KM1 得电吸合时的情况进行检查，依次测量从电源端到电动机出线端子（U1、V1、W1）之间的每一相电路的电阻值，检查是否存在开路现象。再用手压下接触器 KM2 的衔铁来代替接触器 KM2 吸合时的情况进行检查，依次测量从电源端到电动机出线端子（W2、U2、V2）之间的每一相电路的电阻值，检查是否存在开路现象。最后用手压下接触器 KM3 的衔铁来代替接触器 KM3 吸合时的情况进行检查，检查星形联结是否存在开路现象。

② 检查控制电路时，可断开主电路，并将万用表表笔分别搭在 FU2 的两个出线端

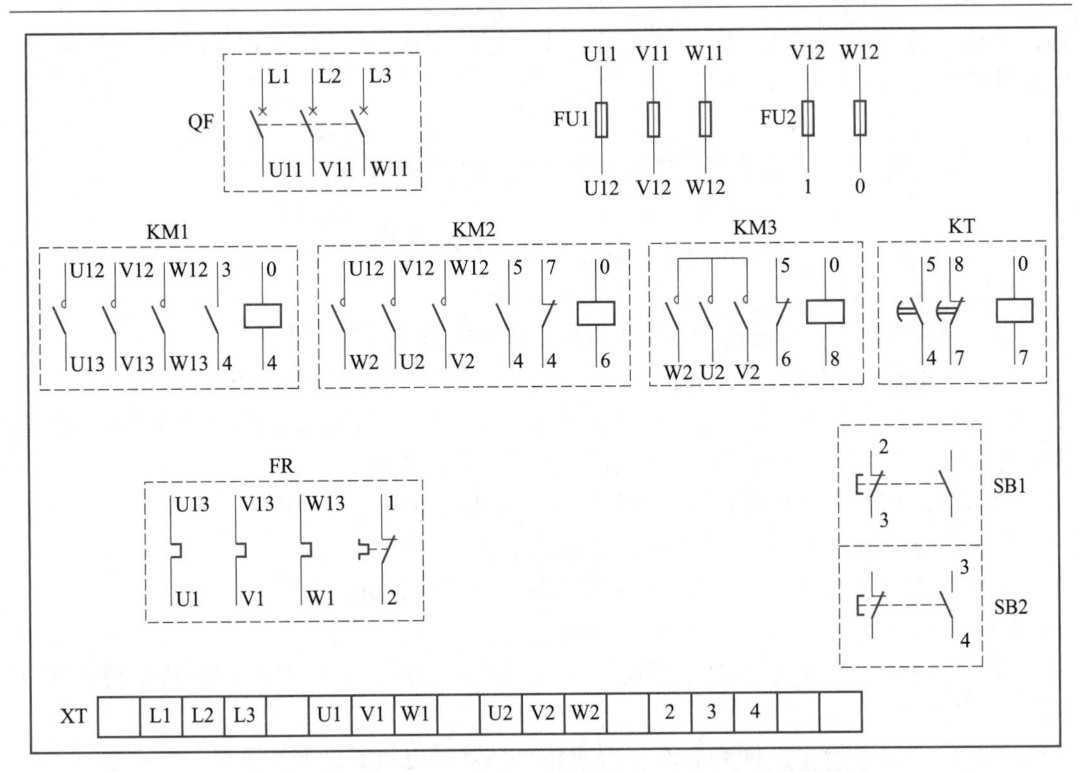

图 1-34　电动机星—三角降压启动控制线路的电气安装接线图

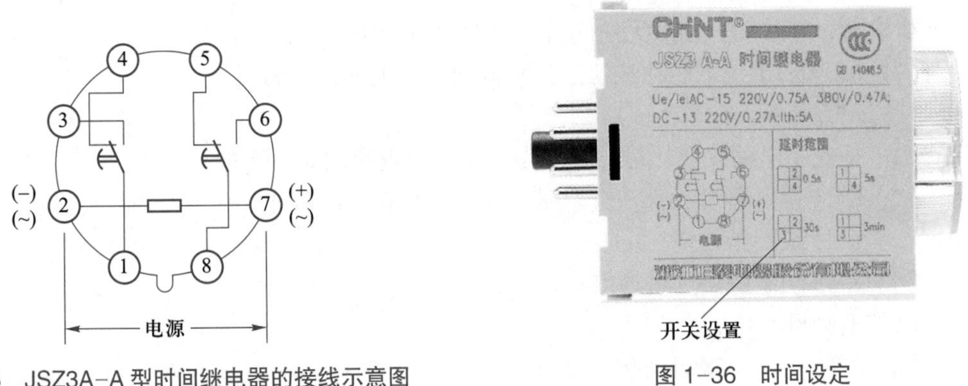

图 1-35　JSZ3A-A 型时间继电器的接线示意图

图 1-36　时间设定

上（V12 和 W12），此时读数应该为无穷大。按下启动按钮 SB2，读数应该是接触器 KM1、KM3 和时间继电器 KT 三个线圈电阻的并联值；用手按下 KM1 的衔铁，使 KM1 动合触点闭合，读数也应为接触器 KM1、KM3 和时间继电器 KT 三个线圈电阻的并联值。同时按下 KM1 和 KM2 的衔铁，万用表读数应为接触器 KM1 和 KM2 的两个线圈电阻的并联值。

4. 通电调试

通电前再次确认低压断路器规格、时间继电器的设定值、热继电器的整定值是否符合要求。

把 L1、L2 和 L3 三端接上电源，合上 QF，按下 SB2，KM1、KM3 和 KT 线圈得电，电动机星形联结降压启动；延时时间 6 s 到了之后，KM3 动断触点断开，KM2 线圈得电自锁，电动机为三角形联结，即全压运行。按下停止按钮SB1后，KM1和KM2线圈断电，电动机停止。

1.2.6 电动机星—三角降压启动控制线路常见故障检修

【故障现象1】按下启动按钮后接触器没动作（低压断路器闭合的前提下）。

检修步骤如下。

（1）查看电压表，电源指示灯是否工作，判断电源是否有问题。

（2）测量启动按钮按下是否存在接触不良，必要时更换或拆开清理触点。

（3）如有热继电器，则应检查是否涉及过载后未复位的情况；测量热继电器的动断触点在复位状态是否通路；必要时更换热继电器或拆开清理触点。

（4）检查KM2的电磁线圈是否损坏，必要时进行更换。

（5）查找控制电路导线是否有烧断、虚接或机械损坏。

【故障现象2】按下启动按钮后电动机运行，松开后电动机停止。

检修步骤如下。

（1）测量停止按钮动断触点在连续按下时是否通路，必要时进行更换或拆开清理触点。

（2）看KM2动合触点闭合状态是否通路，必要时更换或拆开清理触点，有条件加辅助触点的可以外加辅助触点。

（3）看KM2在按下启动按钮时是否跳动厉害，如KM2的衔铁夹层处灰尘过多，则可能产生跳动，导致动合触点无法闭合，必要时进行更换或拆开清理。

【故障现象3】按下启动按钮后接触器动作，电动机不转。

检修步骤如下。

（1）检查主电路，看接触器主触点、电动机电源线是否有断开。

（2）KM1接触器没吸合，查看时间继电器是否正常工作。

（3）KM1线圈是否烧坏。

（4）KM3动断触点是否通路。

（5）电动机卡死。

【故障现象4】二次启动跳不起来。

检修步骤如下。

（1）查看时间继电器二次启动输出是否正常。

（2）KM1动断触点是否通路。

（3）KM3主触点是否烧坏。

（4）延时时间是否设置太短，电动机负荷过重。

技能考核 >>>

1. 考核任务

根据电动机星—三角降压启动控制线路的电气原理图和电气安装接线图，进行电路安装、调试和故障检修。

（1）在规定时间内按工艺要求完成电动机星—三角降压启动控制线路的安装接线，且通电试验成功。

（2）能根据电路故障现象进行检修，并列出故障原因。

（3）遵守电工安全规范，做到文明生产。

2. 评分标准

按要求完成考核任务，其评分标准见表 1-9。

表 1-9　评 分 标 准

<table>
<tr><td colspan="2">姓名：</td><td>任务编号：1.2</td><td colspan="3">综合评价：</td></tr>
<tr><th>序号</th><th>考核项目</th><th>考核内容及要求</th><th>配分</th><th>评分标准</th><th>得分</th></tr>
<tr><td rowspan="6">1</td><td rowspan="6">电工安全操作规范</td><td>着装规范</td><td rowspan="6">20</td><td rowspan="18">现场考评</td><td rowspan="6"></td></tr>
<tr><td>安全用电</td></tr>
<tr><td>走线规范、合理</td></tr>
<tr><td>工具摆放整齐</td></tr>
<tr><td>工具及仪器仪表使用规范、摆放整齐</td></tr>
<tr><td>任务完成后，进行场地整理，保持场地清洁、有序</td></tr>
<tr><td rowspan="3">2</td><td rowspan="3">实训态度</td><td>不迟到、不早退、不旷课</td><td rowspan="3">10</td><td rowspan="3"></td></tr>
<tr><td>实训过程认真负责</td></tr>
<tr><td>组内人员主动沟通、协作，小组间互助</td></tr>
<tr><td rowspan="2">3</td><td rowspan="2">电器元件选择</td><td>合理选择低压电器</td><td rowspan="2">10</td><td rowspan="2"></td></tr>
<tr><td>正确填写电器元件清单</td></tr>
<tr><td rowspan="4">4</td><td rowspan="4">电器元件安装</td><td>电器元件质量检查</td><td rowspan="4">10</td><td rowspan="4"></td></tr>
<tr><td>按电器元件布置图安装电器元件</td></tr>
<tr><td>电器元件固定牢固整齐</td></tr>
<tr><td>保持电器元件完好</td></tr>
<tr><td rowspan="3">5</td><td rowspan="3">接线工艺</td><td>按电气原理图接线</td><td rowspan="3">20</td><td rowspan="3"></td></tr>
<tr><td>线路敷设整齐</td></tr>
<tr><td>导线压接紧固规范</td></tr>
<tr><td rowspan="4">6</td><td rowspan="4">调试检修</td><td>通电调试前进行静态测试</td><td rowspan="4">15</td><td rowspan="4"></td><td rowspan="4"></td></tr>
<tr><td>正确整定热继电器整定值、选配熔体</td></tr>
<tr><td>正确设定时间继电器</td></tr>
<tr><td>通电一次成功且根据所设故障进行正确检修</td></tr>
</table>

续表

序号	考核项目	考核内容及要求	配分	评分标准	得分
7	实践效果	系统工作可靠	5	现场考评	
		满足工作要求			
		按规定的时间完成任务			
8	汇报总结	工作总结，PPT汇报	5		
		填写自我检查表及反馈表			
9	创新实践	在本任务中有另辟蹊径、独树一帜的实践内容	5		
合计			100		

注　综合评价，可以采用教师评价、学生评价、组间评价、企业评价按一定比例计算后综合得出五级制成绩，即90~100为优、80~89为良、70~79为中、60~69为及格、0~59为不及格。

思考与练习

习题1.1　图1-37所示为电动机正反转控制线路的电气原理图，请完成以下任务。

（1）能识别和使用电动机正反转控制线路的低压电器。

（2）能识读电动机正反转控制线路电气原理图，明确电路中所用电器元件的作用。

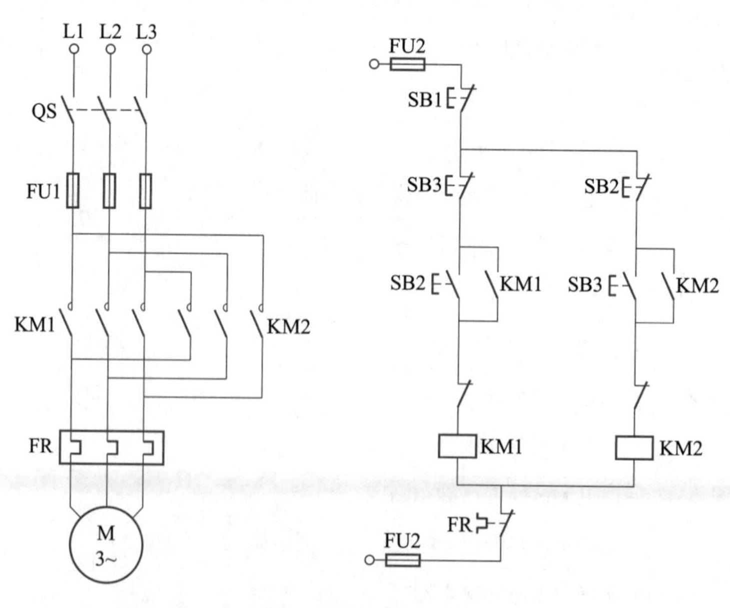

图1-37　习题1.1图

（3）会根据电气原理图绘制电气安装接线图和电器元件布置图，并按工艺要求完成安装接线。

（4）能够对所接电路进行检测和通电试验，并能用万用表检测电路和排除常见电气故障。

习题 1.2　电动机限位控制线路如图 1-38 所示。图中 SQ1 和 SQ2 为行程开关，又称限位开关，它装在预定的位置上，当运动部件移动到此位置时，装在部件上的撞块压下行程开关，使其动断触点断开，控制电路被切断，电动机停止转动。请完成以下任务。

（1）识别和使用电动机限位控制线路的电器元件。

（2）识读电动机限位控制线路电气原理图，明确电路中所用电器元件的作用。

（3）根据电气原理图绘制电气安装接线图和电器元件布置图，并按工艺要求完成安装接线。

（4）对所接电路进行检测和通电试验，并能用万用表检测电路，排除常见电气故障。

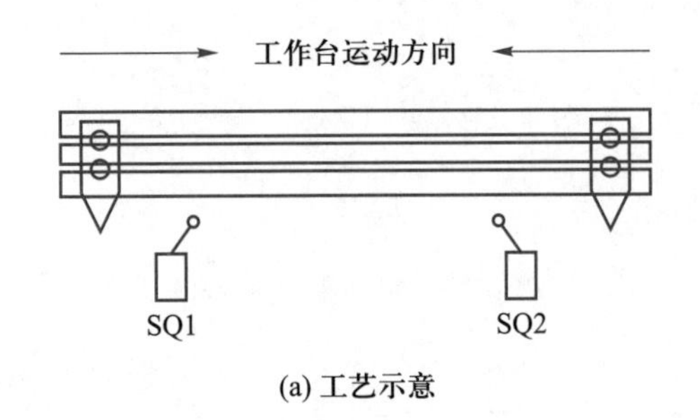

(a) 工艺示意

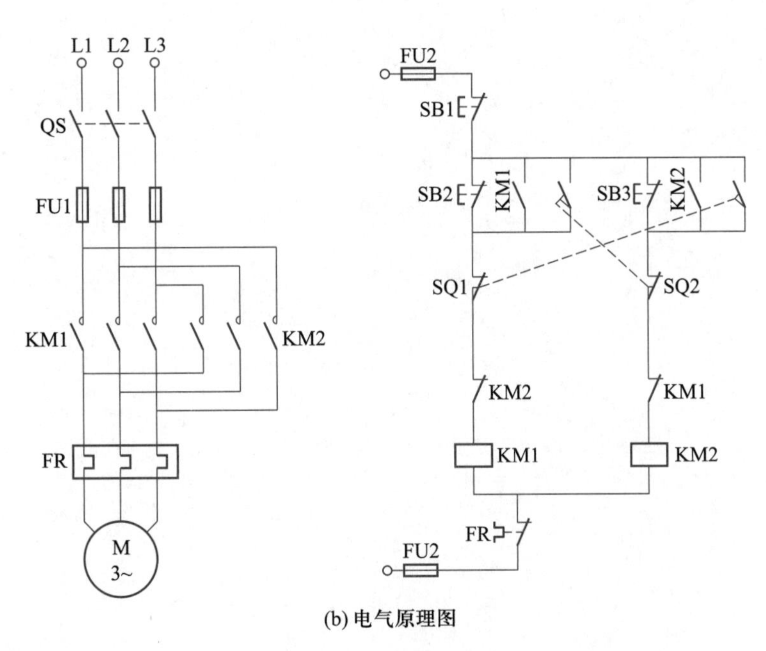

(b) 电气原理图

图 1-38　习题 1.2 图

项目 2

S7-1200 PLC 系统的初调

导读

可编程控制器（PLC，Programmable Logic Controller）是一种用于智能制造的工业控制装置。根据 IEC 61131-3 标准，PLC 常见的三种位元件是输入继电器、输出继电器和内部辅助继电器，分别用于与外部输入开关连接、与外部负载连接以及内部无限次使用的中间变量，以自锁、互锁等梯形图功能实现最常见的电气控制。本项目通过 PLC 控制指示灯亮灭和 PLC 控制三相电动机正反转两个任务，使读者能够明确 PLC 控制系统的输入元件、输出元件，正确分配 I/O 点，并掌握 PLC 控制的基本编程思路和控制过程。

知识目标

- 熟悉 PLC 的定义、内部结构和外部连接方式。
- 熟悉 S7-1200 PLC 系统的构成以及扩展模块的连接方式。
- 了解 S7-1200 PLC 存储器的概念、分类、作用。
- 掌握自锁和互锁两种梯形图程序的编写方法。

能力目标

- 能绘制 S7-1200 PLC 的灯控制或电动机控制线路图。
- 能根据图纸完成 S7-1200 PLC 的系统控制。
- 能使用博途软件完成 S7-1200 PLC 硬件组态和梯形图的编辑。
- 能使用博途软件完成程序下载、监控与调试。

素养目标

- 具有现代制造业高技能人才后备军的责任感。
- 对从事PLC应用工作充满热情。
- 有较强的求知欲，乐于、善于使用所学的PLC技术解决生产实际问题。

任务2.1 PLC控制指示灯亮灭

任务描述 >>>

图2-1所示是PLC控制指示灯亮灭的示意图。这里PLC选用西门子S7-1200 PLC（CPU1215C DC/DC/DC），带有启动按钮和停止按钮的按钮盒接入PLC的输入端，指示灯则接入PLC的输出端。任务要求如下。

（1）实现控制目标，即当按下启动按钮后，指示灯亮；按下停止按钮后，指示灯灭。

（2）正确绘制PLC控制的电气接线图，并完成线路装接后上电。

（3）完成PLC的硬件配置和软件编程，并下载到PLC中，最后经调试后实现指示灯的亮灭控制。

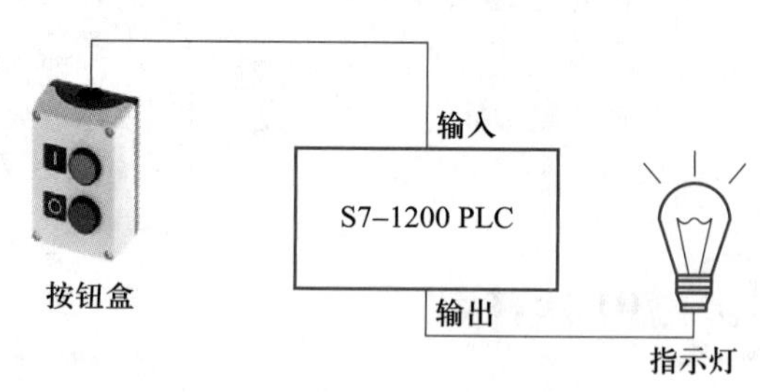

图2-1 任务2.1控制示意图

知识准备 >>>

2.1.1 S7-1200 PLC的基本构成

1. PLC概念

可编程控制器（PLC，Programmable Logic Controller），是以微处理器或嵌入式芯片为基础，综合了计算机技术、自动控制技术和通信技术发展而来的一种工业控制装置，是现代工业的主要控制手段和重要的基础设备之一，也是智能制造的一个核心基础。

国际电工委员会（IEC）对PLC作了下列定义："PLC是一种数字运算操作的电子系统，专为在工业环境下应用而设计。它可采用可编程序的存储器，用来在其内部存储执行逻辑运算、顺序控制、定时、计数和算术运算等操作的命令，并通过数字式、模拟式的输入和输出，控制各种类型的机械和生产过程。"

图2-2所示为某种PLC的内部结构图。CPU相当于PLC的大脑，通常采用微处理器

或嵌入式芯片，PLC 通过它接收外部指令并发送指令；输入和输出光耦器件以光为媒介传输电信号，对输入、输出电信号有良好的隔离作用，从而实现了工业控制现场与 PLC 主机的电气隔离，提高了抗干扰性；通信口的作用是在 PLC 与组态计算机、触摸屏或上位机等之间进行数据发送和接收，图中所示通信口为串行口，也可以采用以太网口；运行开关可将 PLC 强制停机或通过该开关进行 PLC 复位，也有一些 PLC 取消了硬件开关，而采用软运行开关。

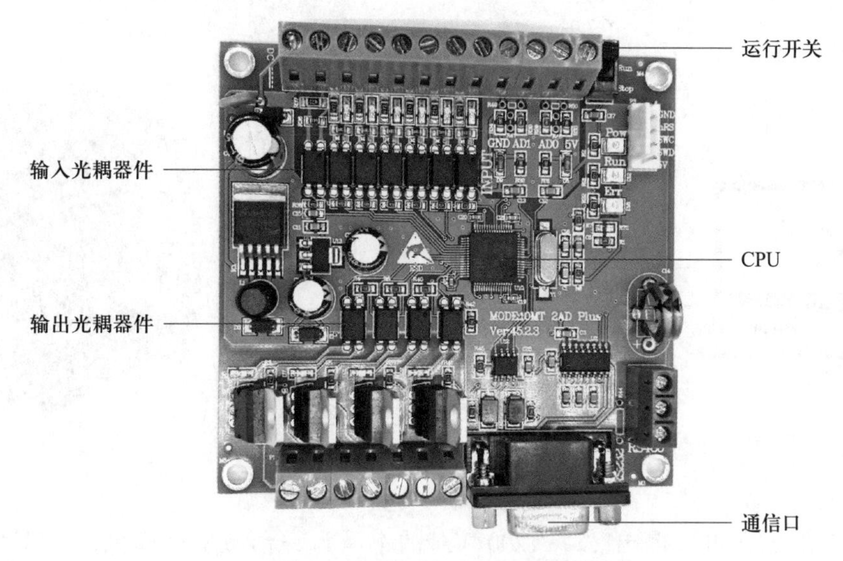

图 2-2　某种 PLC 内部结构图

图 2-3 所示是 PLC 外部连接示意图。以 PLC 控制电动机为例，PLC 的输入信号模块外接按钮等信号，输出信号模块外接控制电动机的接触器，通过 CPU 中的梯形图指令集合进行连接，执行逻辑运算、顺序控制等，从而实现电动机的启停控制。

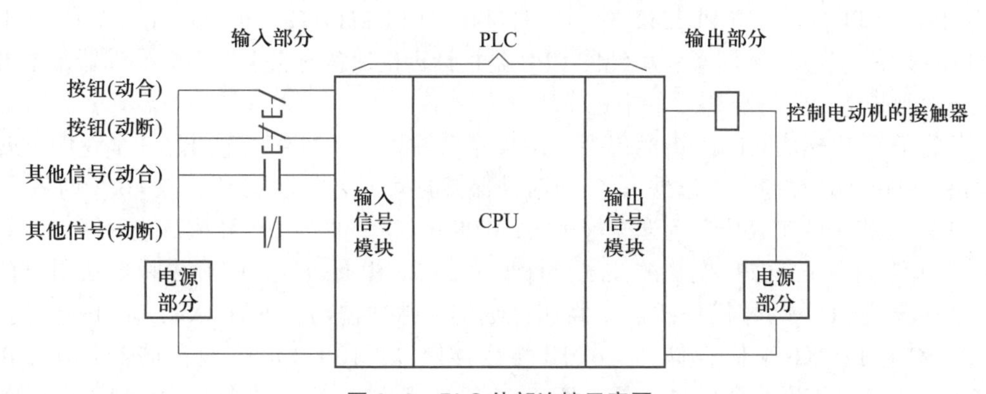

图 2-3　PLC 外部连接示意图

2. S7-1200 PLC 构成

本书介绍的 S7-1200 PLC 产品属于西门子主流 S7 系列 PLC。S7 系列 PLC 包括 S7-200、S7-200 SMART、S7-300、S7-400、S7-1200、S7-1500 等，其中 S7-1200 PLC 作为中小型

PLC 的典型代表，具有外观轻巧、速度敏捷、标准化程度高等特点，同时借助 PROFINET 网络通信，可以构成复杂多变的电气控制系统。

如图 2-4 所示，西门子 S7-1200 PLC 包括 CPU、电源、输入信号处理回路、输出信号处理回路、存储区、RJ45 端口和扩展模块接口等。该 PLC 的运行开关为软运行开关，通信口采用以太网接口（即 RJ45 端口）。

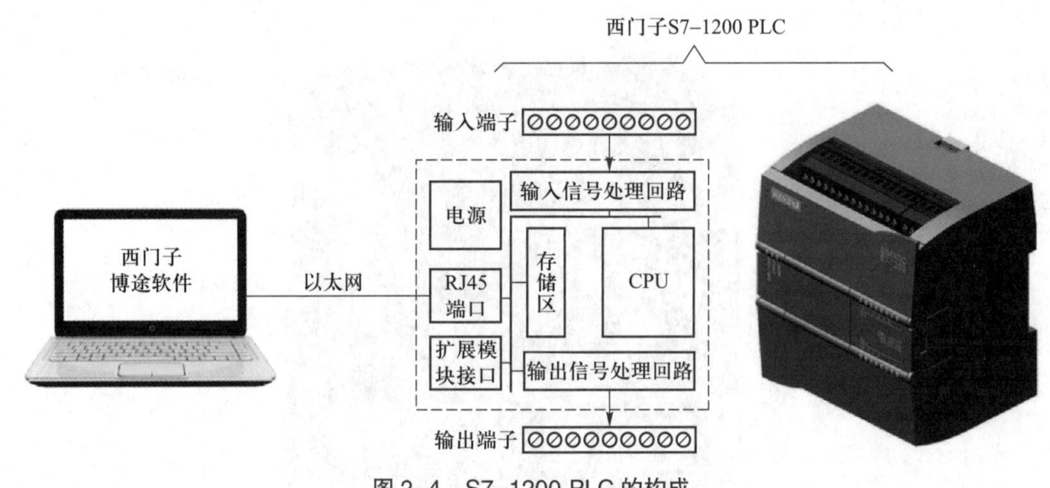

图 2-4　S7-1200 PLC 的构成

从 PLC 的定义可以得出：S7-1200 PLC 的本质为一台微型计算机，负责系统程序的调度、管理、运行和自诊断，并对经博途软件编译下载后的用户程序作出解释处理，最终实现调度用户目标程序运行。

微课：

博图 V16 软件的安装

3. 不同型号的 S7-1200 PLC 模块

为了匹配不同输入 / 输出点数以及不同运行功能的控制系统，西门子公司推出了不同的 S7-1200 PLC 主机模块，并以 CPU 作为前缀，如 CPU1211C、CPU1212C、CPU1212FC、CPU1214C、CPU1214FC、CPU1215C、CPU1215FC、CPU1217C 等。这里需要注意：单纯的 CPU 是指计算机通常意义上的中央处理器；本书中 CPU 模块则是特指西门子 PLC 的主机模块。

西门子 CPU 模块共同的指标包括：1024 字节输入、1024 字节输出、3 个左侧扩展通信模块、SIMATIC 存储卡（选件）、实时时钟保持时间（通常为 20 天，在 40 ℃时最少 12 天）、2.3 μs/ 指令的实数数学运算执行速度、0.08 μs/ 指令的布尔运算执行速度等。

不同型号西门子 CPU 模块的技术指标见表 2-1。由此可知，CPU 模块包括用户存储器、本地集成 I/O、信号模块扩展、高速计数器、脉冲输出、PROFINET 接口等。例如，CPU1215C 有 125 KB 工作存储器、4 MB 装载存储器、10 KB 保持型存储器、8192 B 位存储器等，可以扩展 8 个模块，具有四路 100 kHz 脉冲输出和两个 PROFINET 以太网接口等。

表 2-1　不同型号西门子 CPU 模块的技术指标

型号		CPU 1211C	CPU 1212C	CPU 1212FC	CPU 1214C	CPU 1214FC	CPU 1215C	CPU 1215FC	CPU 1217C
标准 CPU		DC/DC/DC，AC/DC/RLY，DC/DC/RLY							DC/DC/DC
故障安全 CPU			DC/DC/DC，DC/DC/RLY						
用户存储器 ● 工作存储器 ● 装载存储器 ● 保持型存储器		● 50 KB ● 1 MB ● 10 KB	● 75 KB ● 2 MB ● 10 KB	● 100 KB ● 2 MB ● 10 KB	● 100 KB ● 4 MB ● 10 KB	● 125 KB ● 4 MB ● 10 KB	● 125 KB ● 4 MB ● 10 KB	● 150 KB ● 4 MB ● 10 KB	● 150 KB ● 4 MB ● 10 KB
本地集成 I/O ● 数字量 ● 模拟量		● 6 点输入 /4 点输出 ● 2 路输入	● 8 点输入 /6 点输出 ● 2 路输入		● 14 点输入 /10 点输出 ● 2 路输入		● 14 点输入 /10 点输出 ● 2 路输入 /2 路输出		
位存储器（M）		4096B			8192B				
信号模块扩展		无	2		8				
最大本地 I/O- 数字量		14	82		284				
最大本地 I/O- 模拟量		3	19		67		69		
高速计数器	总计	最多可组态 6 个使用任意内置输入或 SB 输入的高速计数器							
	差分 1 MHz								Ib.2～Ib.5
	100/80 kHz	Ia.0～Ib.5							
	30/20 kHz				Ia.6～Ia.7		Ia.6～Ib.5		Ia.6～Ib.1
		使用 SB 1223 DI 2×DC 24 V、DC 2×DC 24 V 时可达 30/20 kHz							
	200/160 kHz	使用 SB 1221 DI 2×DC 24 V（200 kHz）、SB 1221 DI 4×DC 5 V（200 kHz）、SB 1223 DI 2×DC 24 V/DQ 2×DC 24 V（200 kHz）、SB 1223 DI 2×DC 5 V/DQ 2×DC 5 V（200 kHz）时最高可达 200/160 kHz							

续表

<table>
<tr><th colspan="2">型号</th><th>CPU 1211C</th><th>CPU 1212C</th><th>CPU 1212FC</th><th>CPU 1214C</th><th>CPU 1214FC</th><th>CPU 1215C</th><th>CPU 1215FC</th><th>CPU 1217C</th></tr>
<tr><td rowspan="6">脉冲输出</td><td>总计</td><td colspan="8">最多可组态 4 个使用 DC/DC/DC CPU 任意内置输出或 SB 输出的脉冲输出</td></tr>
<tr><td>差分 1 MHz</td><td colspan="7"></td><td>Qa.0～Qa.3</td></tr>
<tr><td>100 kHz</td><td colspan="7">Qa.0～Qa.3</td><td>Qa.4～Qb.1</td></tr>
<tr><td rowspan="2">20 kHz</td><td colspan="3"></td><td colspan="2">Qa.4～Qa.5</td><td colspan="2">Qa.4～Qb.1</td><td></td></tr>
<tr><td colspan="8">使用 SB 1223 DI 2×DC 24 V、DQ 2×DC 24 V 时可达 20 kHz</td></tr>
<tr><td>200 kHz</td><td colspan="8">使用 SB 1222 DQ 4×DC 24 V（200 kHz）、SB 1222 DQ 4×DC 5 V（200 kHz）、SB 1223 DI 2×DC 24 V/DQ 2×DC 24 V（200 kHz）、SB 1223 DI 2×DC 5 V/DQ 2×DC 5 V（200 kHz）时最高可达 200 kHz</td></tr>
<tr><td colspan="2">PROFINET 接口</td><td colspan="5">1 个以太网通信接口，
支持 PROFINET 通信</td><td colspan="3">2 个以太网接口，
支持 PROFINET 通信</td></tr>
</table>

图 2-5 所示是西门子 CPU 模块后缀说明，包括 AC/DC/Rly、DC/DC/Rly、DC/DC/DC。

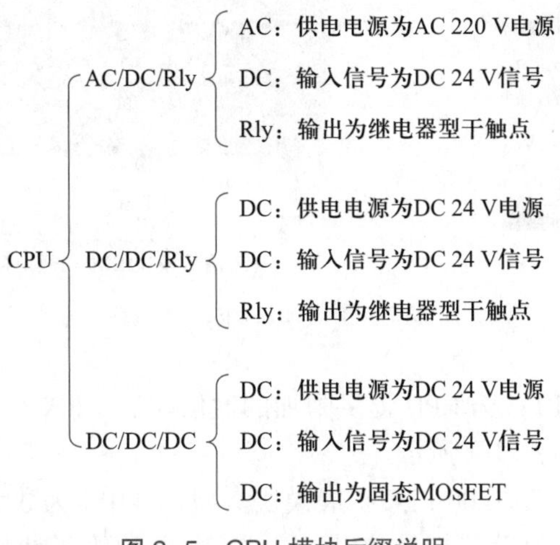

图 2-5　CPU 模块后缀说明

2.1.2　S7-1200 PLC 的常见扩展模块

1. S7-1200 PLC 系统构成

图 2-6 所示为 S7-1200 PLC 的系统构成，它除了 CPU 模块之外，还包括信号模块（SM）、通信模块（CM）、电源模块、以太网交换机和其他附件等。

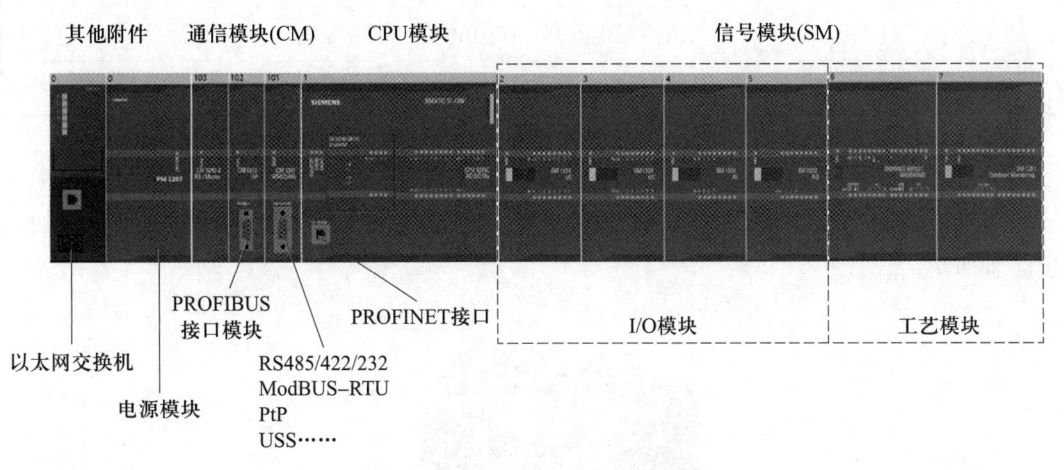

图 2-6　S7-1200 PLC 系统构成

S7-1200 PLC 有以下三种类型的扩展模块。

（1）信号板（SB）：仅为 CPU 提供附加的 I/O 点。信号板安装在 CPU 的前端，如图 2-7（a）所示。

（2）信号模块（SM）：提供附加的数字或模拟 I/O 点。信号模块连接在 CPU 右侧，如图 2-7（b）所示。

(a) 信号板(SB)

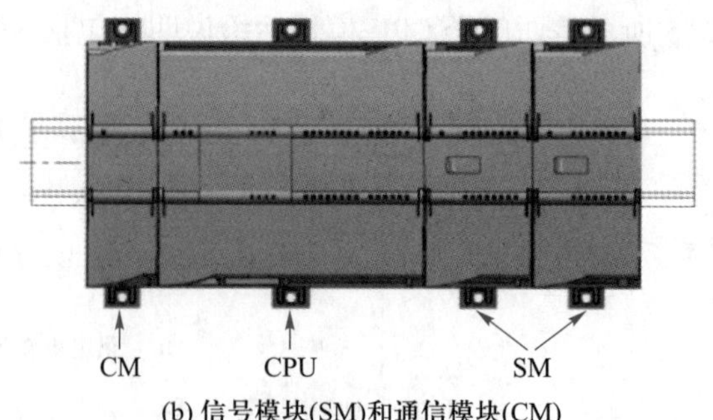

(b) 信号模块(SM)和通信模块(CM)

图 2-7 扩展模块的安装位置

（3）通信模块（CM）：为 CPU 提供附加的通信端口（RS232 或 RS485）。通信模块连接在 CPU 左侧，如图 2-7（b）所示。

表 2-2 中为常见的 S7-1200 PLC 扩展模块类型，其中 I 为数字量输入、Q 为数字量输出、AI 为模拟量输入、AQ 为模拟量输出，这些字符前的数字代表数量，如 16I 表示 16 个数字量输入，4AQ 表示 4 个模拟量输出；CM 1241 RS232 则表示通信模块类型为 RS232，CM 1241 RS485 则表示通信模块类型为 RS485。

表 2-2 常见的 S7-1200 PLC 扩展模块类型

模块类型	扩展说明
信号模块（SM）	8 点、16 点 DC 和继电器型（8I、16I、8Q、16Q、8I/8Q），模拟量（4AI、8AI、4AI/4AQ、2AQ、4AQ）
	16 点继电器型（16I/16Q）
通信模块（CM）	CM 1241RS232 和 CM1241RS485

2. 信号模块（SM）

信号模块用于扩展 PLC 的输入和输出点数，可以使 CPU 增加附加功能。信号模块如图 2-8 所示。

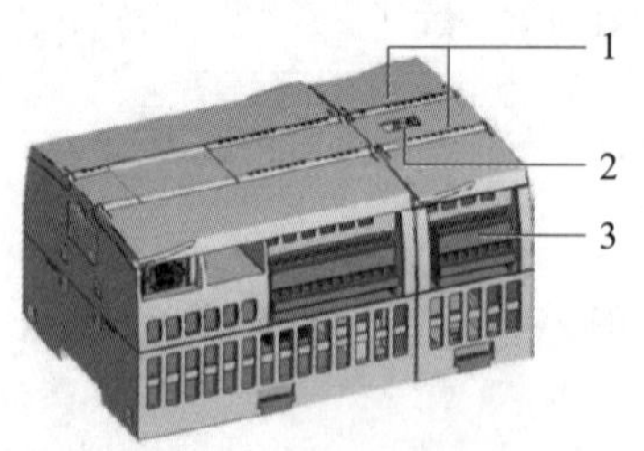

1—信号模块的I/O的状态 LED 2—总线连接器 3—可拆卸用户接线连接器

图 2-8 信号模块

3. 信号板（SB）

信号板（SB，Signal Board）如图 2-9 所示。信号板用于为 CPU 模块增加 I/O。它的特点是价格低，对于扩展点数少的系统来说，是很好的选择。每一个 CPU 模块都可以添加一个具有数字量或模拟量 I/O 的信号板。

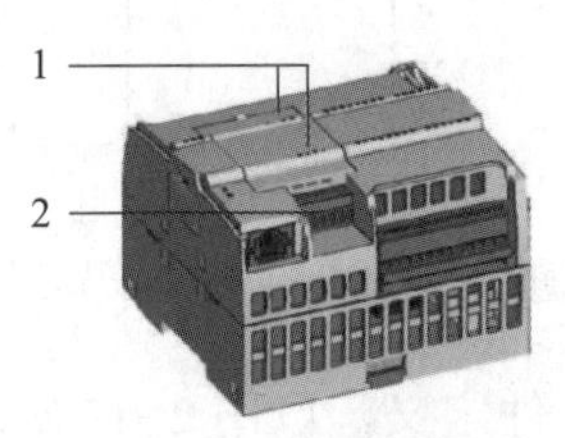

1—SB上的状态 LED 2—可拆卸用户接线连接器

图 2-9 信号板

4. 通信模块（CM）

通信模块用于弥补 CPU 模块只有以太网通信口的不足，比如提供 RS232、RS485、MODBUS 通信端口等。图 2-10 所示为通信模块连接示意图。

图 2-10 通信模块连接示意图

2.1.3 PLC 梯形图编程、位元件与寻址方式

1. 梯形图编程与位元件

PLC 最常用的编程语言是梯形图，它是最接近继电器、线圈等电器元件实体的符号编程方法，如┤├表示动合触点、┤/├表示动断触点、-( )-表示输出线圈。图 2-11 所示是由自锁电路电气原理图转化为 PLC 梯形图的编程示意图，显然对于熟悉电气控制的技术人员来说，梯形图编程简单明了。

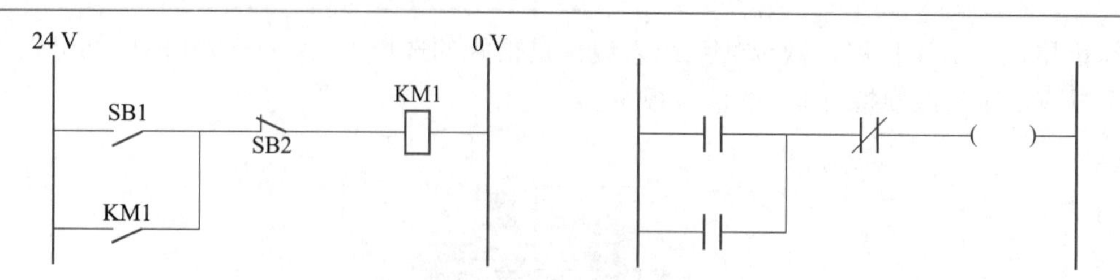

图 2-11　从自锁电路电气原理图转化为 PLC 梯形图的编程示意图

表 2-3 所示为自锁电路位元件定义。以图 2-12 所示为例，梯形图左侧竖线是电源线，经过 I0.0 按钮动合触点，再经过 I0.1 按钮动断触点，最后输出线圈 Q0.0 为 ON；此时，Q0.0 的触点也接通，即使 I0.0 按钮复原，Q0.0 的线圈仍旧为 ON；当 I0.1 按钮动作时，其动断触点断开，线圈 Q0.0 为 OFF。需要注意的是，实际的停止按钮接线方式与梯形图的动合、动断触点表达容易产生歧义。当实际的停止按钮动合触点接入到 PLC 输入点时，梯形图中表达式为动断触点，即图 2-12 所示梯形图是正确的；当实际的停止按钮动断触点接入到 PLC 输入点时，梯形图中表达式为动合触点，即图 2-12 所示梯形图是错误的，此时需要更改为图 2-13 所示的梯形图。

表 2-3　自锁电路位元件定义

输入	位元件	输出	位元件
SB1	I0.0	KM1	Q0.0
SB2	I0.1		

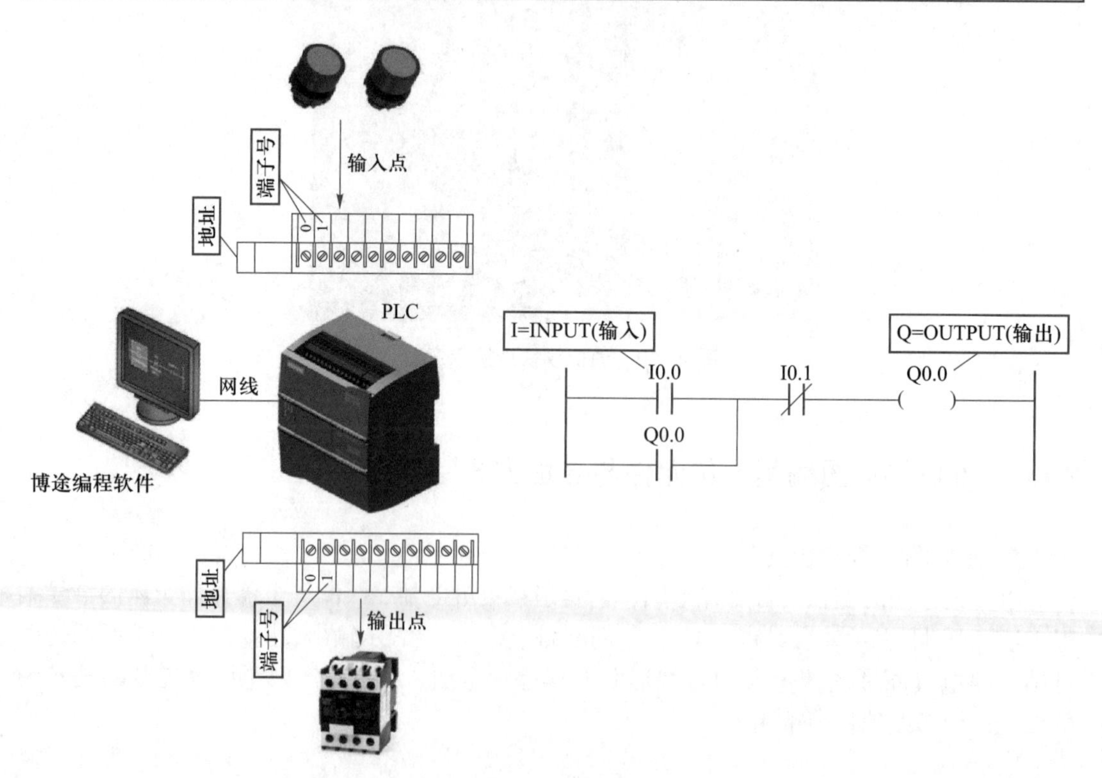

图 2-12　PLC 梯形图编程示意图

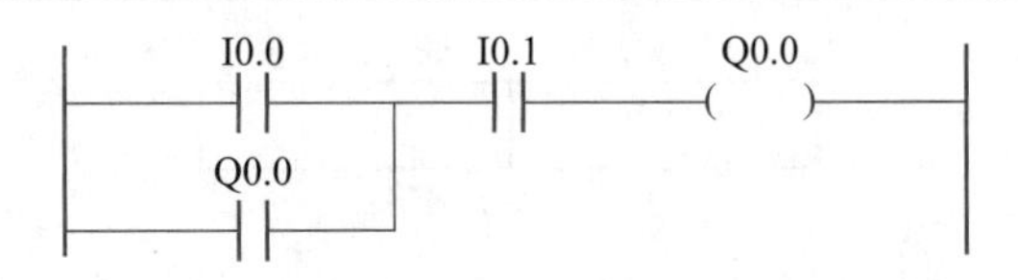

图 2-13　停止按钮接线为动断触点时的梯形图

2. 三种位元件的种类、功能与符号

PLC 常见的三种位元件是输入继电器、输出继电器和内部辅助继电器，具体见表 2-4。根据 IEC61131-3 标准，PLC 位元件用百分数符号“%”开始，随后是位置前缀符号；如果有分级，则用整数表示分级，并用小数点符号“.”进行分隔。

表 2-4　PLC 的三种位元件种类、功能与符号

PLC 位元件种类	功能说明	符号表示
输入继电器	输入继电器（I）是 PLC 与外部输入点（用来与外部输入开关连接并接收外部输入信号的端子）对应的内部存储器基本单元。它由外部送来的输入信号驱动，使它为 0 或 1。用程序设计的方法不能改变输入继电器的状态，即不能对输入继电器对应的基本单元进行改写。它的触点（动合或动断触点）可无限制地多次使用	%I0.0，%I0.1，…，%I0.7，%I1.0，%I1.1，…，输入继电器位元件符号以 I 表示，顺序以八进制编号
输出继电器	输出继电器（Q）是 PLC 与外部输出点（用来与外部负载连接）对应的内部存储器基本单元。它可以由输入继电器触点、内部其他装置的触点以及它自身的触点驱动。它使用一个动合触点接通外部负载，其触点也像输入触点一样可无限制地多次使用	%Q0.0，%Q0.1，…，%Q0.7，%Q1.0，%Q1.1，…，输出继电器位元件符号以 Q 表示，顺序以八进制编号
内部辅助继电器	内部辅助继电器（M）与外部没有直接联系，它是 PLC 内部的一种辅助继电器，其功能与电气控制电路中的辅助（中间）继电器一样，每个内部辅助继电器也对应着内部存储器的一个基本单元，它可由输入继电器触点、输出继电器触点以及其他内部装置的触点驱动，它的触点也可以无限制地多次使用	M 也是八进制，如 %M0.0，%M 0.1，…，%M0.7，%M1.0，%M1.1 等

需要注意的是：在本书后续说明中，一般把“%”省略以示简洁。用户在编辑梯形图程序时，博途软件也会自动予以补全“%”符号。

根据计算机原理，8 位二进制数组成 1 个字节，即 1 Byte，如 %MB100 是由 %M100.0~%M100.7 共 8 位的状态组成的，如图 2-14 所示。

7　　　　0
MB100

图 2-14　%MB100 的构成

同理，可以由两个字节构成一个字，由两个字构成一个双字。按照西门子的命名规范，以起始字节的地址作为字、双字的地址，起始字节作为最高位的字节。图 2-15 所示是 %MW100（字）和 %MD100（双字）的寻址方式。

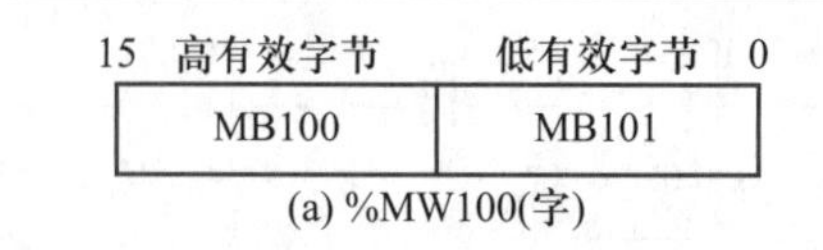

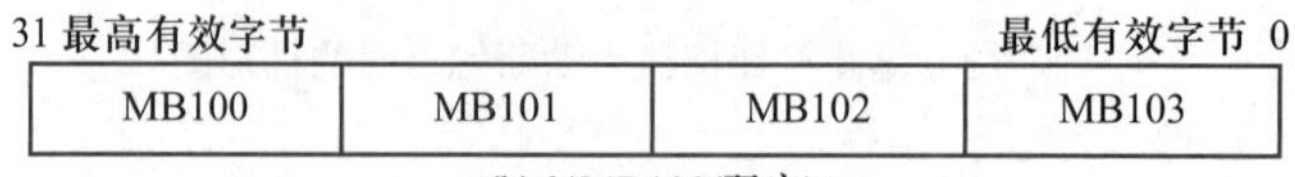

图 2-15　字和双字的寻址方式示例

任务实施 >>>

2.1.4　PLC 控制电路接线

图 2-16 所示为本任务的 PLC 控制系统，即输入部分 I0.0 外接停止按钮动断触点、I0.1 外接启动按钮动合触点，输出部分 Q0.0 外接指示灯，PLC 程序为自锁（自保持）电路的梯形图程序。

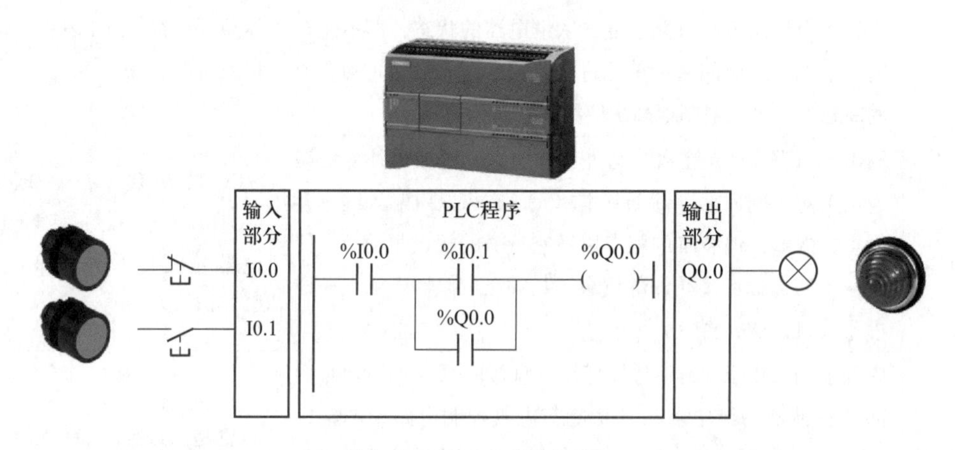

图 2-16　PLC 控制系统

表 2-5 所示为本任务的 I/O 分配表，用于定义 PLC 的输入 / 输出（I/O）。列出 I/O 分配表是绘制电气原理图前的关键一步，因为 PLC 输入点和输出点有限，所以要每一个点都定义一下作用，不能重复。本任务用到 2 个输入点、1 个输出点，选用的 PLC 为西门子 CPU1215C DC/DC/DC 具有 14 个输入点和 10 个输出点的数字量端口，符合要求。

表 2-5　I/O 分配表

	PLC 位元件	电器元件符号 / 名称
输入	I0.0	SB1/ 停止按钮（NC）
	I0.1	SB2/ 启动按钮（NO）
输出	Q0.0	HL1/ 指示灯

CPU1215C DC/DC/DC 的进线电源部分为 DC 24 V，输入部分可以采取公共点 1M 接 0 V（即 M 端子）的漏型接法，输出部分采用 DC 24 V 指示灯，电气原理图如图 2-17（a）所示，接线示意图如图 2-17（b）所示。

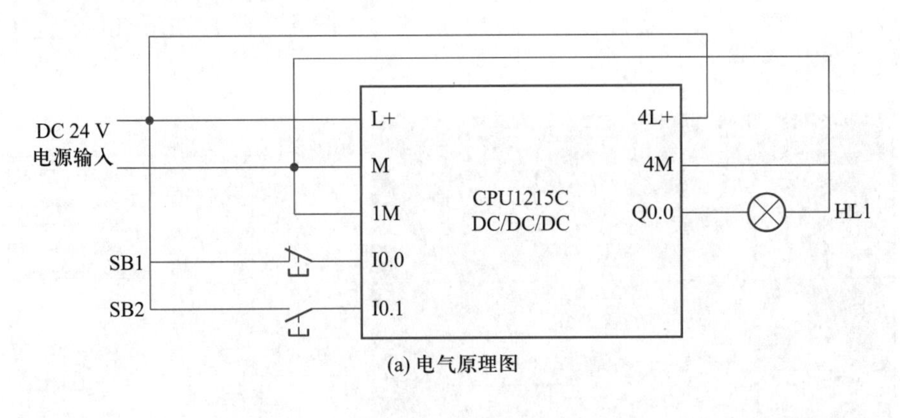

(a) 电气原理图

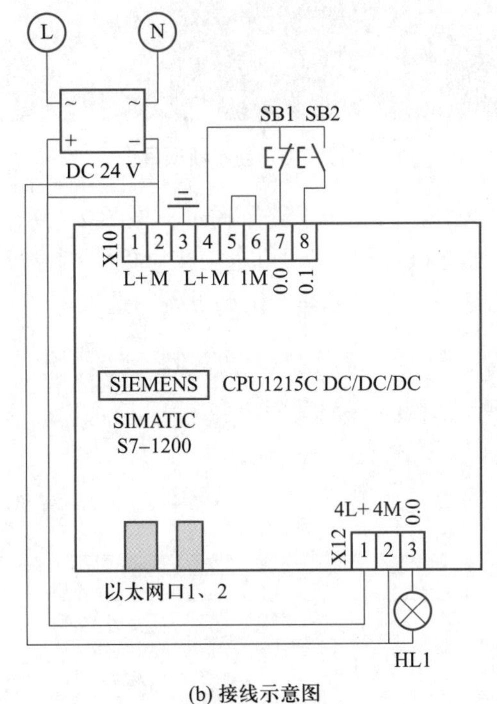

(b) 接线示意图

图 2-17　电气接线

2.1.5　PLC 项目新建

S7-1200 PLC 使用博途软件进行项目新建，包括编程、编译、调试、模拟。西门子公司已经发布的博途软件版本有 V10.5、V11、V12、V13、V14、V15、V16、V17 等，支持西门子最新的硬件 S7-1200/1500 系列 PLC，并向下兼容 S7-300/400 等系列 PLC 和 WinAC 控制器。

新建西门子项目文件，首先要双击博途图标打开博途软件，且高版本兼容低版本。

本书程序是以博途软件 V16 版本为编程环境，可以应用在大部分版本中。

1. 在博途软件中创建新项目

进入博途软件后，如图 2-18 所示，选择“启动”→“创建新项目”，然后在打开的“创建新项目”窗口输入“项目名称”（如本任务的“任务 2.1”），并单击 ... 图标选择路径，然后单击“创建”按钮。

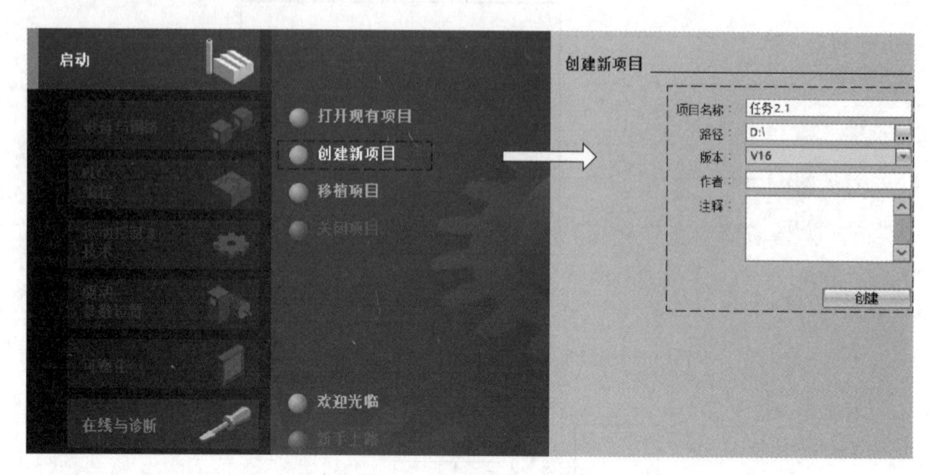

图 2-18　创建新项目

创建完新项目后，系统弹出“新手上路”提示（见图 2-19）。它包含了创建完整项目所必需的“组态设备”“创建 PLC 程序”“组态工艺对象”“参数设置驱动”“组态 HMI 画面”和“打开项目视图”选项。这里选择“组态设备”选项。

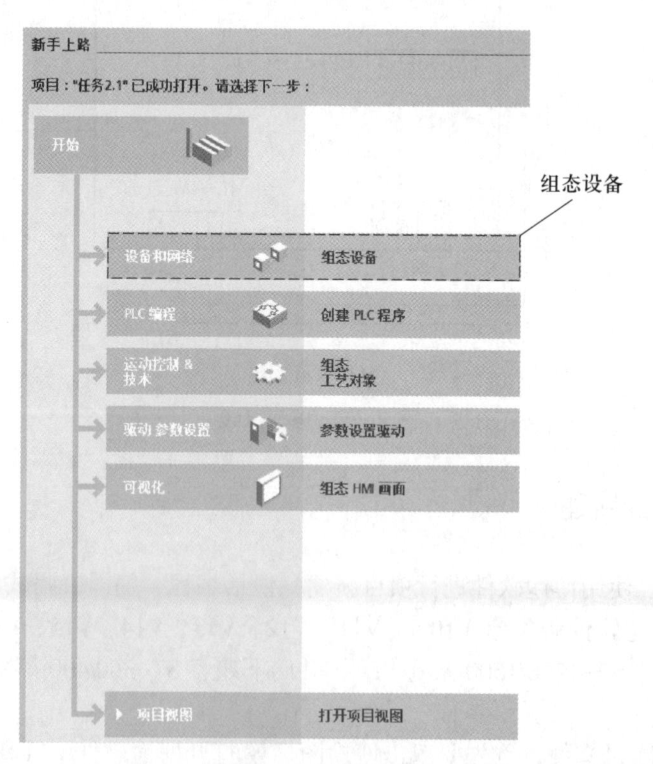

图 2-19　新手上路

S7-1200 PLC 提供了控制器、HMI、PC 系统和驱动等设备，如图 2-20 所示，在“添加新设备”窗口中选择“控制器→“Controllers”→“SIMATIC S7-1200”→“CPU”→“CPU 1215C DC/DC/DC”→“6ES7 215-1AG40-0XB0”，并选择实际的 CPU 版本，比如“V4.4”。

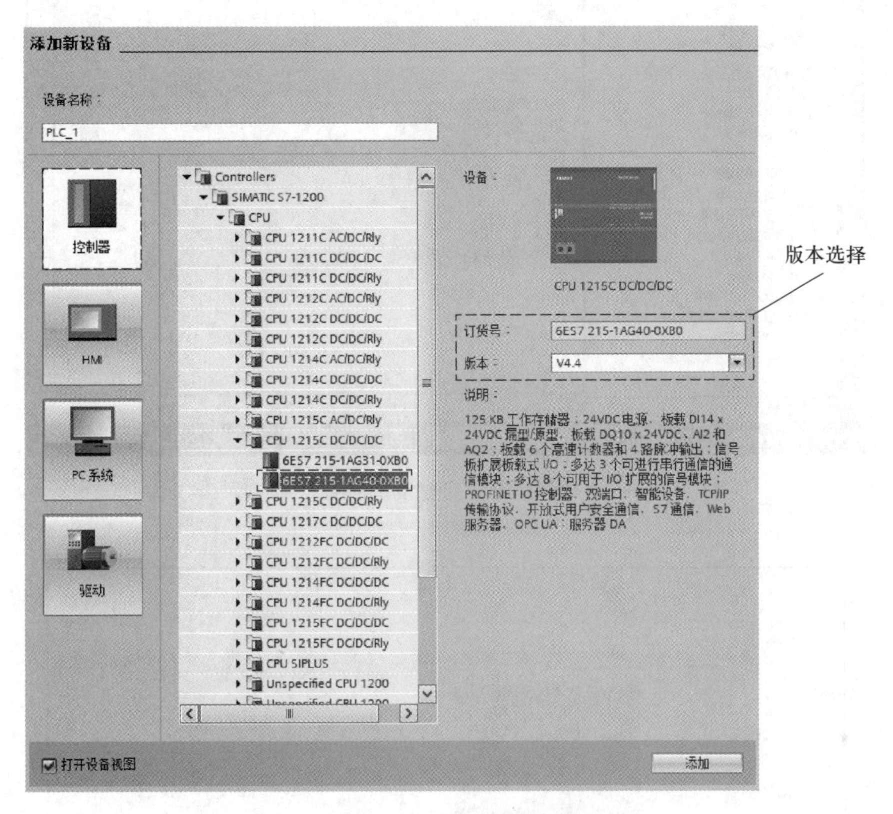

图 2-20　添加新设备

单击“添加”按钮后，系统就会出现图 2-21 所示的完整设备视图，包括菜单栏、符号栏、项目树、详细视图、设备视图、网络视图、拓扑视图、硬件目录窗口和属性窗口等。

2. 硬件配置

在设备视图中，用鼠标右键单击（右击）CPU 模块，系统将弹出选项菜单，这里选择“属性”，如图 2-22 所示。

选择后，系统进入图 2-23 所示 CPU 的常规属性窗口。CPU 的属性内容非常丰富，包括常规、PROFINET 接口、DI 14/DQ 10 等。

如图 2-24 所示是该 PLC PROFINET 接口的“IP 地址”与其他参数，这里“IP 地址”选择默认值，即 192.168.0.1。

图 2−21　完整设备视图

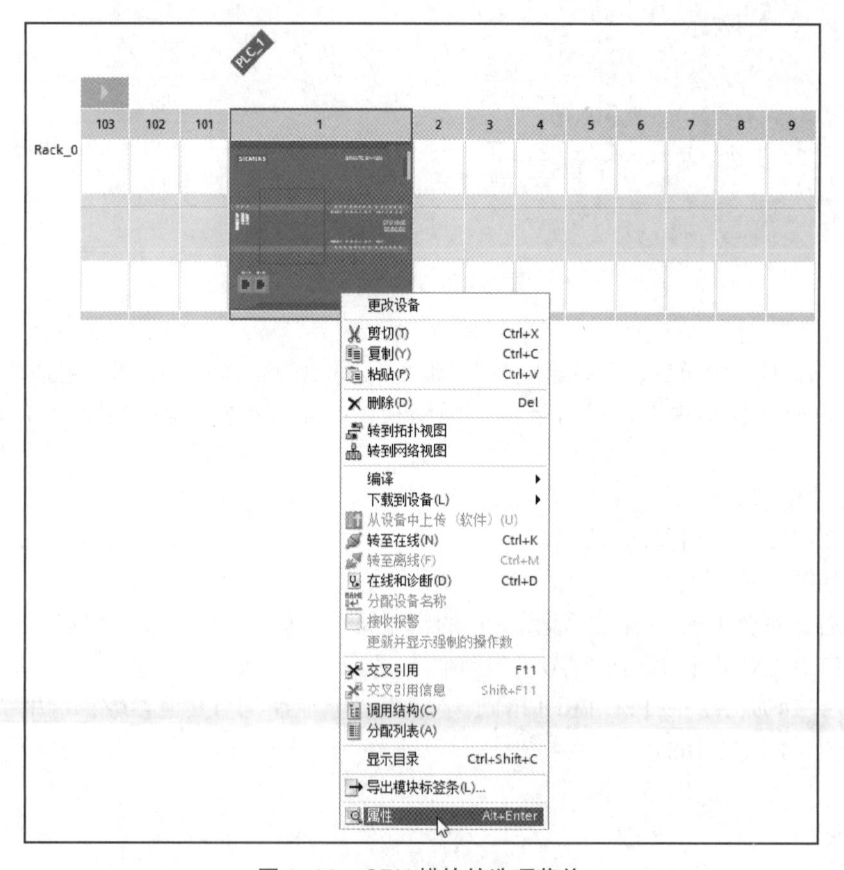

图 2−22　CPU 模块的选项菜单

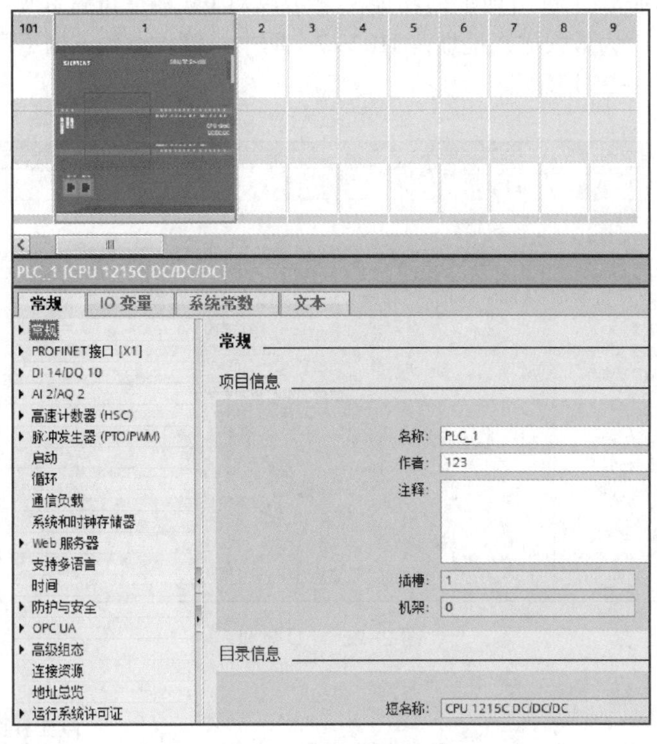

图 2-23　CPU 的常规属性窗口

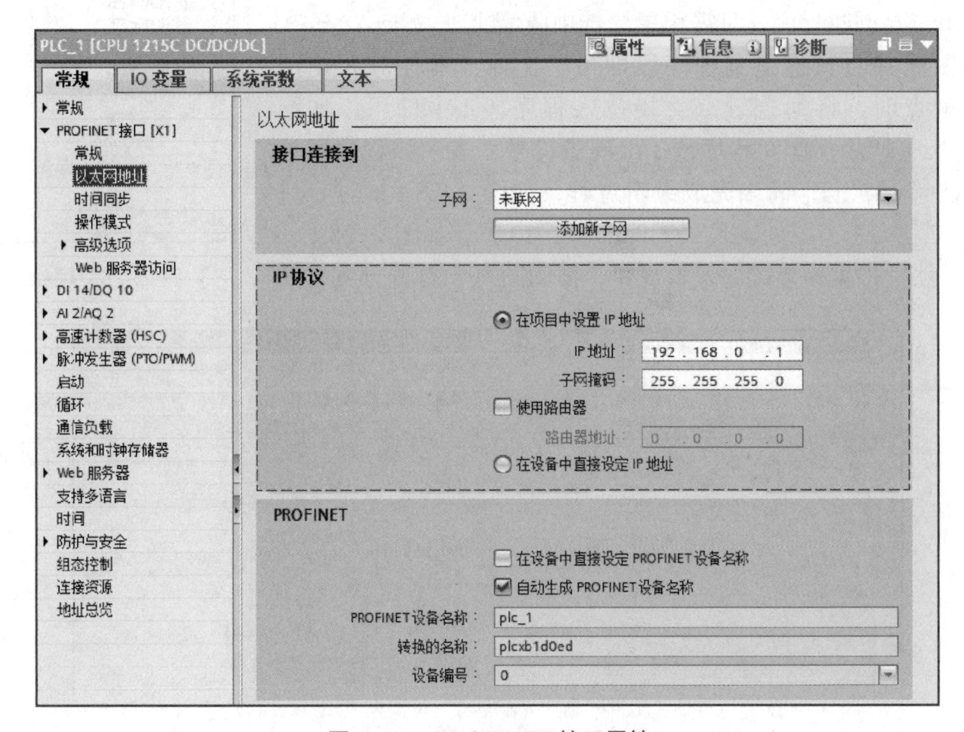

图 2-24　PROFINET 接口属性

S7-1200 PLC 提供了自由地址的功能，它可以对 I/O 地址进行起始地址的自由选择，如 0~1022 均可（因为最大输入地址是 I1023.7，而本机输入点数占据了两个字节，因此到 1022 为止），如图 2-25 所示。

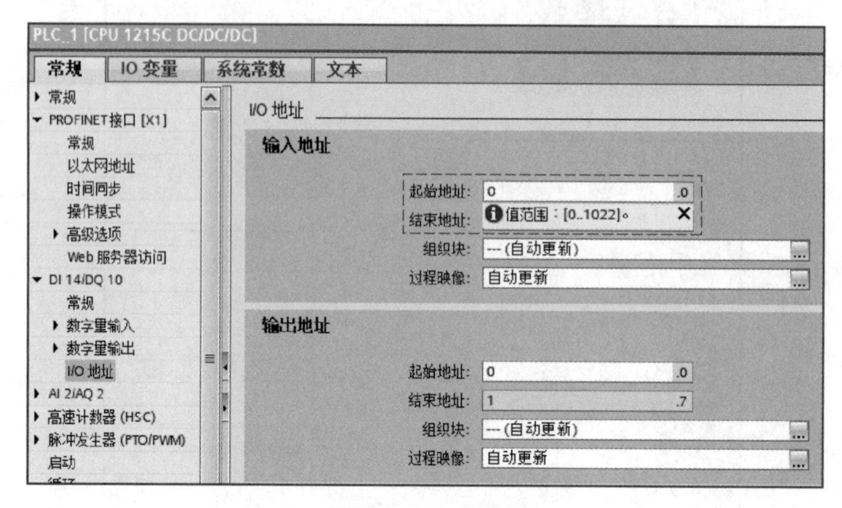

图 2-25　I/O 地址

3. 梯形图编程

项目树如图 2-26 所示。选择“任务 2.1”→“PLC_1［CPU 1215C DC/DC/DC］”→“程序块”→“Main［OB1］”，即可进入梯形图编程的区域，即图 2-27 所示的 Main 空程序块。

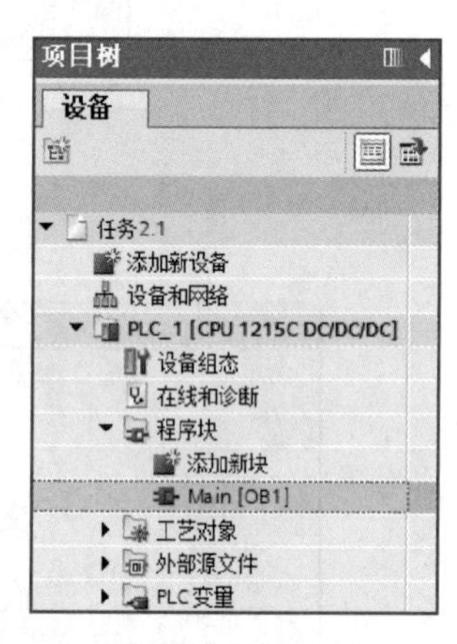

图 2-26　项目树

用户要创建程序，只需用鼠标选中收藏夹中的图标并将其拖曳到程序段即可。比如，本任务要使用动合触点时，将动合触点直接拉入程序段 1 中即可，如图 2-28（a）所示；此时程序段 1 出现符号，表示该程序段处于语法错误状态，尚未完成编辑过程，如图 2-28（b）所示；在“<？？ .？ >”处输入“%I0.0”或“I0.0”，如图 2-28（c）所示；然后根据梯形图的编辑规律，拖动图符打开分支，如

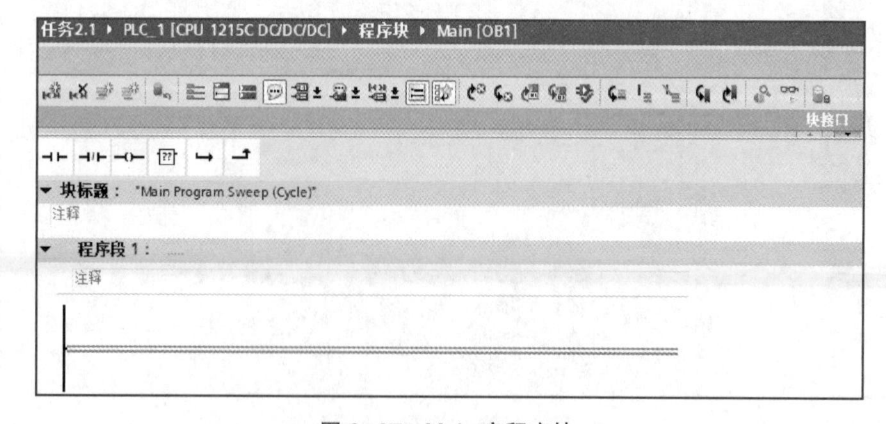

图 2-27　Main 空程序块

图 2-28（d）所示，输入接触器自锁触点“%Q0.0”或“Q0.0”，并拖动图符关闭分支，如图 2-28（e）所示；同理，拖动图符完成后续编程过程。完成后的梯形图程序如图 2-28（f）所示，此时符号已经消失，表示已经完成了编程过程。

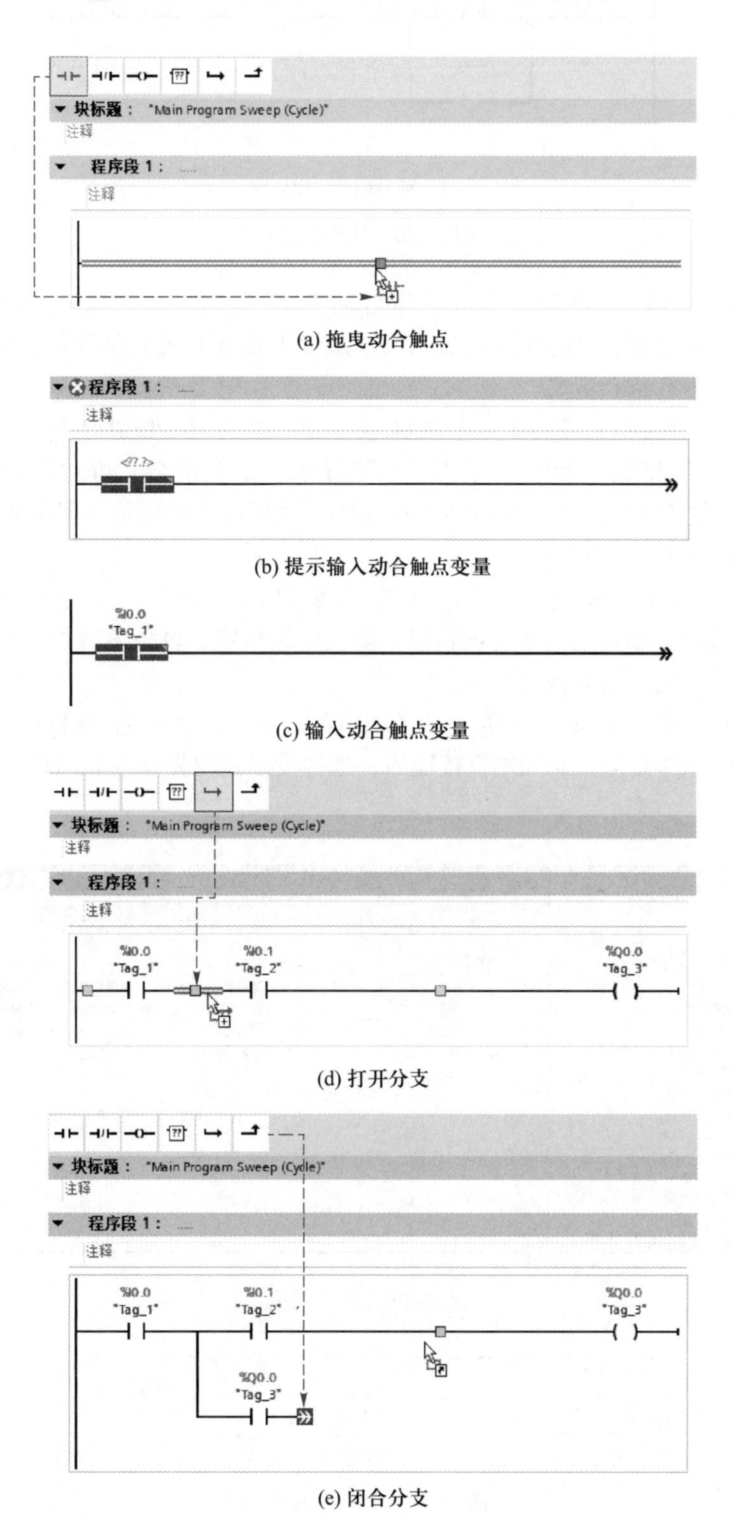

(a) 拖曳动合触点

(b) 提示输入动合触点变量

(c) 输入动合触点变量

(d) 打开分支

(e) 闭合分支

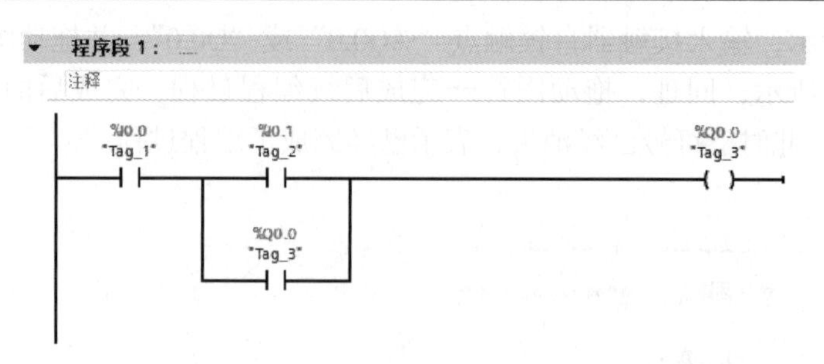

(f) 完成后的梯形图程序

图 2-28　梯形图编程

从图 2-28（f）可以看到，变量名称自动变成了“Tag_1”“Tag_2”“Tag_3”，其中“Tag”表示标签的意思，这样用序号表示的变量编码显然不利于程序的分析和阅读，因此需要对该变量名进行重新定义。

在项目树中，找到“任务 2.1”→“PLC_1［CPU 1215C DC/DC/DC］”→“PLC 变量”→“显示所有变量”（见图 2-29）并单击，系统显示三个变量名，可对其进行修改，如图 2-30 所示。修改完成后，再次返回到 Main 程序，如图 2-31 所示，图中相关变量名称已经替换，阅读起来非常方便。

变量是 PLC I/O 地址的符号名称，用户一旦创建 PLC 变量后，博途软件就会将这些变量存储在变量表中，项目中的所有编辑器（如程序编辑器、设备编辑器、可视化编辑器和监视表格编辑器）均可访问该变量表。

需要注意的是：变量定义也可以在编程前完成，这样在编程时，可以直接在 <? ? .? > 中选择变量，而无须直接输入，选择变量还是定义变量可以根据用户编辑习惯而定。

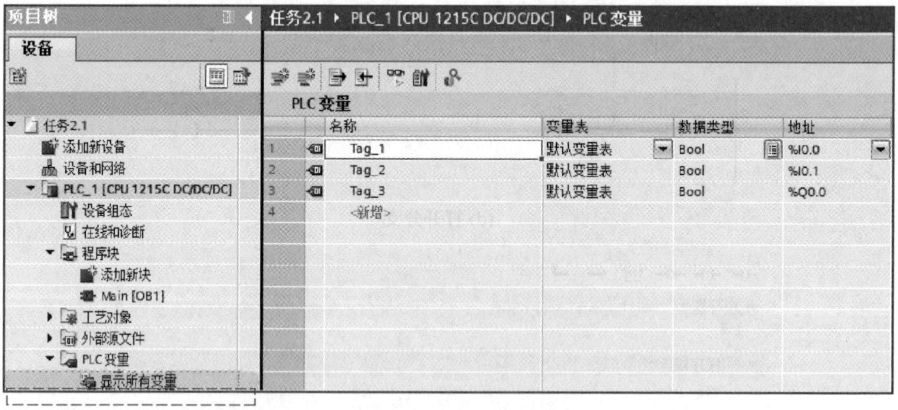

图 2-29　PLC 变量

PLC 变量

	名称	变量表	数据类型	地址
1	停止按钮	默认变量表	Bool	%I0.0
2	启动按钮	默认变量表	Bool	%I0.1
3	指示灯	默认变量表	Bool	%Q0.0

图 2-30　PLC 变量编辑

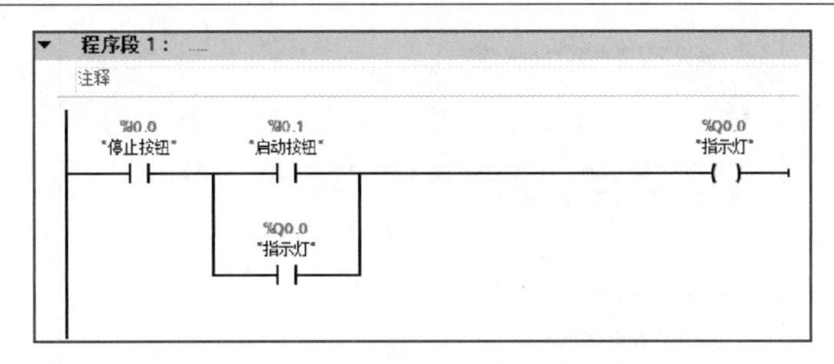

图 2-31　变量名称替换后的梯形图程序

2.1.6　以太网通信设置

要将计算机上博途软件的 PLC 硬件配置和梯形图程序下载到 S7-1200 PLC 中，首先要通过网线进行连接，然后还需要进行 IP 地址和子网掩码的通信设置。

1. IP 地址

每个设备也都必须具有一个 Internet 协议（IP）地址。该 IP 地址使设备可以在更加复杂的路由网络中传送数据。每个 IP 地址分为四段，每段占 8 位，并以用 "." 分开的十进制数表示（如 192.168.0.100）。IP 地址的第一部分用于表示网络 ID，IP 地址的第二部分表示主机 ID。

2. 子网掩码

子网是已连接网络设备的逻辑分组。在局域网（LAN）中，子网中的节点彼此之间的物理位置往往相对接近。子网掩码（又称网络掩码）定义 IP 子网的边界。子网掩码 255.255.255.0 通常适用于小型本地网络。这就意味着此网络中的所有 IP 地址的前 3 位应该是相同的，该网络中的各个设备由最后一个数来标识。

图 2-32 所示是 PC 的 "以太网属性" 窗口，这里选择 "Internet 协议版本 4（TCP/TPv4）" 并双击，系统弹出 "Internet 协议版本 4（TCP/IPv4）属性" 窗口，进行 IP 地址和子网掩码的设置，如图 2-33 所示，这里设为 192.168.0.100 和 255.255.255.0，单击 "确定" 按钮。

图 2-32　"以太网属性" 窗口

完成上述步骤之后，可以运行 ipconfig 指令（见图 2-34），确认是否已经成功设置本机 IP 地址为 192.168.0.100；也可以运行 ping 指令，来确认是否与以太网上的其他地址能正常通信，如 "ping 192.168.0.1" 就是确认在同一网络上是否存在 192.168.0.1 的以太网设备。

Internet 协议版本 4 (TCP/IPv4) 属性

常规

如果网络支持此功能，则可以获取自动指派的 IP 设置。否则，你需要从网络系统管理员处获得适当的 IP 设置。

自动获得 IP 地址(O)

使用下面的 IP 地址(S):

IP 地址(I): 192 . 168 . 0 . 100

子网掩码(U): 255 . 255 . 255 . 0

默认网关(D): . . .

自动获得 DNS 服务器地址(B)

使用下面的 DNS 服务器地址(E):

首选 DNS 服务器(P): . . .

备用 DNS 服务器(A): . . .

退出时验证设置(L)

高级(V)...

确定　取消

图 2-33　“Internet 协议版本 4（TCP/IPv4）属性”窗口

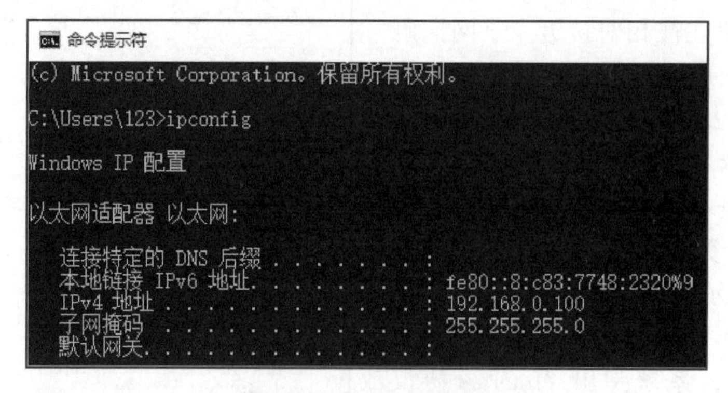

图 2-34　ipconfig 指令

2.1.7　PLC 程序下载与监控

1. 编译下载与调试

在编程阶段只是完成了梯形图程序语法的输入验证，要验证程序的可行性还必须执行“编译”命令。选择项目树中的“PLC_1 [CPU 1215C DC/DC/DC]”并右击，系统弹出菜单，用户可以选择“编译”→“硬件和软件（仅更改）”指令（见图 2-35）单独执行编译功能，也可以直接选择“下载到设备”→“硬件和软件（仅更改）”指令，博途软件会自动先执行编译功能，再完成下载功能，如图 2-36 所示。

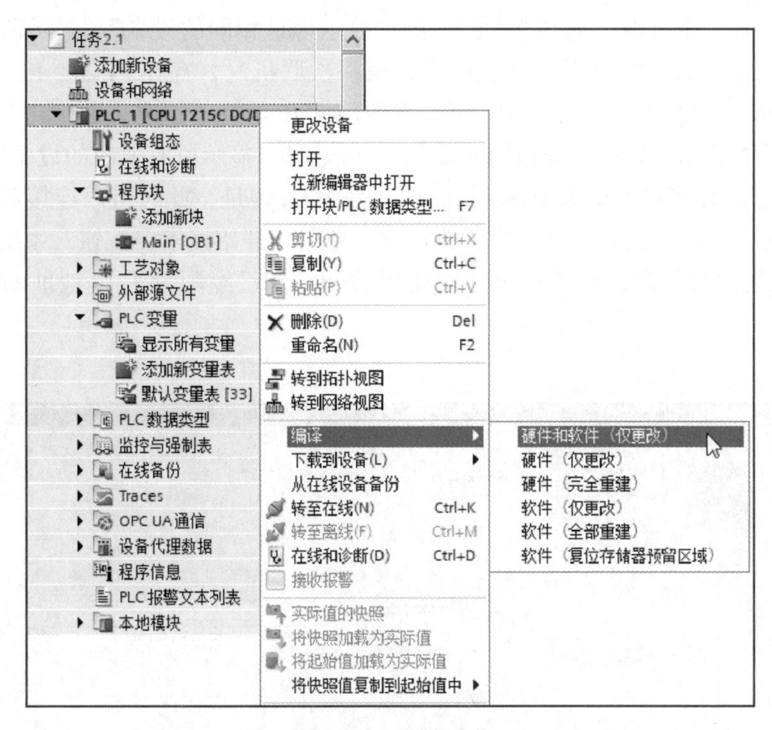

图 2-35　编译指令

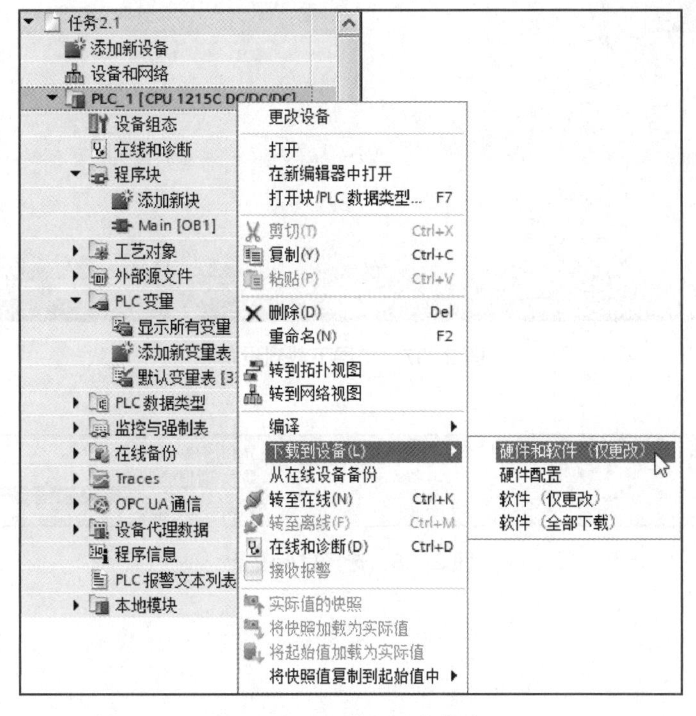

图 2-36　下载到设备指令

下载之前，还需要确保 PC 与 PLC 在“192.168.0.*”同一个频段内，但不能重复（本任务中 PLC 地址为 192.168.0.1）。图 2-37 所示是“扩展下载到设备”窗口，在“选择目标设备”中，有三个选项（见图 2-38），即“显示地址相同的设备”“显示所有兼容的设备”“显示可访问的设备”。需要注意的是，第一次联机时，存在 PLC 的 IP 地址与 PC 的 IP 地址不在同一个频段、PLC 的 CPU 第一次使用无 IP 地址等情况，因此，在“选择设备目标”时，不能选择“显示地址相同的设备”，应选择“显示所有兼容的设备”。第一次使用 CPU 联机时，其接口类型为 ISO，访问地址是 MAC 地址，此时可以连接该 CPU，待下载结束后，再次联机，就会出现正常联机情况。单击“开始搜索”按钮，系统有可能出现图 2-39 所示的两种情况，分别是第一次使用的 PLC 和已经配置了 IP 地址的 PLC 时的搜索情况。

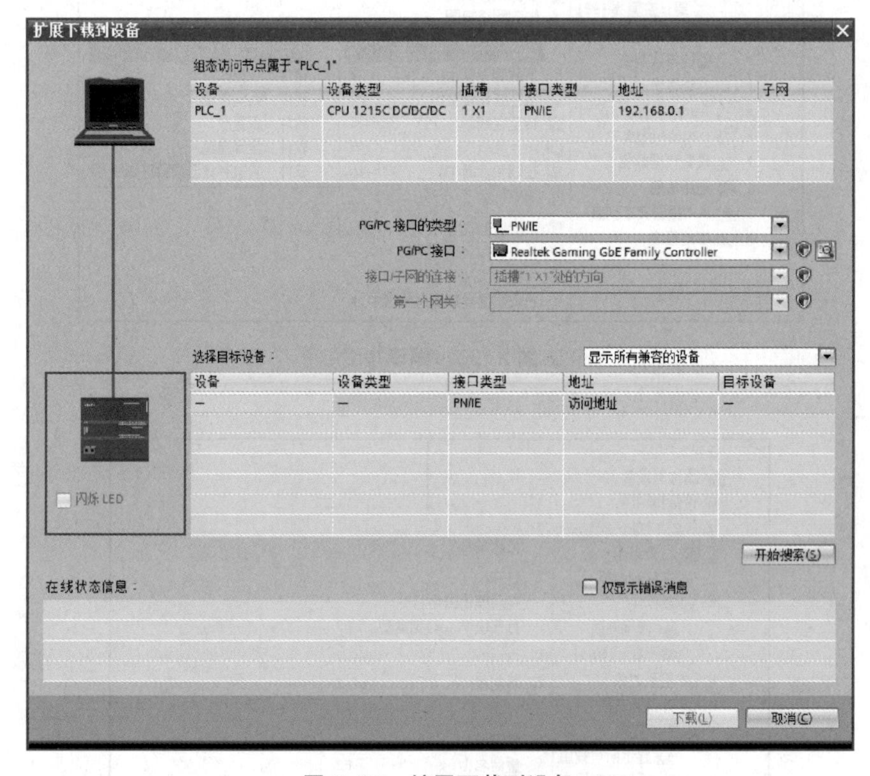

图 2-37　扩展下载到设备

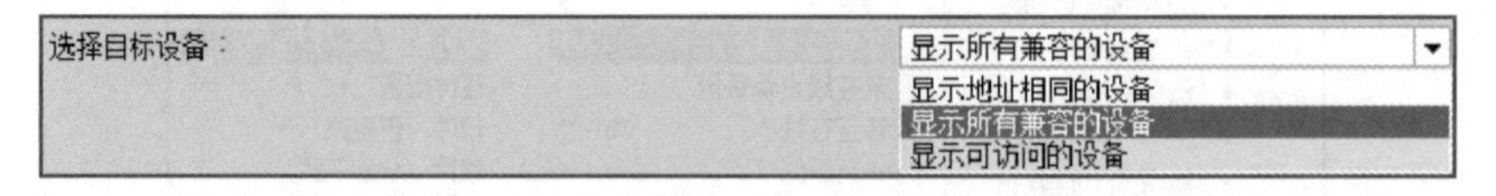

图 2-38　选择目标设备

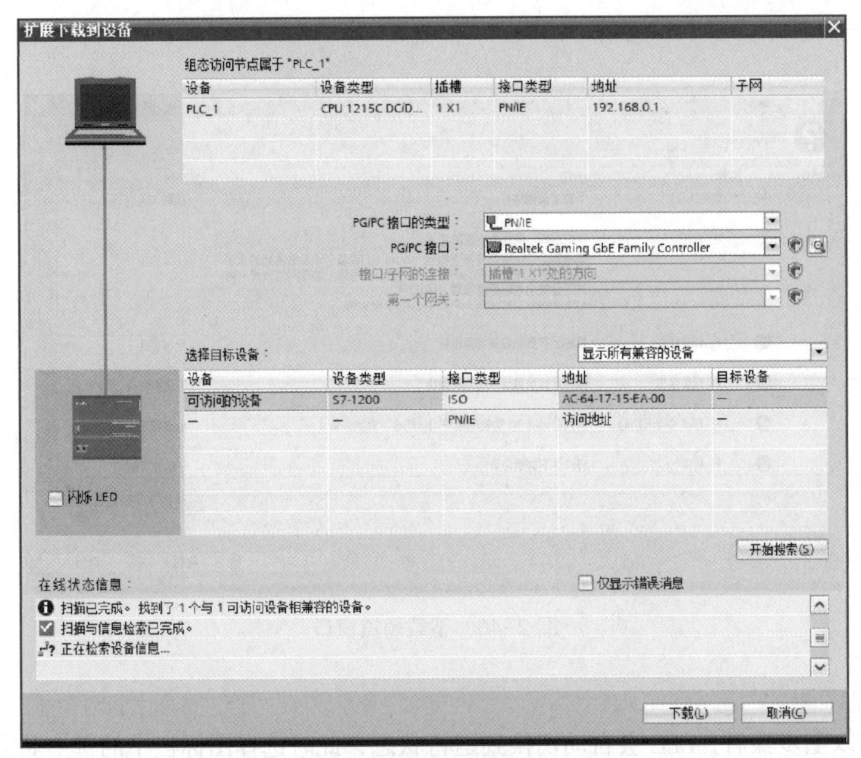

(a) 第一次使用的PLC

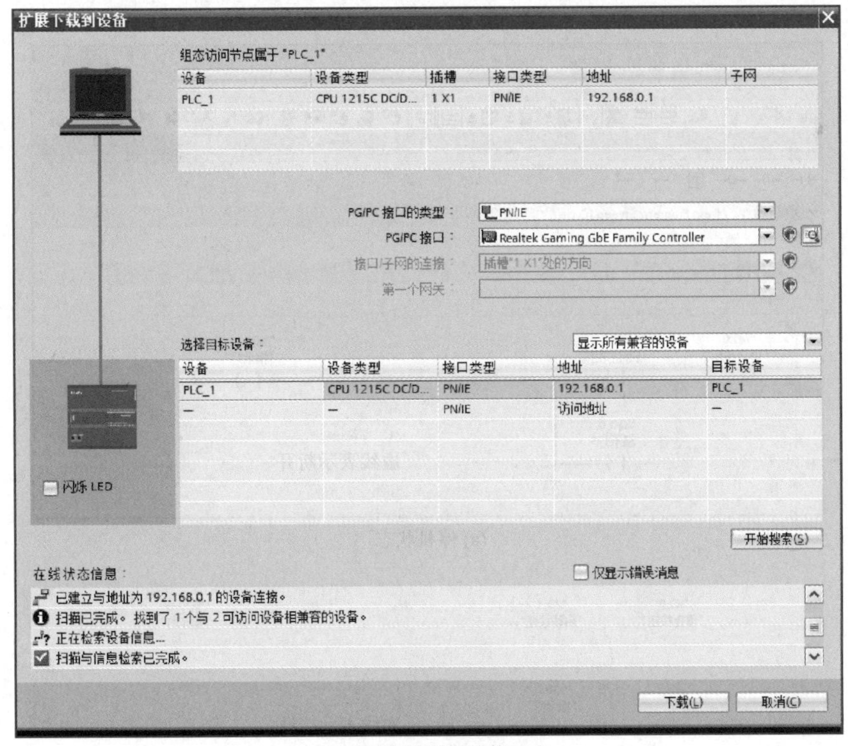

(b) 已经配置IP地址的PLC

图 2-39　搜索设备的两种情况

图 2-40 所示为下载预览窗口。

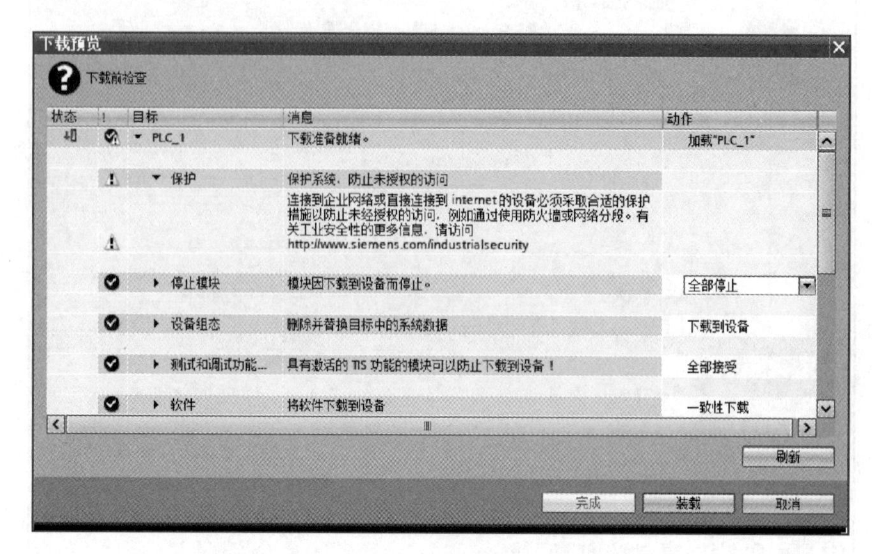

图 2-40　下载预览窗口

2. 程序调试

完成以上步骤后，PLC 会自动切换到运行状态，此时选择图标栏中的▣，即可进入程序块的在线监控（见图 2-41），用绿色实线表示接通、蓝色虚线表示断开。

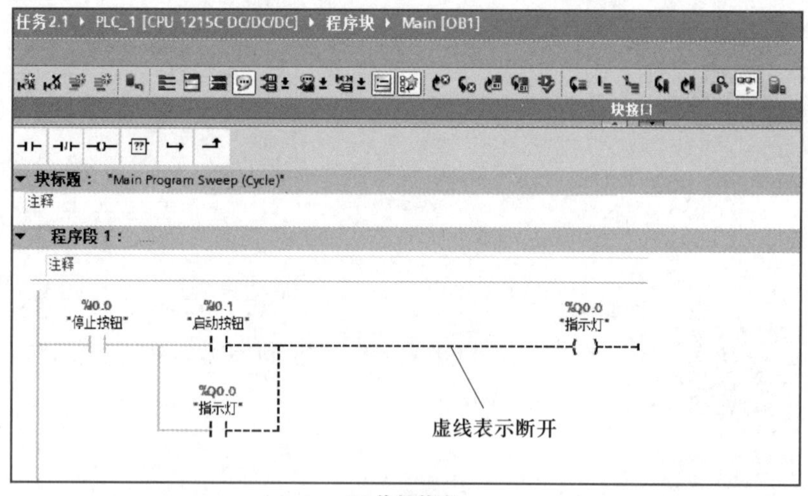

(a) 停机状态

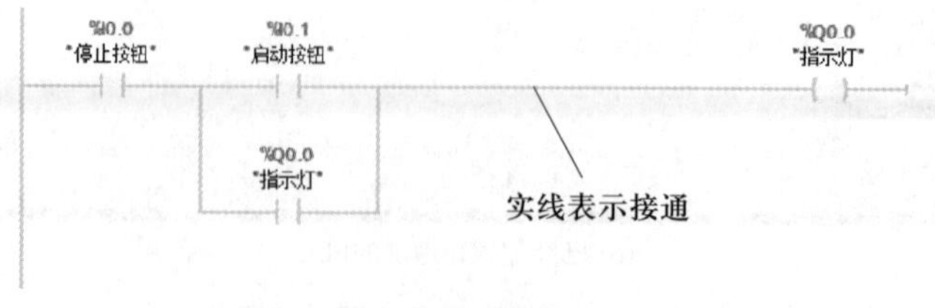

(b) 启动按钮接通瞬间

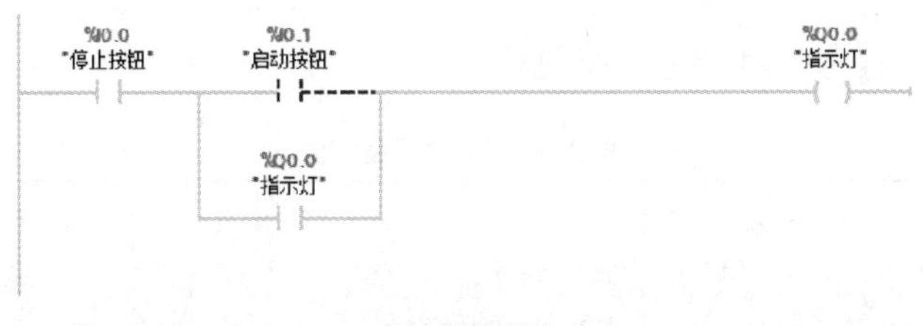

(c) 自保持阶段

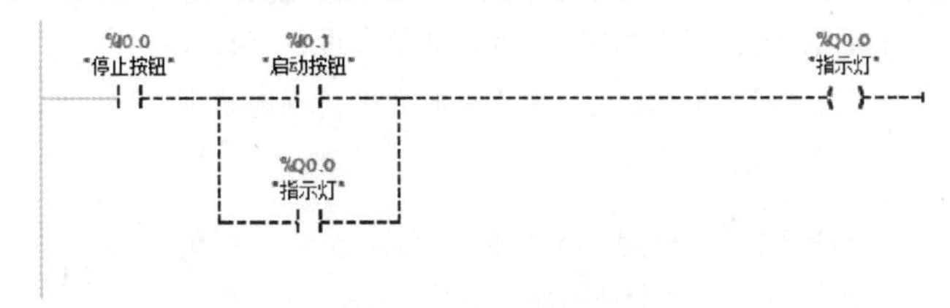

(d) 停止按钮动作瞬间

图 2-41　程序块的在线监控

梯形图程序解释如下。

（1）初始状态时，停止按钮接通、启动按钮不接通，此时指示灯不亮，程序状态如图 2-41（a）所示。

（2）当按下启动按钮时，I0.1 为 ON，指示灯 Q0.0 马上接通，程序状态如图 2-41（b）所示。

（3）当启动按钮复原时，I0.1 为 OFF，指示灯 Q0.0 因构成自锁电路而进入信号自保持阶段，依旧为 ON，程序状态如图 2-41（c）所示。

（4）当按下停止按钮时，I0.0 为 OFF，指示灯 Q0.0 为 OFF，程序状态如图 2-41（d）所示。

（5）当停止按钮复原时，又回到图 2-41（a）所示停机状态。

除了程序块的在线监控之外，用户还可以进行 PLC 变量的在线监控，如图 2-42 所示。

PLC 变量

	名称 ▲	变量表	数据类型	地址	保持	从 H...	从 H...	在 H...	监视值
1	停止按钮	默认变量表	Bool	%I0.0	☐	☑	☑	☑	TRUE
2	启动按钮	默认变量表	Bool	%I0.1	☐	☑	☑	☑	FALSE
3	指示灯	默认变量表	Bool	%Q0.0	☐	☑	☑	☑	TRUE

图 2-42　PLC 变量的在线监控

技能考核 >>>

1. 考核任务

（1）启动按钮和停止按钮能正确点亮指示灯、熄灭指示灯。

（2）PLC 控制电路电气原理图绘制符合规范，输入 / 输出地址标识正确。

（3）完成 PLC 的硬件配置，梯形图编程经编译后正确下载到 PLC，并实现在线监控。

2. 评分标准

按要求完成考核任务，其评分标准见表 2-6。

表 2-6 评 分 标 准

姓名：		任务编号：2.1	综合评价：		
序号	考核项目	考核内容及要求	配分	评分标准	得分
1	电工安全操作规范	着装规范，安全用电，走线规范合理，工具及仪器仪表使用规范，任务完成后进行场地整理并保持清洁有序	20	现场考评	
2	实训态度	不迟到、不早退、不旷课，实训过程认真负责，组内人员主动沟通、协作，小组间互助	10		
3	系统方案制定	PLC 控制对象说明与分析正确	20		
		PLC 控制方案合理			
		合理选用动合触点、动断触点以及线圈			
		PLC 控制电路电气原理图正确			
4	编程能力	独立完成 PLC 硬件配置	15		
		独立完成 PLC 梯形图编程			
5	操作能力	正确输入程序并进行程序调试	15		
		根据电气原理图正确接线，接线美观且可靠			
		根据系统功能进行正确操作演示			
6	实践效果	系统工作可靠	10		
		满足工作要求			
		PLC 变量命名规范			
		按规定的时间完成任务			
7	汇报总结	工作总结，PPT 汇报	5		
		填写自我检查表及反馈表			
8	创新实践	在本任务中有另辟蹊径、独树一帜的实践内容	5		
合计			100		

注 综合评价，可以采用教师评价、学生评价、组间评价、企业评价按一定比例计算后综合得出五级制成绩，即 90~100 为优、80~89 为良、70~79 为中、60~69 为及格、0~59 为不及格。

任务 2.2 PLC 控制三相电动机正反转

任务描述

图 2-43 所示是 PLC 控制三相电动机正反转示意图。这里 PLC 选用西门子 S7-1200 PLC（CPU1215C DC/DC/DC），输入部分包括三相电动机的热继电器动作信号和按钮盒（含正转按钮、反转按钮和停止按钮），输出部分包括故障报警灯和电动机。当按下正转按钮时，电动机正转启动；当按下停止按钮时，电动机停止运行；当按下反转按钮时，电动机反转启动；电动机在一个方向运行时，无法启动另外一个方向，必须要先停止运行，再进行换向。当热继电器信号动作时，电动机停止运行，并点亮故障报警灯，直至该信号复原时，故障报警灯才熄灭。

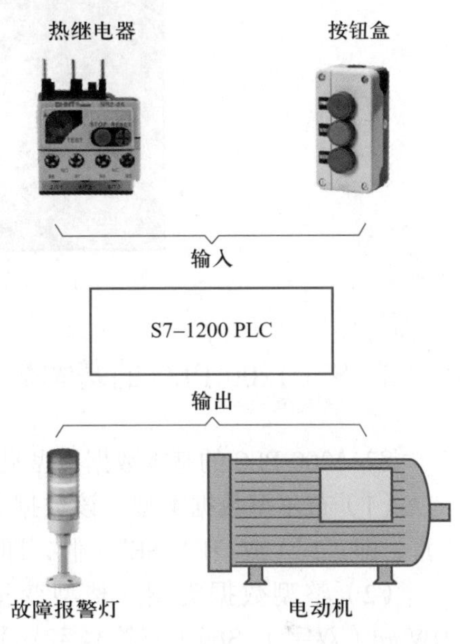

图 2-43 任务 2.2 控制示意图

任务要求如下。

（1）能正确完成 PLC 控制的电气接线和电动机的接线。

（2）能进行 PLC 的硬件配置和软件编程，并进行调试，正确控制电动机正反转。

（3）能进行 PLC 的监控与故障诊断。

知识准备

2.2.1 S7-1200 PLC 的存储器

S7-1200 PLC 用到的存储器如下。

（1）装载存储器：非易失性的存储器，用于保存用户程序、数据和组态信息。所有的 CPU 内部都有装载存储器；当 CPU 插入存储卡后，也可用存储卡作为装载存储器。装载存储器类似于计算机的硬盘，具有断电保持功能。

（2）工作存储器：集成在 CPU 中的高速存取 RAM。工作存储器类似于计算机的内存，断电时内容即丢失。

（3）保持型存储器：用来防止在电源关闭时丢失数据，可以用不同方法设置变量的断电保持功能。

（4）存储卡：可选的存储卡用来存储用户程序，或用于传送程序。它可以作为 CPU 的装载存储器，用户项目文件可以仅存储在存储卡中，若 CPU 中没有项目文件，此时离开存储卡就无法运行。在有编程器的情况下，存储卡作为向多个 S7-1200 PLC 传送项目文件的介质。要插入存储卡，需打开 CPU 顶盖（见图 2-44），通过推弹式连接器可以将存储卡插入到插槽中，也可以轻松取出。

S7-1200 PLC 使用的物理存储器类型包括 RAM、ROM 和 Flash EPROM（简称 FEPROM）。

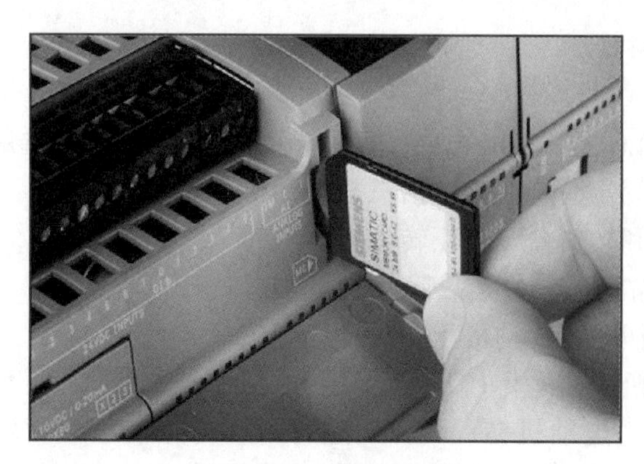

图 2-44 存储卡安装

2.2.2 S7-1200 PLC 的基本数据类型

S7-1200 PLC 的基本数据类型见表 2-7。主要类型如下。

微课：

S7-1200 PLC 的基本数据类型

（1）布尔型数据类型。该数据类型是位（Bool），可被赋予“TRUE”（真，即“1”）或“FALSE”（假，即“0”），占用 1 位存储空间。

（2）整型数据类型。整型变量可以是 Byte（字节）、Word（字）、DWord（双字）、SInt（有符号字节）、USInt（无符号字节）、Int（整数）、UInt（无符号整数）、DInt（双整数）和 UDInt（无符号双整数）等。需要注意的是：当较长的数据类型转换为较短的数据类型时，会丢失高位信息。

（3）实型数据类型。实型变量主要是 Real 和 LReal，它们是浮点数，用于显示有理数，可以显示十进制数据，包括小数部分，也可以被描述成指数形式。Real 是 32 位浮点数，LReal 是 64 位浮点数。

（4）时间型数据类型。时间型变量主要是 Time，用于输入时间数据。

（5）字符型数据类型。字符型数据类型主要是 Char，占用 8 位，用于输入 ASCII 码十六进制 16#00~16#FF 对应的字符。

表 2-7 S7-1200 PLC 的基本数据类型

变量类型	符号	位数	取值范围	常数举例
位	Bool	1	1，0	TRUE，FALSE 或 1，0
字节	Byte	8	16#00~16#FF	16#12，16#AB
字	Word	16	16#0000~16#FFFF	16#ABCD，16#0001
双字	DWord	32	16#00000000~16#FFFFFFFF	16#02468ACE

续表

变量类型	符号	位数	取值范围	常数举例
字符	Char	8	16#00～16#FF	‘A’，‘t’，‘@’
有符号字节	SInt	8	−128～127	123，−123
整数	Int	16	−32768～32767	123，−123
双整数	DInt	32	−2147483648～2147483647	123，−123
无符号字节	USInt	8	0～255	123
无符号整数	UInt	16	0～65535	123
无符号双整数	UDInt	32	0～4294967295	123
浮点数（实数）	Real	32	$\pm 1.175495 \times 10^{-38}$～$\pm 3.402823 \times 10^{38}$	12.45，−3.4，−1.2E＋3
双精度浮点数	LReal	64	$\pm 2.2250738585072020 \times 10^{-308}$～$\pm 1.7976931348623157 \times 10^{308}$	12345.12345−1，2E＋40
时间	Time	321	T#−24 d 20 h 31 m 23 s 648 ms～T#24 d 20 h 31 m 23 s 648 ms	T#1 d 2 h 15 m 30 s 45 ms

2.2.3　S7−1200 PLC 实现控制的过程

1. 代码块种类

在 S7−1200 PLC 中，CPU 支持 OB、FC、FB 和 DB 等代码块，使用它们可以创建有效的用户程序结构，具体介绍如下。

（1）组织块（OB）。OB 是定义程序的结构。有些 OB 具有预定义的行为和启动事件，但也有些 OB 可以让用户创建自定义启动事件。

（2）功能（FC）和功能块（FB）。FC 和 FB 是包含与特定任务或参数组合相对应的程序代码。每个 FC 或 FB 都提供了一组输入和输出参数，用于与调用块共享数据。FB 还使用相关联的数据块（称为背景数据块）来保存执行期间的值状态，程序中的其他块可以使用这些值状态。

（3）数据块（DB）。DB 是存储程序块可以使用的数据。

2. 用户程序的结构

用户程序的执行顺序是：从一个或多个在进入 RUN 模式时运行一次的可选启动 OB 开始，然后执行一个或多个循环执行的程序循环 OB。OB 也可以与中断事件（可以是标准事件或错误事件）相关联，并在相应的标准或错误事件发生时执行。

根据实际应用要求，可选择线性结构或模块化结构用于创建用户程序，如图 2−45 所示。

线性结构程序按顺序逐条执行用于自动化任务的所有指令，通常线性程序将所有程序指令都放入用于循环执行程序的 OB（OB 1）中。

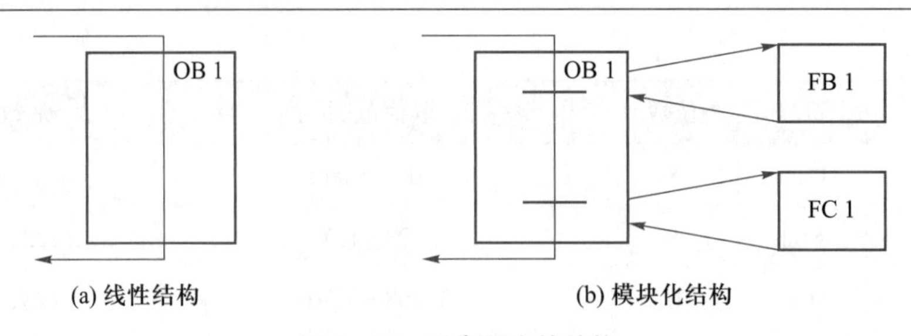

图 2-45　用户程序的结构

模块化结构程序调用可执行特定任务的特定代码块。要创建模块化结构程序，需要将复杂的自动化任务划分为与生产过程的工艺功能相对应的更小的次级任务，每个代码块都为每个次级任务提供程序段，通过从另一个块中调用其中一个代码块来构建程序。

3. CPU 的三种工作模式和状态灯指示

S7-1200 PLC 的 CPU 有三种工作模式：STOP（停止）模式、STARTUP（启动）模式和 RUN（运行）模式。如图 2-46 所示，CPU 前面的状态指示灯指示当前的工作模式，其功能说明见表 2-8。

图 2-46　状态指示灯

（1）RUN/STOP：黄色常亮表示 STOP 模式；纯绿色表示 RUN 模式；闪烁（绿色和黄色交替）表示 CPU 处于 STARTUP 模式。

（2）ERROR：红色闪烁表示有错误，如 CPU 内部错误、存储卡错误或组态错误（模块不匹配）；纯红色常亮表示硬件出现故障；如果固件中检测到故障，则所有 LED 均闪烁。

（3）MAINT（维护）：在每次插入存储卡时闪烁，然后 CPU 切换到 STOP 模式。

表 2-8　CPU 上的状态指示灯功能说明

说明	RUN/STOP 黄色 / 绿色	ERROR 红色	MAINT 黄色
断电	灭	灭	灭
启动、自检或固件更新	闪烁（黄色和绿色交替）	—	灭
停止模式	亮（黄色）	—	—
运行模式	亮（绿色）	—	—
取出存储卡	亮（黄色）	—	闪烁
错误	亮（黄色或绿色）	闪烁	—
请求维护 ● 强制 I/O ● 需要更换电池（如果安装了电池板）	亮（黄色或绿色）	—	亮
硬件出现故障	亮（黄色）	亮	灭
LED 测试或 CPU 固件出现故障	闪烁（黄色和绿色交替）	闪烁	闪烁
CPU 组态版本未知或不兼容	亮（黄色）	闪烁	闪烁

CPU 的三种工作模式具体说明如下。

（1）在 STOP（停止）模式下，CPU 不执行任何程序，而用户可以下载项目。

（2）在 STARTUP（启动）模式下，执行一次启动 OB（如果存在）。在 RUN 模式的启动阶段，不处理任何中断事件。

STARTUP 模式具体描述如下：只要工作状态从 STOP 切换到 RUN，CPU 就会清除过程映像输入，初始化过程映像输出并处理启动 OB。启动 OB 中的指令对过程映像输入进行任何读访问时，只能读取到零，而不是当前物理输入值。因此，要在 STARTUP 模式下读取物理输入的当前状态，必须执行立即读取操作。接着再执行启动 OB 以及任何相关的 FC 和 FB。如果存在多个启动 OB，则按照启动 OB 编号由小到大的顺序依次执行各启动 OB。

（3）在 RUN（运行）模式下，重复执行扫描周期。中断事件可能会在程序循环阶段的任何点发生并进行处理。处于 RUN 模式下时，无法下载任何项目。在 RUN 模式下，CPU 执行图 2-47 所示的任务。

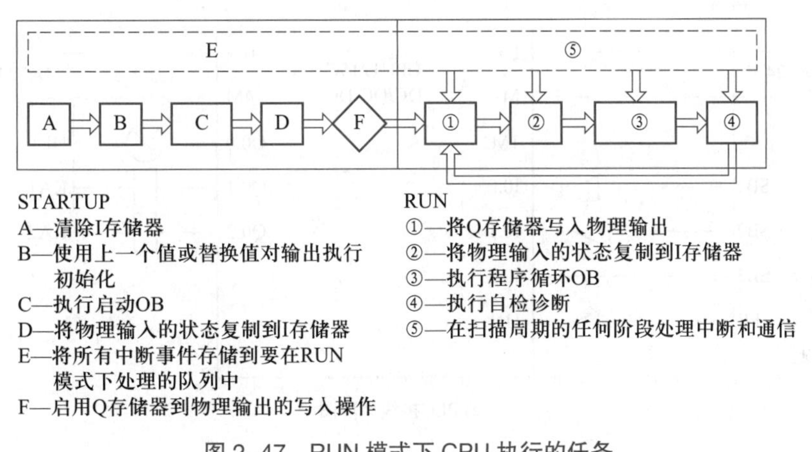

图 2-47　RUN 模式下 CPU 执行的任务

任务实施 >>>

2.2.4　PLC 的 I/O 分配与外围电路接线

微课：

任务实施：PLC 控制三相电动机正反转

从三相电动机正反转的工艺出发，需要停止按钮、正转按钮、反转按钮和热继电器故障信号作为 PLC 的输入，故障报警灯、正转继电器和反转继电器作为 PLC 的输出，因此 I/O 分配见表 2-9。由表 2-9 可知，用户的输入为 4 个点，输出为 3 个点，因此 CPU1215C DC/DC/DC 符合要求。在 I/O 分配表中的按钮等信号后标有 NC（动断）、NO（动合），这是因为按钮、热继电器等元件同时具有动断、动合触点，用户可以根据实际情况来选择。除了紧急情况下部分元件必须用 NC 触点之外，一般情况下，元件输入可以选择 NC 和 NO 两者中的任何一个，这一点在后续任务的输入信号中有所体现，如停止按钮可以接 NC 触点，也可以接 NO 触点，与之相应的程序中的触点也要对应更改。

表 2-9　三相电动机正反转的 I/O 分配表

输入	功能	输出	功能
I0.0	停止按钮（NC）	Q0.0	HL1/ 故障报警灯
I0.1	正转按钮（NO）	Q0.1	KA1/ 正转继电器
I0.2	反转按钮（NO）	Q0.2	KA2/ 反转继电器
I1.1	热继电器故障信号（NC）		

图 2-48（a）所示是 PLC 接线原理图，与任务 2.1 相比，不仅增加了输入 / 输出点，同时驱动的是电动机接触器。由于常用的电动机接触器线圈是交流 220 V，因此需要使用中间继电器进行过渡，如图中的正转继电器 KA1 和反转继电器 KA2 分别来控制正转接触器 KM1 和反转接触器 KM2。图 2-48（b）所示是 PLC 实物连接图，需要注意的是停止按钮和热继电器 FR 接的都是动断触点。图 2-48（c）所示为电路图，KM1 和 KM2 进行电气硬件互锁。表 2-9 是本任务的输入 / 输出定义。

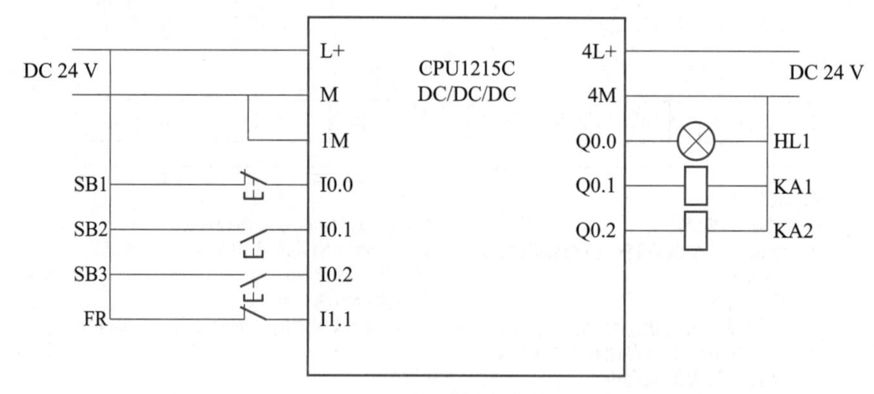

(a) PLC接线原理图

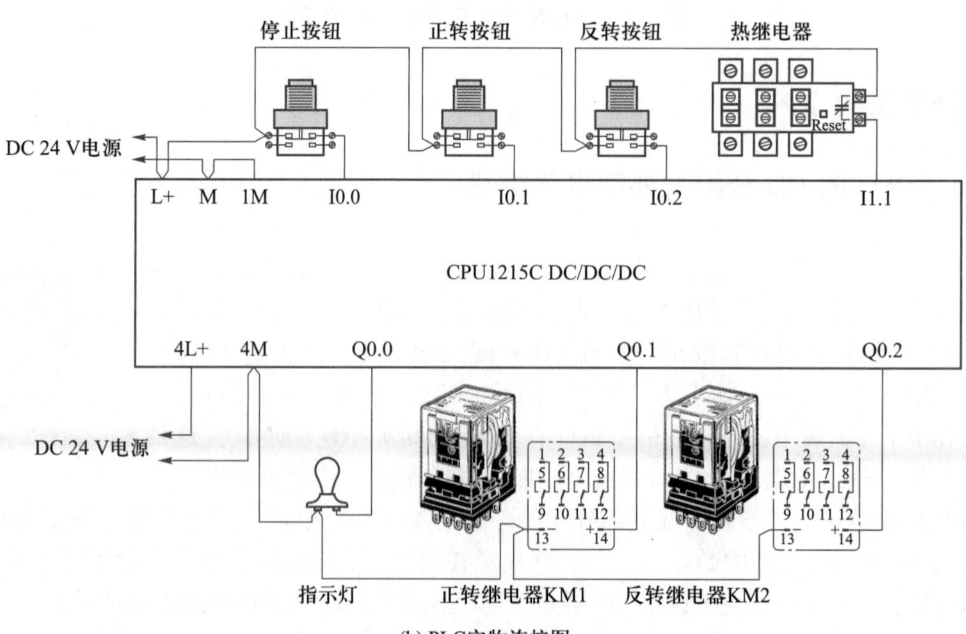

(b) PLC实物连接图

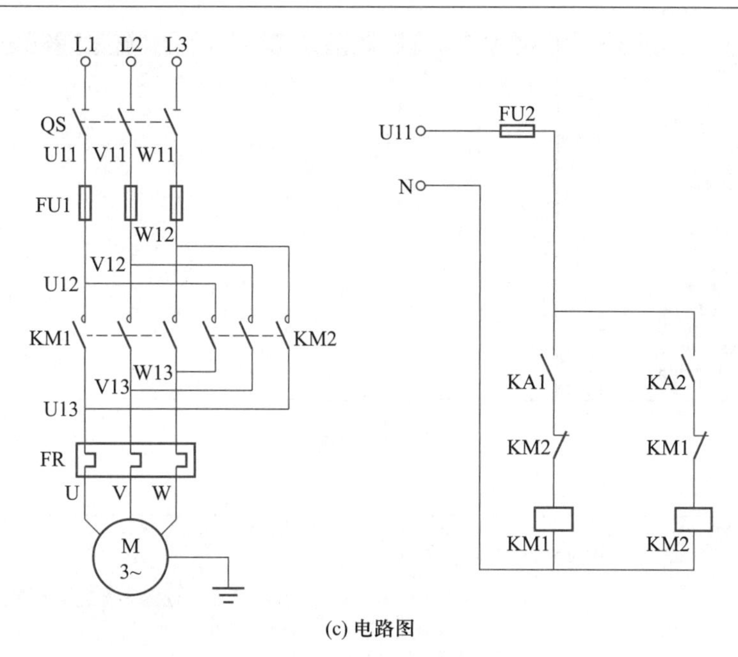

(c) 电路图

图 2-48　PLC 控制线路

2.2.5　PLC 梯形图编程

1. 定义 PLC 变量

创建新项目，命名为“任务 2.2”，并按照任务 2.1 的步骤进行设备组态和 CPU 属性设置，如图 2-49 所示。

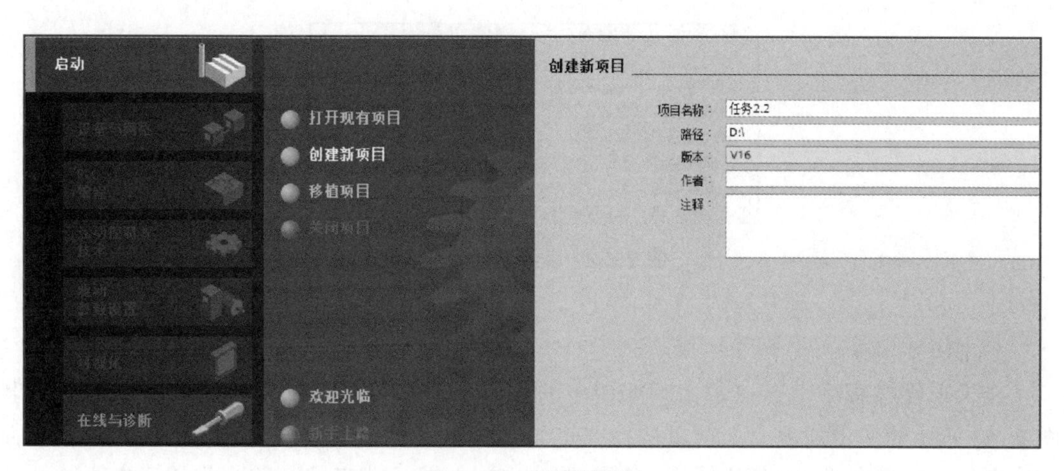

图 2-49　创建新项目

如图 2-50 所示，首先对本任务中的变量进行定义，在“< 新增 >”处输入变量名称，变量表选择“默认变量表”，数据类型选择“Bool”，地址输入如图 2-51 所示。地址输入需要选择操作数标识符 I、Q 或 M，地址和位号则根据变量的寻址方式来选择，如停止按钮为 I0.0，则地址为 0、位号为 0。

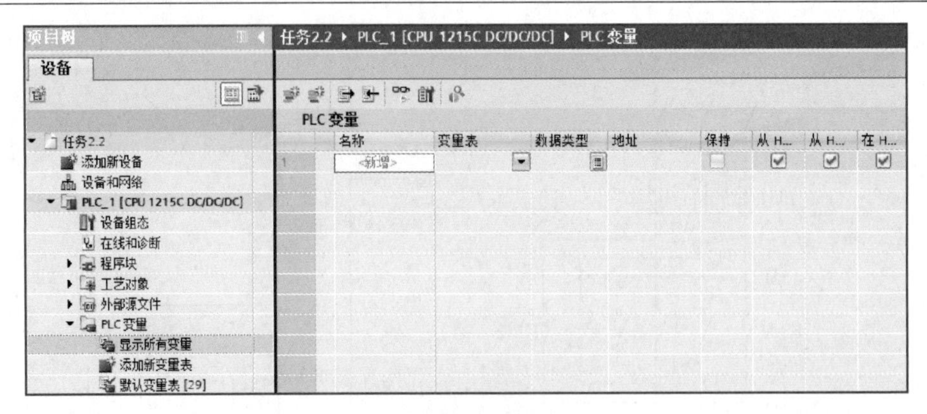

图 2−50　新建变量

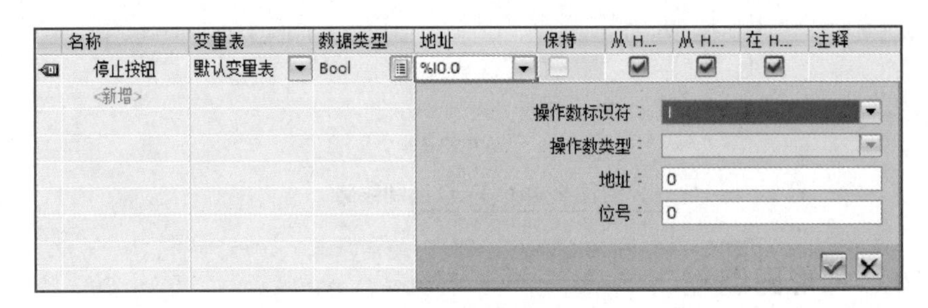

图 2−51　PLC 变量地址输入

图 2−52 所示为完成后的变量表。

名称	变量表	数据类型	地址
停止按钮	默认变量表	Bool	%I0.0
正转按钮	默认变量表	Bool	%I0.1
反转按钮	默认变量表	Bool	%I0.2
热继电器...	默认变量表	Bool	%I1.1
故障报警灯	默认变量表	Bool	%Q0.0
正转继电器	默认变量表	Bool	%Q0.1
反转继电器	默认变量表	Bool	%Q0.2

图 2−52　完成后的变量表

2. 梯形图编程

在梯形图编程中，直接单击程序段 1 的变量 < ? ? ? > 处的▤符号，系统就会弹出图 2−53 所示的变量列表。如这里选择“热继电器故障”，直接单击即可输入。图 2−54 所示为完成后的程序段 1，其中既有自锁电路，也包括了互锁变量 Q0.2。为阅读方便，可以写入程序段 1 的标题“正转启停”。如果标题不能清楚地表达含义，则可以继续在“注释”中写入更多的程序释义。

根据正反转工艺运行情况，接下来要编写的程序段 2 与程序段 1 非常接近，只是变量不同而已，这时可以采用图 2−55 和图 2−56 所示的程序段复制和粘贴功能，即在程序段 1 处单击鼠标右键，在弹出的菜单中进行选择。

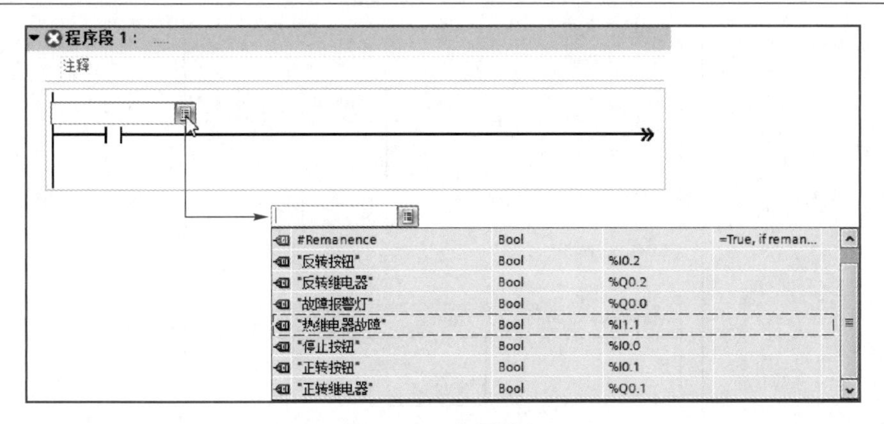

图 2-53 变量输入

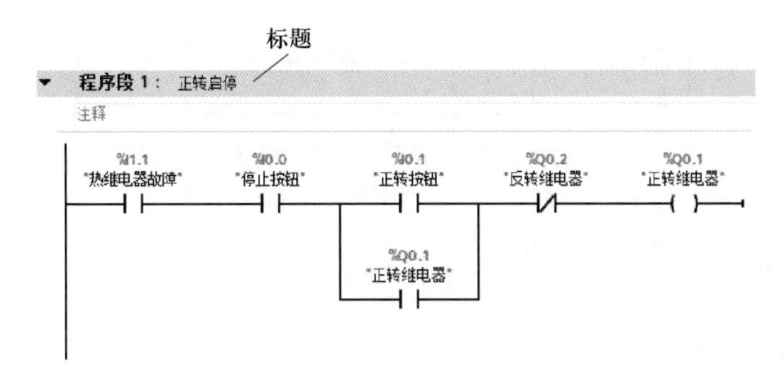

图 2-54 程序段 1

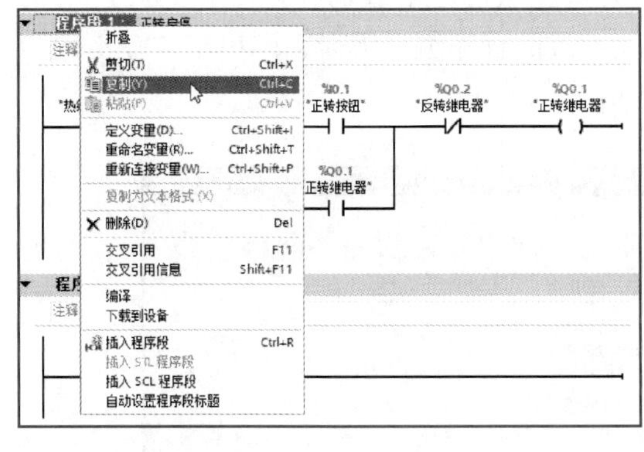

图 2-55 程序段复制

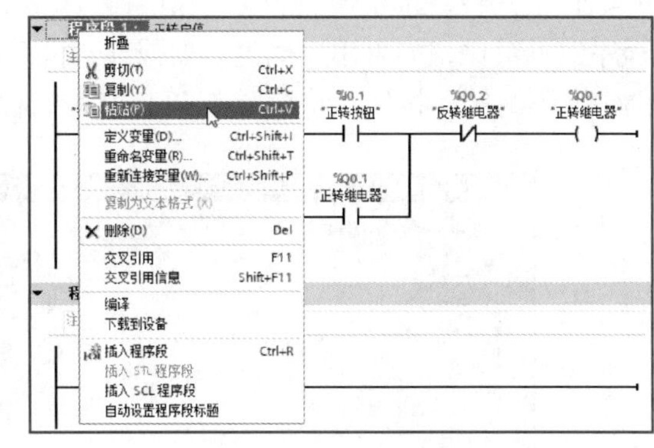

图 2-56 程序段粘贴

图 2-57 所示为完成后的任务 2.2 梯形图程序，具体解释如下。

程序段 1：在热继电器、停止按钮两个信号未动作的情况，即其所接 FR 和 SB1 动断触点不动作，按下正转按钮，正转自锁运行，并与反转形成信号互锁。

程序段 2：在热继电器、停止按钮两个信号未动作的情况，即其所接 FR 和 SB1 动断触点不动作，按下反转按钮，反转自锁运行，并与正转形成信号互锁。

程序段 3：当热继电器信号动作（即其所接 FR 动断触点断开）时，故障报警灯亮。

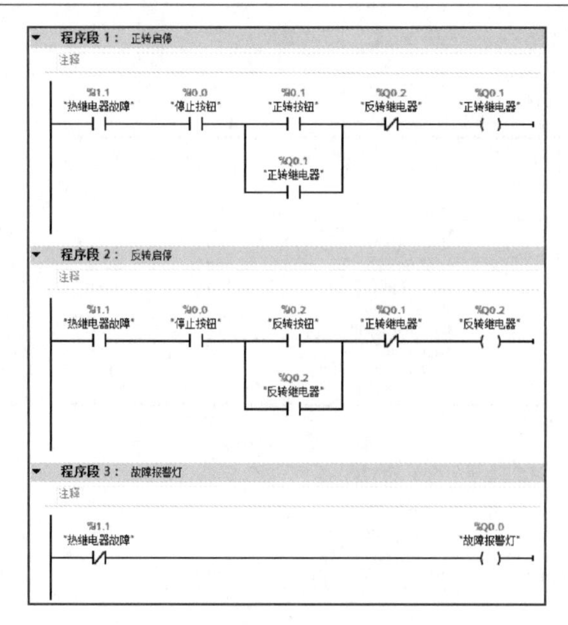

图 2-57　完成后的梯形图程序

2.2.6　PLC 调试与诊断

1. PLC 梯形图调试

完成后的梯形图程序可以按和任务 2.1 同样的方法进行编译、下载，也可以直接单击图标进行直接下载。如果下载之前 PLC 中已经有程序，则系统会弹出如图 2-58 所示的“装载到设备前的软件同步”窗口。这是因为博途软件把下载的源程序和 PLC 已有的程序做了对比，如果用户确定需要修改，并且改动过的程序编译无误，则单击“在不同步的情况下继续”按钮，将会覆盖 PLC 原来的程序。

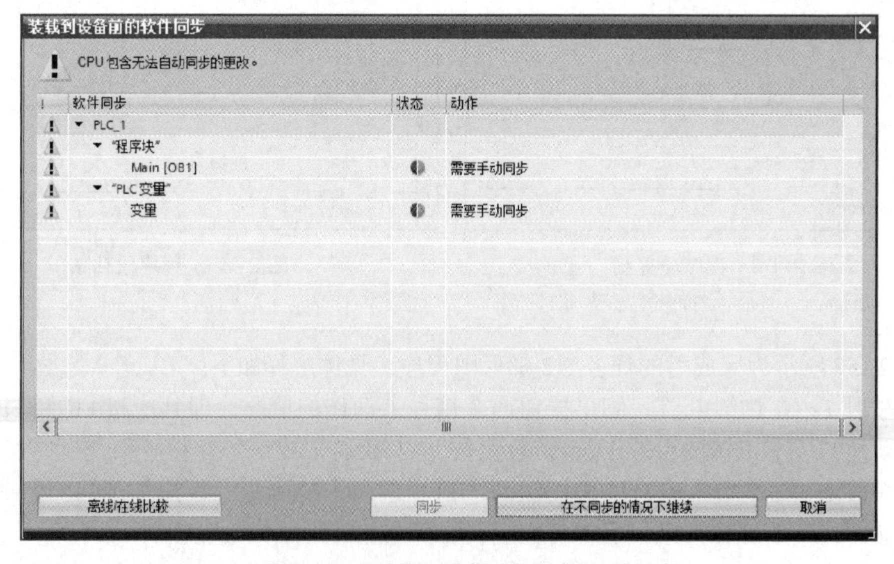

图 2-58　装载到设备前的软件同步

完成下载后，即可进入监控模式，完成图 2-59～图 2-61 所示的三种运行状态测试，即正转运行时，只有程序段 1 处的 Q0.1 正转继电器动作；反转运行时，只有程序段 2 处的 Q0.2 反转继电器动作；故障报警时，只有程序段 3 处的故障报警灯亮。

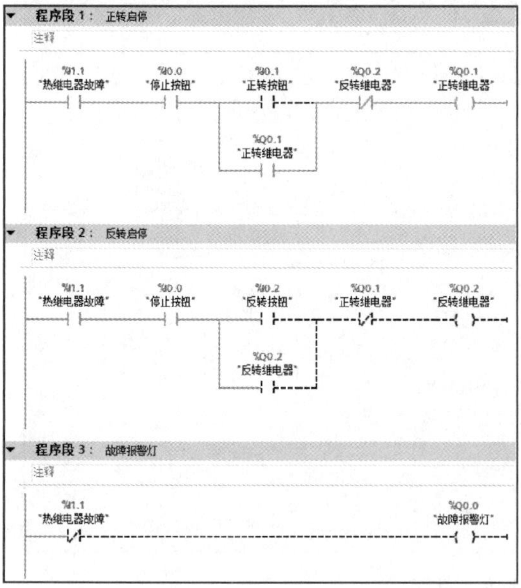

图 2-59 正转运行

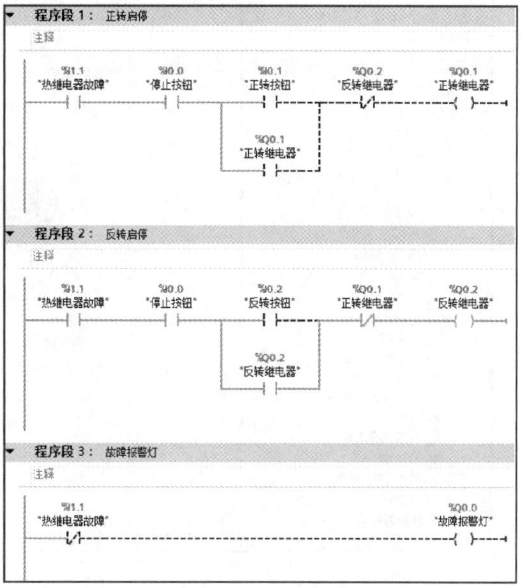

图 2-60 反转运行

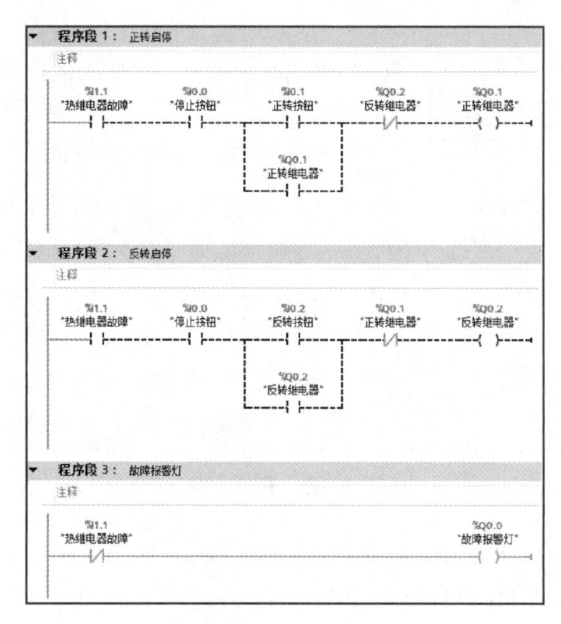

图 2-61 故障报警

2. PLC 诊断

选择“任务 2.2”→“PLC_1［CPU 1215C DC/DC/DC］”→“在线和诊断”，即可进入“在线访问”页面，如图 2-62 所示，页面中共有“诊断”和“功能”两个项目。若要在线访问，还需要单击“转到在线”按钮，切换到在线界面，如图 2-63 所示。

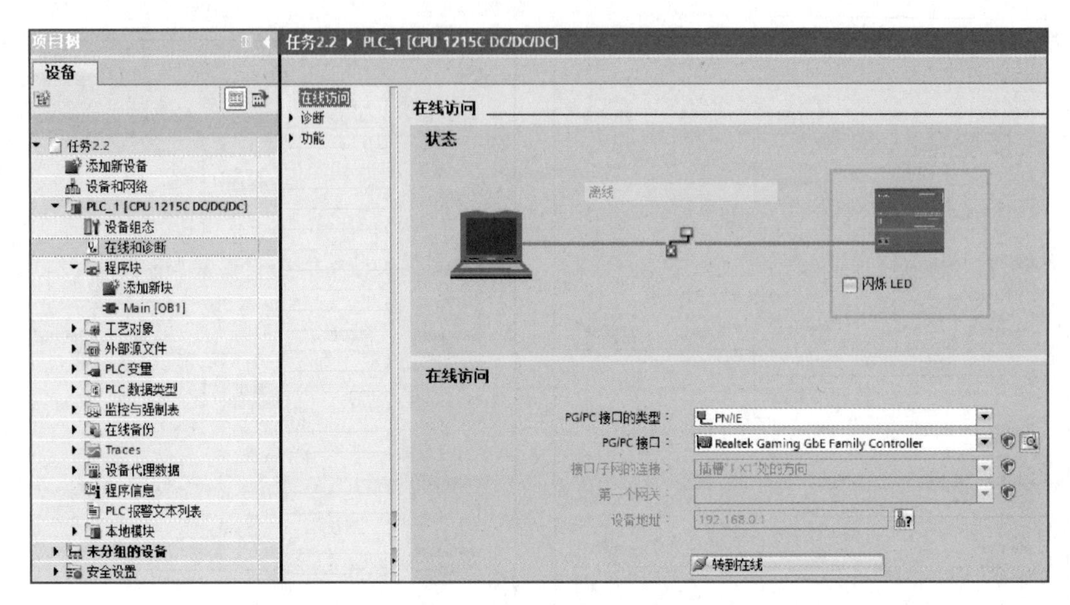

图 2-62　在线访问页面

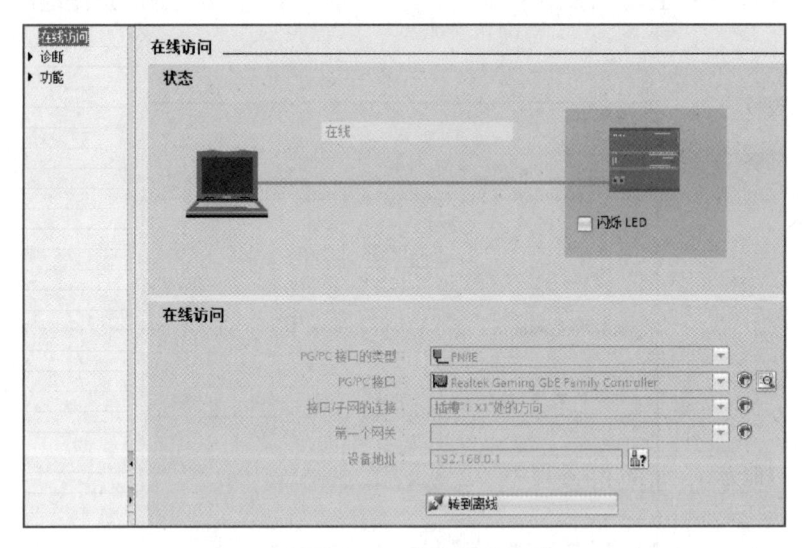

图 2-63　在线界面

当转入在线界面后，即会出现“CPU 操作面板”。如图 2-64 所示，与传统 PLC 运行开关的功能一样，S7-1200 PLC 在 STOP 模式（停止模式）下，用户写入的程序不能执行，但可以下载程序；在 RUN 模式（运行模式）下，此时用户写入的程序将被执行。通过 CPU 操作面板上的“RUN”或“STOP”按钮，可进行两种模式切换，如图 2-65 所示。如果单击“MRES”按钮，则进行复位，并使 PLC 处于离线状态。

(a) 传统PLC运行开关

(b) S7-1200 PLC的CPU操作面板

图 2-64　传统 PLC 运行开关与 CPU 操作面板

(a) STOP模式

(b) RUN模式

图 2-65　S7-1200 PLC 的 STOP 模式和 RUN 模式

当对 S7-1200 PLC 进行运行模式切换以及程序下载等动作后，都可以在图 2-66 所示的“诊断缓冲区”的“事件”中找到，但是时间都停留在 2012 年，这时需要选择“功能”→“设置时间”，才能对时间进行更新。如图 2-67 所示，选中“从 PG/PC 获取”，并单击“应用”按钮，这样就可以在图 2-68 所示页面中得到更新时间后的诊断缓冲区事件。

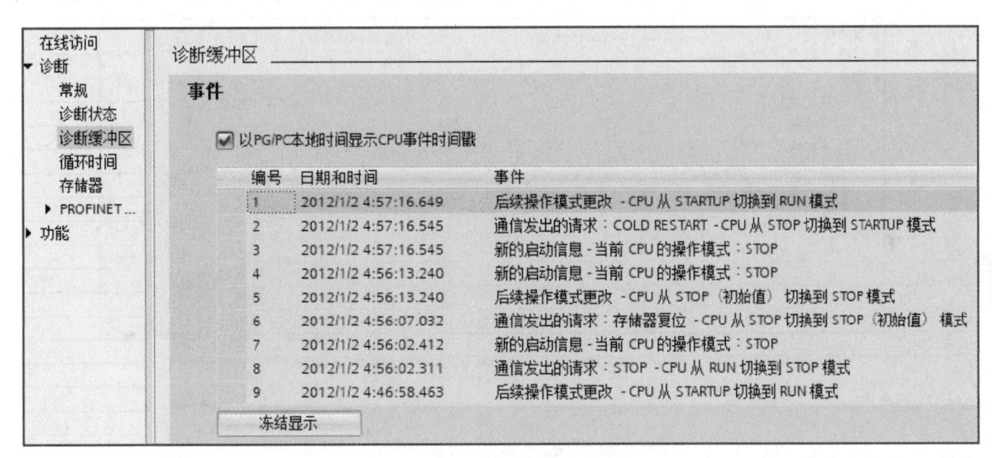

图 2-66　诊断缓冲区

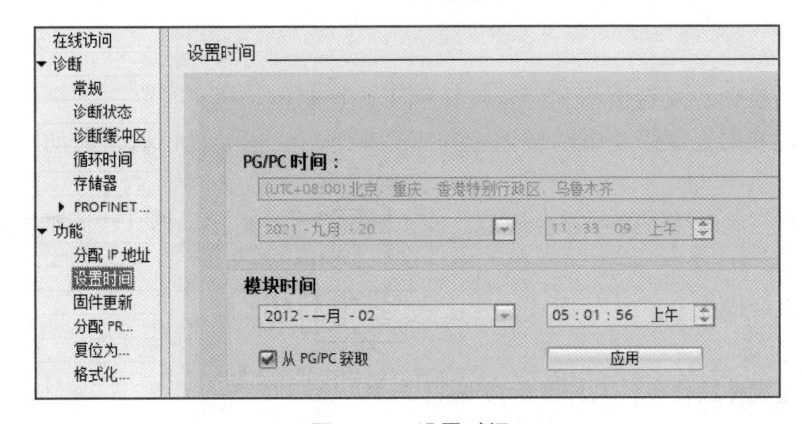

图 2-67　设置时间

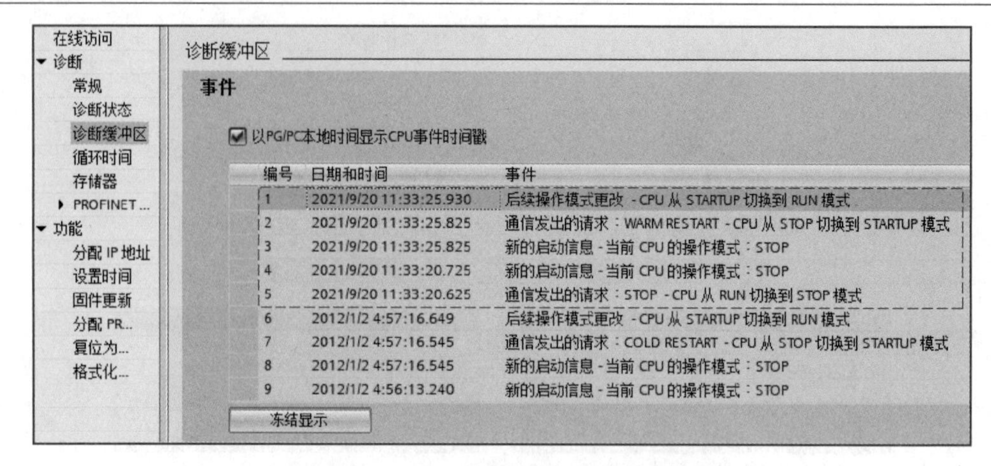

图 2-68　更新时间后的诊断缓冲区事件

除了上述功能之外，用户还可以进行如图 2-69 所示的操作以实现“复位为出厂设置”，包括在“保持 IP 地址”或“删除 IP 地址”两种情况下的出厂设置。

图 2-69　复位为出厂设置

技能考核 >>>

1. 考核任务

（1）正转按钮、反转按钮和停止按钮能正确控制电动机正反转，不会发生故障；热继电器信号动作时，能停止电动机运行并点亮报警灯，信号复位后，电动机正反转正常工作。

（2）PLC 控制电路图绘制符合规范，能正确区分电动机接触器、中间继电器等接线强弱电信号。

（3）能在线操作 PLC 运行模式，并获取诊断缓冲区事件。

2. 评分标准

按要求完成考核任务，其评分标准见表 2-10。

表 2-10 评分标准

姓名：		任务编号：2.2	综合评价：		
序号	考核项目	考核内容及要求	配分	评分标准	得分
1	电工安全操作规范	着装规范，安全用电，走线规范合理，工具及仪器仪表使用规范，任务完成后进行场地整理并保持清洁有序	20	现场考评	
2	实训态度	不迟到、不早退、不旷课，实训过程认真负责，组内人员主动沟通、协作，小组间互助	10		
3	系统方案制定	PLC 控制对象说明与分析	20		
		PLC 控制方案合理			
		选用动合、动断触点和线圈合理			
		PLC 控制电路图正确			
4	编程能力	独立完成 PLC 硬件配置	15		
		独立完成 PLC 梯形图编程			
5	操作能力	正确输入程序并进行程序调试	15		
		根据电气原理图正确接线，接线美观且可靠			
		根据系统功能进行正确操作演示			
6	实践效果	系统工作可靠	10		
		满足工作要求			
		PLC 变量规范命名			
		按规定的时间完成任务			
7	汇报总结	工作总结，PPT 汇报	5		
		填写自我检查表及反馈表			
8	创新实践	在本任务中有另辟蹊径、独树一帜的实践内容	5		
合计			100		

注 综合评价，可以采用教师评价、学生评价、组间评价、企业评价按一定比例计算后综合得出五级制成绩，即 90~100 为优、80~89 为良、70~79 为中、60~69 为及格、0~59 为不及格。

习题 2.1 如图 2-70 所示，S7-1200 PLC（CPU 1215C DC/DC/DC）外接了两个自复

位按钮和两个 DC 24 V 指示灯，请绘制电气原理图，列出 I/O 分配表，并编写两个程序实现以下功能。

（1）程序 1：按下第一个按钮时，两个指示灯都亮；按下第二个按钮时，两个指示灯都灭。

（2）程序 2：按下第一个按钮时，指示灯 1 亮、指示灯 2 灭；按下第二个按钮时，指示灯 1 灭、指示灯 2 亮。

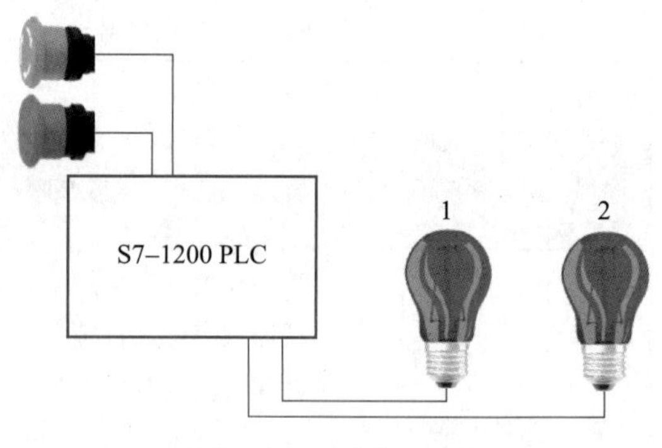

图 2-70　习题 2.1 图

习题 2.2　某输送带电动机为直流 24 V 驱动，采用正转按钮、反转按钮和停止按钮实现正反转控制，请绘制主电路图、控制电路图，列出 I/O 分配表，并编写程序实现控制要求。

习题 2.3　图 2-71 所示为△/YY 接法双速异步电动机，三相定子绕组接成△联结，三相电源接至定子绕组作△联结顶点的出线端 U1、V1、W1，磁极数为 4，同步转速为 1500 r/min。从每相绕组的中点各引出一个出线端 U2、V2、W2，把 U1、V1、W1 并接在一起，U2、V2、W2 接三相电源，电动机作 YY 联结，磁极数为 2，同步转速为 3 000 r/min。传统的按钮控制电路可以实现从高速向低速或从低速向高速变化的过程。现在采用 PLC 控制来实现传统控制电路改造，将 SB1、SB2 和 SB3 接入 S7-1200 PLC（CPU 1215C DC/DC/DC），请绘制输出控制电路，列出 I/O 分配表，并编写程序实现双速电动机控制。

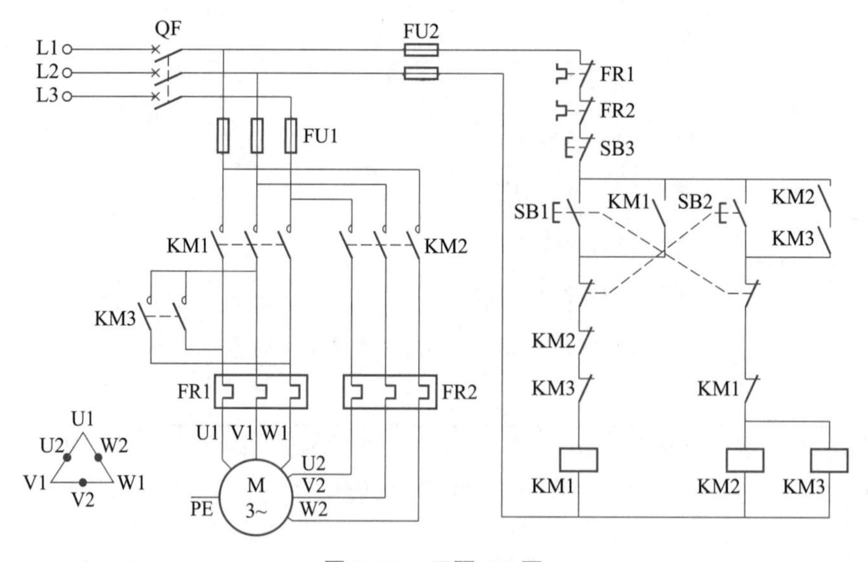

图 2-71　习题 2.3 图

项目 3

电气控制系统的 S7-1200 PLC 编程

导读

能联网的 PLC，其控制开关量的能力非常强，所控制的输入 / 输出点数从十几点、几十点到成百上千、甚至上万点。PLC 所控制的逻辑电路也可以是多种多样的：从组合逻辑到时序逻辑，从即时控制到延时控制、采用计数器控制、步序控制等。电气控制系统的 S7-1200 PLC 编程实例非常多，涉及冶金、机械、轻工、化工、纺织等各行各业。本项目主要完成位逻辑编程控制伸缩气缸、定时器编程改造传统电动机星—三角启动、计数器编程控制气动机械手搬运、功能指令编程控制电动机运行次数四个任务，每个任务都根据控制要求，按列出 I/O 分配表、绘制电气原理图、阐述编程思路、编写梯形图程序等步骤进行 PLC 系统设计。

知识目标

- 熟悉 PLC 位逻辑“与”“或”“非”以及置位与复位等常见指令。
- 熟悉 PLC 定时器的四种指令及时序逻辑。
- 掌握 PLC 计数器的三种指令及时序逻辑。
- 掌握 PLC 比较、移动、数学运算等常见功能指令的用法。

能力目标

- 能绘制 PLC 电气控制线路的控制电路和主电路并进行安装调试。
- 能用 PLC 改造传统电气控制线路并进行编程调试。

- 掌握 PLC 步序控制程序编制方法。
- 能使用多种指令编程解决复杂工艺问题。
- 善于利用网络资源学习有关 PLC 的应用知识与技能。

素养目标

- 对电气控制系统的 PLC 编程有兴趣并乐于拓展思维。
- 增强由浅入深、循序渐进的学习意识。

任务 3.1　位逻辑编程控制伸缩气缸

任务描述

图 3-1 所示是用 S7-1200 PLC 来控制二位五通阀带动伸缩气缸从原位到工作位的动作，实现生产流水线中的物料推出、压紧等相关工艺要求的控制示意图。

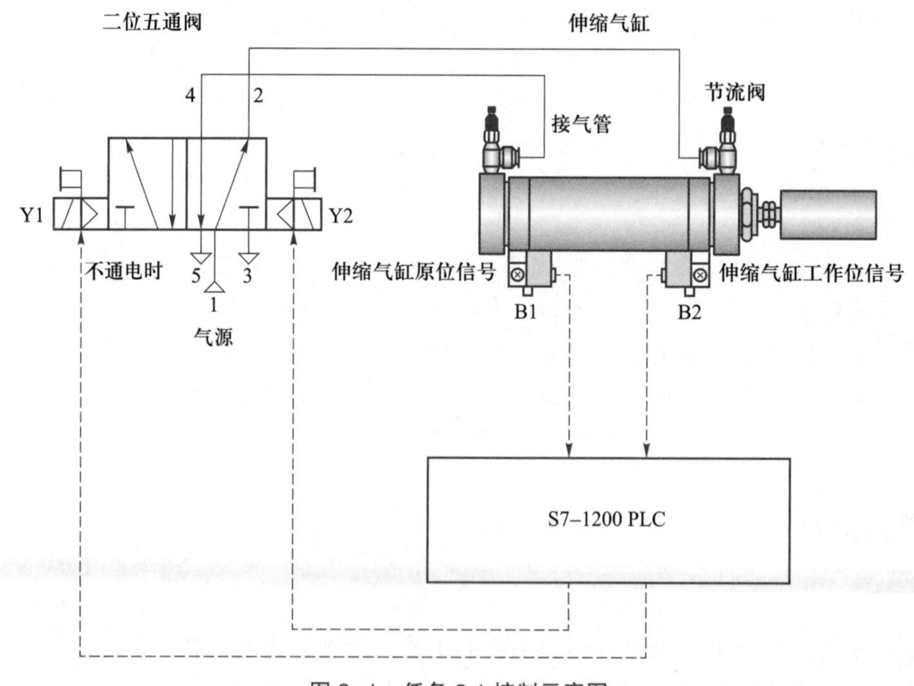

图 3-1　任务 3.1 控制示意图

任务要求如下。

（1）能正确完成磁感应式接近开关、电磁阀线圈等的 PLC 控制外围电气接线。

（2）能完成伸缩气缸控制的气路安装。

（3）能用多种梯形图编程方法实现伸缩气缸的 PLC 控制。

知识准备

3.1.1　PLC 的位逻辑指令

布尔量（即 Bool）是指只有假或真两种状态的量，通常用 0 和 1 分别表示假和真。S7-1200 PLC 中所有的位逻辑操作就是布尔量之间的操作，它们按照一定的控制要求进行逻辑组合，可构成“与”“或”运算及其组合。表 3-1 所示是常见的位逻辑指令及其说明，包括动合触点、动断触点、上升沿、下降沿、输出线圈、取反线圈、置位、复位等。

微课：

PLC 的基本指令讲解

表 3-1　常见的位逻辑指令及其说明

类型	LAD	说明
触点指令	─┤ ├─	动合触点
	─┤/├─	动断触点
	─┤NOT├─	信号流反向
	─┤P├─	扫描操作数信号的上升沿
	─┤N├─	扫描操作数信号的下降沿
	P_TRIG	扫描信号的上升沿
	N_TRIG	扫描信号的下降沿
	R_TRIG	扫描信号的上升沿，并带有背景数据块
	F_TRIG	扫描信号的下降沿，并带有背景数据块
线圈指令	─( )─	输出线圈
	─(/)─	取反线圈
	─(R)	复位
	─(S)	置位
	SET_BF	将一个区域的位信号置位
	RESET_BF	将一个区域的位信号复位
	RS	复位置位触发器
	SR	置位复位触发器
	─(P)─	上升沿检测并置位线圈一个周期
	─(N)─	下降沿检测并置位线圈一个周期

3.1.2　逻辑“与”“或”“非”操作

1. “与”逻辑

“与”逻辑是指只有两个操作数都是“1”时，结果才是“1”。“与”逻辑操作属于短路操作，即如果第一个操作数能够决定结果，那么就不会对第二个操作数求值；如果第一个操作数是“0”，则无论第二个操作数是什么值，结果都不可能是“1”，相当于短路了右边。图 3-2 所示是“与”逻辑梯形图及表征“与”逻辑事件输入和输出之间全部可能状态的表格（即真值表）。

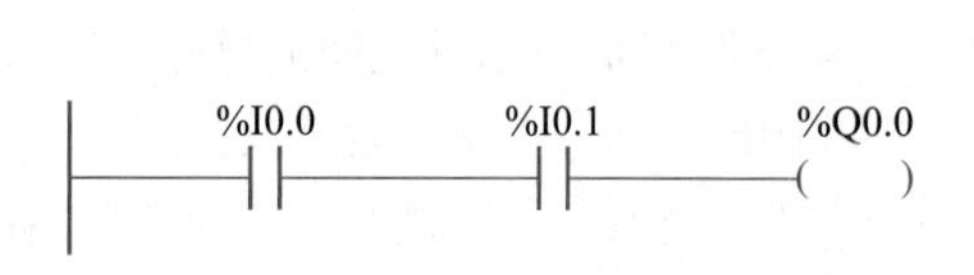

真值表

I0.0	I0.1	Q0.0
0	0	0
0	1	0
1	0	0
1	1	1

图 3-2　“与”逻辑梯形图及其真值表

2. “或”逻辑

“或”逻辑是指如果一个操作数或多个操作数为“1”，则“或”运算返回结果“1”；只有全部操作数为“0”时，结果才是“0”。图 3-3 所示是“或”逻辑梯形图及其真值表。

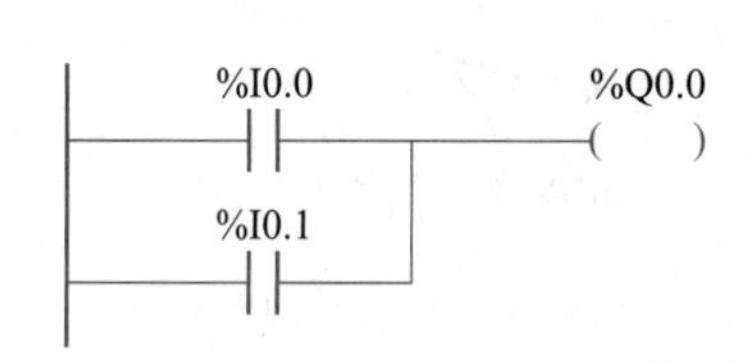

真值表

I0.0	I0.1	Q0.0
0	0	0
0	1	1
1	0	1
1	1	1

图 3-3　“或”逻辑梯形图及其真值表

3. “非”逻辑

“非”逻辑，即逻辑取反，图 3-4 所示是“非”逻辑梯形图及其真值表。

%I0.0　%Q0.0

真值表

I0.0	Q0.0
0	1
1	0

图 3-4　“非”逻辑梯形图及其真值表

3.1.3　输出线圈与取反线圈

输出线圈是指输出为“1”时接通，输出为“0”时断开。取反线圈是指输出为“1”时断开，输出为“0”时接通。图 3-5 所示为输出线圈与取反线圈对比情况。可以从梯形图看出，两种线圈除了输出刚好相反外，其余均相同。从真值表也可以看出两者的区别。

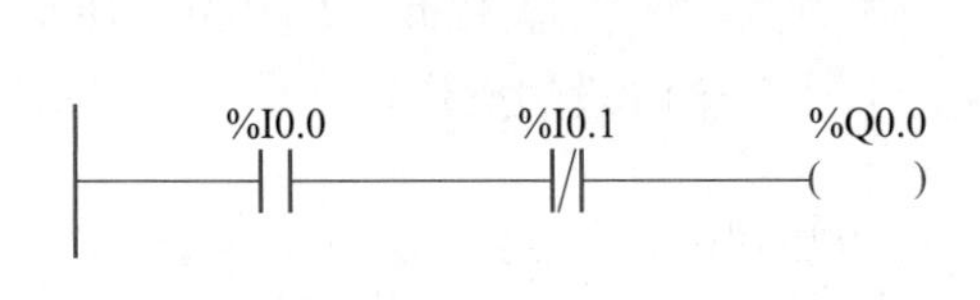

真值表

I0.0	I0.1	Q0.0
0	0	0
0	1	0
1	0	1
1	1	0

(a) 输出线圈举例

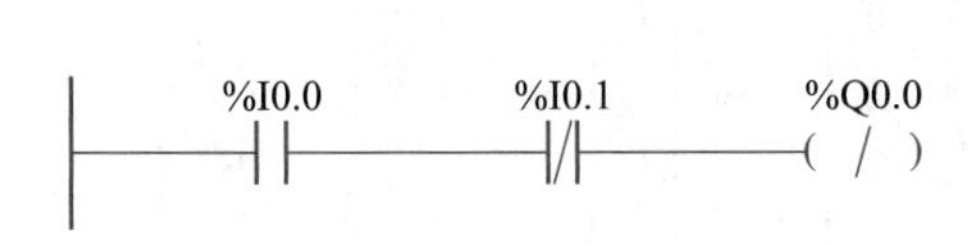

真值表

I0.0	I0.1	Q0.0
0	0	1
0	1	1
1	0	0
1	1	1

(b) 取反线圈举例

图 3-5　输出线圈与取反线圈对比

3.1.4　置位与复位

在功能上，置位就是使线圈输出为 1，复位就是使线圈输出为 0。——(R) 为复位输出，即输出为“0”；——(S) 为置位输出，即输出为“1”；RESET_BF 为复位域指令，将指定地址开始的连续若干个地址复位（变为 0 状态并保持）；SET_BF 为置位域指令，将指定地址开始的连续若干个地址置位（变为 1 状态并保持）。

除了上述 4 条置位、复位指令外，S7-1200 PLC 还提供了两个双稳态触发器（见图 3-6），即 SR 复位优先触发器和 RS 置位优先触发器，优先级带后缀“1”，如 R1 为复位优先、S1 为置位优先。

（1）SR 触发器的逻辑为：S=0，R1=0 时，Q 保持不变（0 或 1）；S=0，R1=1 时，Q=0；S=1，R1=0 时，Q=1；S=1，R1=1 时，Q=0。

（2）RS 触发器的逻辑为：S1=0，R=0 时，Q 保持不变（0 或 1）；S1=0，R=1 时，Q=0；S1=1，R=0 时，Q=1；S1=1，R=1 时，Q=1。

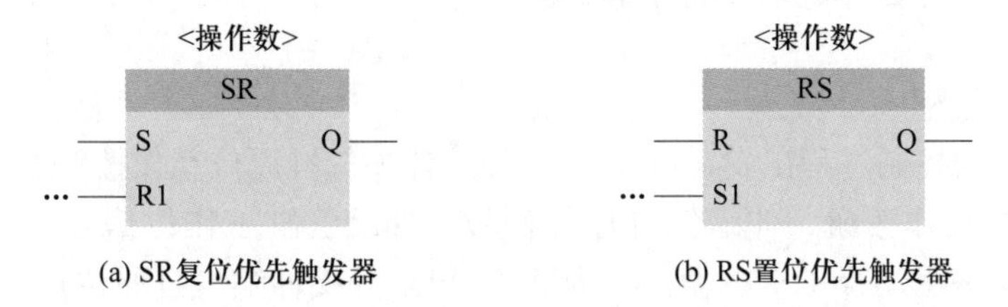

(a) SR复位优先触发器　　(b) RS置位优先触发器

图 3-6　双稳态触发器

3.1.5　扫描周期与边沿识别指令

1. 扫描周期

当 PLC 投入运行后，其工作过程一般分为三个阶段，即输入采样刷新、用户程序执行和输出刷新三个阶段，完成上述三个阶段称为一个扫描周期，如图 3-7 所示。在整个运行期间，PLC 以一定的扫描速度重复执行上述三个阶段的操作。

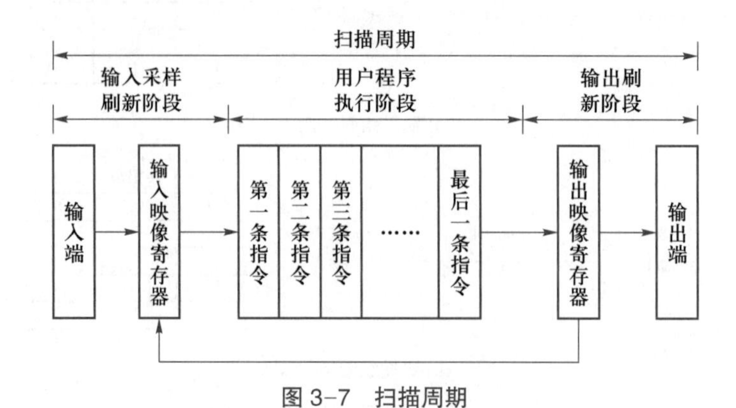

图 3-7　扫描周期

2. 边沿识别指令

边沿信号在 PLC 程序中比较常见，如电动机的启动、停止及故障等信号的捕捉都是通过边沿信号实现的。如图 3-8 所示，上升沿检测指令检测每一次从 0 到 1 的正跳变，让能流只接通一个 PLC 扫描周期；下降沿检测指令检测每一次从 1 到 0 的负跳变，让能流只接通一个扫描周期。

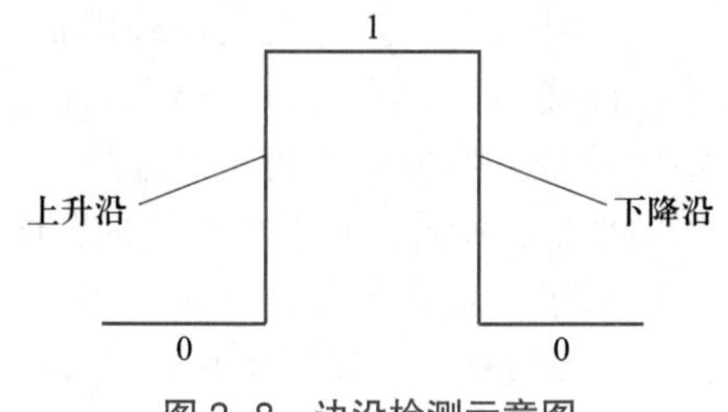

图 3-8　边沿检测示意图

在 S7-1200 PLC 指令中，—|P|— 指令表示上升沿触点输入信号，—|N|— 指令表示下降沿触点输入信号；—(P)— 指令表示置位脉冲操作，—(N)— 指令表示复位脉冲操作，该输出为一个扫描周期。

任务实施 >>>

3.1.6　PLC I/O 分配和控制电路接线

1. PLC I/O 分配

从伸缩气缸的控制过程出发，确定 PLC 外接伸缩气缸原位动作按钮、伸缩气缸工作位动作按钮、伸缩气缸原位信号、伸缩气缸工作位信号 4 个输入信号，均采用动合（NO）触点，同时该 PLC 外接伸缩气缸原位控制、伸缩气缸工作位控制 2 个输出信号，I/O 分配见表 3-2。

微课：

任务实施：位逻辑编程控制伸缩气缸

表 3-2　伸缩气缸控制 I/O 分配表

	PLC 位元件	位元件符号 / 名称
输入	I0.0	SB1/ 伸缩气缸原位动作按钮（NO）
	I0.1	SB2/ 伸缩气缸工作位动作按钮（NO）

续表

	PLC 位元件	位元件符号 / 名称
输入	I0.3	B1/ 伸缩气缸原位信号（NO）
	I0.4	B2/ 伸缩气缸工作位信号（NO）
输出	Q0.4	Y1/ 伸缩气缸原位控制
	Q0.5	Y2/ 伸缩气缸工作位控制

2. 磁感应式接近开关的安装

为了确保伸缩气缸动作的正确性，通常需要在气缸上安装接近开关，用于检测气缸伸出和缩回是否到位。由于气缸的动作为开关形式，因此只需要在气缸的前点和后点上各安装一个接近开关即可，当检测到气缸准确到位后，就给 PLC 发出一个信号。由于气缸运动部件处于金属壳体内部，因此无法使用光电开关、电感开关等常用的接近开关来进行检测，在这种情况下可以考虑采用能测量位置变化的磁感应式接近开关。图 3-9 所示是利用磁感应式接近开关来测量气缸活塞运动的安装位置示意图。

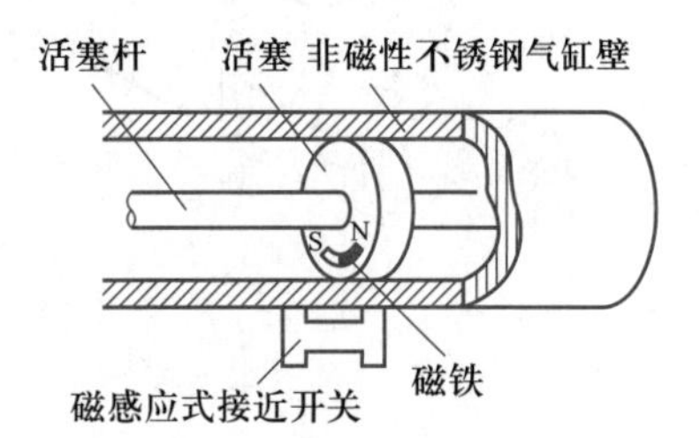

图 3-9　磁感应式接近开关的安装位置

永久磁铁固定在非磁性材料制作的活塞体内，磁感应式接近开关固定在非磁性材料制作的气缸壁上，并在该开关壳体内设置一只绕有线圈的 U 形铁芯，如图 3-10 所示。当气缸活塞运动到铁芯正上方时，铁芯饱和，线圈电感量大大减小，通过转换电路，使输出端（OC 门）产生跳变，NPN 型为低电平、PNP 型则为高电平，当磁铁远离铁芯时 OC 门恢复为高阻态。

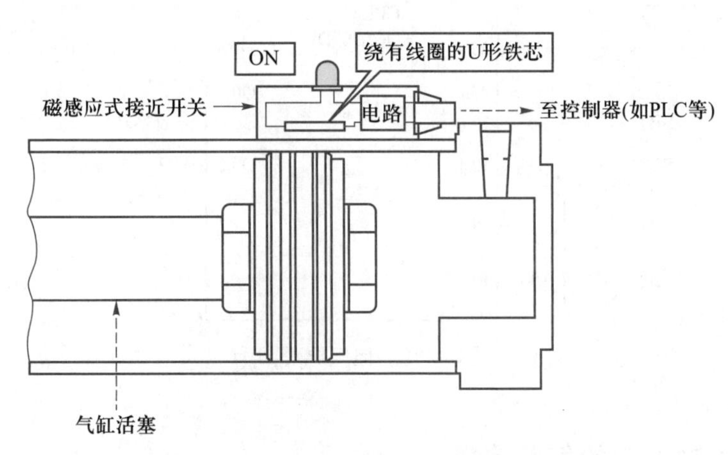

图 3-10　磁感应式接近开关的工作原理

图 3-11 所示为磁感应式接近开关的外观及安装方式。它可以采用带式、导轨式、拉杆式和直接式等方式安装在气缸两端，图 3-11 所示为带式安装，安装步骤按 1、2、3、4 顺序进行紧固即可。

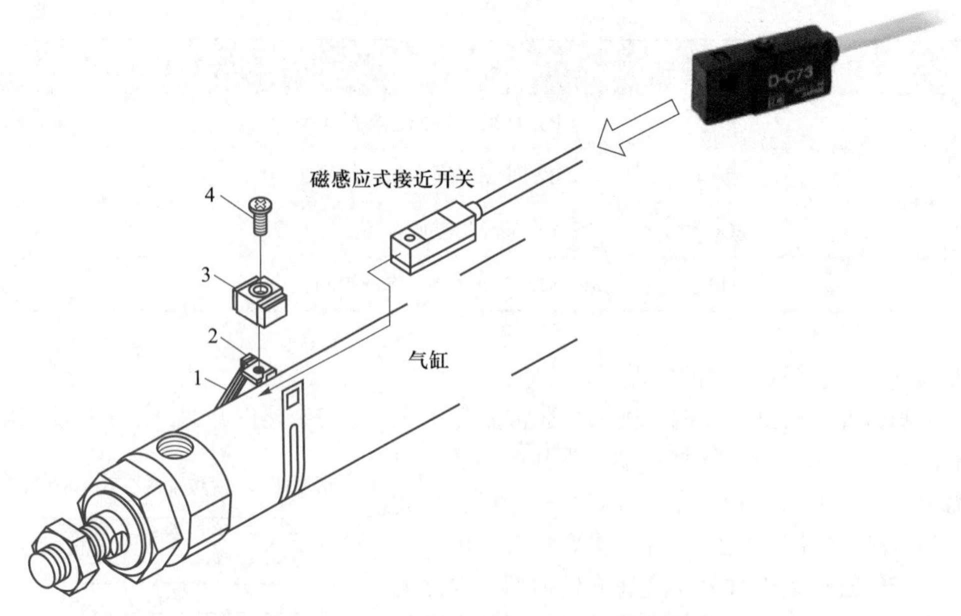

图 3-11　磁感应式接近开关的外观及安装方式

3. 绘制电气原理图

本任务选择的 S7-1200 PLC 为 CPU1215C DC/DC/DC，图 3-12 所示为本任务控制线路的电气原理图。其中 B1、B2 为磁感应式接近开关，作为伸缩气缸原位信号和工作位信号，接线一般为二线制，PNP 型的连接方式如图 3-12 所示，“+”接电源 24 V，“-”接输入点 I。电磁阀线圈电压为 DC 24 V，如果是交流线圈，则需要用中间继电器进行信号转接。

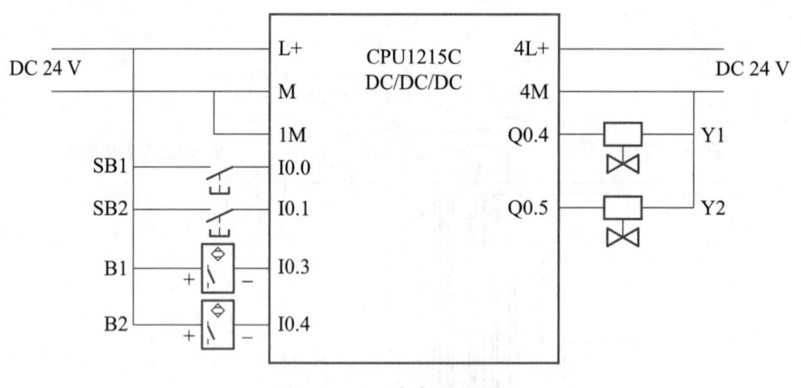

图 3-12　电气原理图

3.1.7　伸缩气缸控制的气路连接

图 3-13 所示为本任务的气路连接示意图。气源从气泵经过可调压的空气过滤器，到开关后，进入二位五通电磁阀的 1 口，再将二位五通电磁阀的 4 口和 2 口分别连接至伸缩气缸的两端。

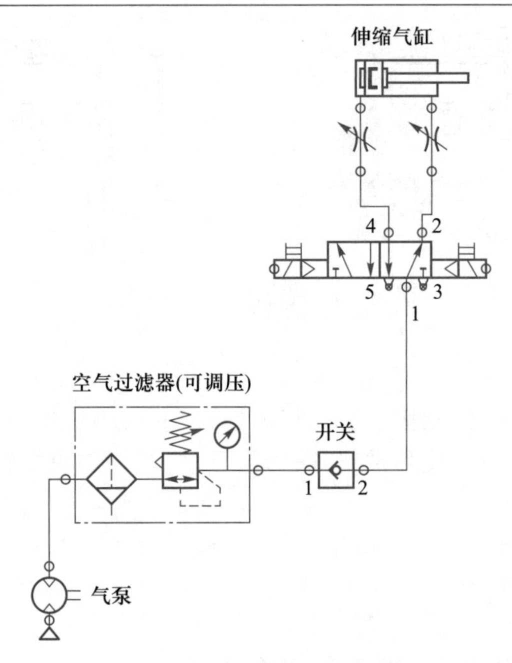

图 3-13　气路连接示意图

图 3-14 所示为二位五通电磁阀在两侧线圈交互通电情况下的气路走向。在两侧线圈交互通电后，就可以交换进出气的方向，从而改变气缸的伸出（缩回）运动，最后使物料被推送到相应的位置。

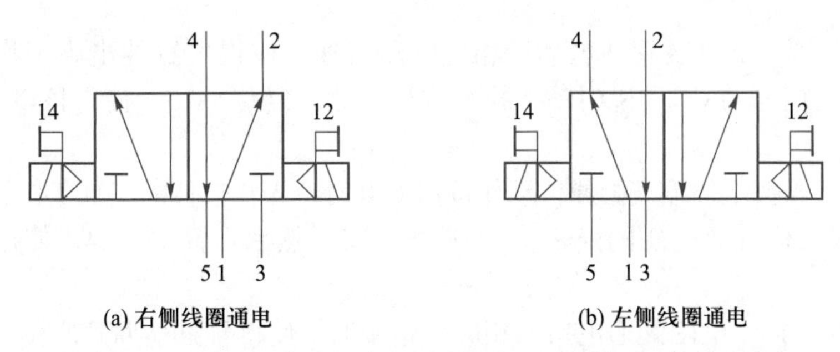

(a) 右侧线圈通电　　(b) 左侧线圈通电

图 3-14　二位五通电磁阀在两侧线圈交互通电情况下的气路走向

气路连接中要注意插入气管和拔出气管的动作要求。

1. 插入气管

如图 3-15（a）所示，只需要简单地将气管插入接头的管端，气管端面顺利通过弹簧垫片、异型 O 形圈，直至快插接头底端面，此时弹簧垫片会牢牢锁住气管使其不易被拔出。气管插入深度不够时，会发生漏气或气管脱落现象，如图 3-16 所示。

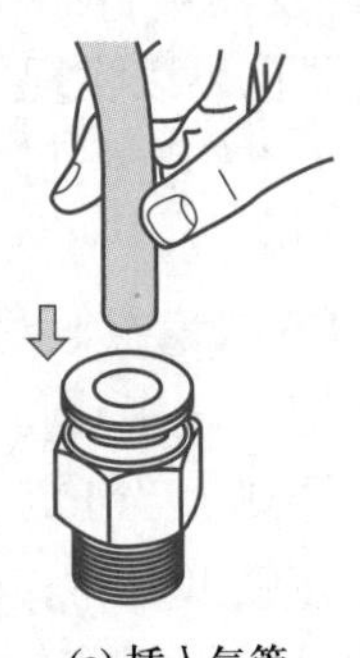

(a) 插入气管

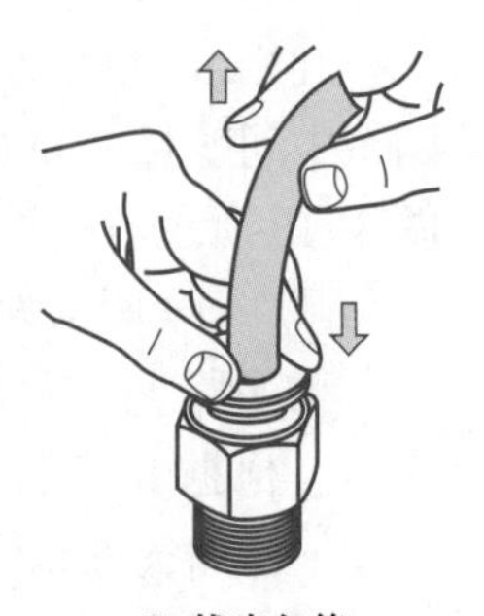

(b) 拔出气管

图 3-15　插入气管和拔出气管

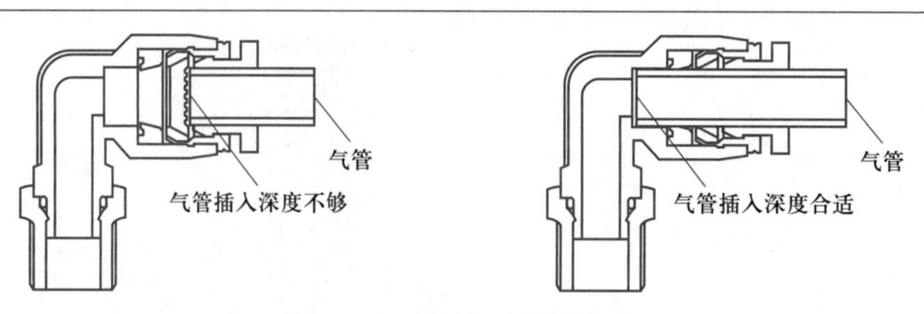

图 3-16　气管插入的两种情形

2. 拔出气管

拔出气管前，请关闭进气阀门，并确保气管内的气压是零。拔出气管的动作过程如下：先向下推动塑胶接口，使弹簧垫片打开，这样气管才可以被拔出，如图 3-15（b）所示。

3.1.8　PLC 梯形图编程

1. 采用置位（S）和复位（R）指令进行编程

图 3-17 所示为采用置位（S）和复位（R）指令进行编程的梯形图程序示意图。程序解释如下。

程序段 1：当按下伸缩气缸工作位动作按钮 I0.1 时，先复位伸缩气缸原位控制输出线圈 Q0.4，确保二位五通电磁阀处于 Y1 不通电状态；然后，置位 Q0.5，使得该电磁阀的 Y2 通电。

程序段 2：当 Y2 电磁阀通电后，相应气路接通，使得气缸伸出到工作位，磁感应式接近开关 B2 信号为 ON，说明动作执行到位，此时复位 Q0.5，使得该电磁阀的 Y2 不通电。

程序段 3：当按下伸缩气缸原位动作按钮 I0.0 时，先复位伸缩气缸工作位控制输出线圈 Q0.5，确保二位五通电磁阀处于 Y2 不通电状态；然后，置位 Q0.4，使得该电磁阀的 Y1 通电。

程序段 4：当 Y1 电磁阀通电后，相应气路接通，使得气缸缩回到原位，磁感应式接近开关 B1 信号为 ON，说明动作执行到位，此时复位 Q0.4，使得该电磁阀的 Y1 不通电。

2. 采用 RS 双稳态触发器进行编程

利用 RS 双稳态触发器也可以实现本任务的控制要求，且程序更加简洁，但需要增加两个中间变量，即 M10.0（工作位控制中间变量）和 M10.1（原位控制中间变量），具体如图 3-18 所示。

图 3-19 所示为采用 RS 双稳态触发器进行编程的梯形图程序。程序解释如下。

程序段 1：当按下伸缩气缸工作位动作按钮 I0.1 时，置位 Q0.5，使得该电磁阀的 Y2 通电。根据 R1 优先复位原则，当 I0.4 伸缩气缸工作位信号为 ON（即工作位执行到位）或按下伸缩气缸原位动作按钮 I0.0 时，均第一时间复位 Q0.5。

程序段 2：当按下伸缩气缸工作位动作按钮 I0.0 时，置位 Q0.4，使得该电磁阀的 Y1 通电。根据 R1 优先复位原则，当 I0.3 伸缩气缸原位信号为 ON（即原位执行到位）或按下伸缩气缸工作位动作按钮 I0.1 时，均第一时间复位 Q0.4。

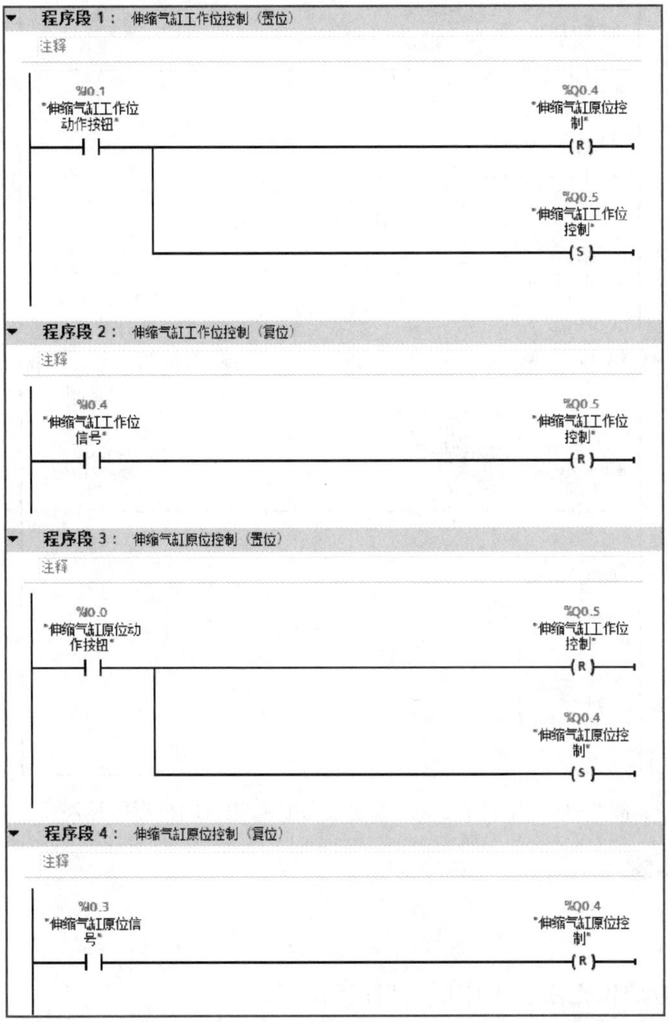

程序段 1：伸缩气缸工作位控制（置位）

注释

%I0.1 "伸缩气缸工作位动作按钮" —— %Q0.4 "伸缩气缸原位控制" (R)；%Q0.5 "伸缩气缸工作位控制" (S)

程序段 2：伸缩气缸工作位控制（复位）

注释

%I0.4 "伸缩气缸工作位信号" —— %Q0.5 "伸缩气缸工作位控制" (R)

程序段 3：伸缩气缸原位控制（置位）

注释

%I0.0 "伸缩气缸原位动作按钮" —— %Q0.5 "伸缩气缸工作位控制" (R)；%Q0.4 "伸缩气缸原位控制" (S)

程序段 4：伸缩气缸原位控制（复位）

注释

%I0.3 "伸缩气缸原位信号" —— %Q0.4 "伸缩气缸原位控制" (R)

图 3-17　采用置位（S）和复位（R）指令进行编程的梯形图程序示意图

PLC 变量

	名称	变量表	数据类型	地址
1	伸缩气缸原位动作按钮	默认变量表	Bool	%I0.0
2	伸缩气缸工作位动作按钮	默认变量表	Bool	%I0.1
3	伸缩气缸原位信号	默认变量表	Bool	%I0.3
4	伸缩气缸工作位信号	默认变量表	Bool	%I0.4
5	伸缩气缸原位控制	默认变量表	Bool	%Q0.4
6	伸缩气缸工作位控制	默认变量表	Bool	%Q0.5
7	工作位控制中间变量	默认变量表	Bool	%M10.0
8	原位控制中间变量	默认变量表	Bool	%M10.1

图 3-18　PLC 变量

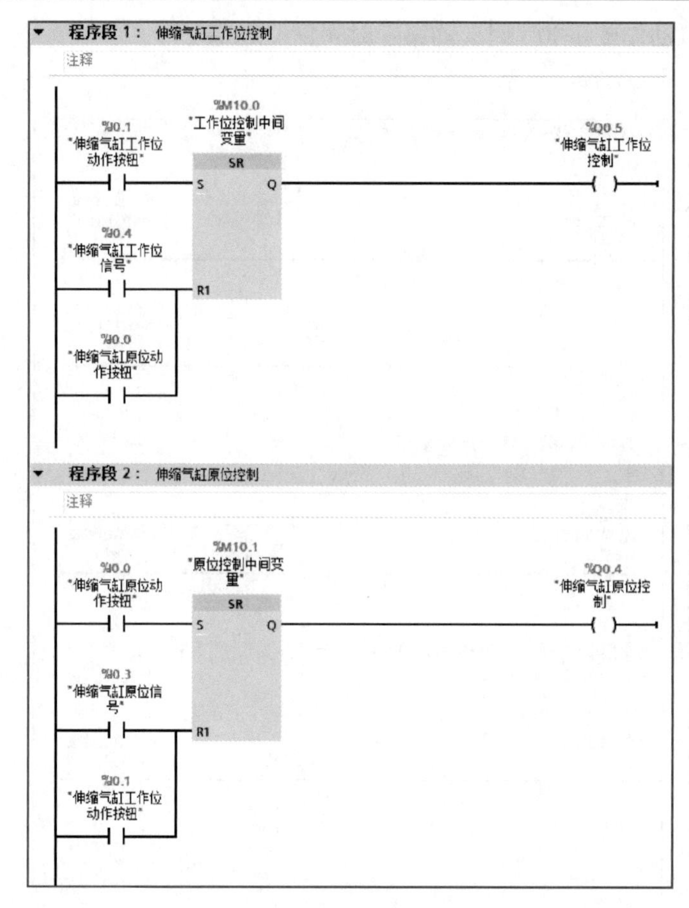

图 3-19　采用 RS 双稳态触发器进行编程的梯形图程序

技能考核 >>>

1. 考核任务

（1）伸缩气缸原位控制、工作位控制正确动作。

（2）PLC 控制线路电气原理图绘制符合规范，能用两种梯形图进行编程。

（3）气路安装符合规范，正确执行气缸动作。

2. 评分标准

按要求完成考核任务，其评分标准见表 3-3。

表 3-3　评 分 标 准

姓名：		任务编号：3.1	综合评价：		
序号	考核项目	考核内容及要求	配分	评分标准	得分
1	电工安全操作规范	着装规范，安全用电，走线规范合理，工具及仪器仪表使用规范，任务完成后进行场地整理并保持清洁有序	20	现场考评	

续表

序号	考核项目	考核内容及要求	配分	评分标准	得分
2	实训态度	不迟到、不早退、不旷课，实训过程认真负责，组内人员主动沟通、协作，小组间互助	10	现场考评	
3	系统方案制定	PLC 控制对象说明与分析合理	20		
		二位五通阀与气缸选用合理			
		PLC 控制电路正确			
		气路设计正确			
4	编程能力	能使用两种梯形图编程方法	15		
5	操作能力	根据电气原理图正确接线，美观且可靠	15		
		根据气路图正确连接气管			
		根据系统功能进行正确操作演示			
6	实践效果	系统工作可靠，满足工作要求	10		
		PLC 变量规范命名			
		按规定的时间完成任务			
7	汇报总结	工作总结，PPT 汇报	5		
		填写自我检查表及反馈表			
8	创新实践	在本任务中有另辟蹊径、独树一帜的实践内容	5		
合计			100		

注 综合评价，可以采用教师评价、学生评价、组间评价、企业评价等按一定比例计算后综合得出五级制成绩，即 90~100 为优、80~89 为良、70~79 为中、60~69 为及格、0~59 为不及格。

任务 3.2 定时器编程改造传统电动机星—三角启动

任务描述

图 3-20 所示是大功率三相异步电动机控制用的传统星—三角启动控制示意图，现在需要取消传统的时间继电器，采用 PLC 定时器编程进行控制电路改造。

任务要求如下。

（1）取消时间继电器，重新进行 PLC 外围电气接线，并用 PLC 定时器指令编程进行电动机的星—三角启动控制。

（2）增加指示灯，要求当电气运行正常时指示灯常亮，当热继电器故障信号动作时指示灯进行闪烁。

（3）能用多种定时器对故障闪烁进行编程。

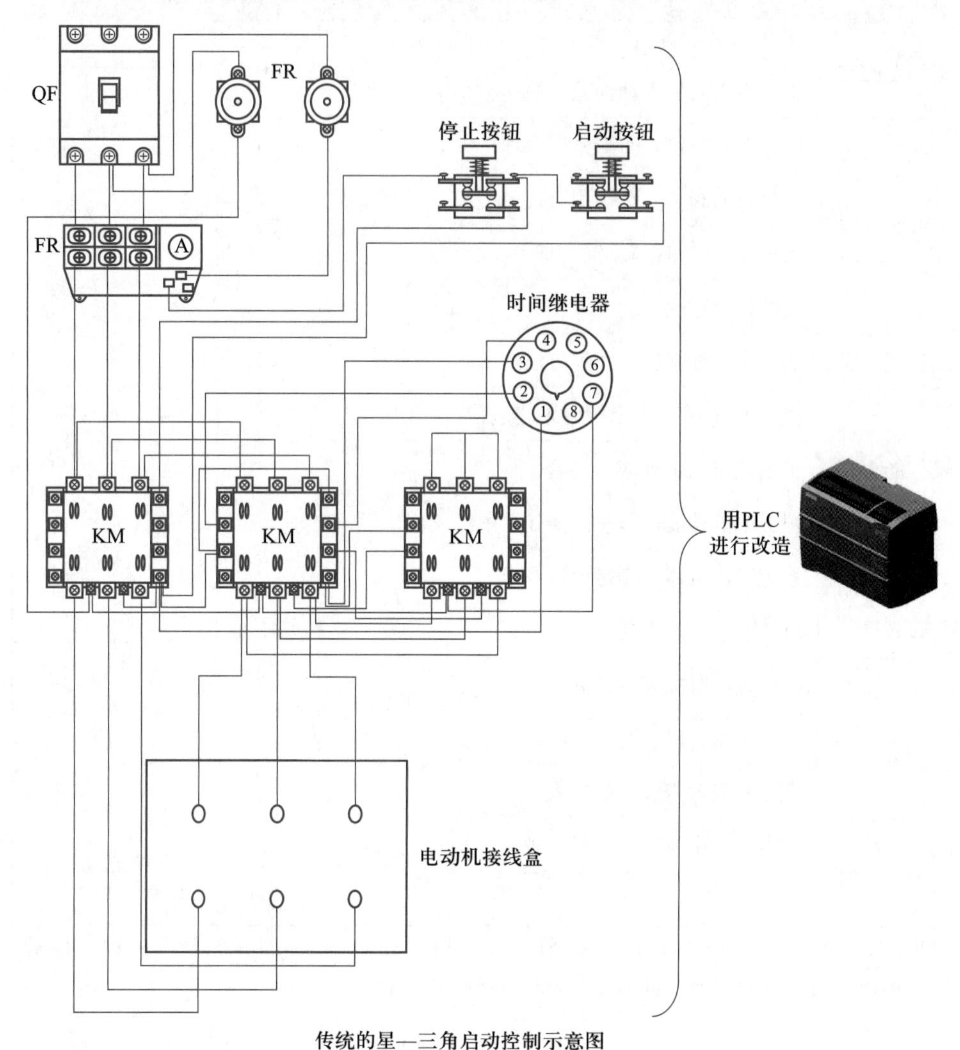

图 3-20　任务 3.2 控制示意图

知识准备 >>>

3.2.1　S7-1200 PLC 定时器种类

使用定时器指令可以创建可编程的延迟时间，表 3-4 所示为 S7-1200 PLC 的定时器指令，最常用的有以下四种定时器。

（1）TON：接通延时定时器，输出 Q 在预设的延时过后设置为 ON。

（2）TOF：关断延时定时器，输出 Q 在预设的延时过后设置为 OFF。

（3）TP：脉冲定时器，可生成具有预设宽度时间的脉冲。

（4）TONR：保持型接通延时定时器，输出在预设的延时过后设置为 ON。在使用 R 输入重置经过的时间之前，会跨越多个定时时段一直累加经过的时间。

表 3-4　定时器指令

LAD	说明	LAD	说明
TON	接通延时（带有参数）	—（TON）	启动接通延时定时器
TOF	关断延时（带有参数）	—（TOF）	启动关断延时定时器
TP	生成脉冲（带有参数）	—（TONR）	记录一个位信号为 1 的累计时间
TONR	记录一个位信号为 1 的累计时间（带有参数）	—（RT）	复位定时器
—（TP）	启动脉冲定时器	—（PT）	加载定时时间

3.2.2　TON、TOF、TP 和 TONR 定时器指令

1. TON 指令

TON 指令是接通延时定时器输出 Q 在预设的延时过后设置为 ON，其指令梯形图如图 3-21 所示，指令参数及其数据类型见表 3-5。如图 3-22 所示为 TON 指令逻辑时序图，当参数 IN（输入）从 0 跳变为 1 时将启动定时器 TON，经过 PT（预设时间）后，Q 输出；当 IN 从 1 变为 0 时，Q 停止输出。

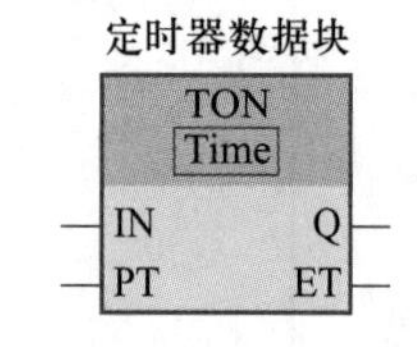

图 3-21　TON 指令梯形图

表 3-5　TON 指令参数及其数据类型

参数	数据类型	说明
IN	Bool	启用定时器输入
PT	Bool	预设的时间值输入
Q	Bool	定时器输出
ET	Time	经过的时间值输出
定时器数据块	DB	指定要使用 RT 指令复位的定时器

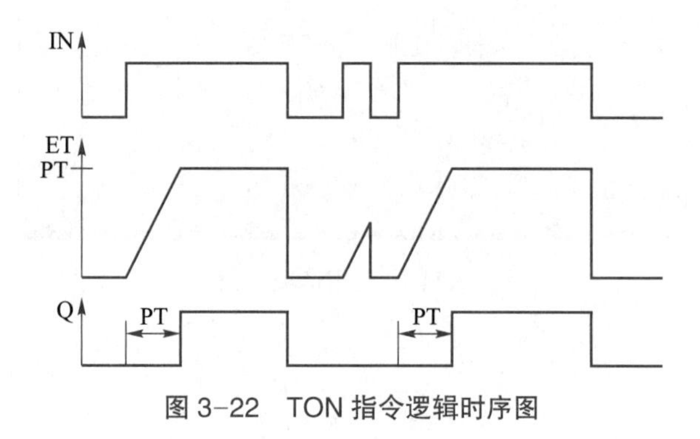

图 3-22　TON 指令逻辑时序图

PT（预设时间）和 ET（经过的时间）值以表示毫秒时间的有符号双精度整数形式存储在存储器中（见表 3-6）。Time 数据使用 T# 标识符，也可以用简单时间单元“T#200ms”或复合时间单元“T#2s_200ms”（或“T#2s200ms”）的形式输入。

表 3-6　TIME 数据类型

数据类型	大小	有效数值范围
Time	32bit 存储形式	T#-24d_20h_31m_23s_648ms～T#24d_20h_31m_23s_647ms -2,147,483,648ms～+2,147,483,647ms

如图 3-23 所示，在指令窗口中选择“定时器操作”中的“TON”指令，并将之拖入程序段中，这时就会弹出一个“调用选项”窗口，如图 3-24 所示，“编号”选择“自动”，单击“确定”按钮，则会直接生成 DB1 数据块；“编号”也可以选择“手动”，根据用户需要生成 DB 数据块。

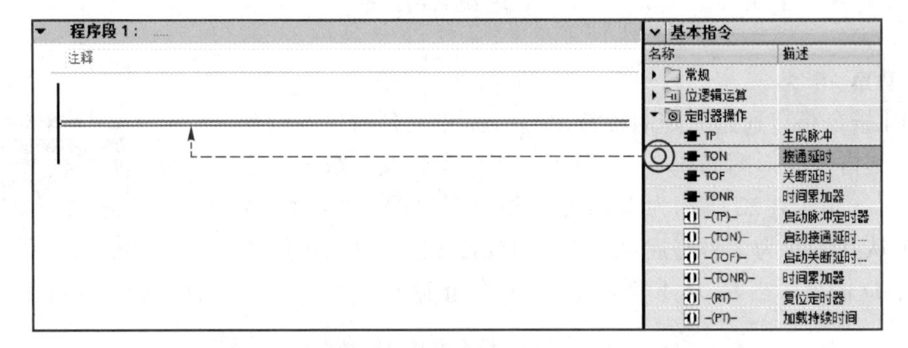

图 3-23　选择“定时器操作”中的“TON”指令

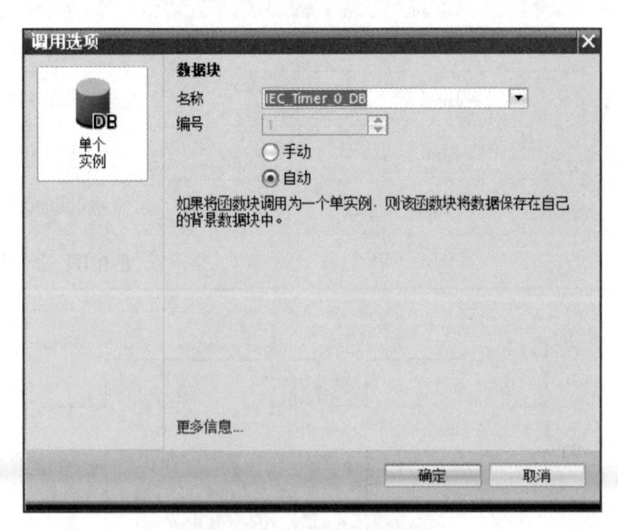

图 3-24　“调用选项”窗口

在项目树的“程序块”中，可以看到自动生成的“IEC_Timer_0_DB [DB1]”数据块，生成后的 TON 指令调用如图 3-25 所示。图 3-26 所示为该定时器的各个参数监视值，根据寻址方式，可以分别用 %DB1.PT、%DB1.ET、%DB1.IN 和 %DB1.Q 来读出输入、输出值。

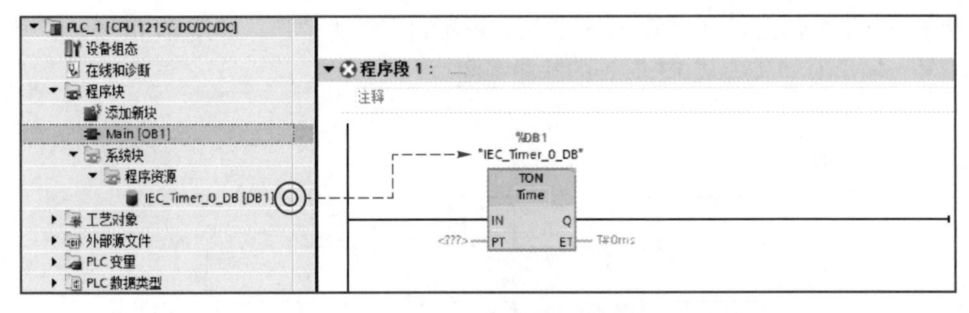

图 3-25　TON 指令调用示意图

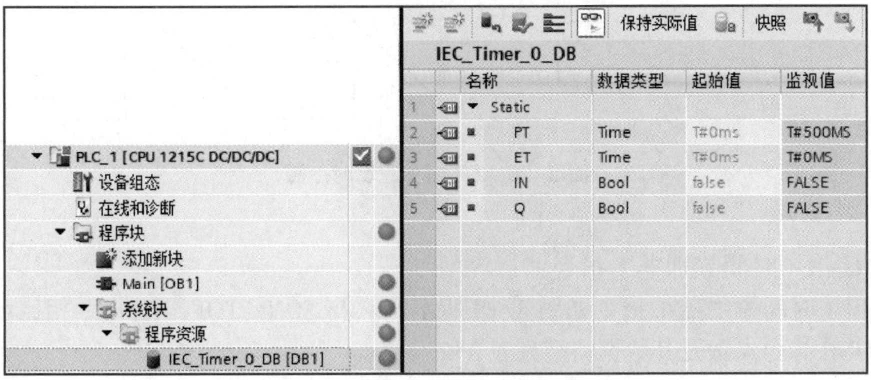

保持实际值　快照

IEC_Timer_0_DB

		名称	数据类型	起始值	监视值
1		▼ Static			
2		▪ PT	Time	T#0ms	T#500MS
3		▪ ET	Time	T#0ms	T#0MS
4		▪ IN	Bool	false	FALSE
5		▪ Q	Bool	false	FALSE

PLC_1 [CPU 1215C DC/DC/DC]
设备组态
在线和诊断
程序块
添加新块
Main [OB1]
系统块
程序资源
IEC_Timer_0_DB [DB1]

图 3-26　定时器的各个参数监视值

2. TOF 指令

TOF（关断延时定时器）指令的参数与 TON 指令相同，区别在于 IN 从 1 跳变为 0 时将启动定时器，其逻辑时序图如图 3-27 所示。

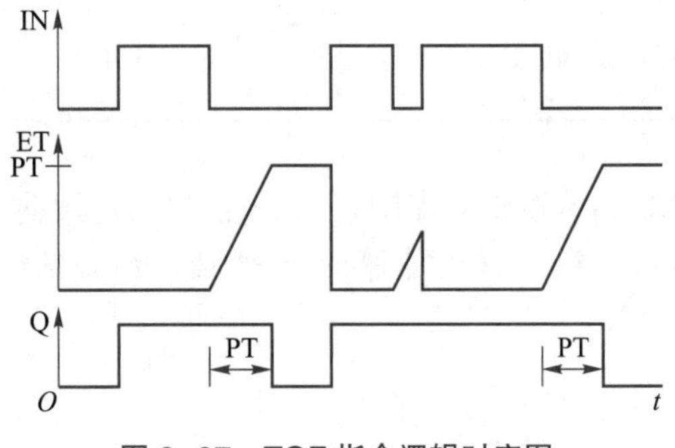

图 3-27　TOF 指令逻辑时序图

3. TP（脉冲定时器）指令

虽然 TP（脉冲定时器）指令的参数格式与 TON、TOF 指令一致，但其含义与接通延时和断电延时不同，它是在 IN 输入从 0 跳变到 1 后，立即输出一个脉冲信号，其持续长度受 PT 值控制。

图 3-28 所示为 TP 指令逻辑时序图。从图 3-28 中可以看到：即使 IN 信号还处于“1”状态,TP 指令输出 Q 在完成 PT 时长后，就不再保持为“1”；即使 IN 信号为多个“脉冲”信号，输出 Q 也能完成 PT 时长的脉冲宽度。

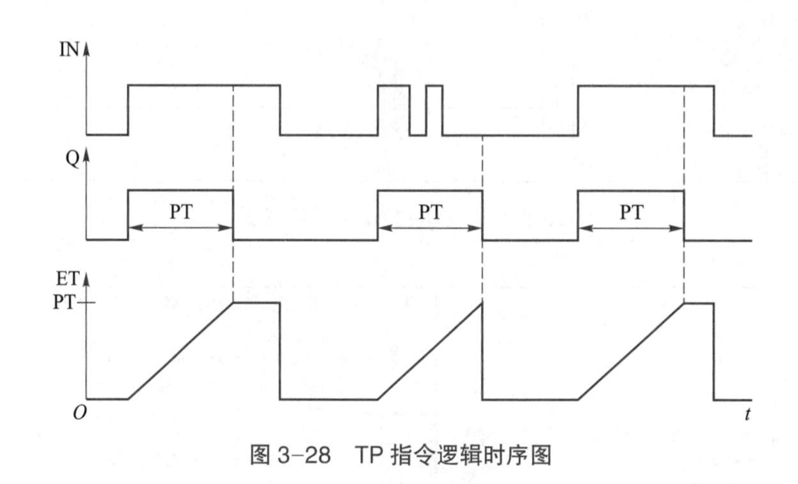

图 3-28　TP 指令逻辑时序图

4. TONR（时间累加器）指令

TONR（时间累加器）指令如图 3-29 所示。它与 TON、TOF、TP 指令相比增加了参数 R，TONR 指令参数及其数据类型见表 3-7。

表 3-7　TONR 指令参数及其数据类型

参数	数据类型	说明	参数	数据类型	说明
IN	Bool	启用定时器输入	Q	Bool	定时器输出
R	Bool	将 TONR 经过的时间重置为零	ET	Time	经过的时间值输出
PT	Bool	预设的时间值输入	定时器数据块	DB	指定要使用 RT 指令复位的定时器

图 3-30 所示为 TONR 指令逻辑时序图。当 IN 信号不连续输入时，定时器 ET 的值一直在累计，直到定时时间 PT 到，ET 的值保持为 PT 值；当 R 信号为 ON 时，ET 的值复位为零。

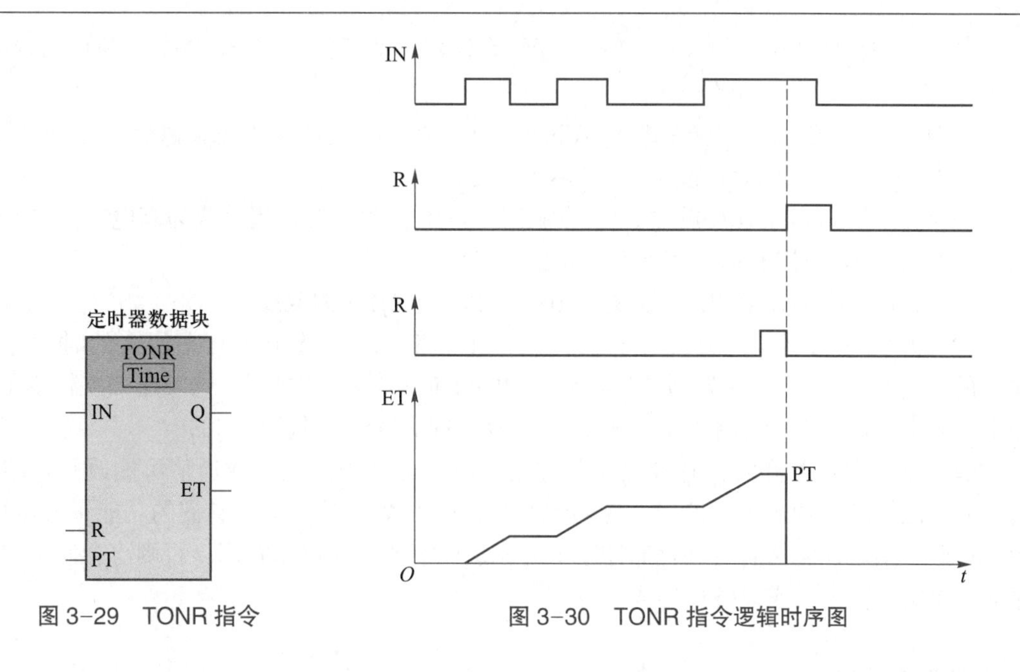

图 3-29　TONR 指令　　　　图 3-30　TONR 指令逻辑时序图

3.2.3　系统和时钟存储器

如图 3-31 所示，选中 PLC 属性中所示的“系统和时钟存储器”项，单击右侧窗口中的“启用系统存储器字节”和“启用时钟存储器字节”复选框，采用默认的 MB1 和 MB0 作为系统存储器字节和时钟存储器字节，也可以修改这两个地址。

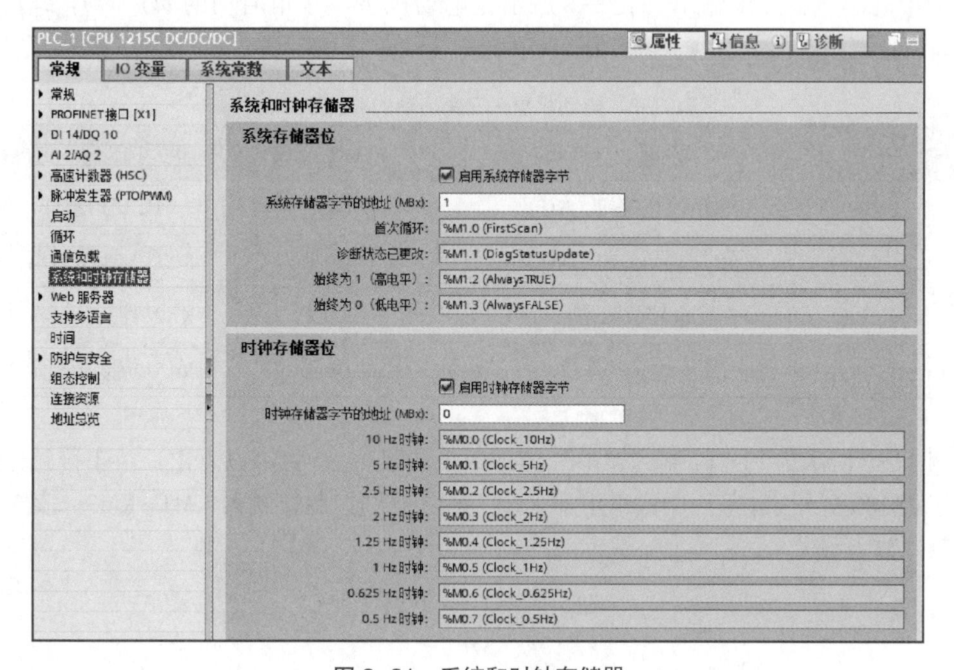

图 3-31　系统和时钟存储器

（1）系统存储器位。将 MB1 设置为系统存储器字节后，该字节的 M1.0~M1.3 的意义如下。

① M1.0（FirstScan）：仅在进入 RUN 模式的首次扫描时为 1 状态，以后均为 0 状态。

② M1.1（DiagStatusUpdate）：诊断状态已更改。

③ M1.2（Always TRUE）：总是为 1 状态，其动合触点总是闭合或为高电平。在本实例中，M10.0 动合触点和动断触点的并联就是 M1.2。

④ M1.3（Always FALSE）：总是为 0 状态，就是 M1.2 的取反。

（2）时钟存储器位。时钟存储器位是一个周期内 0 状态和 1 状态所占的时间各为 50% 的方波信号，以 M0.5 为例，其时钟脉冲的周期为 1 s，如果用它的触点来控制接在某输出点的指示灯，指示灯将以 1 Hz 的频率闪动，即亮 0.5 s、熄灭 0.5 s。

因为系统存储器和时钟存储器不是保留的存储器，用户程序或通信可能改写这些存储单元，破坏其中的数据。所以，应避免改写这两个 M 字节，保证它们的功能正常运行。用户指定了系统存储器和时钟存储器字节后，这些字节不能再作它用，否则将会使用户程序运行出错，甚至造成设备损坏或人身伤害。

任务实施 >>>

3.2.4　PLC I/O 分配和控制线路接线

微课：

任务实施：定时器编程改造传统电动机星—三角启动

从三相电动机的星—三角启动过程出发，确定 PLC 外接启动按钮、停止按钮、热继电器故障信号 3 个输入，同时外接指示灯、控制接触器 1~3 的中间继电器 4 个输出。表 3-8 所示是电动机星—三角启动的 I/O 分配，PLC 选用西门子 CPU1215C DC/DC/DC。

表 3-8　电动机星—三角启动的 I/O 分配表

	PLC 软元件	软元件符号 / 名称		PLC 软元件	软元件符号 / 名称
输入	I0.0	SB1/ 停止按钮（NC）	输出	Q0.0	HL1/ 指示灯
	I0.1	SB2/ 启动按钮（NO）		Q0.1	KA1/ 控制接触器 1
	I1.1	FR/ 热继电器故障信号（NC）		Q0.2	KA2/ 控制接触器 2
				Q0.3	KA3/ 控制接触器 3

图 3-32 所示为 PLC 控制线路电气原理图。从图 3-32 中可以看出，由于接触器的线圈为三相 380 V，因此采用中间继电器 KA1~KA3 分别控制接触器 KM1~KM3。表 3-8 所列为输入输出定义。

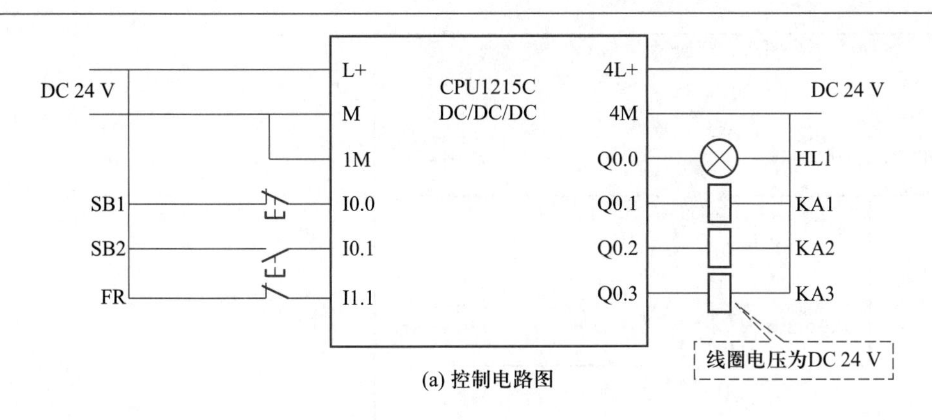

(a) 控制电路图

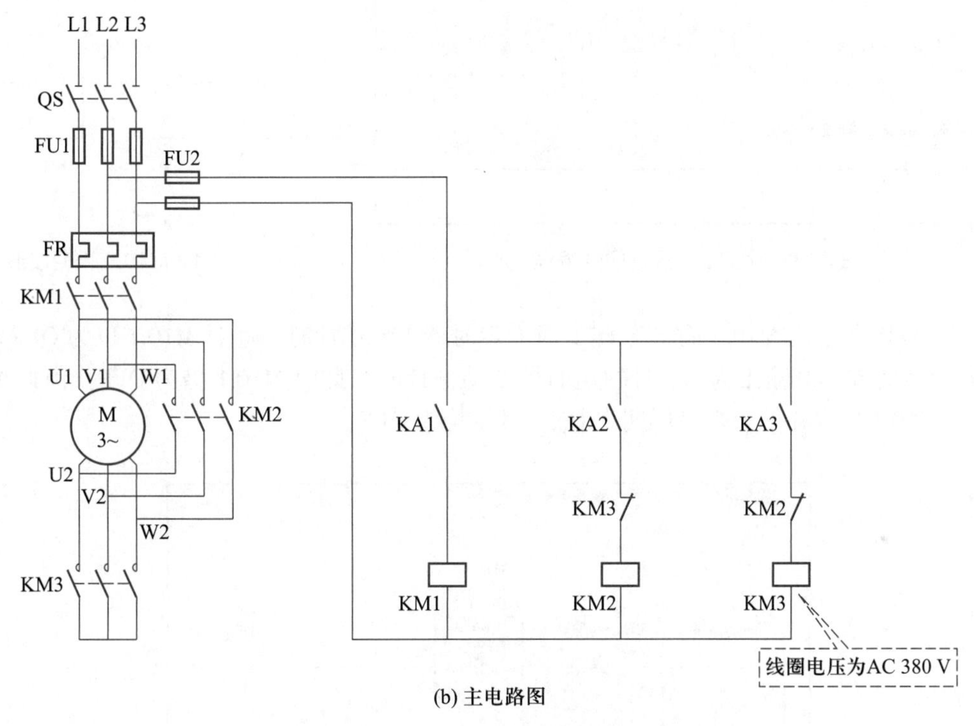

(b) 主电路图

图 3-32　PLC 控制线路电气原理图

3.2.5　指示灯闪烁编程

可以采用 TON、TONR、TP、TOF 指令和时钟存储器位共五种方法进行指示灯 Q0.0 闪烁编程，这里设定闪烁周期为 1 s，ON 和 OFF 的时间均为 500 ms。

1. TON 指令编程

图 3-33 所示的梯形图程序利用两个 TON 指令组成交替工作的定时器组，即令定时器 %DB1.PT = T#500ms、%DB2.PT = T#500ms，即可用 M10.0 作为 1 s 周期的脉冲，如图 3-34 所示。

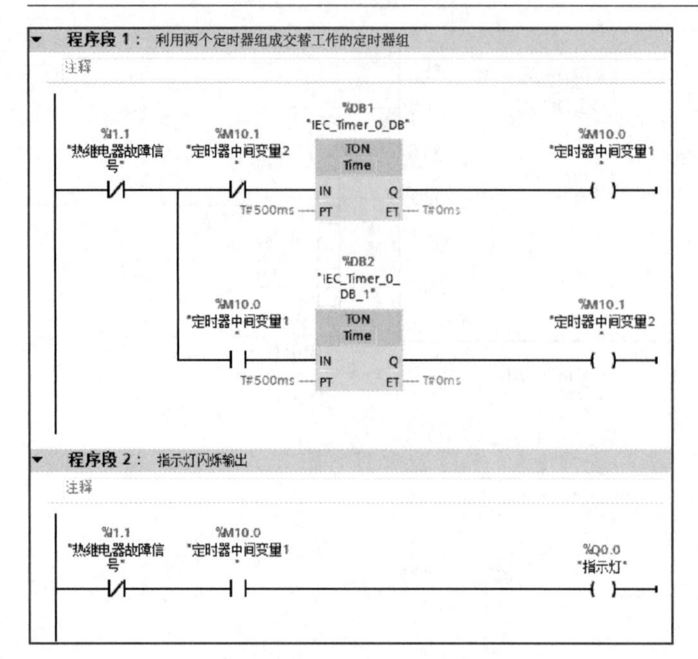

图 3-33　用 TON 进行闪烁编程

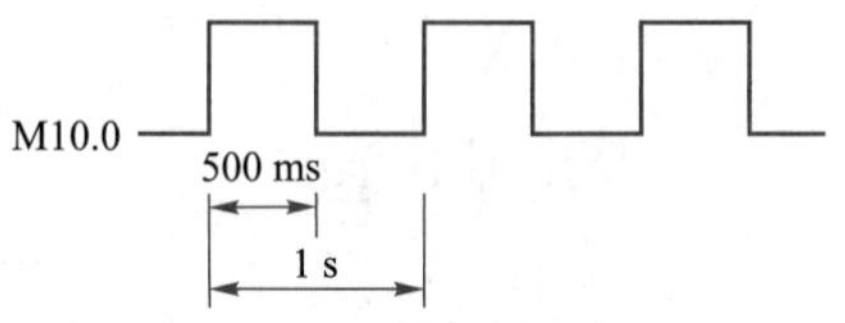

图 3-34　M10.0 周期波形

图 3-35 所示为 M10.0 输出为 OFF 时的定时器 1 动作计时，此时 M10.1 也为 OFF。图 3-36 所示为 M10.0 输出为 ON 时的定时器 2 动作计时，此时 M10.1 仍为 OFF。由此可以看出，M10.1 仅仅在一个扫描周期为 ON，其余均为 OFF。

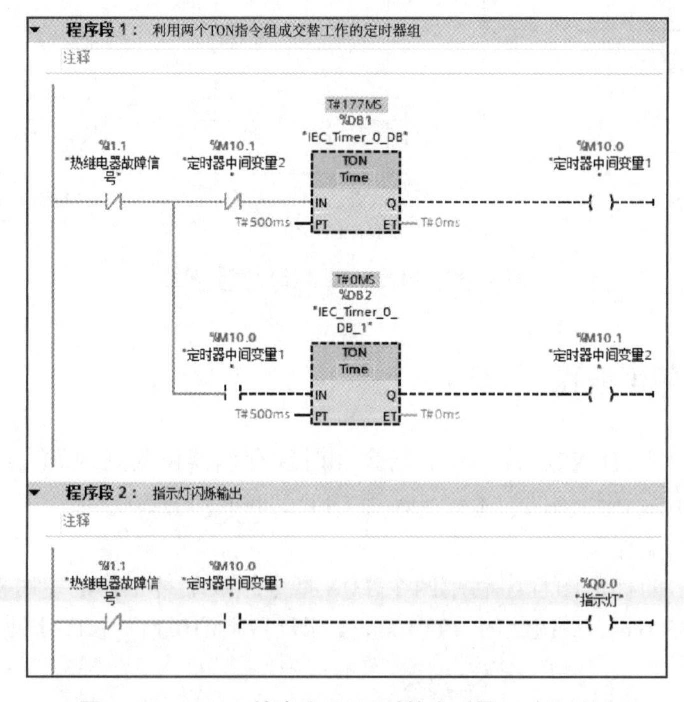

图 3-35　M10.0 输出为 OFF 时的定时器 1 动作计时

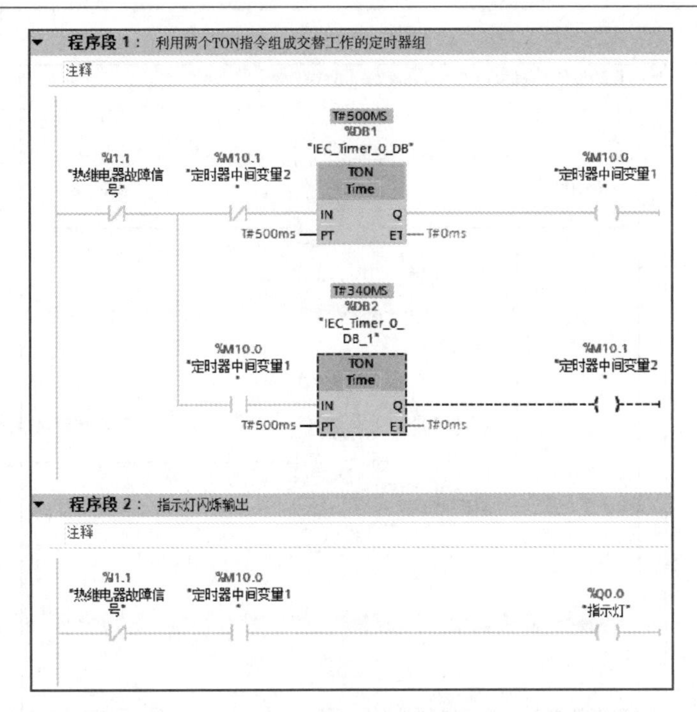

图 3-36　M10.0 输出为 ON 时的定时器 2 动作计时

2. TONR 指令编程

图 3-37 所示的梯形图程序利用两个 TONR 指令组成交替工作的定时器组，即令定时器 %DB1.PT = T#500ms、%DB2.PT = T#500ms，即可以用 M10.0 作为 1 s 周期的脉冲。与 TON 指令编程不同的地方在于 TONR 指令增加了 R 端，直接可以用 M10.1 信号来复位两个定时器。

3. TP 指令编程

图 3-38 所示的梯形图程序利用两个 TP 指令组成交替工作的定时器组。令定时器 %DB1.PT = T#500ms、%DB2.PT = T#500ms，即可以用 M10.0 作为 1 s 周期的脉冲。TP 指令不一样的地方在于定时器 2 的 IN 端输入信号为 M10.0 的动断信号。

4. TOF 指令编程

图 3-39 所示的梯形图程序利用两个 TOF 指令组成交替工作的定时器组。令定时器 %DB1.PT = T#500ms、%DB2.PT = T#1s，这是与前面三条指令不一样的地方。同时程序段 1 的前提条件是 M10.1 的动断触点。

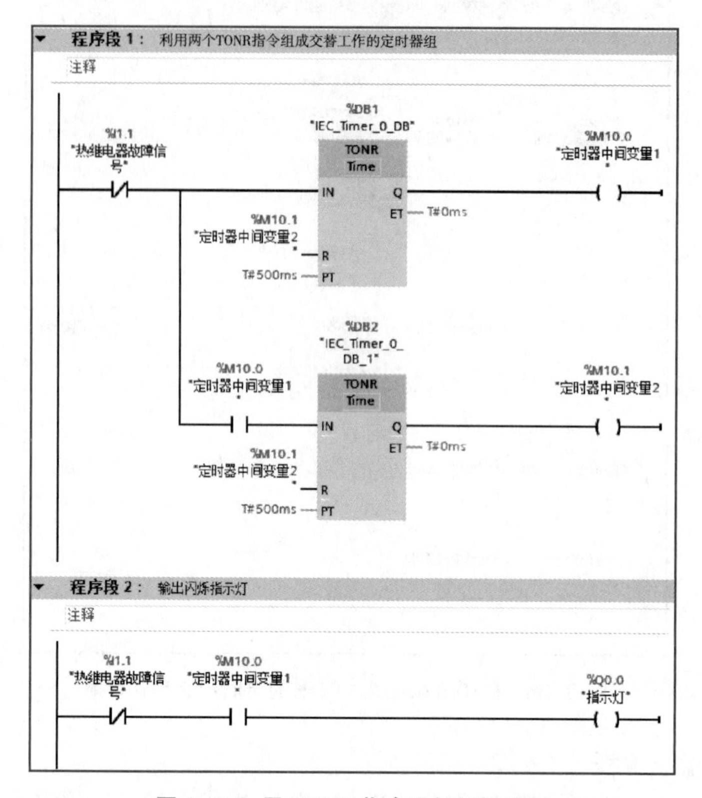

图 3-37　用 TONR 指令进行闪烁编程

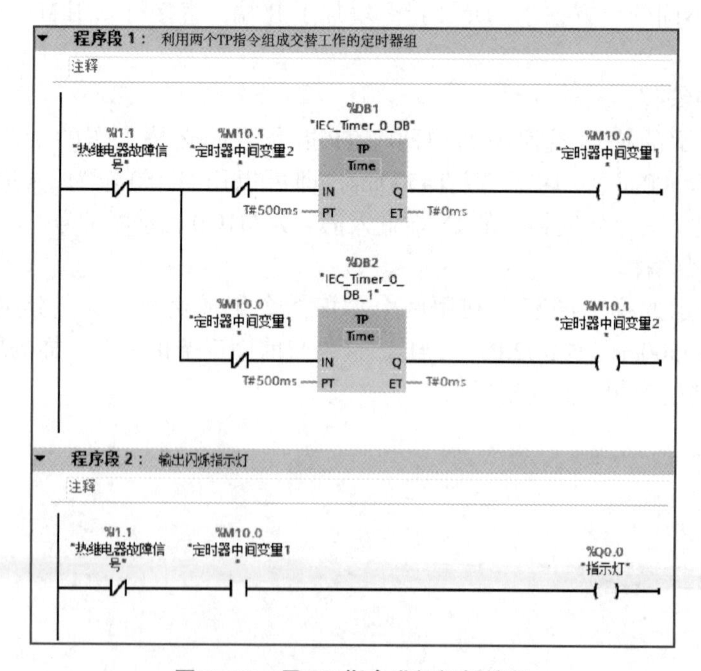

图 3-38　用 TP 指令进行闪烁编程

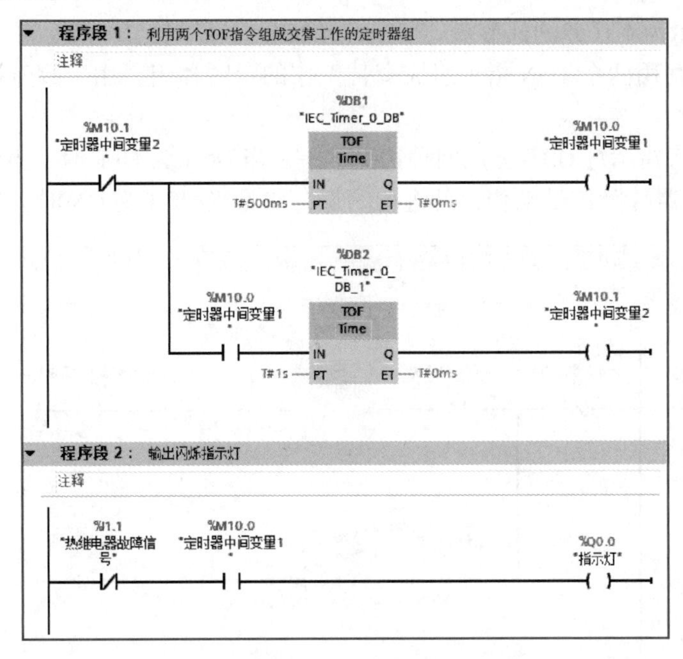

图 3-39　用 TOF 指令进行闪烁编程

5. 时钟存储器位触点编程

由于 M0.5 为 1 Hz 的时钟存储器位，刚好符合闪烁要求。图 3-40 所示是用时钟存储器位进行闪烁的编程。

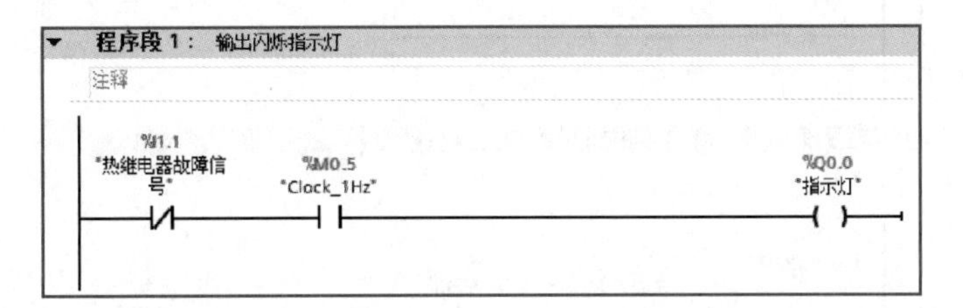

图 3-40　用时钟存储器位进行闪烁编程

3.2.6　PLC 梯形图编程

图 3-41 所示为本任务的变量说明。

名称	变量表	数据类型	地址
停止按钮	默认变量表	Bool	%I0.0
启动按钮	默认变量表	Bool	%I0.1
热继电器故障信号	默认变量表	Bool	%I1.1
指示灯	默认变量表	Bool	%Q0.0
控制KM1	默认变量表	Bool	%Q0.1
控制KM2	默认变量表	Bool	%Q0.2
控制KM3	默认变量表	Bool	%Q0.3
定时器中间变量1	默认变量表	Bool	%M10.0
定时器中间变量2	默认变量表	Bool	%M10.1

图 3-41　变量说明

图 3-42 所示为本任务的梯形图。程序解释如下。

程序段 1：利用两个 TON 指令组成交替工作的定时器组，用于故障报警时的周期脉冲信号 M10.0。

程序段 2：将指示灯 Q0.0 分成两种情况，一是当 Q0.1 为 OFF 时，当作故障指示灯使用，一旦热继电器故障信号动作，就进行闪烁；二是当 Q0.1 为 ON 时，当作运行指示灯

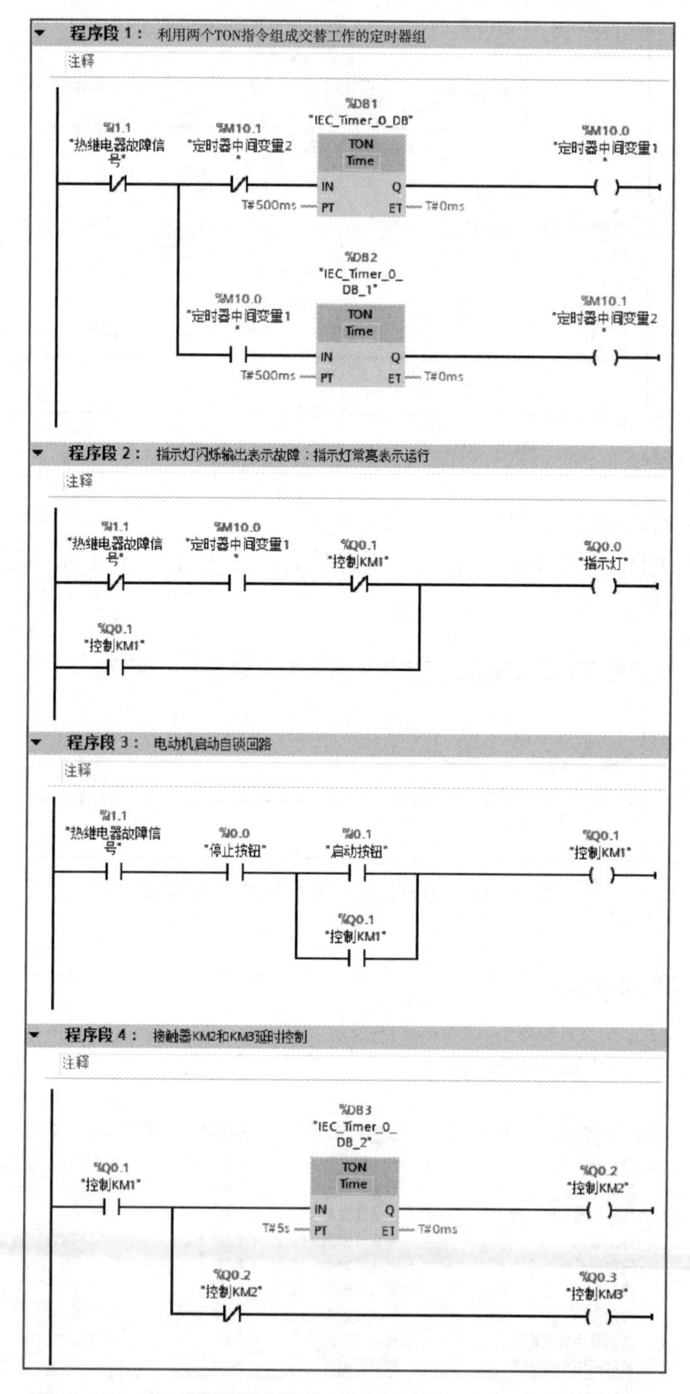

图 3-42　定时器编程改造传统电动机星—三角启动的梯形图

使用。

程序段 3：电动机启动自锁回路。

程序段 4：接触器 KM2 和 KM3 延时控制，即当 KM1 闭合时，开始延时 5 s，在延时未到时，KM3 接触器动作，电动机以星形联结的方式启动运行；在延时 5 s 到后，KM3 断开，KM2 动作，电动机以三角形联结的方式运行。为确保 KM2 和 KM3 切换不出故障，需要在图 3-32 所示的控制电路中进行电气互锁。

技能考核

1. 考核任务

（1）能在原传统电动机星—三角启动控制的基础上进行 PLC 改造接线。

（2）能用多种定时器完成指示灯闪烁编程。

（3）能实现 PLC 正确控制电动机的星—三角启动。

2. 评分标准

按要求完成考核任务，其评分标准见表 3-9。

表 3-9　评 分 标 准

姓名：		任务编号：3.2	综合评价：		
序号	考核项目	考核内容及要求	配分	评分标准	得分
1	电工安全操作规范	着装规范，安全用电，走线规范合理，工具及仪器仪表使用规范，任务完成后进行场地整理并保持清洁有序	20	现场考评	
2	实训态度	不迟到、不早退、不旷课，实训过程认真负责，组内人员主动沟通、协作，小组间互助	10		
3	系统方案制定	PLC 控制对象说明与分析合理	20		
		使用 PLC 定时器替换时间继电器方式正确			
		PLC 控制电路图正确			
4	编程能力	能使用四种定时器完成指示灯闪烁编程	20		
		能使用定时器指令完成传统电动机星—三角启动控制			
5	操作能力	根据电气原理图正确接线，接线美观且可靠	10		
		根据系统功能进行正确操作演示			
6	实践效果	系统工作可靠，满足工作要求	10		
		PLC 变量规范命名			
		按规定的时间完成任务			

续表

序号	考核项目	考核内容及要求	配分	评分标准	得分
7	汇报总结	工作总结，PPT 汇报	5	现场考评	
		填写自我检查表及反馈表			
8	创新实践	在本任务中有另辟蹊径、独树一帜的实践内容	5		
合计			100		

注　综合评价，可以采用教师评价、学生评价、组间评价、企业评价等按一定比例计算后综合得出五级制成绩，即 90~100 为优、80~89 为良、70~79 为中、60~69 为及格、0~59 为不及格。

任务 3.3　计数器编程控制气动机械手搬运

任务描述

图 3-43 所示是某气动机械手搬运系统。物品放置在双杆气缸的正下方，通过吸盘吸合、双杆气缸上下运动和回转气缸 180° 旋转，最终将物品从左侧搬运起始地搬运至以回转气缸轴为中心对称的搬运目的地。

任务要求如下。

（1）实现搬运 10 次后，指示灯被点亮；待按下复位按钮后，才可以进行下一个搬运流程。

（2）能正确完成 PLC 控制的电气接线，并完成气路的安装。

（3）能使用步序控制编程方式实现复杂程序的编写。

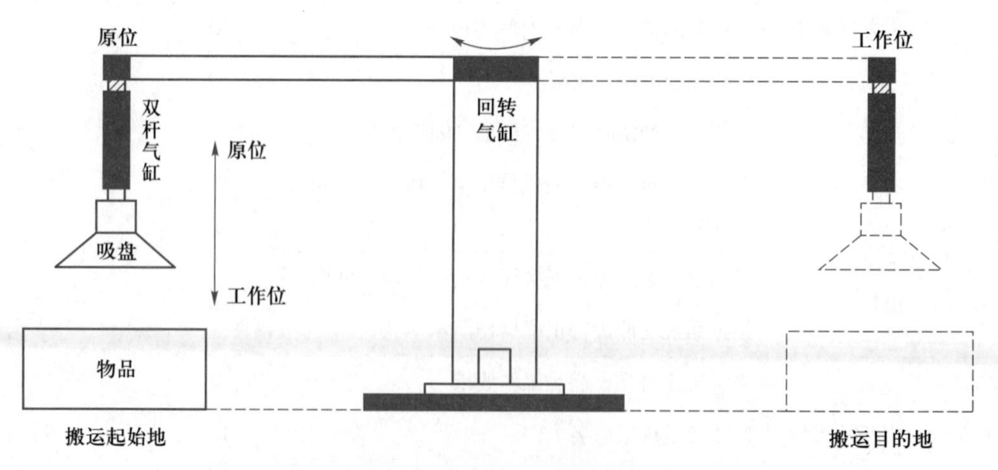

图 3-43　任务 3.3 控制示意图

知识准备 >>>

3.3.1　计数器种类

S7-1200 PLC 有三种计数器：加计数器（CTU）、减计数器（CTD）和加减计数器（CTUD），具体见表 3-10 和图 3-44 所示。它们属于软件计数器，其最大计数速率受到它所在组织块执行速率的限制。如果需要速率更高的计数器，则可以使用 CPU 内置的高速计数器。三种计数器指令参数说明见表 3-11。

表 3-10　计数器指令说明

LAD	说明
CTU	加计数函数
CTD	减计数函数
CTUD	加 / 减计数函数

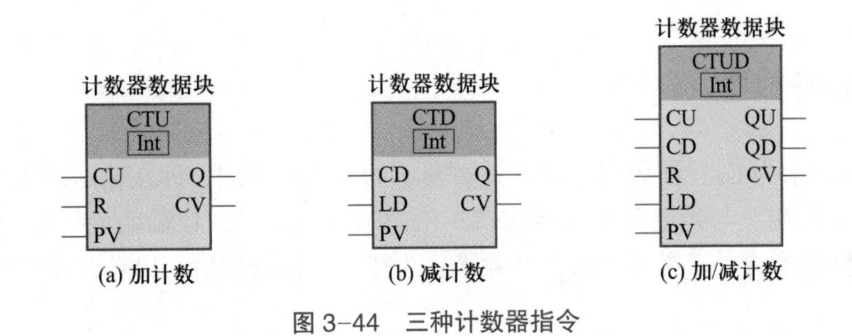

图 3-44　三种计数器指令

表 3-11　三种计数器指令参数说明

参数	数据类型	说明
CU、CD	Bool	加计数或减计数，按加 1 或减 1 计数
R（CTU、CTUD）	Bool	将计数值重置为零
LD（CTD、CTUD）	Bool	预设值的装载控制
PV	SInt、Int、DInt、USInt、UInt、UDInt	预设计数值
Q、QU	Bool	CV ≥ PV 时为真
QD	Bool	CV ≤ 0 时为真
CV	SInt、Int、DInt、USInt、UInt、UDInt	当前计数值
计数器数据块	DB	—

使用计数器时，可以将图 3-45 所示指令拖入程序块即可，同时系统也会弹出背景数据块“调用选项”窗口。

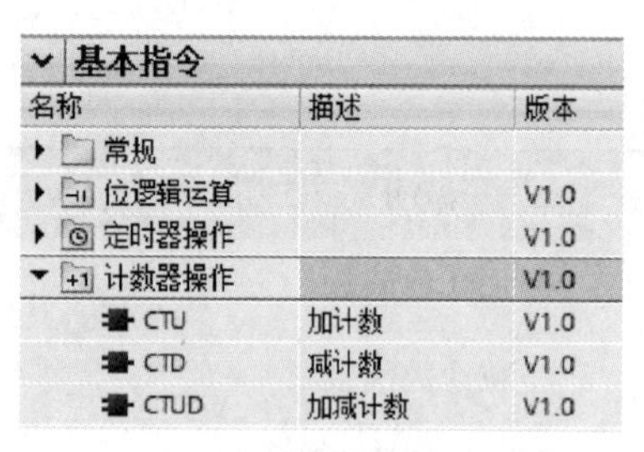

(a) 基本指令

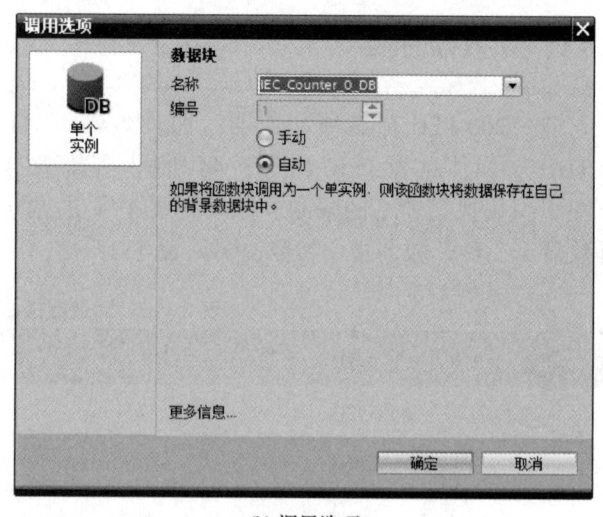

(b) 调用选项

图 3-45　计数器操作指令与背景数据块调用选项

3.3.2　CTU 计数器

图 3-46 所示为 CTU 计数器（即加计数器）的应用示意图，即在输送带上的物品经过光电开关（发射端）与光电开关（接收端）的感应区域时，PLC 端就会接收到相应信号，当计数值达到设定值时，指示灯就会亮起来；当按下复位按钮后，PLC 会重新计数。

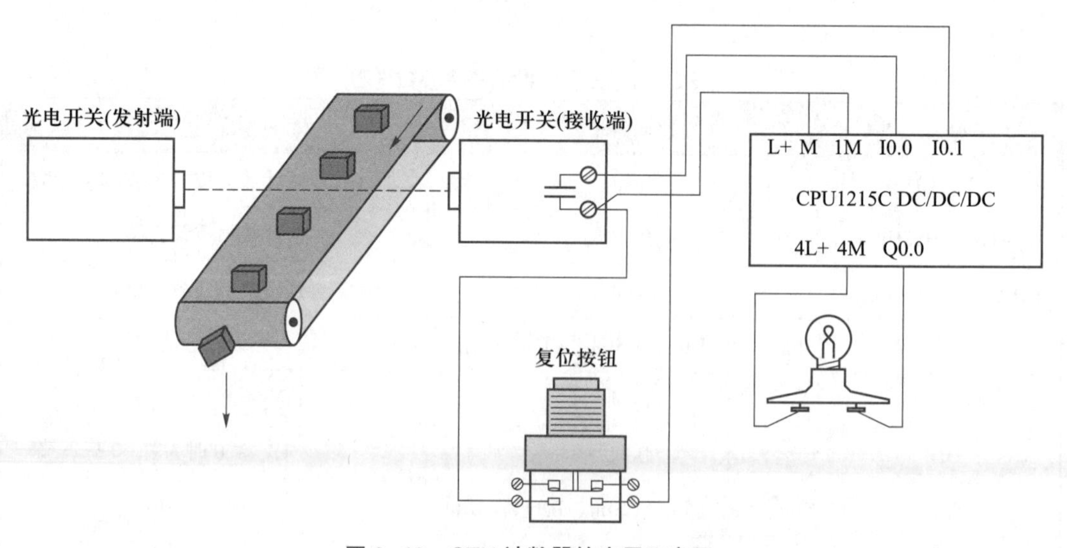

图 3-46　CTU 计数器的应用示意图

图 3-47 所示为 PLC 变量说明，图 3-48 所示为 CTU 计数器应用程序。当 I0.0（即参数 CU）的值从 0 变为 1 时，CTU 计数值 MW20 加 1。如果参数 CV（当前计数值）的值大于或等于参数 PV（预设计数值）的值，则计数器输出参数 Q 为 1。如果 I0.1（即复位参数 R）的值从 0 变为 1，则当前计数值复位为 0。图 3-49 所示是 CTU 计数器的时序图。

名称	变量表	数据类型	地址
光电开关	默认变量表	Bool	%I0.0
复位按钮	默认变量表	Bool	%I0.1
指示灯	默认变量表	Bool	%Q0.0
计数值	默认变量表	Int	%MW20

图 3-47　PLC 变量

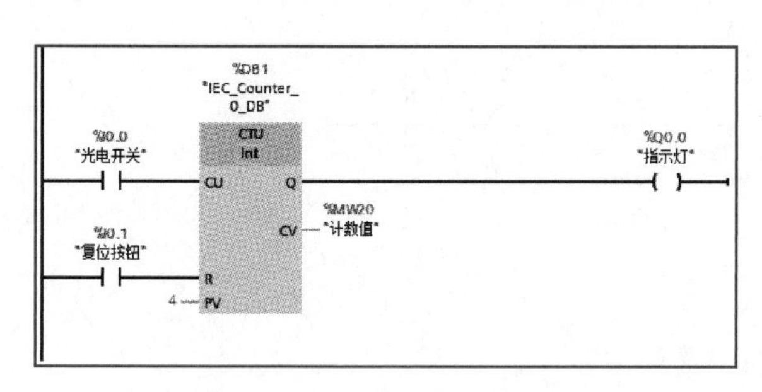

图 3-48　CTU 计数器应用程序

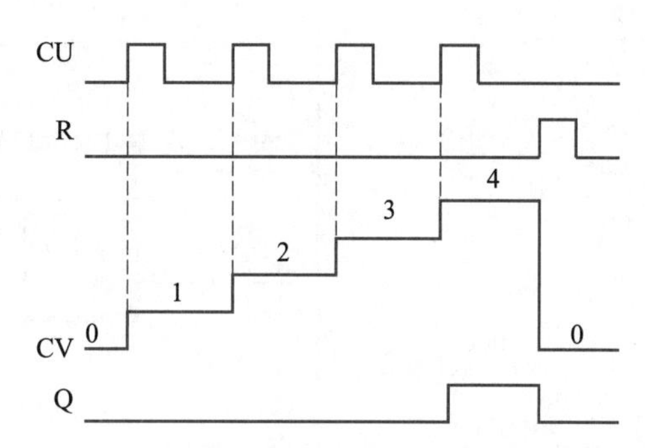

图 3-49　CTU 计数器的时序图

图 3-50（a）所示为 CTU 计数监控，当计数值从 0 变为 4 时，Q0.0 从 0 变为 1；此后，随着 CU 端信号继续输入，计数值也会持续上升，如图 3-50（b）所示。

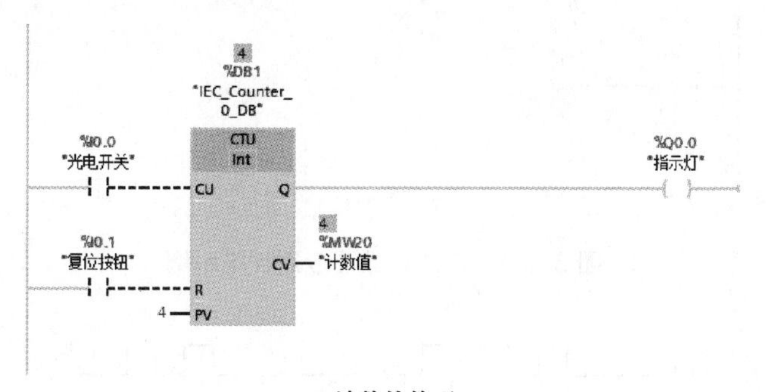

(a) 计数值等于4

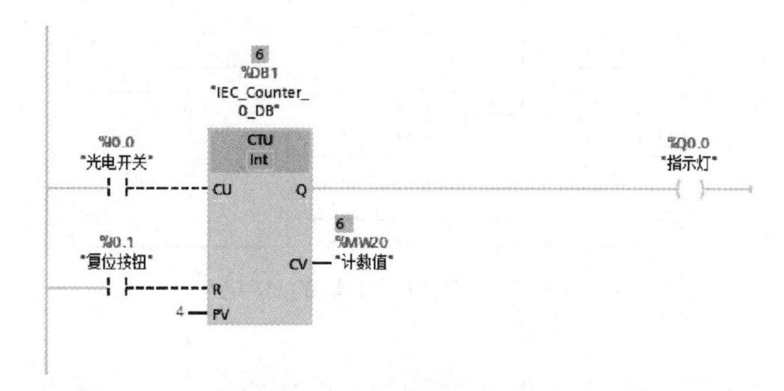

(b) 计数值超过4

图 3-50　CTU 计数监控

3.3.3　CTD 计数器

图 3-51 所示为 CTD 计数器（即减计数器）的应用程序示例，它可以通过直接由之前的 CTU 指令应用程度修改为 CTD 而来。当 I0.0（即参数 CD 的值）从 0 变为 1 时，CTD 计数值 MW20 减 1。如果参数 CV（当前计数值）的值等于或小于 0，则计数器输出参数 Q 为 1。如果参数 LD 的值从 0 变为 1，则参数 PV（预设值）的值将作为新的 CV 值（当前计数值）装载到计数器。图 3-52 所示是 CTD 计数器的时序图。

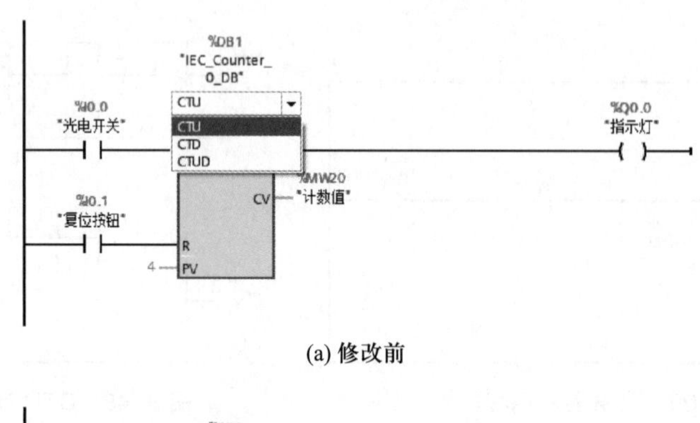

(a) 修改前

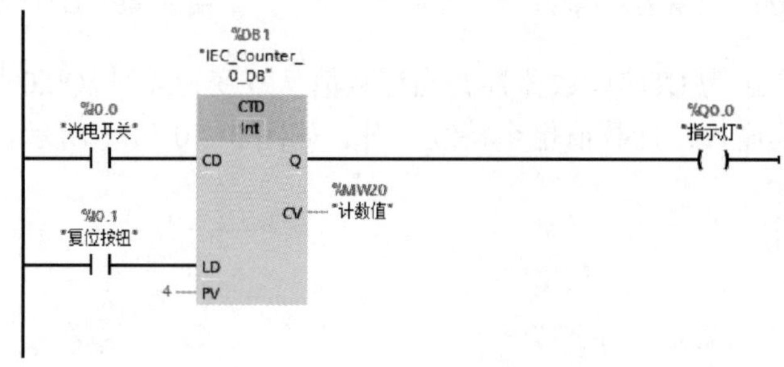

(b) 修改后

图 3-51　CTD 计数器应用程序示例

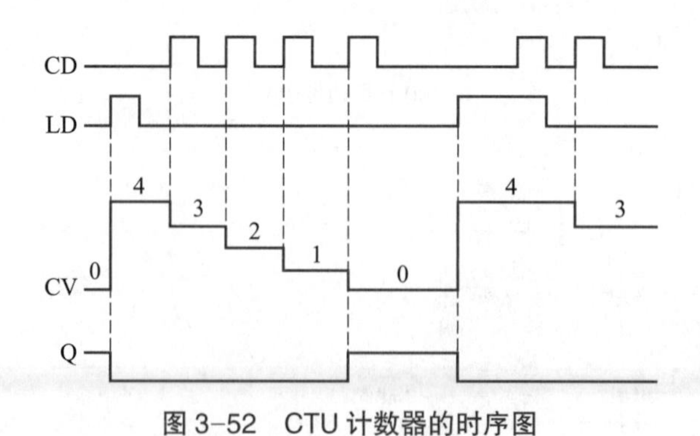

图 3-52　CTU 计数器的时序图

图 3-53 所示为 CTD 计数监控的三种情况，即初始状态、计数到状态和继续减计数状态。

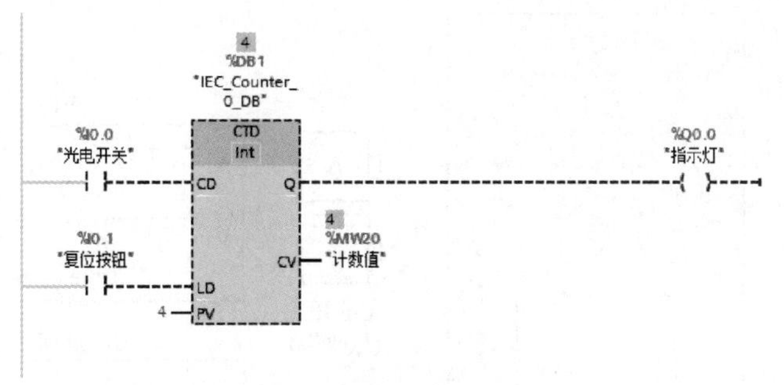

(a) 初始状态

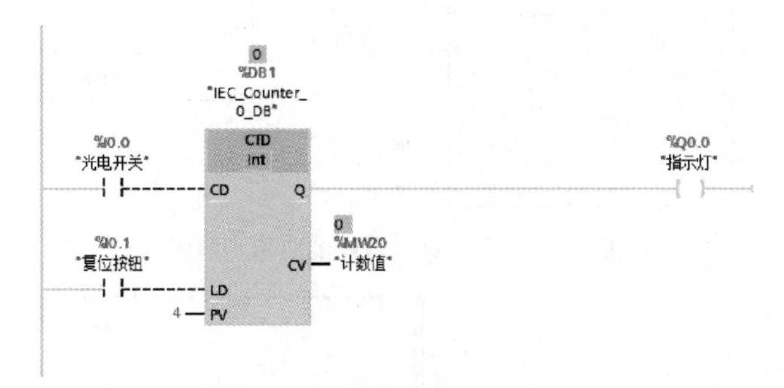

(b) 计数到状态

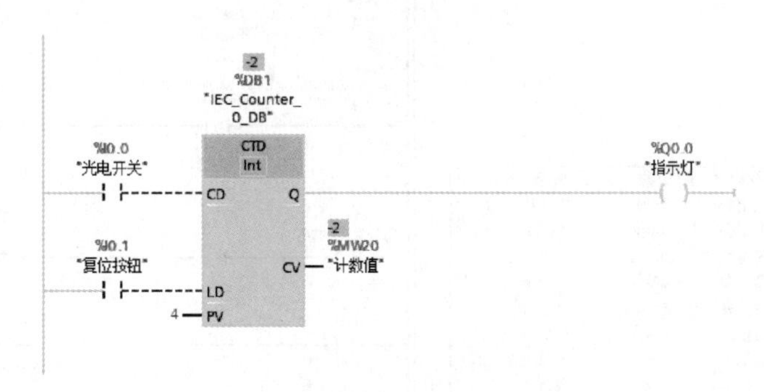

(c) 继续减计数状态

图 3-53　CTD 计数监控

3.3.4　CTUD 计数器

图 3-54 所示为 CTUD 计数器（即加 / 减计数器）的应用示意图。图 3-55 所示为 PLC 变量说明。图 3-56 所示为 CTUD 计数器指令应用示例。当 A 相超前 B 相或 A 相落后于 B 相的信号从 0 跳变为 1 时，CTUD 计数值加 1 或减 1。如果参数 CV（当前计数值）的值大于或等于参数 PV（预设值）的值，则计数器输出参数 QU＝1；如果参数 CV 的值小于或等于零，则计数器输出参数 QD＝1。如果 I0.3（即参数 LD）的值从 0 变为 1，则参数 PV（预设值）的值将作为新的 CV 值（当前计数值）装载到计数器；如果 I0.2(即复位参数 R）的值从 0 变为 1，则当前计数值复位为 0。图 3-57 所示是 CTUD 计数器的时序图。

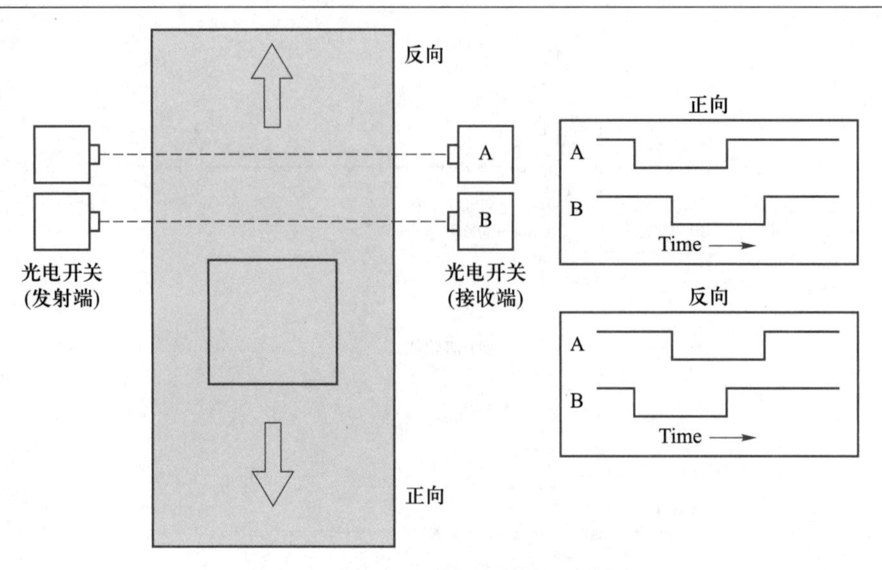

图 3-54　CTUD 计数器的应用示意图

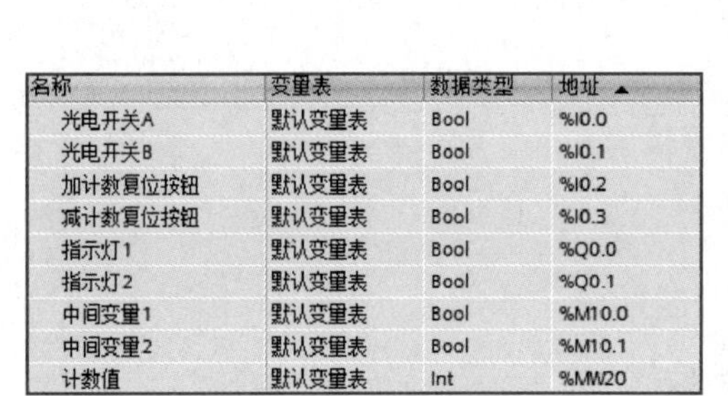

名称	变量表	数据类型	地址 ▲
光电开关A	默认变量表	Bool	%I0.0
光电开关B	默认变量表	Bool	%I0.1
加计数复位按钮	默认变量表	Bool	%I0.2
减计数复位按钮	默认变量表	Bool	%I0.3
指示灯1	默认变量表	Bool	%Q0.0
指示灯2	默认变量表	Bool	%Q0.1
中间变量1	默认变量表	Bool	%M10.0
中间变量2	默认变量表	Bool	%M10.1
计数值	默认变量表	Int	%MW20

图 3-55　PLC 变量说明

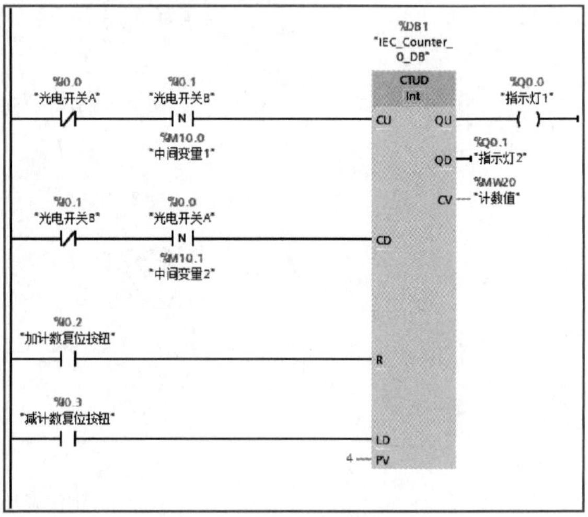

图 3-56　CTUD 计数器指令应用示例

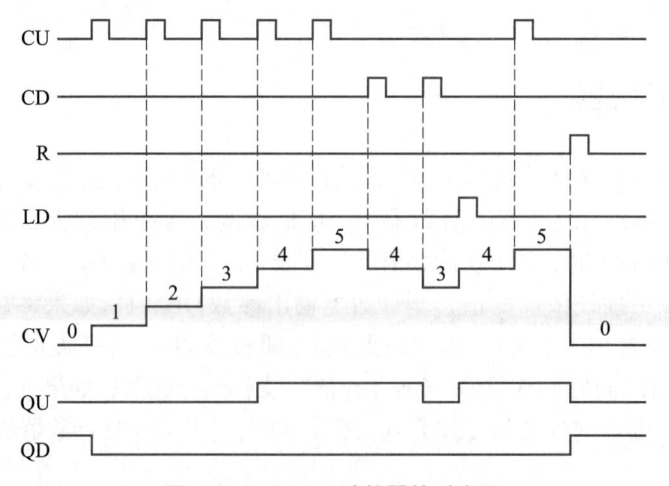

图 3-57　CTUD 计数器的时序图

任务实施

3.3.5　PLC 的 I/O 分配和控制电路接线

从气动机械手的搬运工艺过程出发，确定 PLC 外接启动按钮、复位按钮两个输入，同时外接计数指示灯、双杆气缸原位控制、双杆气缸工作位控制、回转气缸原位控制、回转气缸工作位控制、吸盘控制 6 个输出。气动机械手搬运的 I/O 分配见表 3-12，PLC 选用西门子 CPU 1215C DC/DC/DC。

表 3-12　气动机械手搬运的 I/O 分配表

	PLC 软元件	软元件符号 / 名称		PLC 软元件	软元件符号 / 名称
输入	I0.1	SB1/ 启动按钮（NO）	输出	Q0.5	Y2/ 双杆气缸工作位控制
	I0.2	SB2/ 复位按钮（NO）		Q0.6	Y3/ 回转气缸原位控制
输出	Q0.0	HL1/ 计数指示灯		Q0.7	Y4/ 回转气缸工作位控制
	Q0.4	Y1/ 双杆气缸原位控制		Q1.0	Y5/ 吸盘控制

图 3-58 所示为 PLC 控制线路电气原理图，电磁阀线圈均采用 DC 24 V。

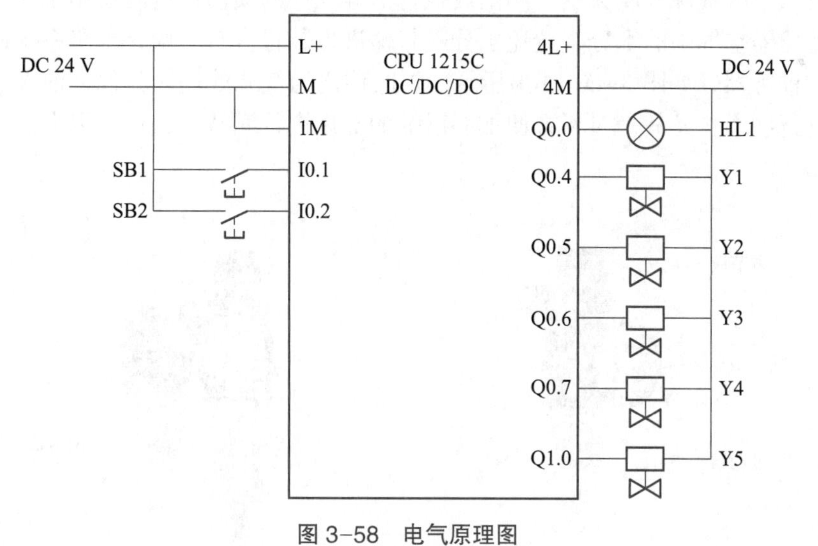

图 3-58　电气原理图

3.3.6　气路与气动元件安装

气路连接示意图如图 3-59 所示。选择一定规格尺寸的气管，从气泵产生气源开始，经过可调压的空气过滤器，再经过开关后进入电磁阀底座，最后进入气缸。

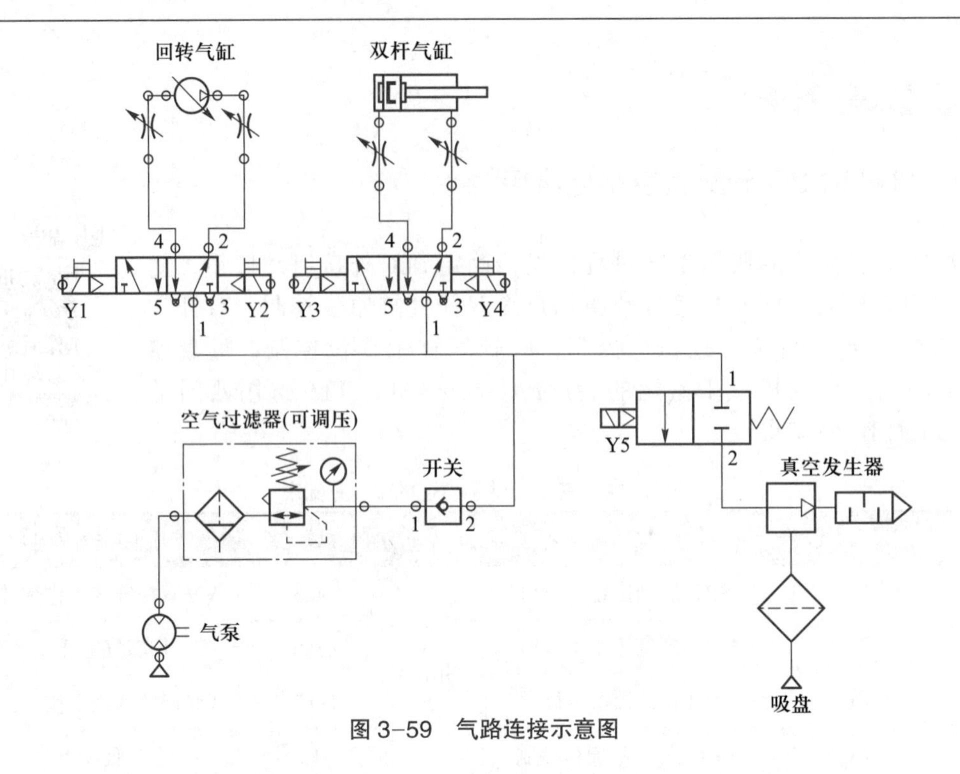

图 3-59　气路连接示意图

如图 3-60（a）所示，可调压空气过滤器包括空气减压阀和过滤器，又称为气源处理二联件，其中调节阀可对气源进行稳压，如这里调节气压为 0.4~0.6 MPa，使气源处于恒定状态，可减小因气源气压突变对阀门或执行器等硬件的损伤；过滤器用于对气源进行清洁，可过滤压缩空气中的水分，避免水分随气体进入装置。有时候，气路系统还可以对气源处理增加油雾器，如图 3-60（b）所示，这时称之为气源处理三联件，油雾器可对机体运动部件进行润滑，尤其是对不方便加润滑油的部件进行润滑，这样可以大大延长机体的使用寿命。

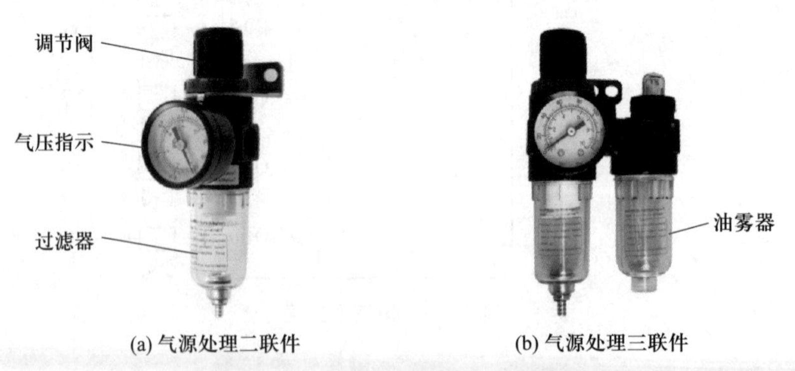

(a) 气源处理二联件　　(b) 气源处理三联件

图 3-60　气源处理二联件和三联件

图 3-61 所示是包括 PC 螺纹接头（进气用）、电磁阀、消音器、阀板、内六角堵头的电磁阀底座连接示意图。

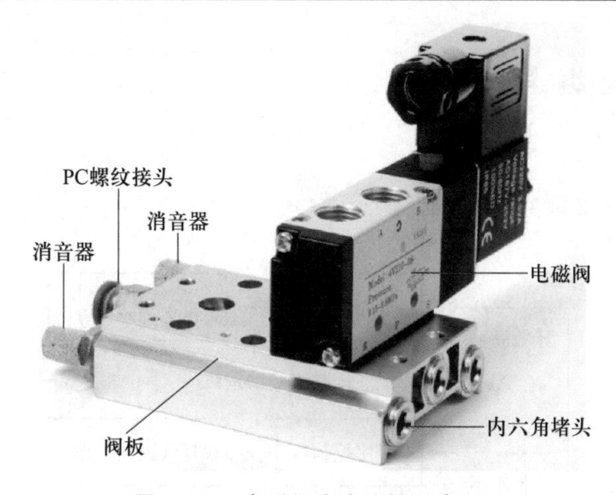

图 3-61　电磁阀底座连接示意图

本任务用到了二位五通电磁阀来控制回转气缸和双杆气缸，用二位二通电磁阀来控制真空发生器和吸盘。图 3-62 所示为气缸的结构与外观，其中气缸由前端盖、后端盖、缸筒、活塞和活塞杆组成。有两个活塞杆的气缸称为双杆气缸，它的特点是：带左右导向杆，后杆不旋转，刚度和精度较高，安装尺寸比较紧凑，适合用在空间小并有一定定位精度要求和夹紧要求的场合。

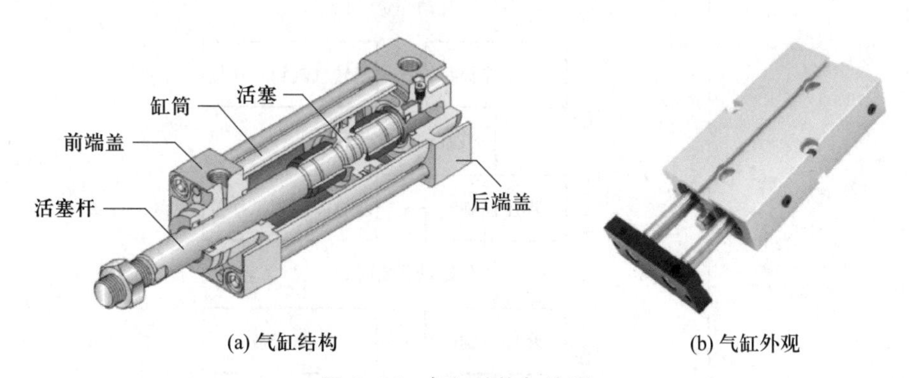

(a) 气缸结构　　(b) 气缸外观

图 3-62　气缸结构与外观

真空发生器是利用正压气源产生负压的一种新型、高效、清洁、经济、小型的真空元器件，它使得在有压缩空气的情况下或在一个气动系统中同时需要正压、负压的情况下获得负压变得十分容易和方便。真空发生器的传统用途是与吸盘配合，进行各种物料的吸附和搬运，尤其适用于吸附易碎、柔软的物品，以及薄的非铁、非金属材料或球形物体。本任务中真空吸盘的安装如图 3-63 所示。

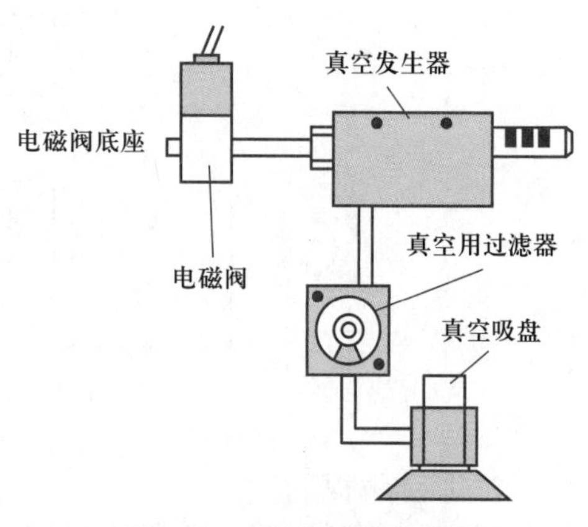

图 3-63　真空吸盘的安装

3.3.7 PLC 梯形图编程

1. 编程思路

步序控制流程图如图 3-64 所示。

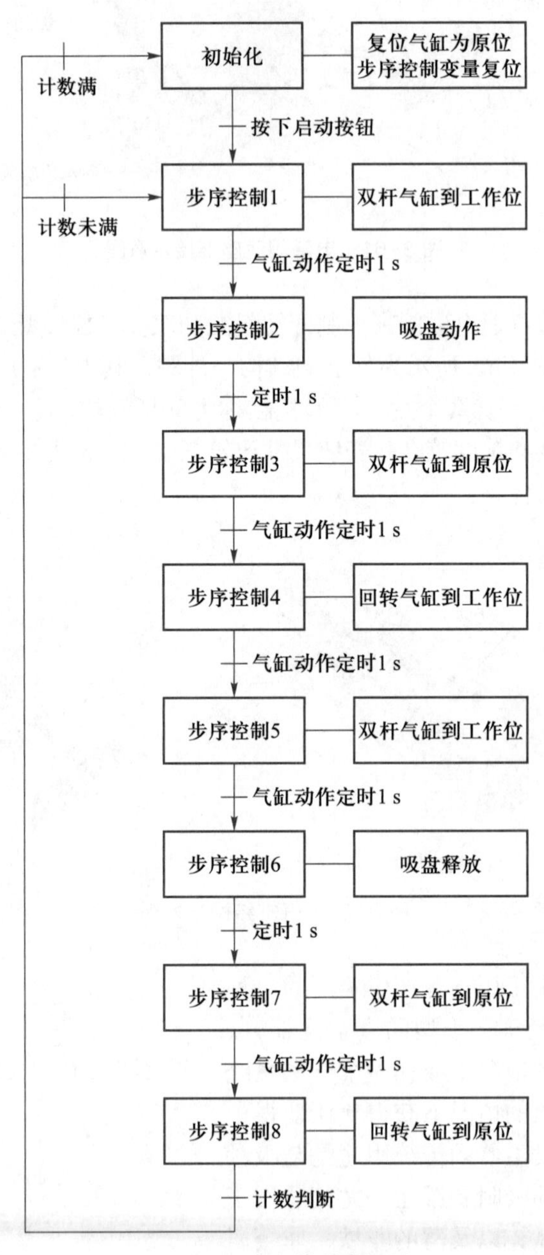

图 3-64 步序控制流程图

2. 具体编程

图 3-65 所示为 PLC 变量定义说明。

名称	变量表	数据类型	地址
启动按钮	默认变量表	Bool	%I0.1
复位按钮	默认变量表	Bool	%I0.2
计数指示灯	默认变量表	Bool	%Q0.0
双杆气缸原位控制	默认变量表	Bool	%Q0.4
双杆气缸工作位控制	默认变量表	Bool	%Q0.5
回转气缸原位控制	默认变量表	Bool	%Q0.6
回转气缸工作位控制	默认变量表	Bool	%Q0.7
吸盘控制	默认变量表	Bool	%Q1.0

(a) 输入/输出变量定义

名称	变量表	数据类型	地址
初始化状态	默认变量表	Bool	%M10.0
步序控制1	默认变量表	Bool	%M10.1
步序控制2	默认变量表	Bool	%M10.2
步序控制3	默认变量表	Bool	%M10.3
步序控制4	默认变量表	Bool	%M10.4
步序控制5	默认变量表	Bool	%M10.5
步序控制6	默认变量表	Bool	%M10.6
步序控制7	默认变量表	Bool	%M10.7
步序控制8	默认变量表	Bool	%M11.0
步序控制结束	默认变量表	Bool	%M11.1
步序结束标志	默认变量表	Bool	%M11.2

(b) 中间变量定义说明

图 3-65　PLC 变量定义说明

图 3-66 所示为梯形图程序，该程序按图 3-64 的步序控制流程进行编写。

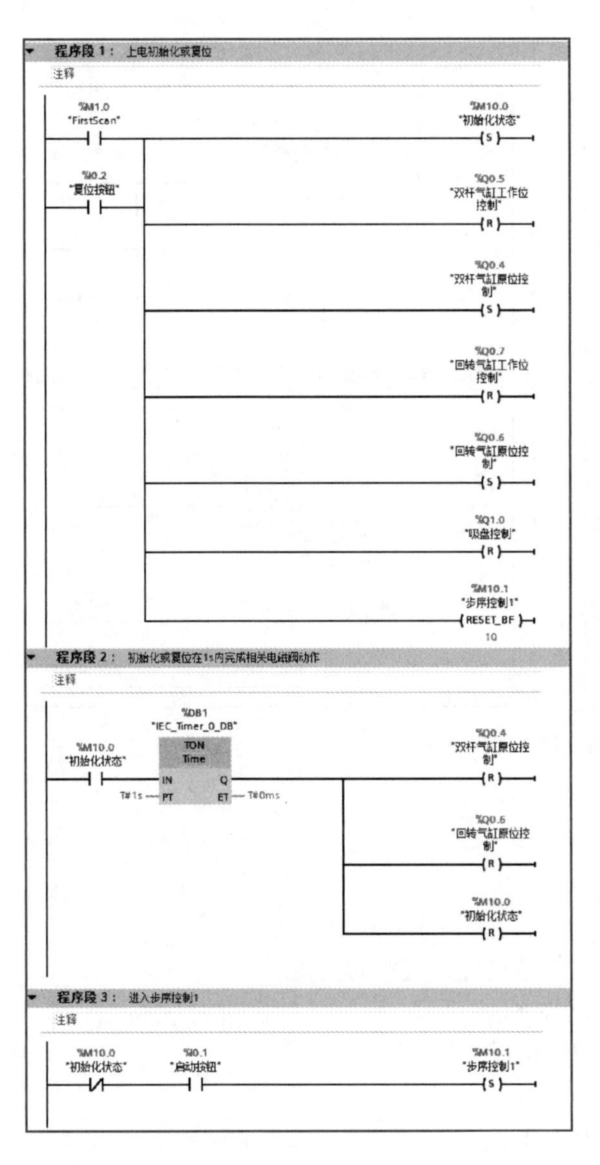

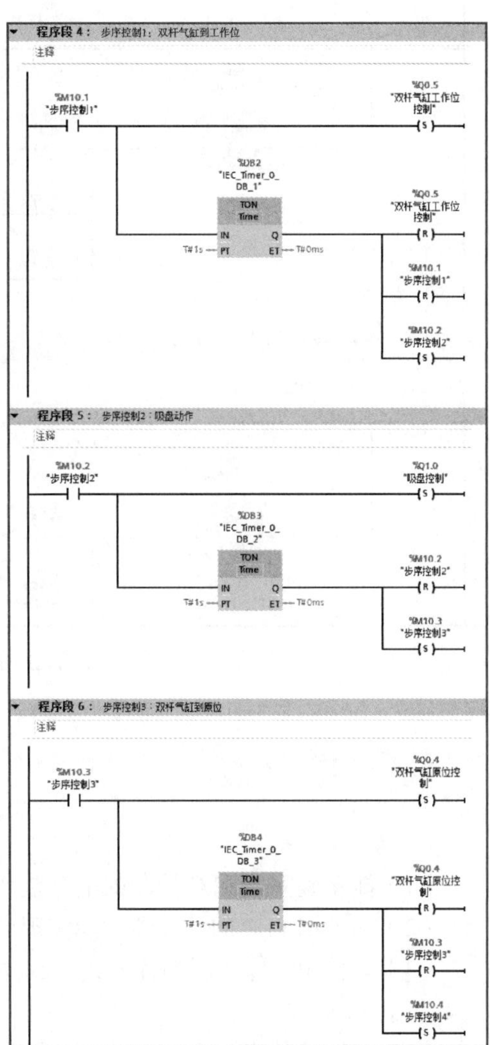

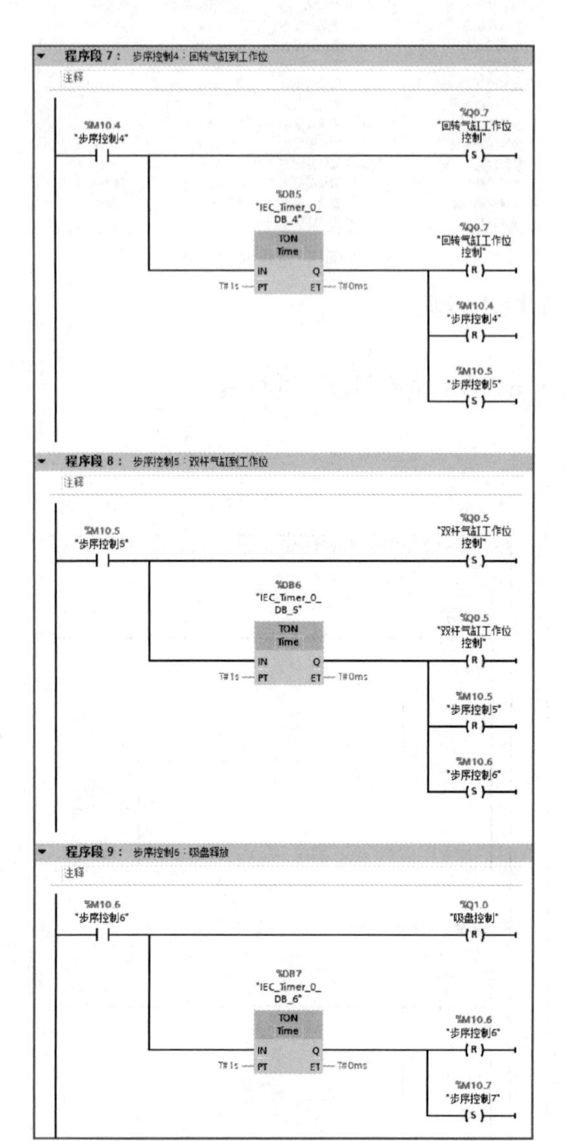

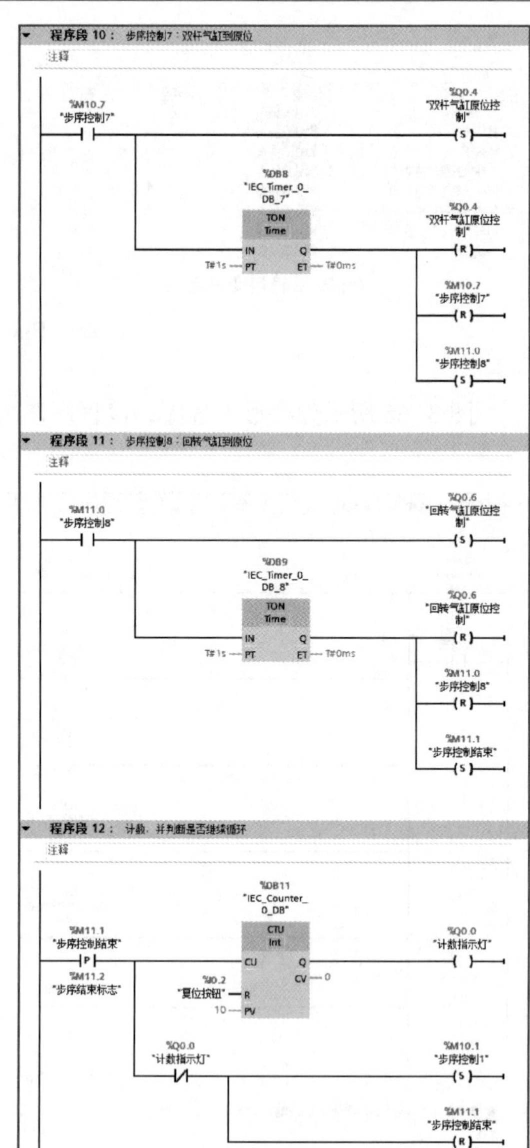

图 3-66　梯形图程序

技能考核 >>>

1. 考核任务

（1）能正确完成 PLC 控制的电气接线，并进行完成气路的安装。

（2）能使用 PLC 的计数器功能实现自动控制。

（3）能使用步序控制编程方式完成物料搬运任务。

2. 评分标准

按要求完成考核任务，其评分标准见表 3-13。

表 3-13　评 分 标 准

<table>
<tr><td colspan="2">姓名：</td><td>任务编号：3.3</td><td colspan="3">综合评价：</td></tr>
<tr><th>序号</th><th>考核项目</th><th>考核内容及要求</th><th>配分</th><th>评分标准</th><th>得分</th></tr>
<tr><td>1</td><td>电工安全操作规范</td><td>着装规范，安全用电，走线规范合理，工具及仪器仪表使用规范，任务完成后进行场地整理并保持清洁有序</td><td>20</td><td rowspan="16">现场考评</td><td></td></tr>
<tr><td>2</td><td>实训态度</td><td>不迟到、不早退、不旷课，实训过程认真负责，组内人员主动沟通、协作，小组间互助</td><td>10</td><td></td></tr>
<tr><td rowspan="2">3</td><td rowspan="2">系统方案制定</td><td>PLC 控制对象说明与分析合理</td><td rowspan="2">10</td><td rowspan="2"></td></tr>
<tr><td>PLC 控制电路图正确</td></tr>
<tr><td rowspan="2">4</td><td rowspan="2">编程能力</td><td>能使用计数器实现自动控制</td><td rowspan="2">15</td><td rowspan="2"></td></tr>
<tr><td>能使用步序控制编程方式完成程序编写</td></tr>
<tr><td rowspan="3">5</td><td rowspan="3">操作能力</td><td>根据电气原理图正确接线，美观且可靠</td><td rowspan="3">25</td><td rowspan="3"></td></tr>
<tr><td>根据气路图正确连接气管、阀座、电磁阀、气缸、真空发生器等气动元件</td></tr>
<tr><td>根据系统功能进行正确操作演示</td></tr>
<tr><td rowspan="3">6</td><td rowspan="3">实践效果</td><td>系统工作可靠，满足工作要求</td><td rowspan="3">10</td><td rowspan="3"></td></tr>
<tr><td>PLC 变量命名规范</td></tr>
<tr><td>按规定的时间完成任务</td></tr>
<tr><td rowspan="2">7</td><td rowspan="2">汇报总结</td><td>工作总结，PPT 汇报</td><td rowspan="2">5</td><td rowspan="2"></td></tr>
<tr><td>填写自我检查表及反馈表</td></tr>
<tr><td>8</td><td>创新实践</td><td>在本任务中有另辟蹊径、独树一帜的实践内容</td><td>5</td><td></td></tr>
<tr><td colspan="3">合计</td><td>100</td><td></td></tr>
</table>

注　综合评价，可以采用教师评价、学生评价、组间评价、企业评价等按一定比例计算后综合得出五级制成绩，即 90~100 为优、80~89 为良、70~79 为中、60~69 为及格、0~59 为不及格。

任务 3.4　功能指令编程控制电动机运行次数

任务描述

如图 3-67 所示为电动机运行次数控制系统示意图。按下启动按钮，电动机马上启动，运行 5 s 后停止 5 s，再继续运行 5 s、停止 5 s；如此反复 N 次（其中 N 默认是 5），才完成一个控制流程。按下紧急停止按钮时，电动机停车，复位控制系统。

任务要求如下。

（1）正确完成用 S7-1200 PLC（CPU1215C DC/DC/DC）控制电动机的控制线路。

（2）能通过选择开关来进行 *N* 变量的调节，*N* 默认为 5 次。当选择开关为 ON 时，加按钮按下启动一次为 +1 次、减按钮按下一次为 -1 次，区间是 3~10 次；当选择开关为 OFF 时，无法进行次数调节。

（3）通过功能指令编程来实现以上功能。

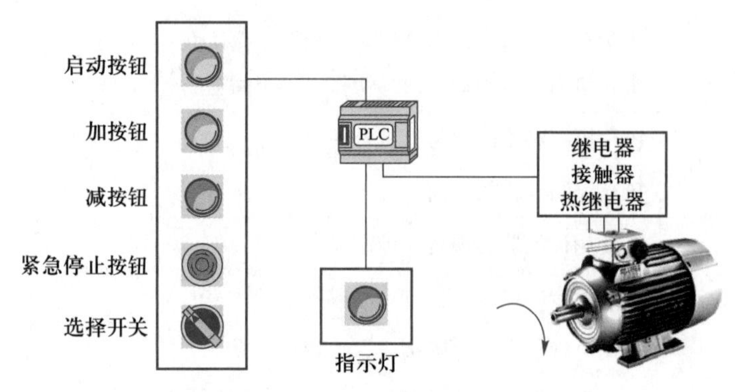

图 3-67 任务 3.4 控制系统示意图

知识准备 >>>

3.4.1 比较指令

表 3-14 所示为等于、不等于、大于等于、小于等于、大于、小于等多种比较指令触点的满足条件，其前提是要比较的两个值必须为相同的数据类型。

表 3-14 比较指令触点

指令	关系类型	满足以下条件时比较结果为真
─| == ??? |─	=（等于）	IN1 = IN2
─| <> ??? |─	<>（不等于）	IN1 ≠ IN2
─| >= ??? |─	>=（大于等于）	IN1 ≥ IN2
─| <= ??? |─	<=（小于等于）	IN1 ≤ IN2
─| > ??? |─	>（大于）	IN1 > IN2
─| < ??? |─	<（小于）	IN1 < IN2

这里以“等于”比较指令为例进行说明：如图 3-68（a）所示，可以使用“等于”指令确定第一个比较值（<操作数 1>）是否等于第二个比较值（<操作数 2>）。比较指令

可以通过指令右上角黄色三角图标下拉列表的第一个选项来选择等于、大于等于等比较类型，如图 3-68（b）所示，也可以通过右下角黄色三角图标下拉列表的第二个选项来选择数据类型，如整数、实数等，如图 3-68（c）所示。

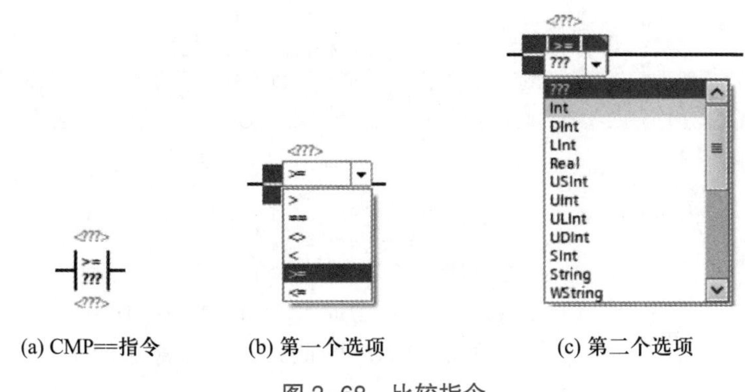

(a) CMP==指令　　(b) 第一个选项　　(c) 第二个选项

图 3-68　比较指令

（1）==：等于。“等于”指令用于判断第一个比较值（<操作数 1>）是否等于第二个比较值（<操作数 2>）。如果满足比较条件，则该指令返回逻辑运算结果（RLO）为“1”；如果不满足比较条件，则该指令返回 RLO 为“0”。

（2）<>：不等于。“不等于”指令用于判断第一个比较值（<操作数 1>）是否不等于第二个比较值（<操作数 2>）。如果满足比较条件，则该指令返回逻辑运算结果（RLO）为“1”；如果不满足比较条件，则该指令返回为 RLO 为“0”。

（3）>=：大于等于。“大于等于”指令用于判断第一个比较值（<操作数 1>）是否大于或等于第二个比较值（<操作数 2>）。如果满足比较条件，则该指令返回逻辑运算结果（RLO）为“1”；如果不满足比较条件，则该指令返回 RLO 为“0”。

（4）<=：小于等于。“小于等于”指令用于判断第一个比较值（<操作数 1>）是否小于或等于第二个比较值（<操作数 2>）。如果满足比较条件，则该指令返回逻辑运算结果（RLO）为“1”；如果不满足比较条件，则该指令返回 RLO 为“0”。

（5）>：大于。“大于”指令用于确定第一个比较值（<操作数 1>）是否大于第二个比较值（<操作数 2>）。如果满足比较条件，则该指令返回逻辑运算结果（RLO）为“1”；如果不满足比较条件，则该指令返回 RLO 为“0”。

（6）<：小于。“小于”指令用于判断第一个比较值（<操作数 1>）是否小于第二个比较值（<操作数 2>）。如果满足比较条件，则该指令返回逻辑运算结果（RLO）为“1”；如果不满足比较条件，则该指令返回 RLO 为“0”。

除了上述的常见比较指令之外，还有 IN_RANGE、EQ_Type 等其他比较指令。

3.4.2　移动指令

1. MOVE 指令

MOVE 指令是指将数据元素复制到新的存储器地址，移动过程中不更改源数据，如图 3-69 所示，可以使用 MOVE 指令将 IN 输入操作数中的内容传送给 OUT1 输出的操作数中，传送时始终沿地址升序方向进行传送。表 3-15 所示是 MOVE 指令可传送的数据类型，如果使能输入 EN 的信号状态为“0”或 IN 参数的数据类型与 OUT1 参数的指定数据类型不对应，则使能输出 ENO 的信号状态为“0”。

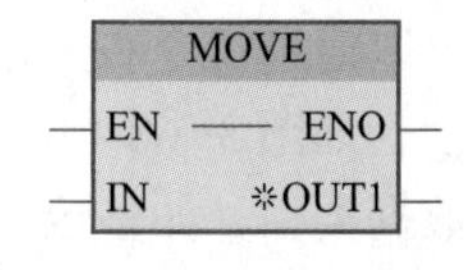

图 3-69　MOVE 指令

表 3-15　MOVE 指令可传送的数据类型

参数	声明	数据类型	存储区	说明
EN	Input	Bool	I、Q、M、D、L	使能输入
ENO	Output	Bool	I、Q、M、D、L	使能输出
IN	Input	位字符串、整数、浮点数、定时器、Date、Time、TOD、DTL、Char、Struct、Array	I、Q、M、D、L 或常数	源值
OUT1	Output	位字符串、整数、浮点数、定时器、Date、Time、TOD、DTL、Char、Struct、Array	I、Q、M、D、L	传送源值中的操作数

在 MOVE 指令中，若 IN 输入端数据类型的位长度超出了 OUT1 输出端数据类型的位长度，则传送源值中多出来的有效位会丢失。若 IN 输入端数据类型的位长度小于 OUT1 输出端数据类型的位长度，则用零填充传送目标值中多出来的有效位。

在初始状态，指令框中包含一个输出（OUT1），单击图标 ※ 可以扩展输出数目，输出 OUT1、OUT2、OUT3 等多个地址，如图 3-70 所示。在该指令框中，应按升序顺序排列所添加的输出端。执行该指令时，将 IN 输入端操作数中的内容发送到所有可用的输出端。如果传送结构化数据类型（DTL、Struct、Array）或字符串（String）的字符，则无法扩展指令框。

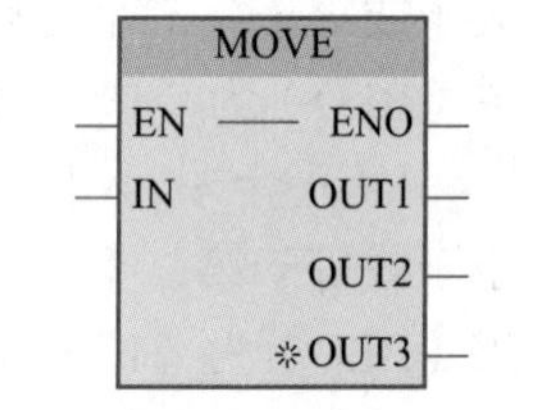

图 3-70　MOVE 指令的多个变量输出

2. MOVE_BLK 指令

MOVE_BLK 指令如图 3-71 所示，该指令可将存储区（源区域）的内容移动到其他存储区（目标区域），实现块移动功能。参数 COUNT 用于指定待复制到目标区域中的元素个数，通过 IN 输入端的元素宽度来指定待复制元素的宽度，并按地址升序顺序执行复制操作。

3. UMOVE_BLK 指令

UMOVE_BLK 指令如图 3-72 所示，该指令可将存储区（源区域）的内容连续复制到其他存储区（目标区域），实现无中断块移动功能。参数 COUNT 用于指定待复制到目标区域中的元素个数，通过 IN 输入端的元素宽度来指定待复制元素的宽度。

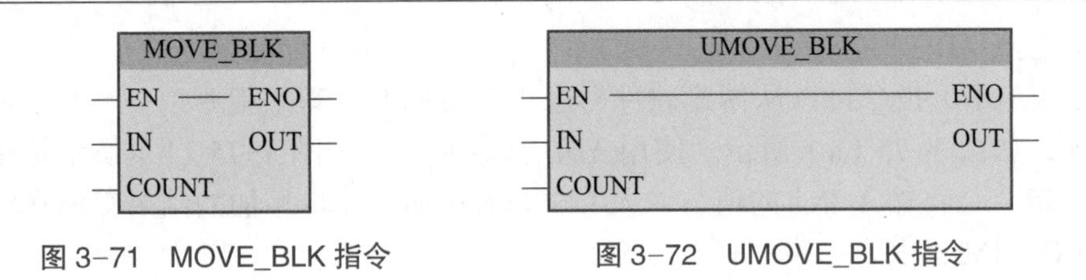

图 3-71　MOVE_BLK 指令　　图 3-72　UMOVE_BLK 指令

4. FILL_BLK 指令

FILL_BLK 指令如图 3-73 所示，该指令用 IN 输入的值填充一个以 OUT 输出为起始地址的目标区域，实现填充块功能。参数 COUNT 用于指定复制操作的重复次数。执行该指令时，将选择 IN 输入的值，并复制到目标区域，复制的次数为 COUNT 参数中指定的次数。

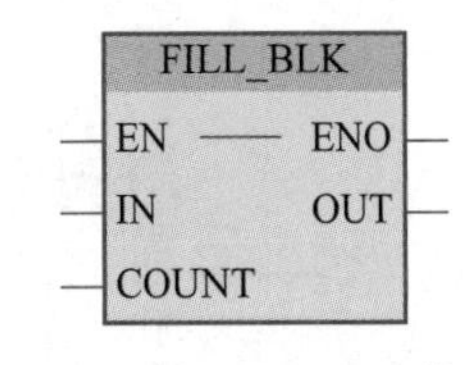

图 3-73　FILL_BLK 指令

5. SWAP 指令

SWAP 指令可以更改输入 IN 中字节的顺序，并在输出 OUT 中查询结果，实现交换功能。图 3-74 所示为使用 SWAP 指令交换 DWord 类型操作数的前后对比。SWAP 指令的参数见表 3-16。

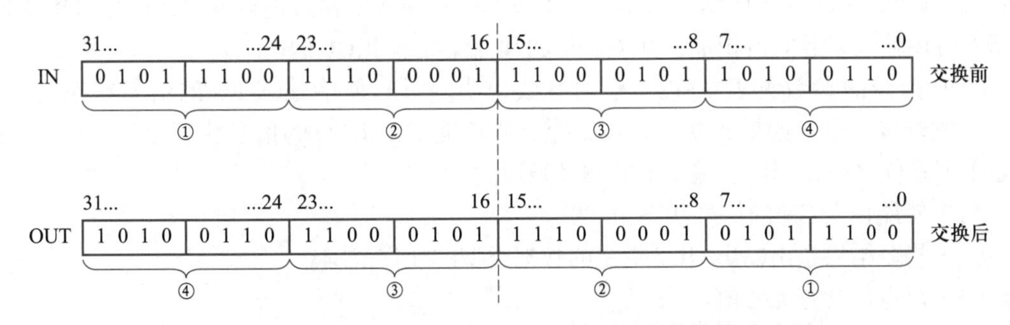

图 3-74　SWAP 指令交换 DWord 类型操作数的前后对比

表 3-16　SWAP 指令的参数

参数	声明	数据类型	存储区	说明
EN	Input	Bool	I、Q、M、D、L	使能输入
ENO	Output	Bool	I、Q、M、D、L	使能输出
IN	Input	Word，DWord	I、Q，M、D、L 或常数	要交换其字节的操作数
OUT	Output	Word，DWord	I、Q，M、D、L	结果

3.4.3　数学运算指令

在数学运算指令中，ADD、SUB、MUL 和 DIV 分别是加、减、乘、除指令，其操作数的数据类型可选 SInt、Int、DInt、USInt、UInt、UDInt 或 Real。在同一个运算过程中，操作数的数据类型应该相同。

1. 加法（ADD）指令

加法（ADD）指令可以从博途软件右边指令窗口的“基本指令”→“数学函数”中直接添加，如图 3-75（a）所示。使用 ADD 指令时，可按图 3-75（b）所示选择数据类型。ADD 指令是将输入 IN1 的值与输入 IN2 的值相加，并将相加的结果存储在输出 OUT（OUT＝IN1＋IN2）中。

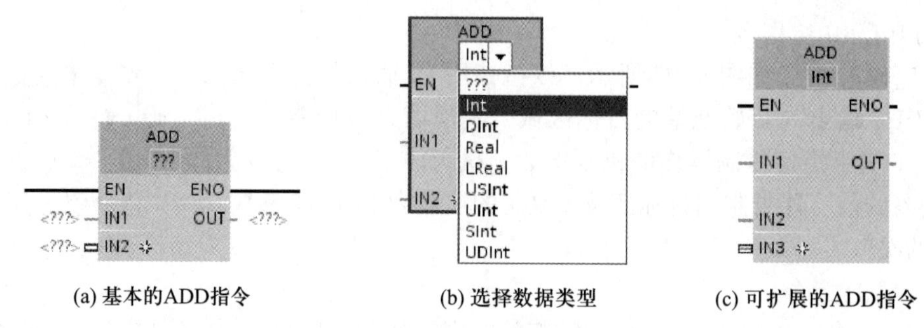

(a) 基本的ADD指令　(b) 选择数据类型　(c) 可扩展的ADD指令

图 3-75　ADD 指令

在初始状态下，指令框中至少包含两个输入（IN1 和 IN2），可以单击图标 ✲ 扩展输入数目，如图 3-75（c）所示，在指令框中按升序对插入的输入进行编号，执行该指令时，将所有可用输入参数的值相加，并将求得的和存储在输出 OUT 中。

ADD 指令的参数见表 3-17。根据参数说明，只有使能输入 EN 的信号状态为“1”时，才执行该指令。如果成功执行该指令，则使能输出 ENO 的信号状态也为“1”。如果满足下列条件之一，则使能输出 ENO 的信号状态为“0”：

（1）使能输入 EN 的信号状态为“0”。

（2）指令结果超出输出 OUT 指定的数据类型的允许范围。

（3）浮点数具有无效值。

表 3-17　ADD 指令的参数

参数	声明	数据类型	存储区	说明
EN	Input	Bool	I、Q、M、D、L	使能输入
ENO	Output	Bool	I、Q、M、D、L	使能输出
IN1	Input	整数、浮点数	I、Q、M、D、L 或常数	要相加的第一个数
IN2	Input	整数、浮点数	I、Q、M、D、L 或常数	要相加的第二个数
IN*n*	Input	整数、浮点数	I、Q、M、D、L 或常数	要相加的可选输入值
OUT	Output	整数、浮点数	I、Q、M、D、L	总和

2. 减法（SUB）指令

如图 3-76 所示，减法（SUB）指令是用输入 IN1 的值中减去输入 IN2 的值，将其结果存储在输出 OUT（OUT＝IN1−IN2）中。SUB 指令的参数与 ADD 指令相同。

3. 乘法（MUL）指令

如图 3-77 所示，乘法（MUL）指令是用输入 IN1 的值乘以输入 IN2 的值，将其结果存储在输出 OUT（OUT＝IN1*IN2）中。同 ADD 指令一样，可以在指令框中扩展输入的数量，并在功能框中以升序对相乘的输入进行编号。MUL 指令的参数见表 3-18。

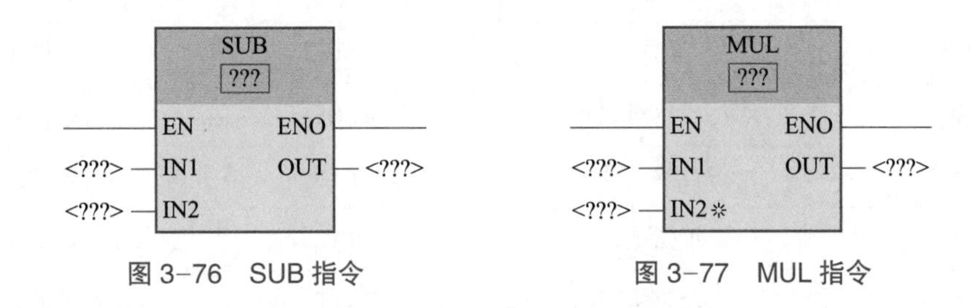

图 3-76　SUB 指令　　图 3-77　MUL 指令

表 3-18　MUL 指令的参数

参数	声明	数据类型	存储区	说明
EN	输入	Bool	I、Q、M、D、L	使能输入
ENO	输出	Bool	I、Q、M、D、L	使能输出
IN1	输入	整数、浮点数	I、Q、M、D、L 或常数	乘数
IN2	输入	整数、浮点数	I、Q、M、D、L 或常数	被乘数
IN*n*	输入	整数、浮点数	I、Q、M、D、L 或常数	可相乘的可选输入值
OUT	输出	整数、浮点数	I、Q、M、D、L	乘积

4. 除法（DIV）指令和返回除法余数（MOD）指令

除法（DIV）指令和返回除法余数（MOD）指令如图 3-78 所示，前者是返回除法的商，后者是返回余数。需要注意的是，MOD 指令只有在整数相除时才能应用。

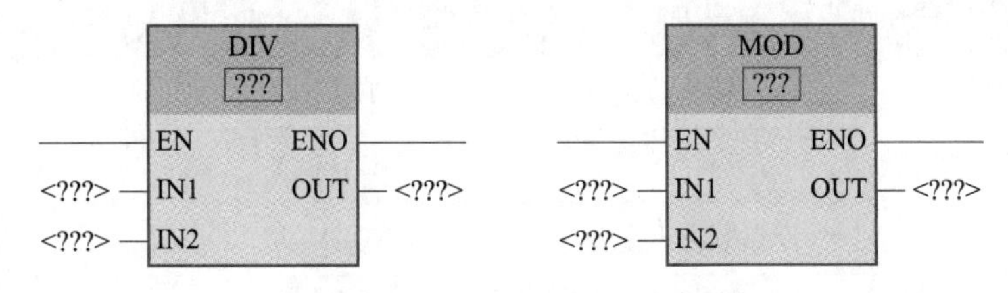

图 3-78　DIV 指令和 MOD 指令

除了上述运算指令之外，还有 NEG、INC、DEC 和 ABS 等数学运算指令，具体说明如下。

（1）NEG 指令：将输入 IN 的值取反，保存在 OUT 中。

（2）INC 和 DEC 指令：将参数 IN/OUT 的值分别加 1 和减 1。

（3）ABS 指令：求输入 IN 中有符号整数或实数的绝对值。

对于浮点数函数运算指令，其梯形图和对应的描述见表 3-19。需要注意的是，三角函数和反三角函数指令中的角度均为以弧度为单位的浮点数。

表 3–19 浮点数函数运算指令

梯形图	描述	梯形图	描述
SQR	平方	TAN	正切函数
SQRT	平方根	ASIN	反正弦函数
LN	自然对数	ACOS	反余弦函数
EXP	自然指数	ATAN	反正切函数
SIN	正弦函数	FRAC	求浮点数的小数部分
COS	余弦函数	EXPT	求浮点数的普通对数

3.4.4 其他功能指令

1. 转换操作指令

如果在一个指令中包含多个操作数，则必须确保这些数据类型是兼容的。如果操作数不是同一数据类型，则必须进行转换，转换方式有以下两种。

（1）隐式转换。如果操作数的数据类型是兼容的，由系统按照统一的规则自动执行隐式转换。可以根据设定的严格或较宽松的条件来进行兼容性检测，如块属性中默认的设置为执行 IEC 检测，这样自动转换的数据类型相对较少。编程语言 LAD、FBD、SCL 和 GRAPH 支持隐式转换。STL 编程语言不支持隐式转换。

（2）显式转换。如果操作数的数据类型不兼容或者由编程人员设定转换规则时，则可以进行显式转换（不是所有的数据类型都支持显式转换），显式转换操作指令及其说明见表 3–20。

表 3–20 显式转换操作指令及其说明

指令	说明	指令	说明
CONVERT	转换值	TRUNC	截尾取整
ROUND	取整	SCALE_X	缩放
CEIL	浮点数向上取整	NORM_X	标准化
FLOOR	浮点数向下取整		

2. 移位和循环指令

移位指令可以将输入参数 IN 中的内容向左或向右逐位移动；循环指令可以将输入参数 IN 中的全部内容循环地逐位左移或右移，空出的位用输入 IN 移出位的信号状态填充。该指令可以对 8 位、16 位、32 位以及 64 位的字或整数进行操作，移位和循环指令及其说明见表 3–21。

表 3-21　移位和循环指令及其说明

指令	说明	指令	说明
SHR	右移	ROR	循环右移
SHL	左移	ROL	循环左移

字移位指令移位的范围为 0~15，双字移位指令移位的范围为 0~31，长字移位指令移位的范围为 0~63。对于字、双字和长字移位指令，移出的位信号丢失，移空的位使用 0 补足。例如，将一个字左移 6 位，移位前后位排列次序如图 3-79 所示。

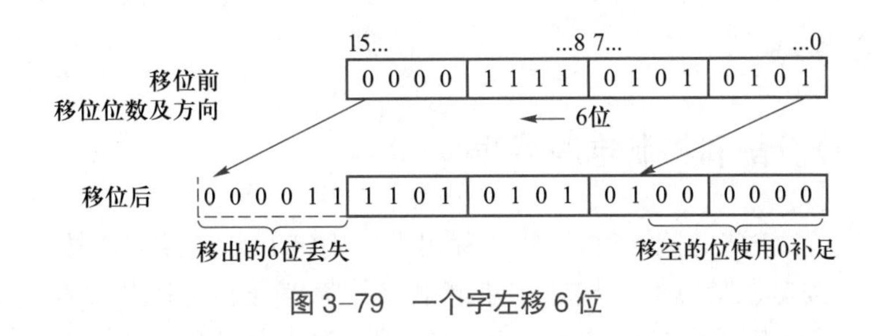

图 3-79　一个字左移 6 位

带有符号位的整数移位指令的移位范围为 0~15，双整数移位指令的移位范围为 0~31，长整数移位指令移位的范围为 0~63。移位方向只能向右移，移出的位信号丢失，移空的位使用符号位补足。如整数为负值，则符号位为 1；如整数为正值，则符号位为 0。例如，将一个整数右移 4 位，移位前后位排列次序如图 3-80 所示。

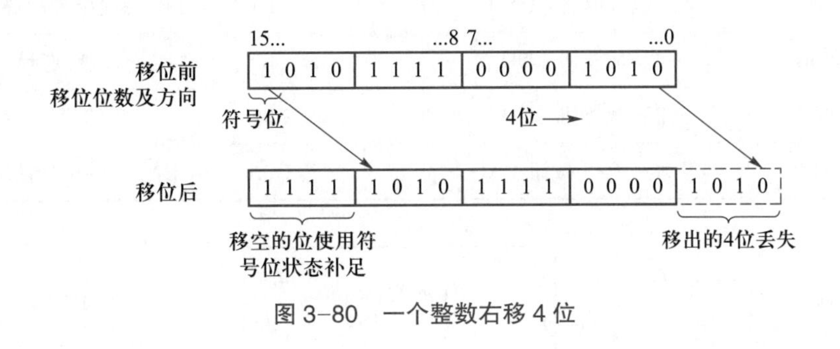

图 3-80　一个整数右移 4 位

3. 字逻辑运算指令

字逻辑运算指令可以对 Byte（字节）、Word（字）、DWord（双字）或 LWord（长字）逐位进行“与”“或”“异或”逻辑运算操作。“与”操作可以判断两个变量在相同的位数上有多少位为 1，通常用于变量的过滤，如一个字变量与常数 W#16#00FF 相“与”，则可以将字变量中的高字节过滤为 0；“或”操作可以判断两个变量中为 1 位的个数；“异或”操作可以判断两个变量有多少位不相同。字逻辑运算指令还包含编码、解码等操作。字逻辑运算指令及其说明见表 3-22。

表 3-22　字逻辑运算指令及其说明

指令	说明	指令	说明
AND	“与”运算	ENCO	编码
OR	“或”运算	SEL	选择
XOR	“异或”运算	MUX	多路复用
INVERT	求反码	DEMUX	多路分用
DECO	解码		

任务实施 >>>

3.4.5 PLC I/O 分配和控制电路接线

微课：任务实施：功能指令编程控制电动机运行次数

从电动机运行次数控制系统的工艺过程出发，确定 PLC 外接启动按钮、加按钮、减按钮、紧急停止按钮、热继电器故障信号和选择开关 6 个输入，同时外接计数指示灯和控制电动机接触器 KM（中间继电器）两个输出，其 I/O 分配见表 3-23。PLC 选型为西门子 CPU1215C DC/DC/DC。图 3-81 所示为电动机运行次数控制系统电气原理图。

表 3-23　电动机运行次数控制系统 I/O 分配表

	PLC 软元件	元件符号 / 名称		PLC 软元件	元件符号 / 名称
输入	I0.0	SB1/ 启动按钮（NO）	输入	I1.1	FR/ 热继电器故障信号（NC）
	I0.1	SB2/ 加按钮（NO）		I1.2	SA/ 选择开关
	I0.2	SB3/ 减按钮（NO）	输出	Q0.0	HL1/ 计数指示灯
	I1.0	ES/ 紧急停止按钮（NC）		Q0.1	KA1/ 控制电动机接触器 KM

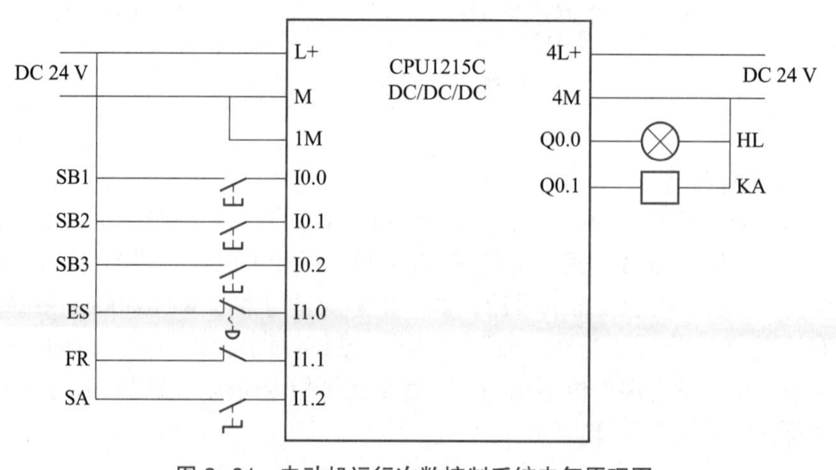

图 3-81　电动机运行次数控制系统电气原理图

3.4.6　PLC 梯形图编程

图 3-82 所示为变量说明，除了输入 / 输出定义之外，还定义了运行变量 M10.0、一个周期信号 M10.1（用于计数）、计数满 M10.2（用于判断是否继续执行）、加减按钮的上升沿变量 1 M10.3 和上升沿变量 2 M10.4、计数 *N* 次的整数 MW18 及用于比较运行时间的延时时间 MD20。由此可见，掌握了功能指令之后，变量表里的数据类型就变得丰富多彩，数据类型包括 Bool（布尔）、Int（整数）和 Time（时间）等。

名称	变量表	数据类型	地址
启动按钮	默认变量表	Bool	%I0.0
加按钮	默认变量表	Bool	%I0.1
减按钮	默认变量表	Bool	%I0.2
紧急停止按钮	默认变量表	Bool	%I1.0
热继电器故障信号	默认变量表	Bool	%I1.1
选择开关	默认变量表	Bool	%I1.2
计数指示灯	默认变量表	Bool	%Q0.0
控制电动机接触器KM	默认变量表	Bool	%Q0.1
运行变量	默认变量表	Bool	%M10.0
一个周期信号	默认变量表	Bool	%M10.1
计数满	默认变量表	Bool	%M10.2
上升沿变量1	默认变量表	Bool	%M10.3
上升沿变量2	默认变量表	Bool	%M10.4
计数N次	默认变量表	Int	%MW18
延时时间	默认变量表	Time	%MD20

图 3-82　变量说明

图 3-83 所示为该任务的梯形图程序。程序采用功能指令，包括 MOVE 指令、比较指令、INC 指令、DEC 指令。程序解释如下。

程序段 1：上电初始化或复位清零。当上电初始化变量 M1.0 或紧急停止按钮 I1.0 动作时，均复位从 M10.0 连续开始的 6 个位，即 M10.0~M10.5；同时使用 MOVE 指令将计数次数 MW18 设置为 5 次。

程序段 2：按下启动按钮，开始系统启动，置位 M10.0。

程序段 3：当紧急停止按钮、热继电器故障信号或计数满时，复位 M10.0。但只有按下紧急停止按钮时，计数器才会清零。

程序段 4：电动机运行 5 s，停止 5 s，一个周期是 10 s，这里设定可复位的 TONR 定时器，延时时间为 MD20。一个周期后，自动复位该定时器，只要 M10.0 还为 ON，则一直往复。将一个周期的信号 M10.1 作为计数器 CTU 的输入信号，与 MW18 的设定值进行比较，并用紧急停止按钮作为计数器复位信号。

程序段 5：计数次数的设定。当按下加按钮时，只要 *N* 小于 10，就用 INC 指令加 1；当按下减按钮时，只要 *N* 大于 3，就用 DEC 指令减 1。

程序段 6：输出控制。包括计数指示灯 Q0.0 和控制电动机接触器 KM Q0.1。

程序段 1： 上电初始化或复位清零

注释

%M1.0
"FirstScan"

%I1.0
"紧急停止按钮"

MOVE
EN　ENO
5 — IN
OUT1 — %MW18 "计数N次"

%M10.0
"运行变量"
RESET_BF
6

程序段 2： 系统启动

注释

%I0.0
"启动按钮"

%M10.0
"运行变量"
S

程序段 3： 系统停止

注释

%I1.0
"紧急停止按钮"

%I1.1
"热继电器故障信号"

%M10.2
"计数满"

%M10.0
"运行变量"
R

程序段 4： 一个周期后的计数和定时器复位

注释

%DB1
"IEC_Timer_0_DB"
TONR
Time
IN　Q
R　ET
PT

%M10.0
"运行变量"

%M10.1
"一个周期信号" — R

T#10s — PT

ET — %MD20 "延时时间"

%M10.1
"一个周期信号"

%DB11
"IEC_Counter_0_DB"
CTU
Int
CU　Q
CV — 0
R
PV

%M10.2
"计数满"

%I1.0
"紧急停止按钮"

%MW18
"计数N次" — PV

程序段 5： 计数次数的设定

注释

%I1.2
"选择开关"

%I0.1
"加按钮"
P
%M10.3
"上升沿变量1"

%MW18
"计数N次"
<
Int
10

INC
Int
EN　ENO
%MW18
"计数N次" — IN/OUT

%I0.2
"减按钮"
P
%M10.4
"上升沿变量2"

%MW18
"计数N次"
>
Int
3

DEC
Int
EN　ENO
%MW18
"计数N次" — IN/OUT

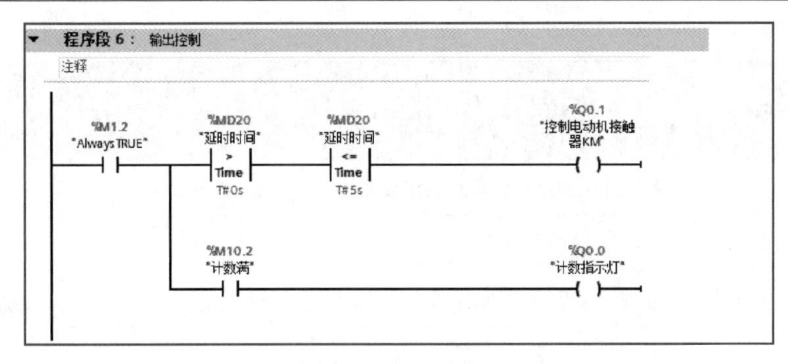

图 3-83　梯形图程序

技能考核

1. 考核任务

（1）正确完成用 PLC 控制电动机的控制电路和主电路接线。

（2）通过功能指令实现 *N* 变量在 3~10 进行按钮加或按钮减功能。

（3）通过功能指令实现电动机一个周期的运行和停止判断。

2. 评分标准

按要求完成考核任务，其评分标准见表 3-24。

表 3-24　评 分 标 准

姓名：		任务编号：3.4	综合评价：		
序号	考核项目	考核内容及要求	配分	评分标准	得分
1	电工安全操作规范	着装规范，安全用电，走线规范合理，工具及仪器仪表使用规范，任务完成后进行场地整理并保持清洁有序	20	现场考评	
2	实训态度	不迟到、不早退、不旷课，实训过程认真负责，组内人员主动沟通、协作，小组间互助	10		
3	系统方案制定	PLC 控制对象说明与分析合理	10		
		PLC 控制电路图正确			
4	编程能力	使用梯形图编程方法解决复杂问题	25		
		使用多种功能指令完成任务要求			
5	操作能力	根据电气原理图正确接线，接线美观且可靠	15		
		根据系统功能进行正确操作演示			

续表

序号	考核项目	考核内容及要求	配分	评分标准	得分
6	实践效果	系统工作可靠，满足工作要求	10	现场考评	
		PLC 变量规范命名			
		按规定的时间完成任务			
7	汇报总结	工作总结，PPT 汇报	5		
		填写自我检查表及反馈表			
8	创新实践	在本任务中有另辟蹊径、独树一帜的实践内容	5		
合计			100		

注　综合评价，可以采用教师评价、学生评价、组间评价、企业评价等按一定比例计算后综合得出五级制成绩，即 90~100 为优、80~89 为良、70~79 为中、60~69 为及格、0~59 为不及格。

思考与练习

习题 3.1　如图 3-84 所示，采用二位五通电磁阀来控制机械手的夹爪，请用位逻辑编程来实现原位到工作位、再到原位的动作，实现物品的夹紧、释放功能。要求：列出 I/O 分配表，完成磁感应式接近开关、电磁阀线圈等 PLC 控制外围设备的电气接线，完成夹爪气缸控制的气路安装，通过编程实现夹爪的 PLC 控制。

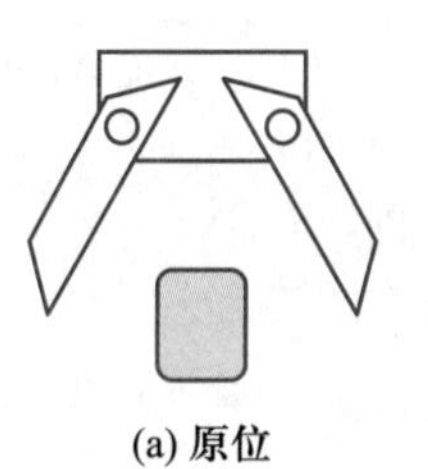

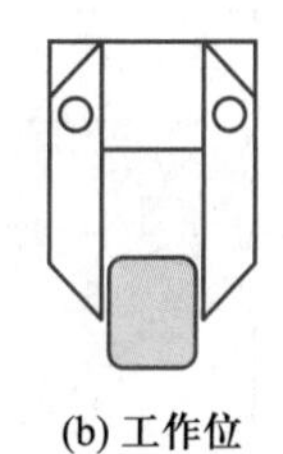

图 3-84　习题 3.1 图

习题 3.2　图 3-85 所示的传送系统由 M1 输送带和 M2 输送带构成，按下启动按钮 SB1 后，M1 带动物品运行，经过光电开关后进行定时，5 s 后 M2 输送带启动。按下停止按钮 SB2 后，M1 立即停止，M2 延时 5 s 后停止。要求：列出 I/O 分配表，设计 PLC 控制线路电气原理图，并用定时器进行编程。

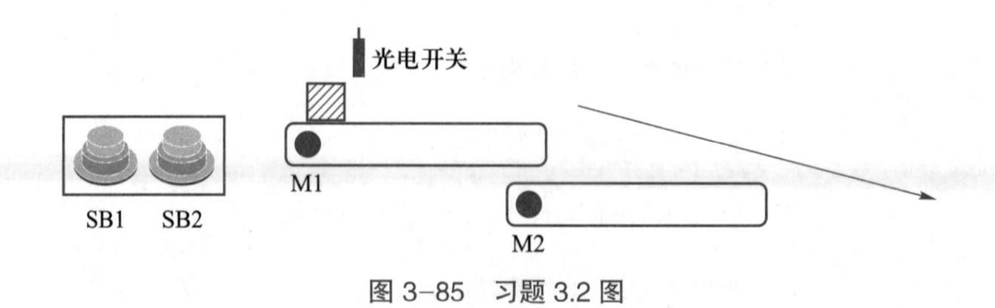

图 3-85　习题 3.2 图

习题 3.3　图 3-86 所示的传送系统由 M1 输送带、M2 输送带和 M3 输送带构成。当 SA1 为 ON 时，按下启动按钮 SB1 后，M1 带动物品运行，经过光电开关后进行定时，5 s 后 M2 输送带启动，M2 启动后再延时 5 s 后，启动 M3 输送带；按下停止按钮 SB2 后，M1 立即停止，M2 延时 5 s 后停机，M3 延时 10 s 后停机。当 SA1 为 OFF 时，延时时间增加 1 倍。要求：列出 I/O 分配表，设计 PLC 控制线路电气原理图，并用定时器进行编程。

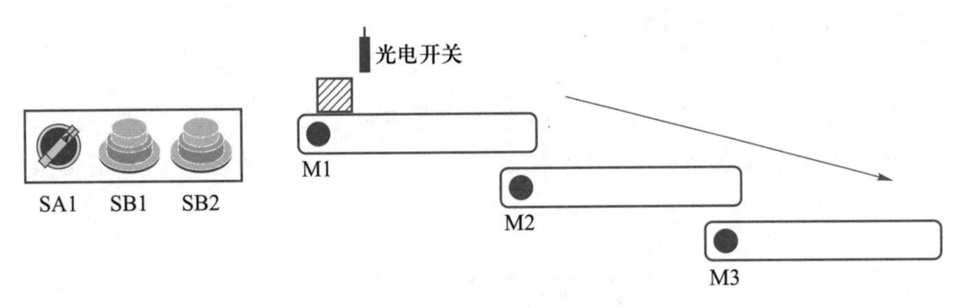

图 3-86　习题 3.3 图

习题 3.4　某控制系统要求用两个按钮来控制 A、B、C 三组音乐喷泉的喷头工作（通过控制三组喷头的泵电动机来实现），控制要求具体如下：当按下启动按钮后，A 组喷头先喷 5 s 后停止，然后 B、C 组喷头同时喷，5 s 后，B 组喷头停止、C 组喷头继续喷 5 s 再停止，而后 A、B 组喷头喷 7 s，C 组喷头在这 7 s 的前 2 s 内停止，后 5 s 内喷水，接着 A、B、C 三组喷头同时停止 3 s，之后重复前述过程。按下停止按钮后，三组喷头同时停止喷水。要求：列出 I/O 分配表，设计 PLC 控制线路电气原理图，并用定时器进行编程。

习题 3.5　如图 3-87 所示是工件运送系统，工件运送沿虚线方向从输送带 1 传送到输送带 2，最后到料箱。其中输送带由电动机带动，工件的推出则由二位五通阀控制的气缸完成，到位检测为 SQ1 和 SQ2，系统启停控制通过启动按钮和停止按钮完成。要求：列出 I/O 分配表，设计 PLC 控制线路电气原理图和系统气路图，并按照步序控制思路进行编程。

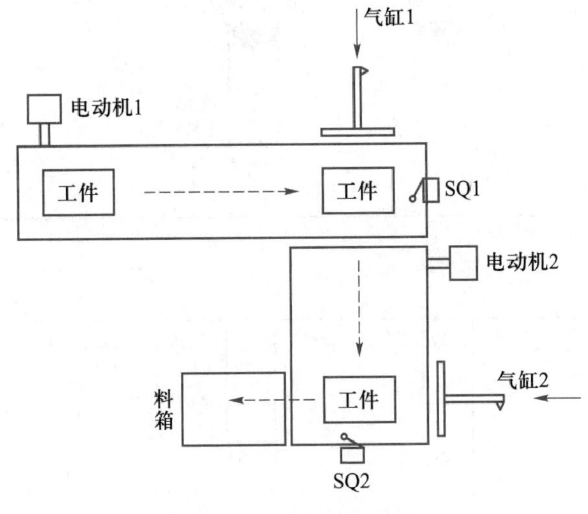

图 3-87　习题 3.5 图

习题3.6　如图3-88所示为运料小车控制系统，回退或前进由三相异步电动机进行控制，其工艺要求如下：

（1）按下启动按钮，小车从原位装料。如果小车不在原位，则需要先让小车运行到原位。

（2）装料时间为10 s，10 s后小车前进驶向1号位，到达1号位后停止8 s进行卸料，卸料后小车返回。

（3）小车返回到原位继续装料，10s后小车第二次驶向2号位，到达2号位后停止8 s进行卸料，卸料后小车驶向原位。

（4）开始下一轮循环工作。

（5）工作过程中若按下停止按钮，则系统需要完成一个工作周期后才停止工作。

要求：列出I/O分配表，设计PLC控制线路电气原理图，并进行梯形图编程。

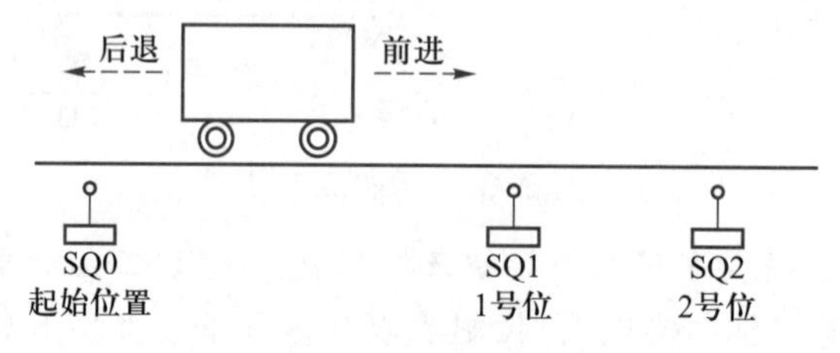

图3-88　习题3.6图

习题3.7　图3-89所示为物料输送系统，物料经送料气缸推出，通过输送带进入到推出气缸1~3前面。设定每个料箱最多可以装10个物料，按下启动按钮后，首先是推出气缸1伸出，物料自然而然导入到料箱1；等料箱1装满之后，推出气缸1缩回，推出气缸2伸出；等料箱2装满之后，推出气缸2缩回，推出气缸3伸出；等料箱3装满之后，再回到初始状态，推出气缸3缩回，推出气缸1伸出；依次循环，直至按下停止按钮。该系统安装有送料气缸前的传感器和输送带上的光电开关，分别用于检测是否送料以及计数。要求：列出I/O分配表，设计PLC控制线路电气原理图和系统气路图，并编写程序进行调试。

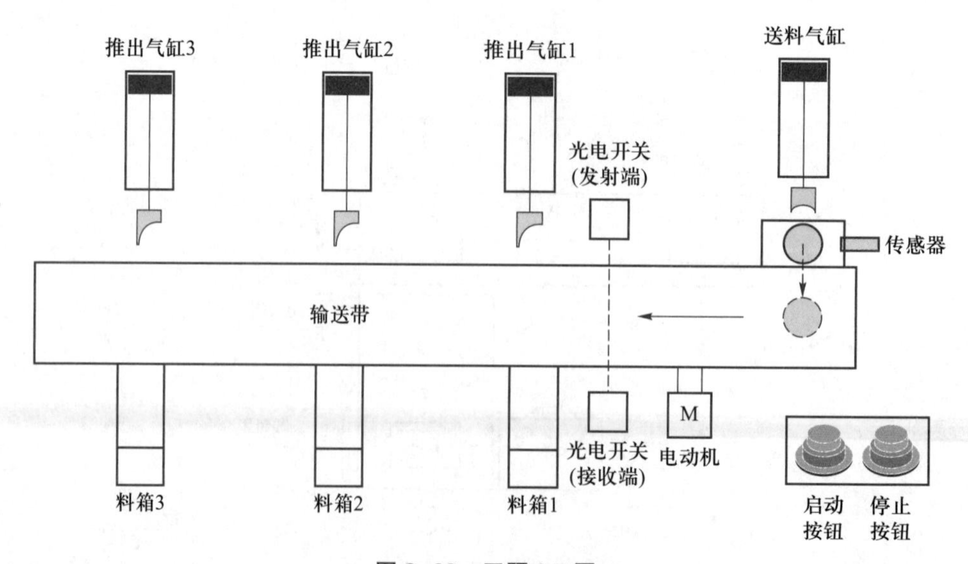

图3-89　习题3.7图

习题 3.8　某自动生产线上运料小车的运动如图 3-90 所示。运料小车由一台三相异步电动机拖动，电动机正转，小车右行；电动机反转，小车左行。在生产线上有 5 个编号为 1~5 的站点供小车停靠，在每一个停靠站安装一个行程开关以监测小车是否到达该站点。对小车的控制除了启动按钮和停止按钮之外，还设有 5 个呼叫按钮（SB1~SB5）分别与 5 个停靠点相对应。

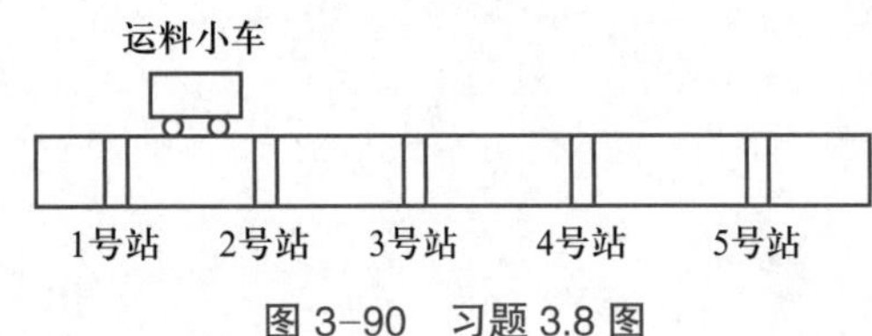

图 3-90　习题 3.8 图

（1）按下启动按钮，系统开始工作，按下停止按钮，系统停止工作。

（2）当小车当前所处停靠站的编号小于呼叫按钮的编号时，小车向右运行，运行到呼叫按钮所对应的停靠站时停止。

（3）当小车当前所处停靠站的编号大于呼叫按钮的编号时，小车向左运行，运行到呼叫按钮所对应的停靠站时停止。

（4）当小车当前所处停靠站的编号等于呼叫按钮的编号时，小车保持不动。

（5）呼叫按钮 SB1~SB5 应具有互锁功能，先按下者优先。

要求：列出 I/O 分配表，设计 PLC 控制线路电气原理图，并编写 PLC 控制程序。

项目 4

触摸屏的应用与仿真

导读

作为 PLC 控制系统的一个主要关联部件，触摸屏应用在替代开关、按钮、指示灯和数据输入等场合的操作现场。通过 PLC 与触摸屏之间的变量值交换，控制现场信息就可以直接显示在触摸屏上并受到触摸屏的控制。西门子 KTP 系列触摸屏的组态可以在博途软件中与 PLC 共享变量，通过 PROFINET 通信轻松实现机器设备的自动化控制。在工程测试之前，通过 S7-PLCSIM（可编程控制器模拟软件）与 PLC 进行联合仿真是非常不错的方法，这样可以在不下载程序的情况下，将系统结果一一呈现出来，大大缩短了调试时间，提高了编程效率。

知识目标

- 熟悉触摸屏的作用和工业应用特点。
- 了解 KTP700 Basic 触摸屏的接线。
- 掌握触摸屏动画的常见制作方法。
- 掌握自动化仿真验证的原理。

能力目标

- 能完成触摸屏与可编程控制器和计算机的连接。
- 会使用组态软件对触摸屏进行按钮、指示灯、I/O 域组态。
- 能使用博途软件对 KTP700 Basic 触摸屏进行动画组态。
- 能够根据控制要求，结合设备手册，正确下载触摸屏组态及测试程序。

- 有较强的求知欲和实事求是的科学态度，乐于、善于使用所学触摸屏技术解决实际生产问题。
- 具有克服困难的信心和决心，从联合仿真测试中体验成功的喜悦。

任务 4.1　触摸屏控制指示灯亮灭

任务描述

图 4-1 所示是 KTP700 Basic 触摸屏与 S7-1200 PLC 通过 PROFINET 相连，并通过触摸屏的按钮组态完成对指示灯的亮灭控制示意图。任务要求如下。

（1）正确完成触摸屏的电源接线，并用网线与 PLC 进行 PROFINET 连接。

（2）完成触摸屏画面切换。在触摸屏上设置两个画面，即画面 1 和画面 2，两个画面之间可以通过触摸屏按钮进行相互切换。

（3）触摸屏按钮控制指示灯。在触摸屏上点击“HMI 指示灯 ON”按钮后，触摸屏上的指示灯和实际的指示灯均立即点亮；点击“HMI 指示灯 OFF”按钮后，实际的指示灯延时 5 s 后熄灭，在延时期间触摸屏上的指示灯闪烁 5 s 后同步熄灭。

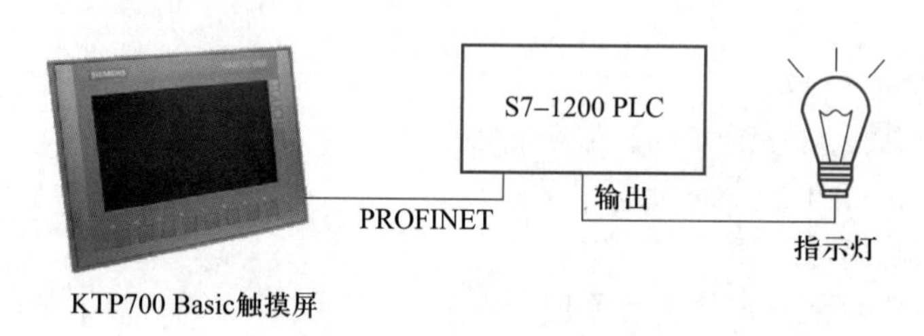

图 4-1　任务 4.1 控制示意图

知识准备

4.1.1　触摸屏概述

触摸屏又称人机界面（Human Machine Interface，HMI），主要应用于工业控制现场，常与 PLC 等控制器配套使用。图 4-2 所示为电站触摸屏控制示意图。操作人员可以通过触摸屏对控制器（如 PLC、DCS 等）进行参数设置、数据显示，以及用曲线、动画等形式描述电压、电流变化过程。

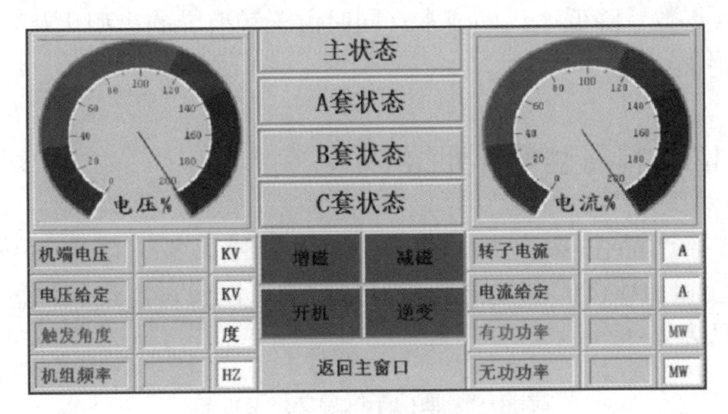

图 4–2　电站触摸屏控制示意图

图 4–3 所示为触摸屏的外观，通过串行口、以太网口等与 PLC 相连，使之成为操作人员和机器设备之间双向沟通的桥梁，用户可以自由地组合按钮、文字、数字、图形等来处理或监控管理工业控制现场，如实现本地按钮和触摸屏按钮控制的切换，以实现两地控制等。通过画面组态，使用触摸屏能够明确指示并告知操作人员机器设备目前的状况，使操作变得简单生动，并且可以减少操作上的失误，即使是新手也可以很轻松地操作整个机器设备。

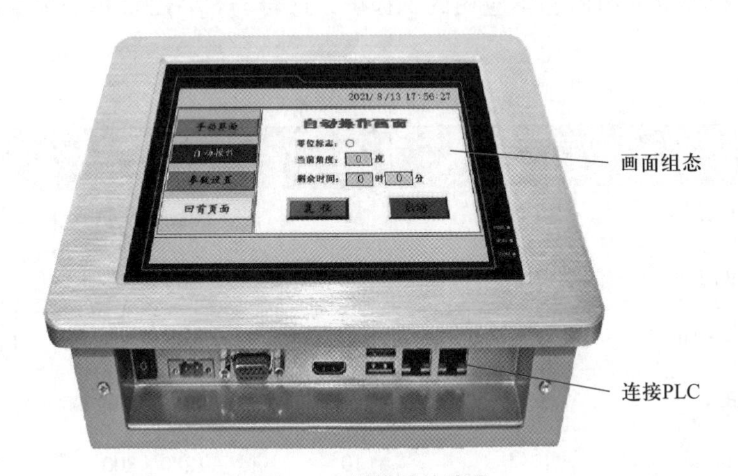

图 4–3　触摸屏的外观

触摸屏在工业生产中的应用特点如下：

（1）过程可视化。触摸屏画面可以动态显示过程数据。

（2）操作人员对设备的控制。操作人员可以通过触摸屏来修改设定参数或控制电动机等设备，实现通过图形界面控制设备的功能。

（3）显示报警。设备的故障状态会自动触发报警并显示报警信息。

（4）记录功能。记录过程值和报警信息。

（5）配方管理。将设备的参数存储在配方中，可以将这些参数下载到 PLC 中。

（6）机器附加值增加。使用触摸屏可以使机器的配线标准化、简单化，大大减少 PLC

控制器所需的 I/O 点数，降低生产的成本；同时由于触摸屏的小型化及高性能，相对地提高了整套设备的附加价值。

4.1.2 西门子 KTP 精简触摸屏介绍

西门子触摸屏产品主要分为 SIMATIC 精简系列面板（以下简称精简触摸屏）、SIMATIC 精智面板和 SIMATIC 移动式面板，它们均可以通过博途软件进行组态。西门子触摸屏型号汇总见表 4-1。

表 4-1 西门子触摸屏型号汇总

触摸屏类型	规格
SIMATIC 精简系列面板	3″、4″、6″、7″、9″、10″、12″、15″ 显示屏
SIMATIC 精智面板	4″、7″、9″、10″、12″、15″、19″、22″ 显示屏
SIMATIC 移动式面板	4″、7″、9″ 显示屏；170S、270S 系列

注 1″=2.54 cm。

其中精简触摸屏是面向基本应用的触摸屏，适合与 S7-1200 PLC 配套使用，常用型号见表 4-2。

表 4-2 精简触摸屏常用型号

型号	屏幕尺寸	可组态按键	分辨率	网络接口
KTP400 Basic	4. 3″	4	480×272	PROFINET
KTP700 Basic	7″	8	800×480	PROFINET
KTP700 Basic DP	7″	8	800×480	PROFIBUS DP
KTP900 Basic	9″	8	800×480	PROFINET
KTP1200 Basic	12″	10	1280×800	PROFINET
KTP1200 Basic DP	12″	10	1280×800	PROFIBUS DP

注 1″=2.54 cm。

图 4-4 所示为触摸屏与组态计算机和 S7-1200 PLC 之间的 PROFINET 连接示意图。一个博途项目可以同时包含 PLC 和触摸屏程序，且 PLC 和触摸屏的变量可以共享，它们之间的通信不用编程。带有 PROFINET 接口的精简触摸屏支持用于调试和诊断的 PROFINET 基本功能和标准以太网通信。

图 4-5 所示为 KTP700 Basic 触摸屏的外观。

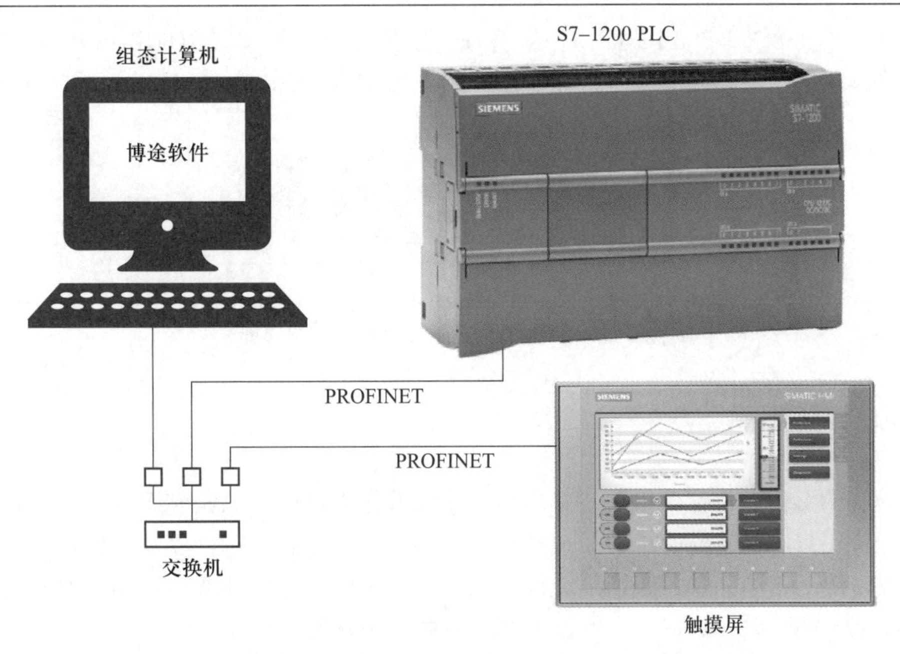

图 4-4　触摸屏连接示意图

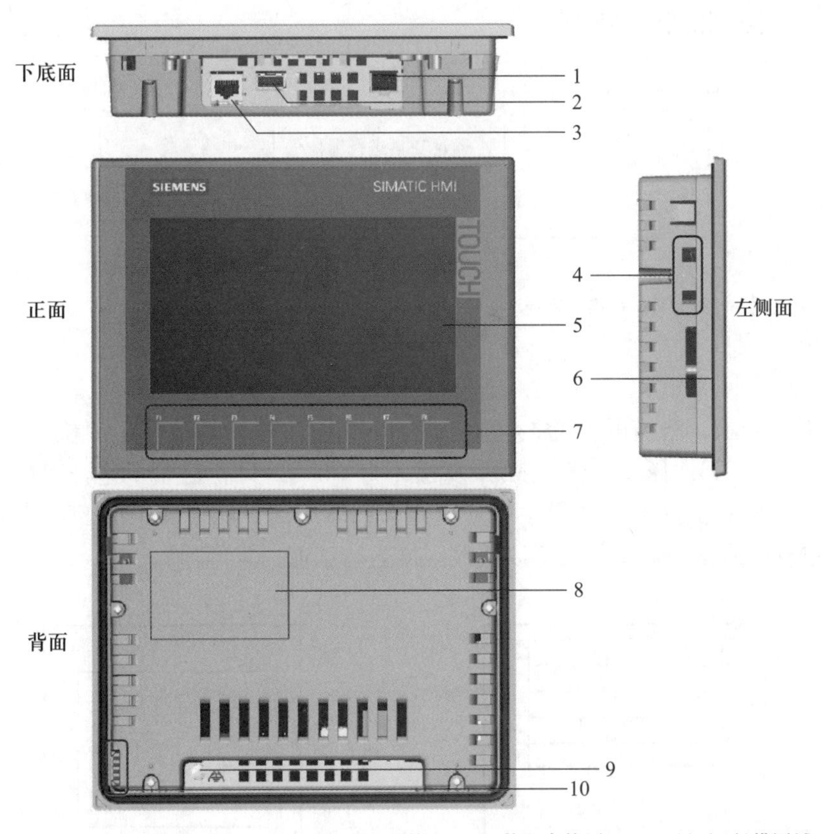

1—电源接口　2—USB 接口　3—PROFINET 接口　4—装配夹的开口　5—显示 / 触摸区域
6—嵌入式密封件　7—功能键　8—铭牌　9—功能接地的接口　10—标签条导槽

图 4-5　KTP700 Basic 触摸屏的外观

除此之外，KTP700 Basic DP 触摸屏的接口信号为 PROFIBUS DP 接口，与 KTP700 Basic 触摸屏不同的地方就在于图 4-6 所示的 KTP700 Basic DP 触摸屏下底面。

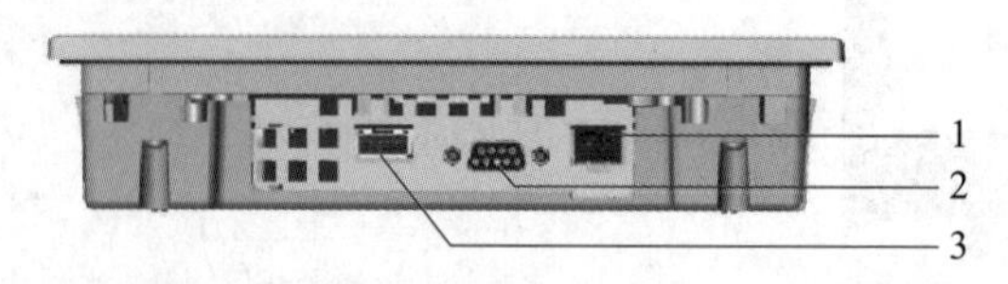

1—电源接口　2—RS-422/RS-485 接口　3—USB 接口

图 4-6　KTP700 Basic DP 触摸屏下底面

4.1.3　触摸屏组态

触摸屏的编程通常称为组态，其内涵上是指操作人员根据工业应用对象及控制任务的要求，配置用户应用软件的过程，包括对象的定义、制作和编辑，以及对象状态特征属性参数的设定等。不同品牌的触摸屏或操作面板所开发的组态软件不尽相同，但都会具有一些通用功能，如画面、标签、配方、上传、下载、仿真等。

触摸屏组态的目的在于操作与监控设备或过程，因此用户应尽可能精确地在界面上映射设备或过程。触摸屏与机器或过程之间通过 PLC 等外围连接设备利用变量进行通信，其组态基本示意图如图 4-7 所示。

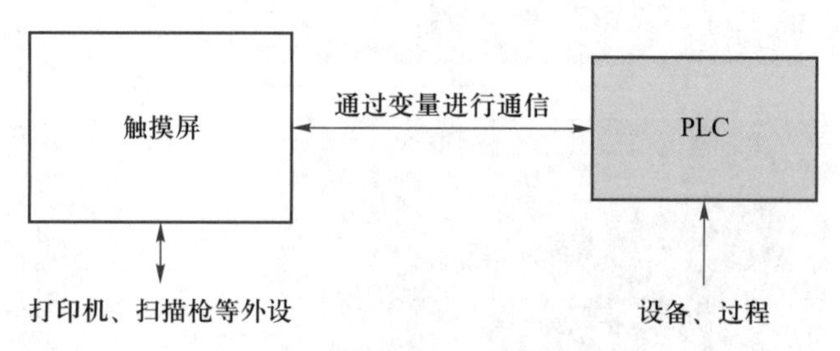

图 4-7　触摸屏组态基本示意图

如图 4-8 所示，触摸屏上的按钮对应于 PLC 内部 Mx.y 的数字量“位”，按下按钮时 Mx.y 置位（为“1”），释放按钮时 Mx.y 复位（为“0”），只有建立了这种对应关系，操作人员才可以与 PLC 的内部用户程序建立交互关系。由此，触摸屏中的变量值写入 PLC 中的存储区域或地址，而触摸屏又可以从该区域进行读取。

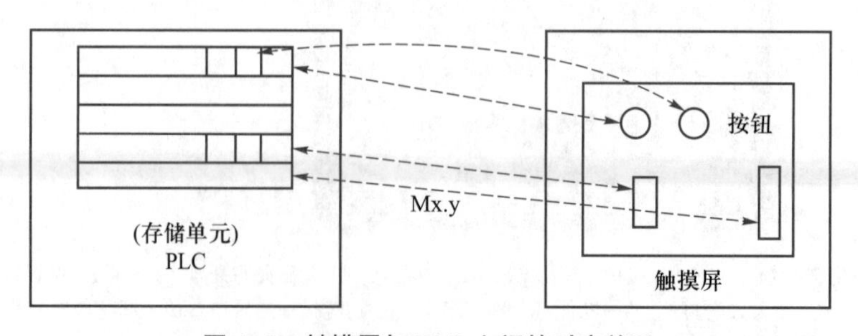

图 4-8　触摸屏与 PLC 之间的对应关系

任务实施 >>>

4.1.4　触摸屏画面切换

1. 理解任务要求

KTP700 Basic 触摸屏（以下统一简称 KTP700 触摸屏）共设置两个画面，即画面 1 和画面 2，两个画面之间可以通过按钮进行相互切换，如图 4-9 所示。

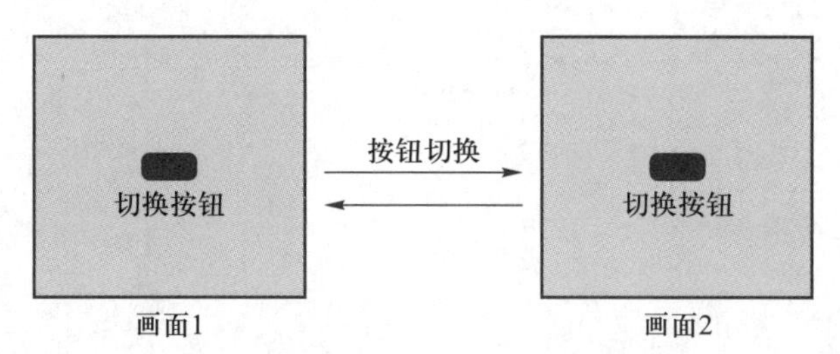

图 4-9　画面切换示意图

2. 触摸屏组态向导

第一次使用触摸屏可以采用图 4-10 所示的博途软件“新手上路”界面，单击“组态 HMI 画面”后进入图 4-11 所示的“添加新设备”界面，单击“HMI”，选择本任务中用到的“KTP700 Basic”，确认相应的订货号和版本号。这里的订货号为“6AV2 123-2GB03-0AX0”，版本为“16.0.0.0”。

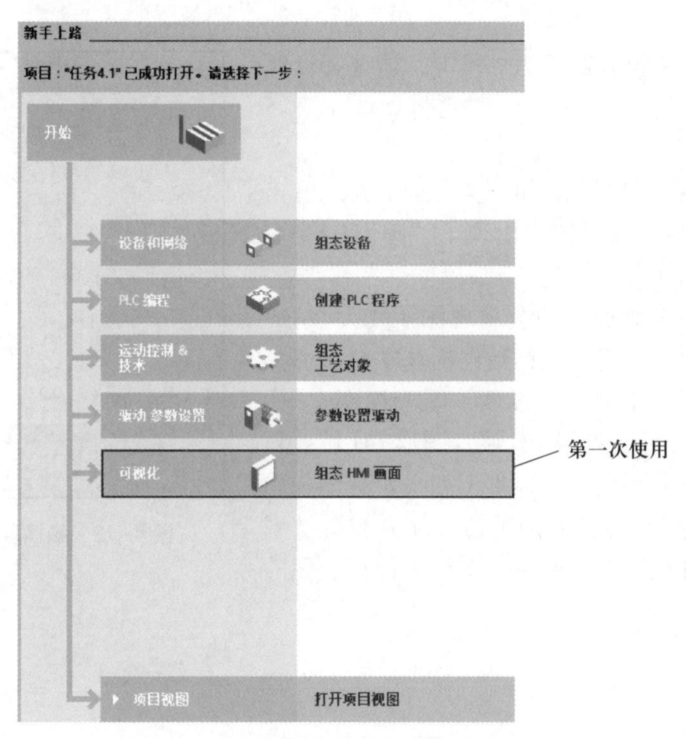

图 4-10　“新手上路”组态 HMI 画面

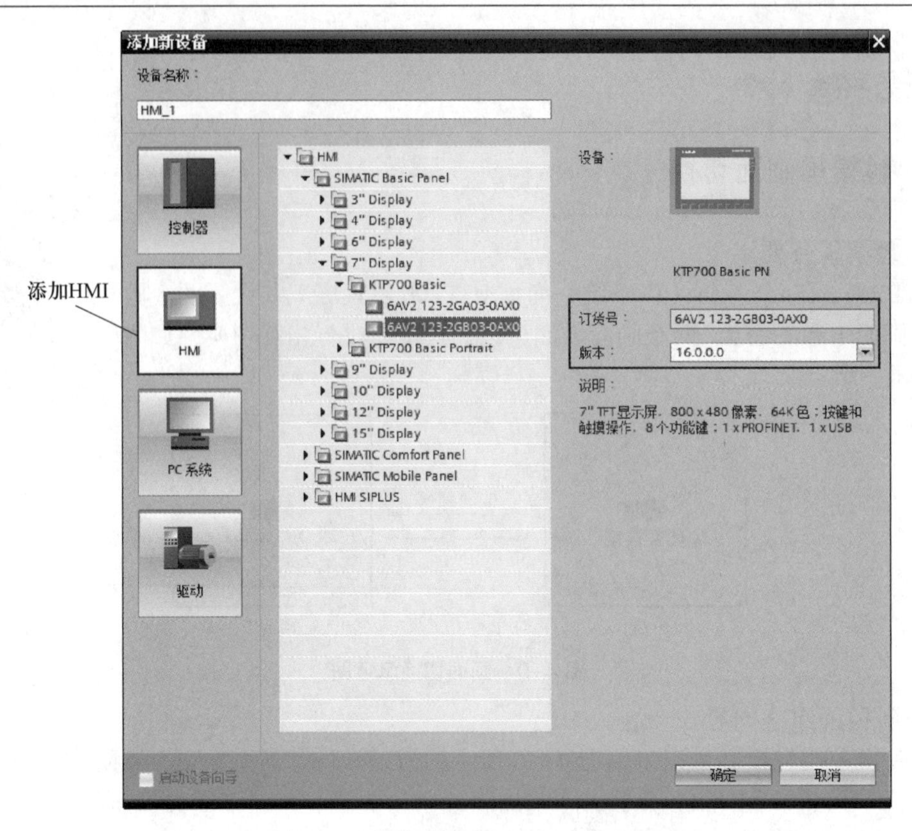

图 4-11　添加新设备 KTP700 Basic

如果遇到软件版本较低的触摸屏，请选择低版本进行替换，如图 4-12 所示，否则将无法正确下载触摸屏画面组态。

完成后的可视化界面如图 4-13 所示。单击“添加新画面”后，项目树中出现了“画面 _1”和“画面 _2”，如图 4-14 所示。

单击任何一个画面，均会出现图 4-15 所示的画面组态窗口和工具箱。工具箱包括基本对象（如直线、椭圆、圆、矩形、文本域、图形视图）、元素（如 I/O 域、按钮、符号 I/O 域、图形 I/O 域、日期 / 时间域、棒图、开关）、控件（如报警视图、趋势视图、用户视图、HTML 浏览器、配方视图、系统诊断视图）和图形（如 WinCC 图形文件夹、我的图形文件夹）。

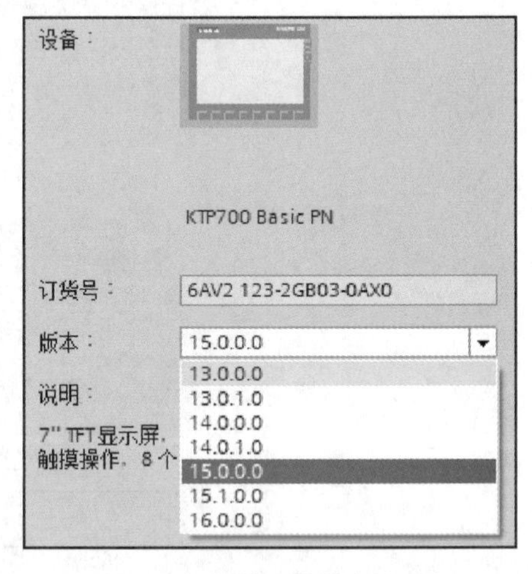

图 4-12　触摸屏软件版本选择

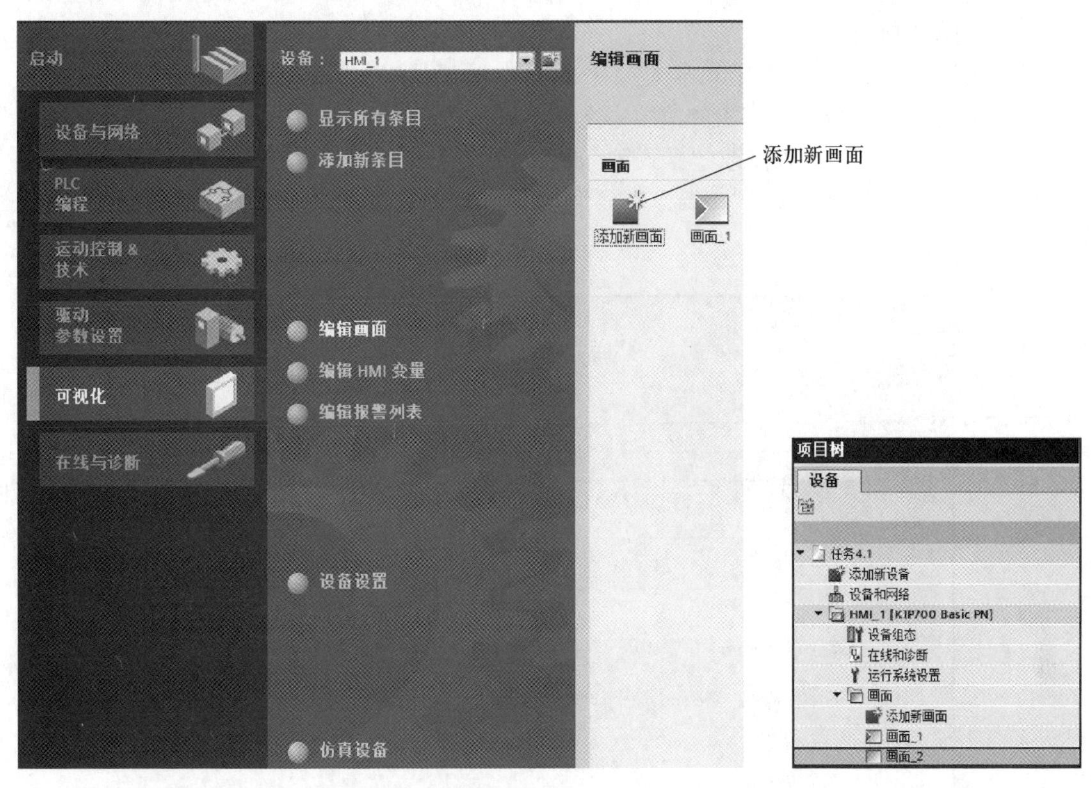

图 4-13　可视化界面　　　　图 4-14　项目树中的画面

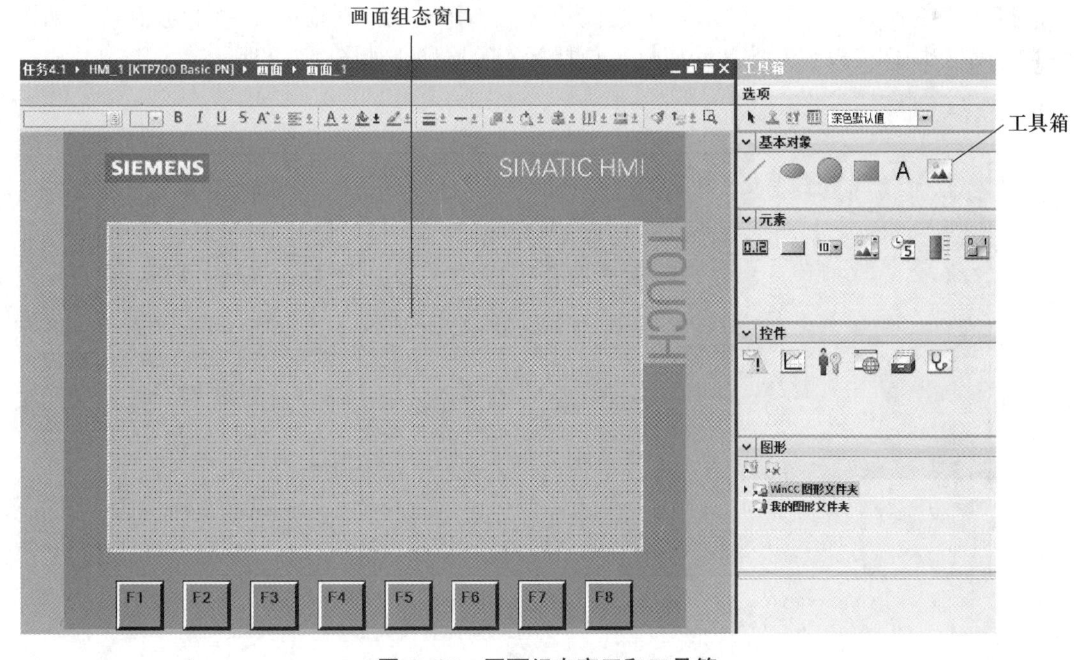

图 4-15　画面组态窗口和工具箱

3. 触摸屏画面组态

在画面_1 中，首先选择基本对象中的文本域工具 A，写入“这是画面 1”（见图 4-16），右击该文本域，在弹出的菜单中选择“属性”，进入“属性”选项卡，单击“属性列表”下的“常规”，可以修改“样式”，如字体为“宋体，23px，style = Bold”。除此之外，“属性列表”中还有“外观”“布局”等属性。

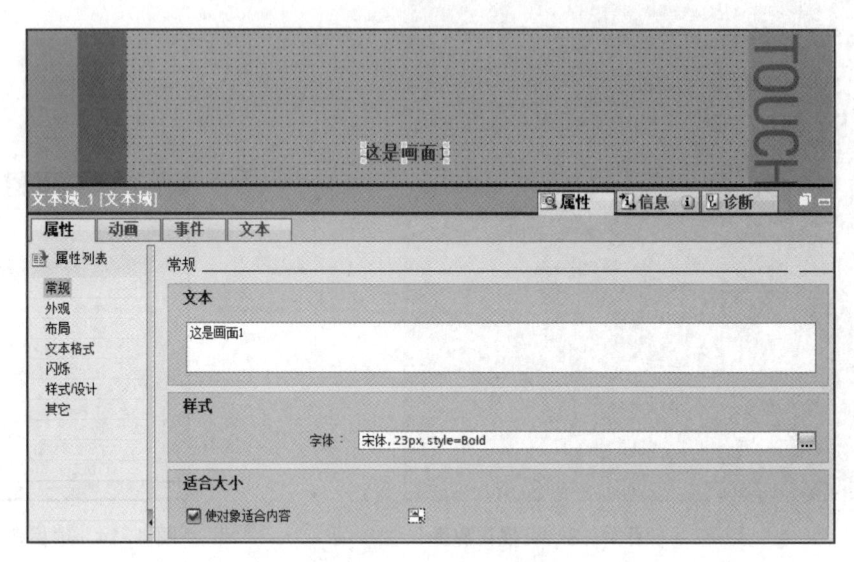

图 4-16　文本域属性

接下来在画面_1 中选择元素中的按钮工具，并将其拖入画面组态窗口，如图 4-17 所示。同样可以编辑按钮的属性，包括标签等属性，如图 4-18 所示。

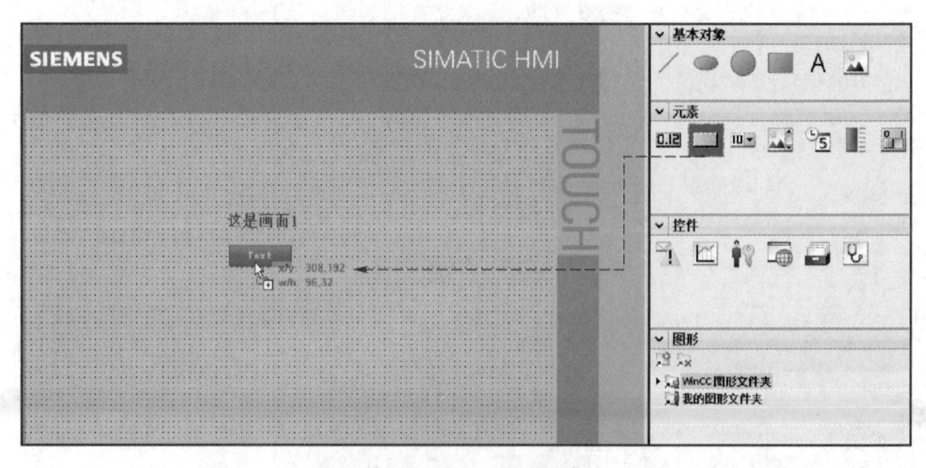

图 4-17　添加触摸屏按钮

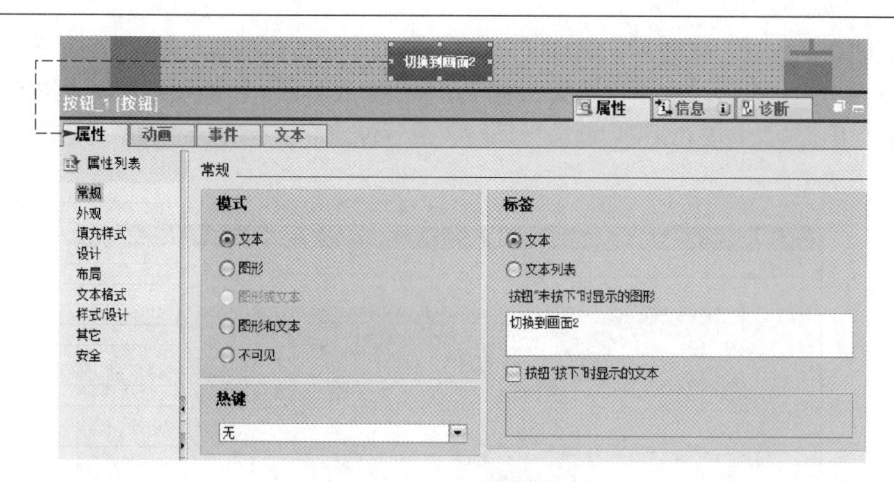

图 4-18 按钮属性

如图 4-19 所示，对于按钮而言，它有单击、按下、释放、激活、取消激活、更改 6 个事件，每个事件都可以选择不同的函数。在本任务中，选择“释放”事件，并采用“激活屏幕”函数，如图 4-20 所示，选择“画面_2”。

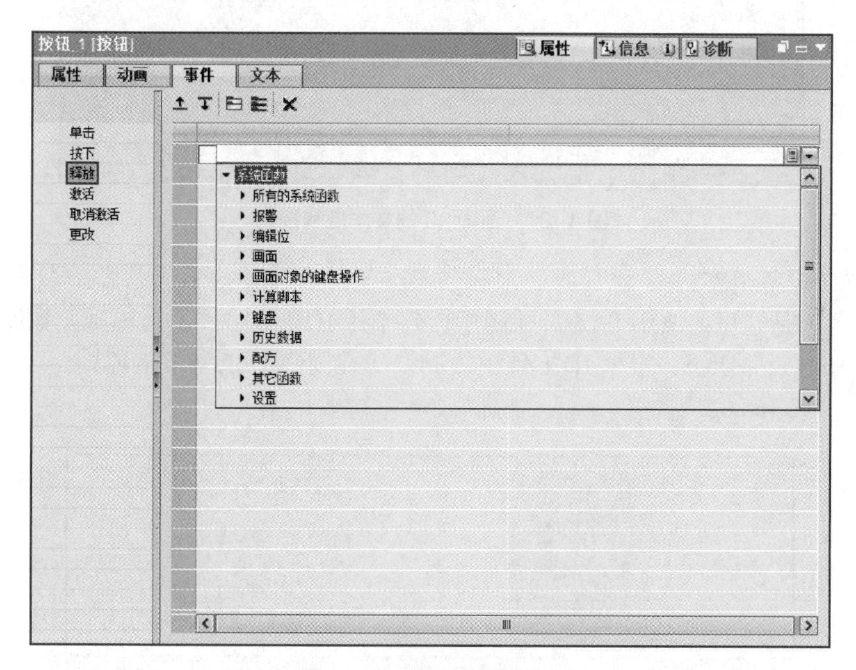

图 4-19 按钮的事件定义

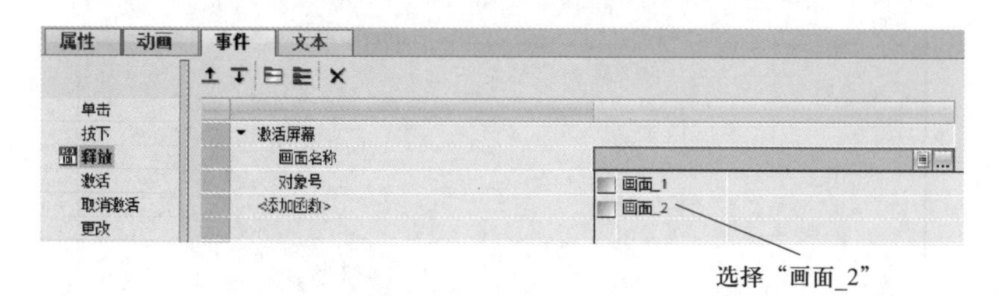

图 4-20 激活屏幕函数

按照同样的方法，在画面 _2 中进行文本域的编辑和按钮的事件定义等画面组态步骤，完成后如图 4–21 所示。这里也可以采用 Ctrl + C 键从画面 _1 选择文本域和按钮进行复制，然后在画面 _2 中按 Ctrl + V 键进行粘贴，最后再修改相应的属性和事件定义，大大提高画面组态效率。

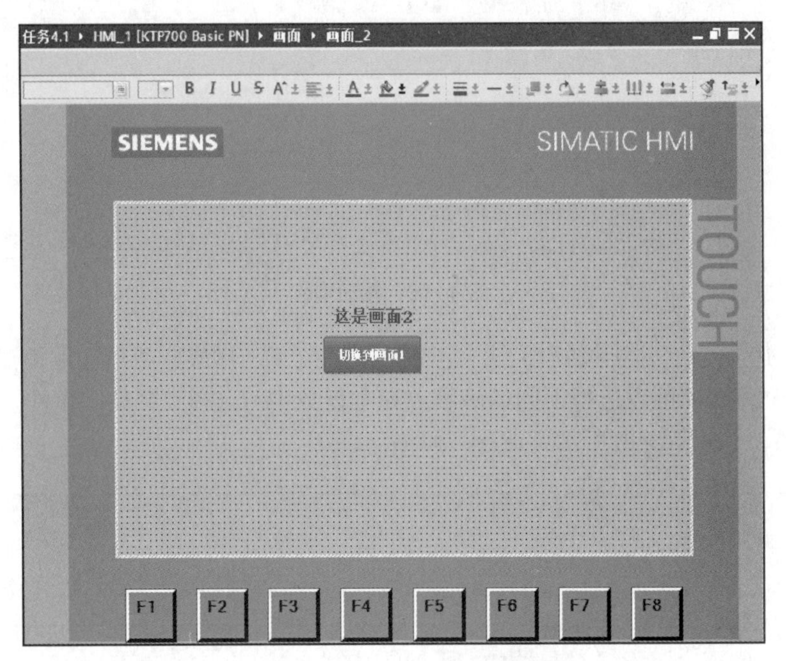

图 4–21　画面 _2 的文本域和按钮

4. HMI 设备组态

触摸屏就是这里的 HMI 设备，在博途软件中用 HMI 统一表示触摸屏。如图 4–22 所示，进行 HMI 设备组态，根据 HMI 和 PC、PLC 等在同一个 IP 频段的原则，可以将 IP 地址设置为“192.168.0.2”。

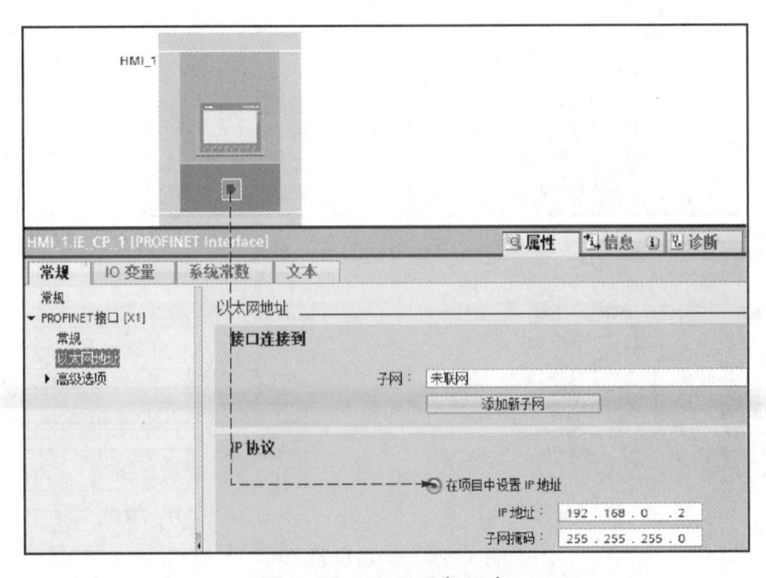

图 4–22　HMI 设备组态

5. HMI 通电并进行 PROFINET 设备的网络设置

HMI 通电之前要进行电气连接，如图 4-23 所示，包括 DC 24 V 的电源线、接地线和 PROFINET 通信线。

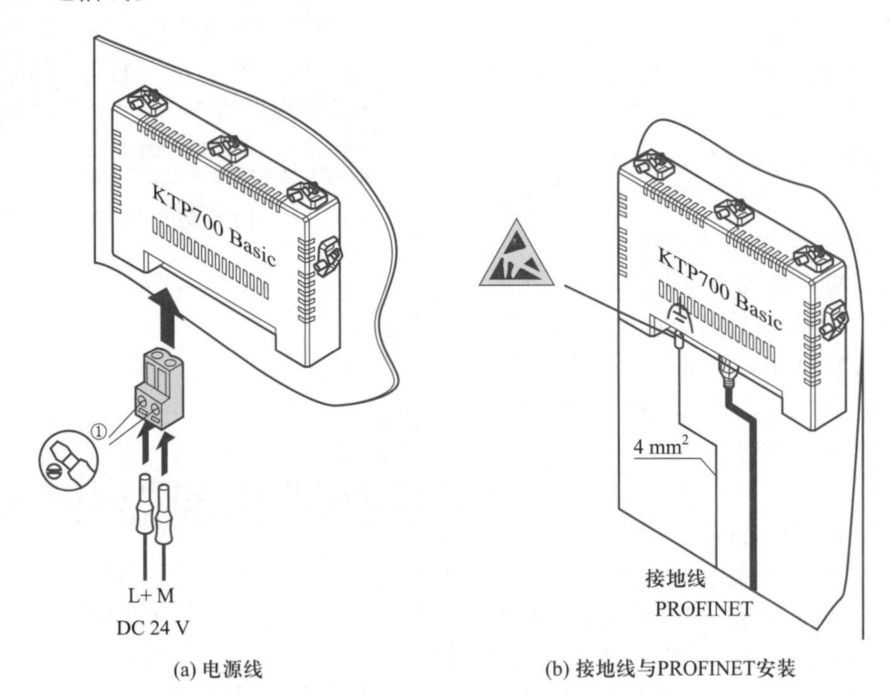

(a) 电源线　　(b) 接地线与PROFINET安装

图 4-23　HMI 电气连接

将实体 HMI 通电后，显示“Start Center”（见图 4-24（a）），点击“Settings”按钮，系统进入 HMI 参数设置界面，具体包括：操作设置、通信设置、密码保护、传输设置、屏幕保护程序、声音信号（见图 4-24（b））。“Start Center”分为导航区和工作区。如果

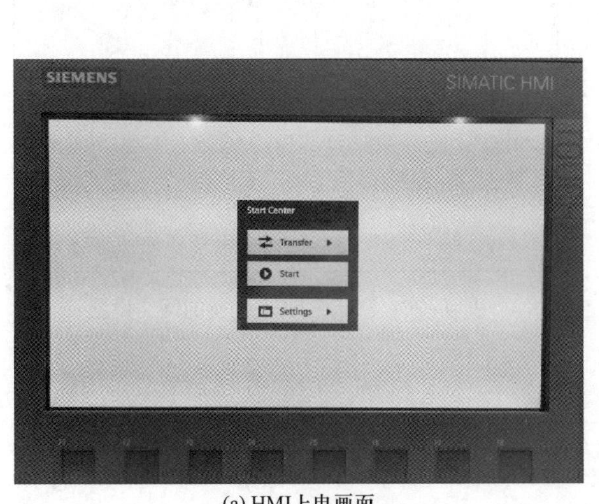

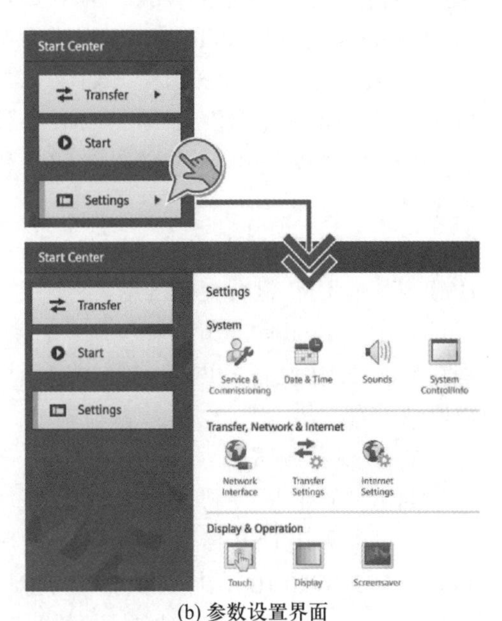

(a) HMI上电画面　　(b) 参数设置界面

图 4-24　HMI 上电画面和参数设置界面

设备配置为横向模式，则导航区在屏幕左侧，工作区在右侧；如果设备配置为纵向模式，则导航区在屏幕上方，工作区在下方。

如果导航区或工作区内无法显示所有按钮或符号，将出现滚动条。用户可以通过滑动手势滚动导航或工作区，如图 4-25 所示。请在标记的区域内进行滚动操作，不用在滚动条上操作。

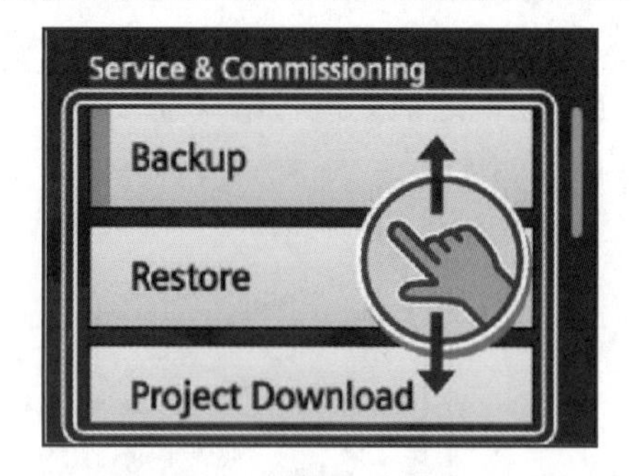

图 4-25　滑动手势滚动导航或工作区

PROFINET 设备的网络设置如图 4-26 所示，相关序号解释如下。

① 触摸“Network Interface”图标。

② 在通过“DHCP”自动分配地址和特别指定地址之间进行选择。

③ 如果自动分配地址，通过屏幕键盘在输入框“IP address”（本任务中为 192.168.0.2，与博途组态的地址必须保持一致）和“Subnet mask”（本任务中为 255.255.255.0）中输入有效的值，有可能还需要填写“Default gateway”（本任务不需要填写）。

④ 在“Ethernet parameters”下的“Mode and speed”选择框中选择 PROFINET 网络的传输速率和连接方式，有效数值为 10 Mbit/s 或 100 Mbit/s 和“HDX”（半双工）或“FDX”（全双工）。如果选择“Auto Negotiation”，将自动识别和设定 PROFINET 网络中的连接方式和传输速率。

⑤ 如果激活开关“LLDP”，则本 HMI 与其他 HMI 进行交换信息。

⑥ 在“Profinet”下的“Device name”框中输入 HMI 设备的网络名称，这里可以默认设置。

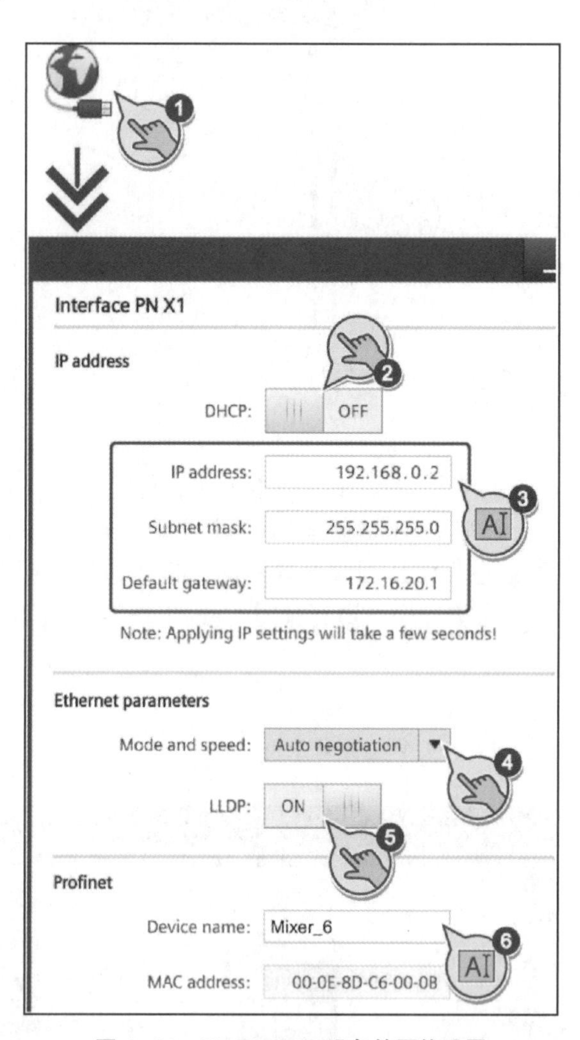

图 4-26　PROFINET 设备的网络设置

6. 下载并调试

点击“Transfer”将实体 HMI 画面切换到等待传送画面，既可以采用 PROFINET 传送，也可以采用 USB 传送，如图 4-27 所示。本任务采用 PROFINET 传送，其中 PC 的 IP 地址为 192.168.0.100，与 HMI 的 IP 地址 192.168.0.2 处于同一个频段内，可以通过 ping 命令来进行测试是否连通。需要注意的是：在实际下载中，实体 HMI 会自动根据博途软件的下载命令自动切换到 Transfer 画面。

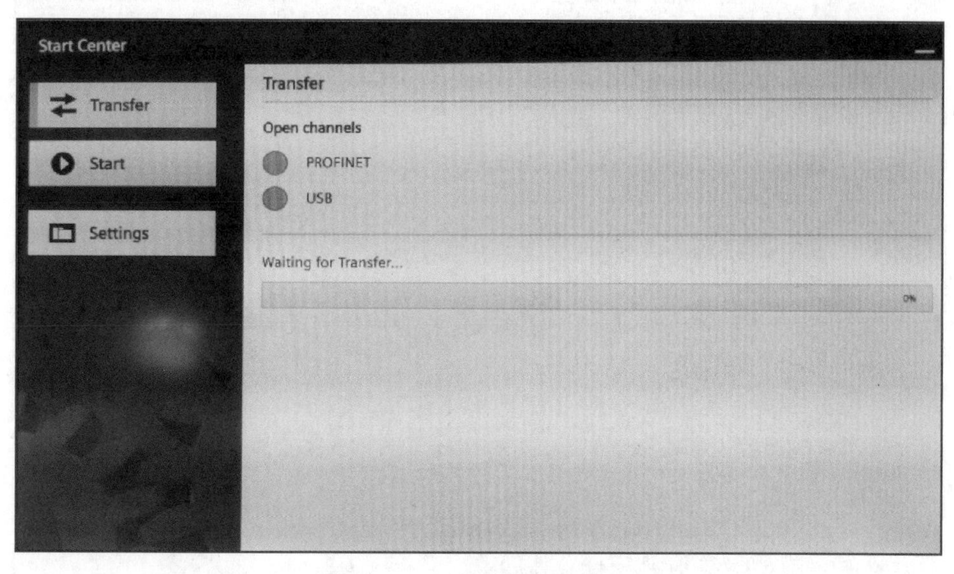

图 4-27　HMI 等待传送画面

进入博途软件，如图 4-28 所示，用鼠标右击“HMI_1”，在弹出的菜单中选择“下载到设备”→“软件（全部下载）”，此时系统会弹出图 4-29 所示的“扩展下载到设备”窗口，如同 PLC 下载一样，开始搜索目标设备，直至找到实际的 HMI 设备，即 IP 地址为 192.168.0.2 的“hmi_1”。然后单击“下载”按钮，系统弹出图 4-30 所示的“下载预览”窗口，选中“全部覆盖”后单击“完成”按钮进行下载，此时实体 HMI 等待传送画面中的绿色进度条从 0% 到 100%，最后进入“Start”画面（画面 1），即如图 4-31 所示的实际效果。

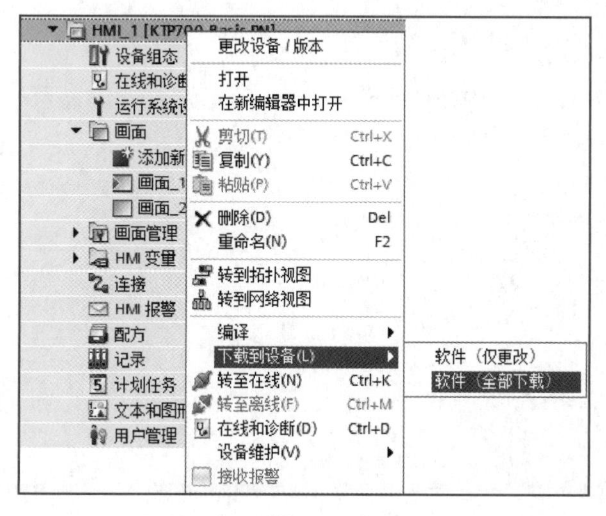

图 4-28　选择“下载到设备”

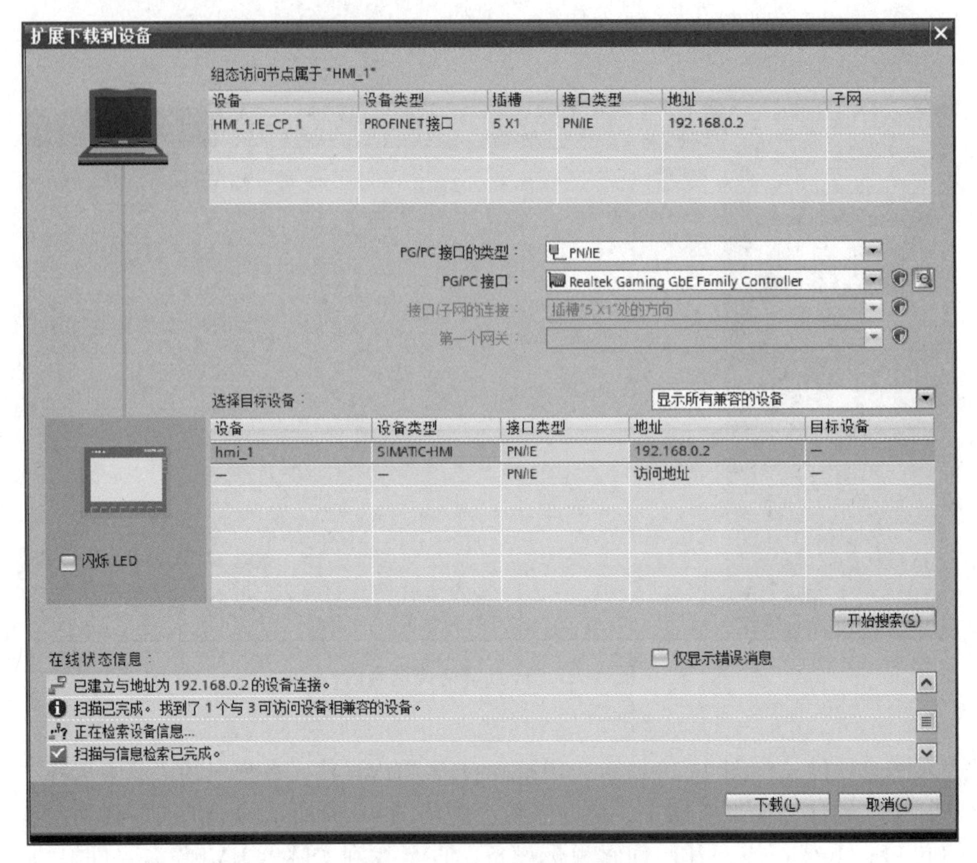

图 4-29 “扩展下载到设备”窗口

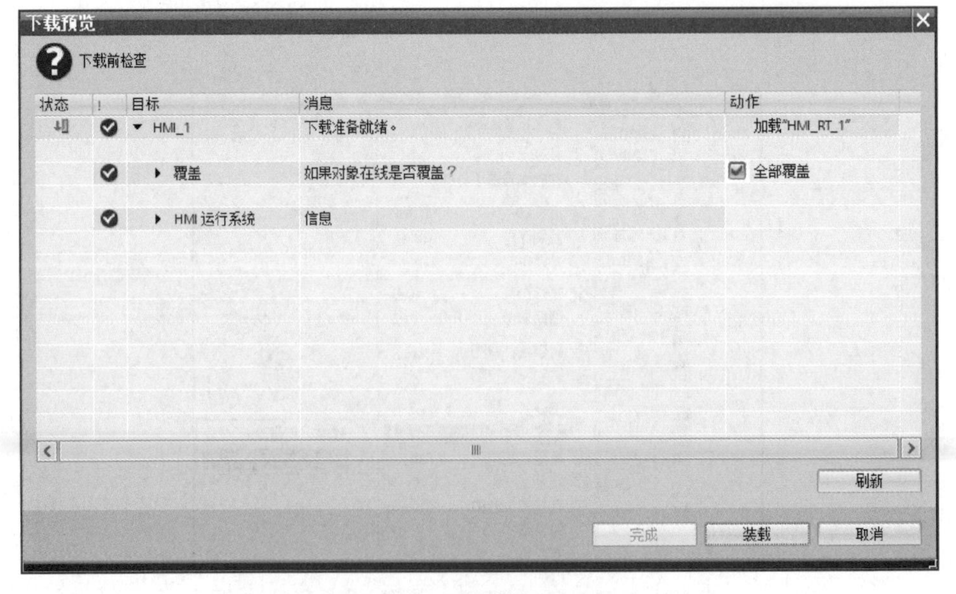

图 4-30 “下载预览”窗口

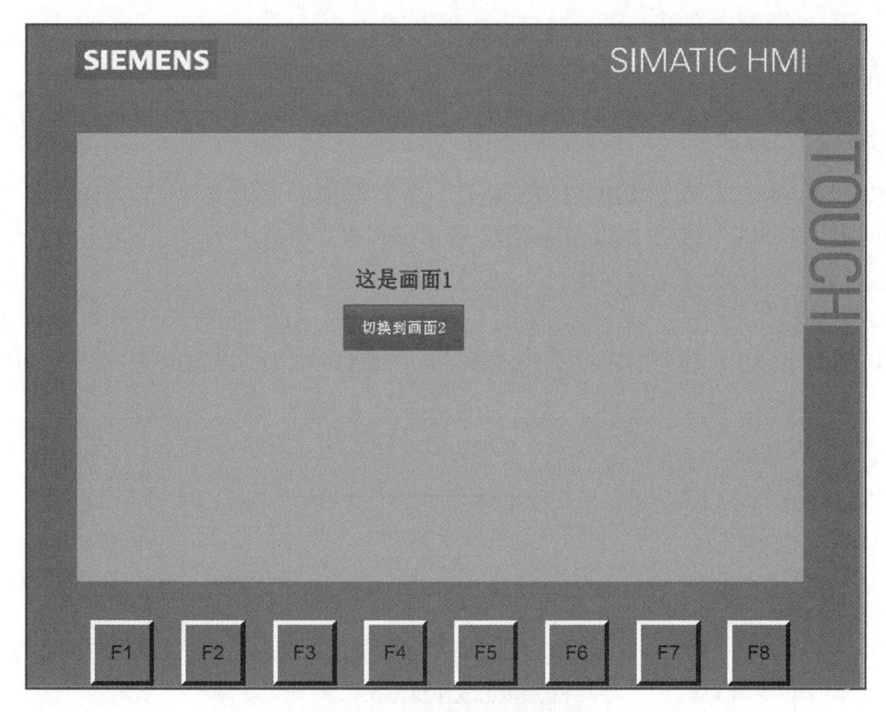

图 4-31　画面 1 实际效果

在画面 1 中，点击“切换到画面 2”按钮后即可进入图 4-32 所示的画面 2 实际效果，在该画面中点击“切换到画面 1”按钮即可回到画面 1。

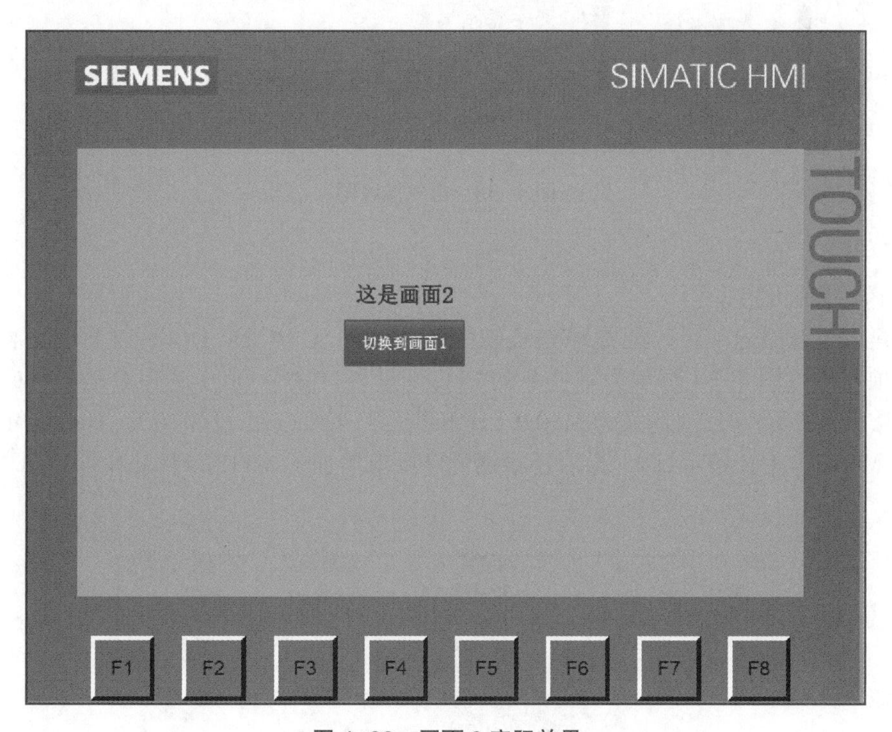

图 4-32　画面 2 实际效果

4.1.5 触摸屏按钮控制指示灯亮灭

1. 理解任务要求

要求触摸屏与 PLC 通过 PROFINET 相连，并在触摸屏上设置“HMI 指示灯 ON”按钮和“HMI 指示灯 OFF”按钮，以及触摸屏指示灯；PLC 外接指示灯。通过 PLC 编程和触摸屏组态完成控制指示灯亮灭功能。

2. 电气接线

图 4-33 所示为电气接线图。其中触摸屏与 CPU1215C DC/DC/DC 之间通过 PROFINET 相连。

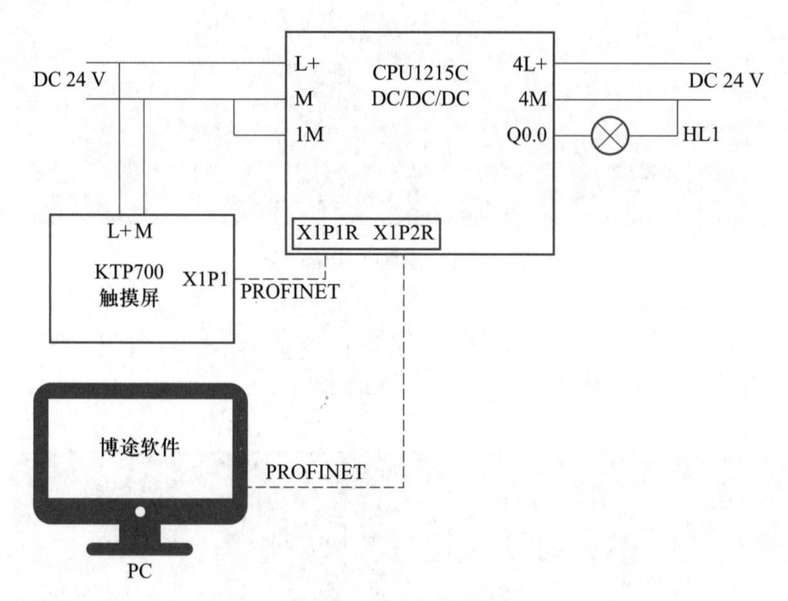

图 4-33 电气接线图

3. PLC 梯形图编程

新建或打开博途项目，配置好 PLC 硬件（CPU1215C DC/DC/DC），并将变量表和程序输入该项目中。图 4-34 所示为本任务的 PLC 变量表，除了 Q0.0 是 PLC 输出外，将触摸屏上的按钮和指示灯分别定义为 M10.0（HMI 指示灯 ON 按钮）、M10.1（HMI 指示灯 OFF 按钮）、M10.2（HMI 指示灯），最后还根据程序要求增加了 M11.0（停止中间变量）。

名称	变量表	数据类型	地址
指示灯	默认变量表	Bool	%Q0.0
HMI指示灯ON按钮	默认变量表	Bool	%M10.0
HMI指示灯OFF按钮	默认变量表	Bool	%M10.1
HMI指示灯	默认变量表	Bool	%M10.2
停止中间变量	默认变量表	Bool	%M11.0

图 4-34 PLC 变量表

图 4-35 所示为梯形图程序。程序解释如下。

程序段 1：HMI 指示灯 ON 按钮动作，置位 Q0.0 输出。

程序段 2：HMI 指示灯 OFF 按钮动作，置位停止中间变量 M11.0，此时 Q0.0 还是输出为 ON。

程序段 3：将 M11.0 作为 TON 定时器的输入延时 5 s，延时结束后复位 Q0.0，同时将 M11.0 清零。

程序段 4：分两种情况对 HMI 指示灯进行逻辑控制，在启动后到停止按钮按下前，为常亮状态；在停止按钮按下后，5 s 延时期间，为闪烁状态，串联了 M0.5（1 Hz 脉冲）。

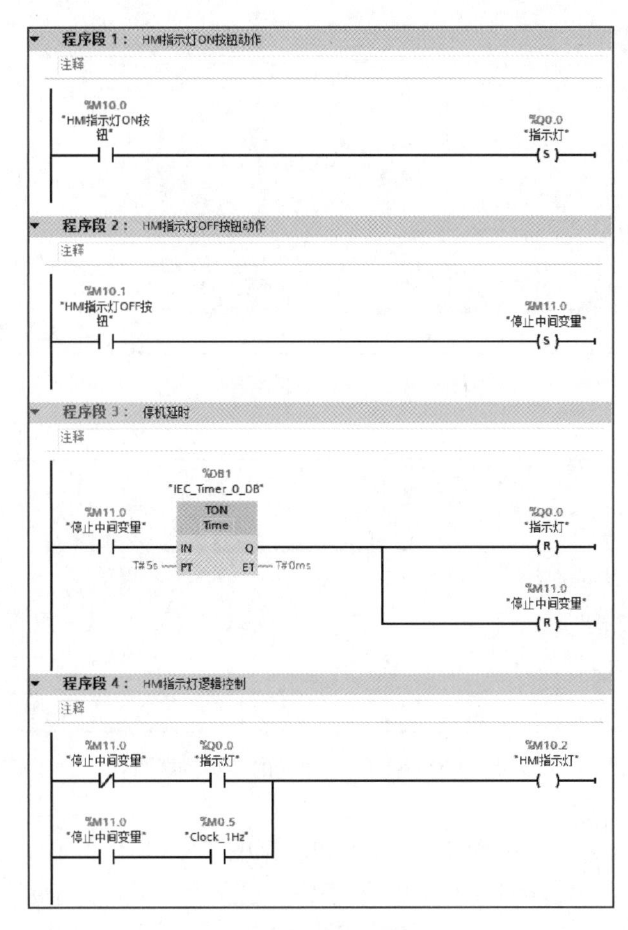

图 4-35　梯形图程序

4. 触摸屏通信组态

完成 PLC 编程之后，在项目树中添加“新设备”，系统弹出图 4-36 所示的“HMI 设备向导”窗口，包括 PLC 连接、画面布局、报警、画面、系统画面和按钮六个步骤。这六个步骤可以通过选择“下一步”按钮逐一完成，也可以直接单击“完成”按钮。这里只介绍 PLC 连接，单击“浏览”按钮后三角图标，系统会弹出整个项目树中的所有 PLC 的列表，本任务中选择“PLC_1”，单击☑按钮后即可出现图 4-37 所示的 PLC 与 HMI 的连接示意图。

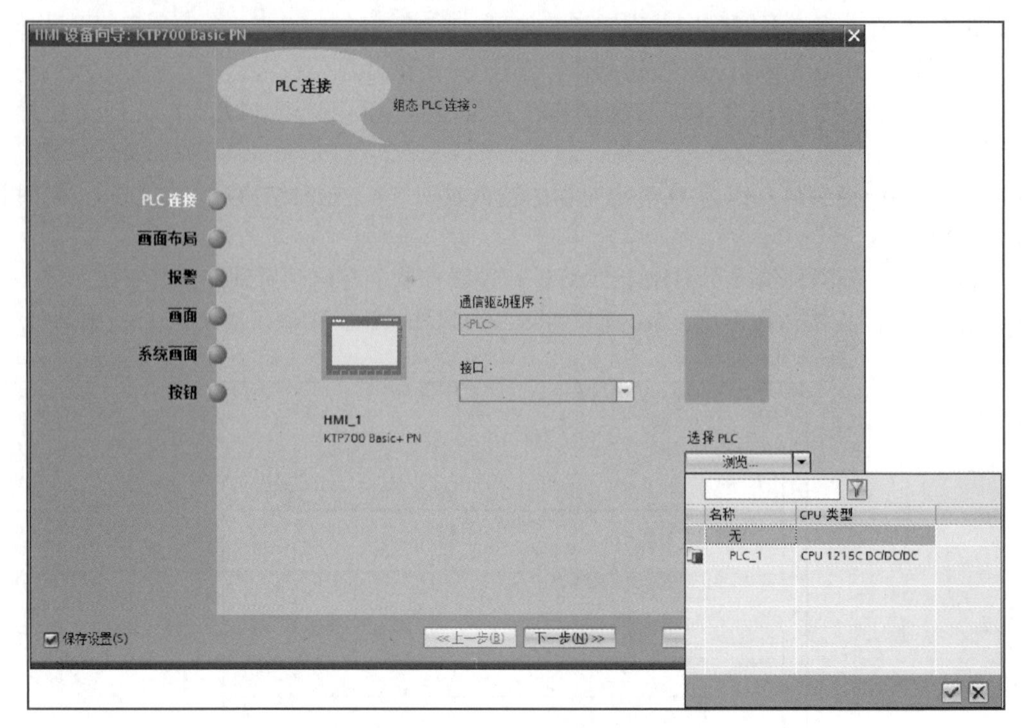

图 4-36　“HMI 设备向导”窗口

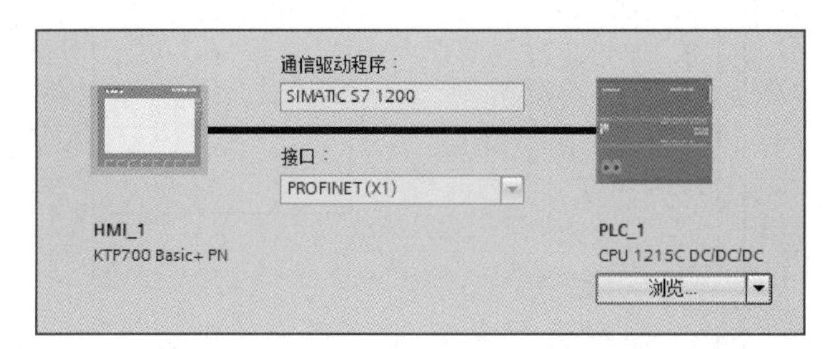

图 4-37　PLC 与 HMI 的连接示意图

在“项目树”→“设备和网络中”中可以看到图 4-38 所示的 PN/IE 通信连接示意图，即 PLC 与 HMI 之间自动连接 PROFINET 网络，并建立了 PN/IE_1 连接。

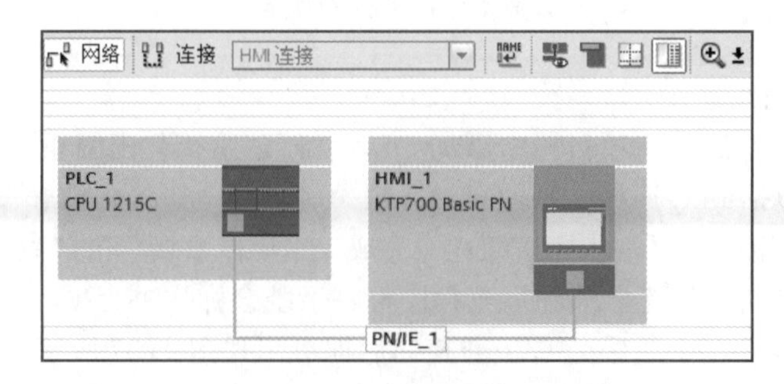

图 4-38　PN/IE 通信连接示意图

5. 触摸屏画面组态

本任务中触摸屏的画面组态就是将需要表示过程的基本对象等插入到画面中，并对该对象进行组态使之符合过程要求。根据任务要求，选择按钮作为触摸屏对指示灯的启动与停止之用。按照 4.1.4 节的步骤，从工具箱的元素中把按钮拖拽至画面。在将按钮放置到触摸屏画面中的某一个位置后，可以设置该按钮的相关属性，如文本标签，输入“HMI 指示灯 ON”字符，表示该按钮可以启动指示灯。

图 4−39 所示是触摸屏按钮按下的事件，包括单击、按下、释放、激活、取消激活、更改，显然，按下和释放事件与本任务的动作比较相关。比如，在此定义该按钮的属性为：当按下按钮时，将 PLC 的相关变量置位（即该变量处于 ON 状态）；当释放按钮时，将 PLC 的相关变量复位（即该变量处于 OFF 状态）。选择“编辑位”→“置位位”，然后单击 按钮，在弹出的窗口中选择“PLC_1”中的 PLC 变量，然后从中找到按钮按下事件变量“HMI 指示灯 ON 按钮”，如图 4−40 所示。如图 4−41 所示， 符号表示按下事件已经成立。同理，对按钮释放选择“编辑位”→“复位位”事件，其触发变量不变，依旧为“HMI 指示灯 ON 按钮”，如图 4−42 所示。

图 4−39　按钮事件

图 4−40　按钮按下事件变量

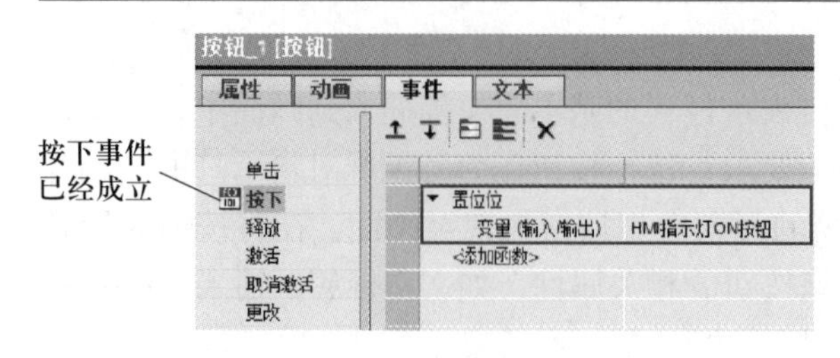

图 4-41　按下事件完成

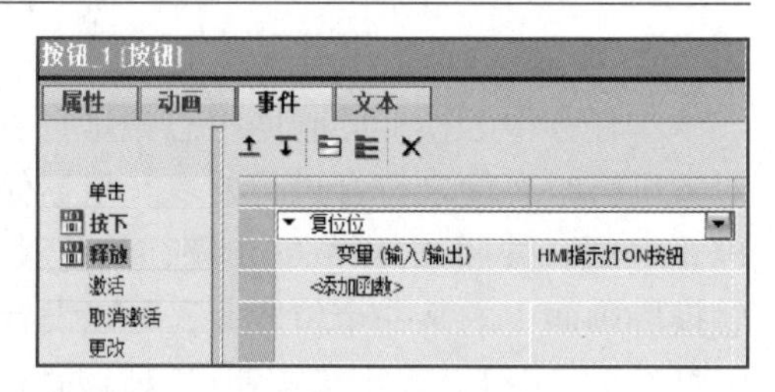

图 4-42　释放事件完成

按照同样的方法，增加另外一个“HMI 指示灯 OFF 按钮”，并进行按下和释放事件的组态。

与按钮不同，指示灯是动态元素，条件不同它的状态会发生改变。如图 4-43 所示，从基本对象中将圆形图标拖拽至画面中。在图 4-43 中为指示灯添加动画，共有两种，包括外观、可见性，这里选择“外观”。

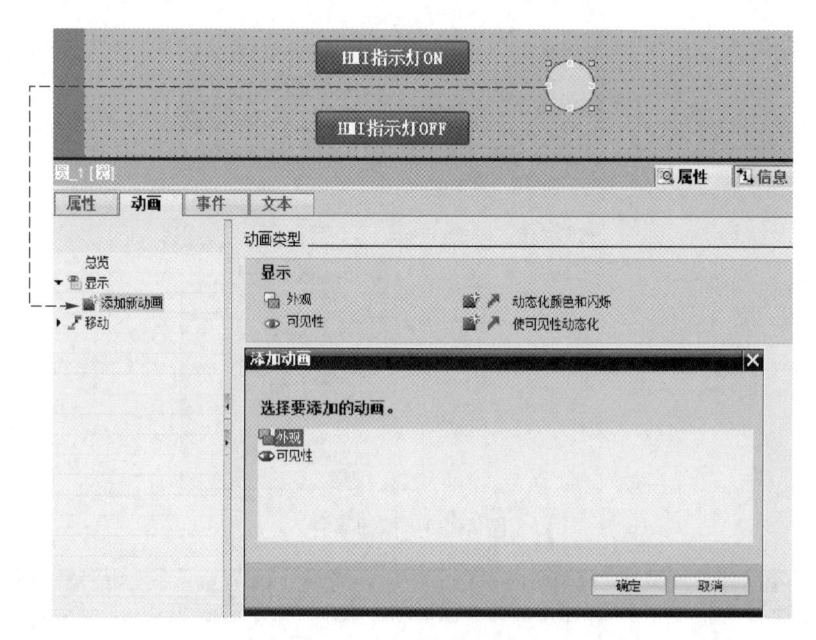

图 4-43　添加指示灯

一般而言，触摸屏上的指示灯采用颜色变化来完成指示功能，如信号接通为红色，信号不接通为灰色等。如图 4-44 所示，新建指示灯圆“外观”动画，与“HMI 指示灯”变量（即 M10.2，而不是 Q0.0）相关联。在范围“0”处选择背景色、边框颜色和闪烁等属性，这里选择背景色为灰色；同样，再单击“添加”，即会出现范围“1”，此时选择背景色为红色。

完成画面组态后的 HMI 变量如图 4-45 所示。HMI 指示灯、HMI 指示灯 ON 按钮、HMI 指示灯 OFF 按钮 3 个变量都是从 PLC 中导入的，这也是博途软件的重要功能之一，即变量共享。

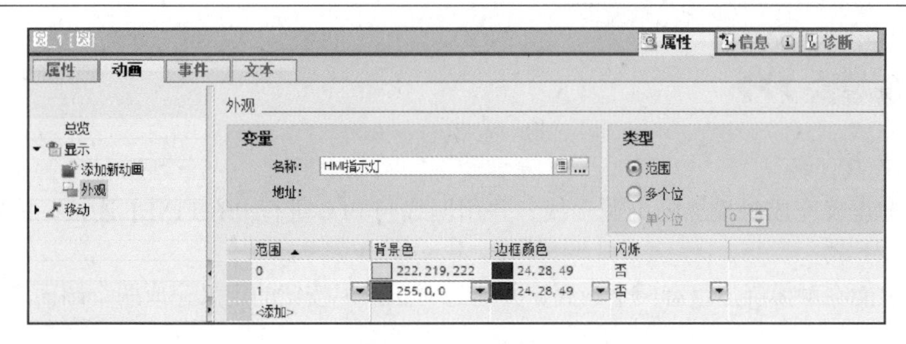

图 4-44　外观动画

HMI 变量

名称	变量表	数据类型	连接	PLC 名...	PLC 变量	地址	访问模式	采集周期
HMI指示灯	默认变量表	Bool	HMI_连接_1	PLC_1	HMI指示灯		<符号访问>	1 s
HMI指示灯OFF按...	默认变量表	Bool	HMI_连接_1	PLC_1	HMI指示灯OFF按钮		<符号访问>	1 s
HMI指示灯ON按钮	默认变量表	Bool	HMI_连接_1	PLC_1	HMI指示灯ON按钮		<符号访问>	1 s

采集周期修改

图 4-45　HMI 变量

6. 组态和程序下载、调试

接下来要进行触摸屏组态下载、PLC 硬件组态和 PLC 程序下载，图 4-46 所示为调试界面，当按下“HMI 指示灯 ON”按钮后，指示灯和触摸屏指示灯为红色；当按下“HMI 指示灯 OFF”按钮后，指示灯依旧点亮，但 HMI 指示灯为闪烁状态，等待 5 s 后，全部熄灭。需要注意的是，如果在 HMI 变量的采集周期设定为 1 s，则触摸屏指示灯闪烁不明显，可以将图 4-45 中的采集周期设定为 100 ms。

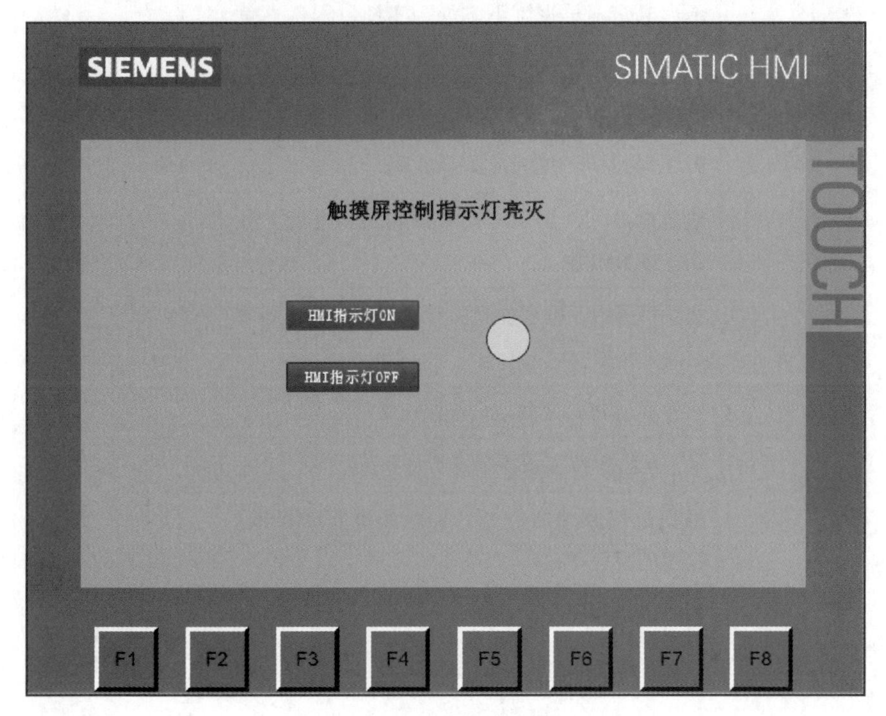

图 4-46　调试界面

技能考核

1. 考核任务

（1）正确完成触摸屏的电源接线，并用网线与 PLC 进行 PROFINET 连接，能实现触摸屏组态下载。

（2）能在触摸屏上组态两个画面，并通过对触摸屏按钮的定义完成两个画面之间的相互切换。

（3）重新组态包括“HMI 指示灯 ON”按钮“HMI 指示灯 OFF”按钮和指示灯在内的触摸屏画面，与实际的 PLC 相连，实现触摸屏控制指示灯立即点亮和延时熄灭的功能。

2. 评分标准

按要求完成考核任务，其评分标准见表 4-3。

表 4-3　评 分 标 准

姓名：		任务编号：4.1	综合评价：		
序号	考核项目	考核内容及要求	配分	评分标准	得分
1	电工安全操作规范	着装规范，安全用电，走线规范合理，工具及仪器仪表使用规范，任务完成后进行场地整理并保持清洁有序	20	现场考评	
2	实训态度	不迟到、不早退、不旷课，实训过程认真负责，组内人员主动沟通、协作，小组间互助	10		
3	系统方案制定	PLC 与触摸屏的通信分析合理	10		
		PLC、触摸屏的控制电路图正确			
4	编程能力	通过博途软件正确添加 HMI 设备，并能下载到实体 HMI 中	25		
		在触摸屏中正确添加画面和按钮，实现两画面之间的切换			
		触摸屏与 PLC 之间通信连接正常			
		触摸屏按钮按要求控制指示灯亮灭			
5	操作能力	根据电气原理图对 PLC 和触摸屏正确接线，接线美观且可靠	15		
		触摸屏的参数设置正确			
		根据系统功能进行正确操作演示			

续表

序号	考核项目	考核内容及要求	配分	评分标准	得分
6	实践效果	系统工作可靠，满足工作要求	10	现场考评	
		PLC 变量规范命名、触摸屏变量规范命名			
		按规定的时间完成任务			
7	汇报总结	工作总结，PPT 汇报	5		
		填写自我检查表及反馈表			
8	创新实践	在本任务中有另辟蹊径、独树一帜的实践内容	5		
合计			100		

注　综合评价，可以采用教师评价、学生评价、组间评价、企业评价等按一定比例计算后综合得出五级制成绩，即 90~100 为优、80~89 为良、70~79 为中、60~69 为及格、0~59 为不及格。

任务 4.2　电动机两地启停控制

任务描述

图 4-47 所示是 KTP700 触摸屏与 PLC 在电动机两地启停中的控制示意图。PLC 外接按钮操作盒，包括正转按钮、反转按钮和停止按钮；同时外接输出继电器来控制电动机正反转。PLC 通过 PROFINET 与 KTP700 触摸屏相连。任务要求如下。

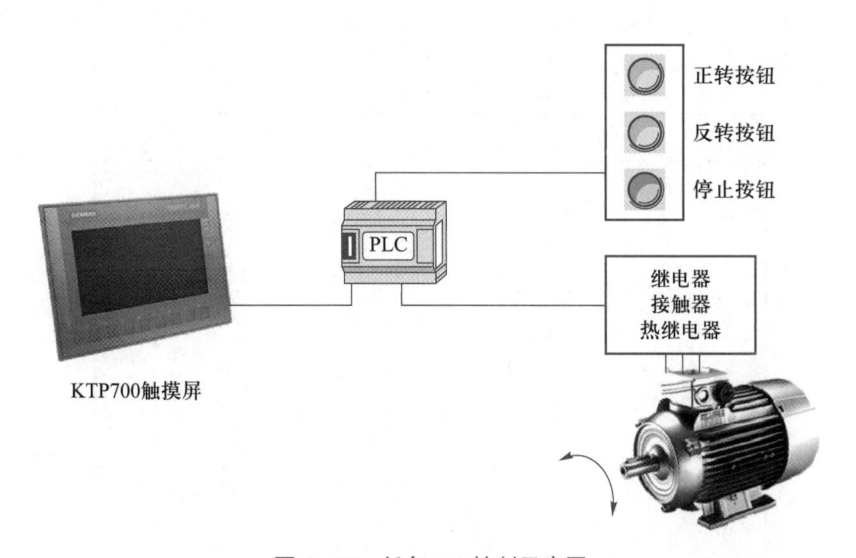

图 4-47　任务 4.2 控制示意图

（1）正确完成触摸屏与 PLC 控制系统的电气接线。

（2）在触摸屏画面上设置切换开关。当切换开关为 OFF 时，为现场控制，即通过按钮操作盒上的正转按钮、反转按钮和停止按钮实现手动控制；当切换开关为 ON 时，为 HMI 控制，实现电动机正转、停止、反转和停止四个动作，其中每个动作的持续时间可以通过触摸屏进行设置，默认为 5 s，可设置区间为 3~10 s。

（3）在触摸屏上进行电动机旋转的动画指示和电动机状态的中文指示。

知识准备 >>>

4.2.1　触摸屏周期设定

触摸屏中的周期用于控制运行系统中定期发生的操作，在运行系统中，定期执行的操作由周期控制。

1. 采集外部变量

采集周期决定 HMI 设备何时从 PLC 读取外部变量的过程值。对采集周期进行设置，使其适合过程值的改变速率。例如，烤炉的温度变化明显比电气驱动的速度慢。不要将所有采集周期都设置得很小，因为这样将不必要地增加信号传输过程的通信负载。

2. 记录过程值

记录周期决定何时将过程值保存在记录数据库中。记录周期始终是采集周期的整数倍。记录周期的最小可能值取决于项目所使用的 HMI。对于大多数 HMI，该值为 100 ms。所有其他记录周期的数值始终为最小值的整数倍。

3. 采集周期的设定

不同的变量可以设置不同的采集周期，因为采集周期越短，意味着 CPU 的通信负担越重。在博途软件中，可以对 HMI 变量的采集周期进行选择，如图 4-48 所示的 100 ms、500 ms、1 s、2 s、5 s、10 s、1 min、5 min、10 min 和 1 h 等，用户可以根据实际情况进行调整。对于动画等需要设为 100 ms。

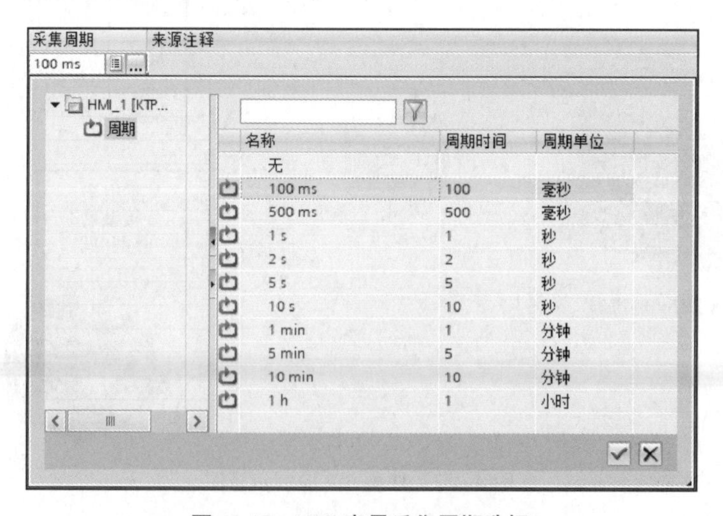

图 4-48　HMI 变量采集周期选择

4.2.2　触摸屏动画

触摸屏上的动画可以分为以下几种简单的方式。

1. 可见和不可见

在同一个区域重叠放置两个或以上的图片，利用人眼的视觉暂留特性，在一定的周期内进行图片替换（即任一时刻只有一个图片可见，其余图片不可见），就会产生类似于“电影帧”的效应。如图 4-49 所示为多幅的时钟动画示意图。如果切换周期设置较长，那就是一般的图片或文字切换。

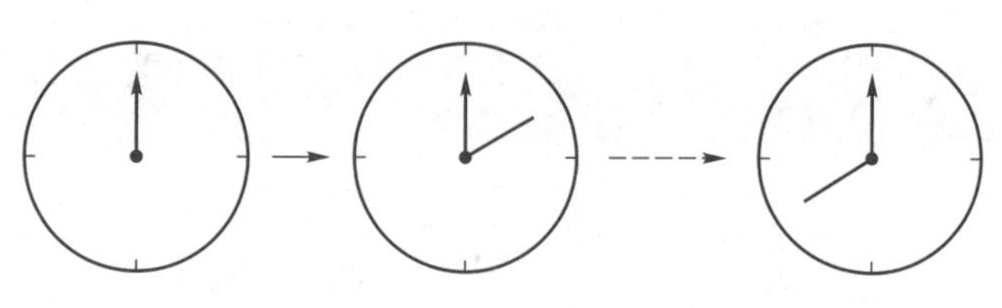

图 4-49　时钟动画示意图

2. 移动

移动是反映物体运动轨迹最直接的方式，在博途软件中可以采用的移动方式有直接移动、对角线移动、水平移动和垂直移动，如图 4-50 所示。图 4-51 所示是输送带运送物品的动画示意，包括从起始位置水平移动到中间位置，然后到最终位置。

3. 棒图

棒图含有刻度指示，可以直接反映某个物理量的大小变化，如水位高低的变化，这也是动画的一种，如图 4-52 所示。

移动
直接移动　根据变量移动对象
对角线移动　沿对角线移动对象
水平移动　水平移动对象
垂直移动　垂直移动对象

图 4-50　移动动画设置

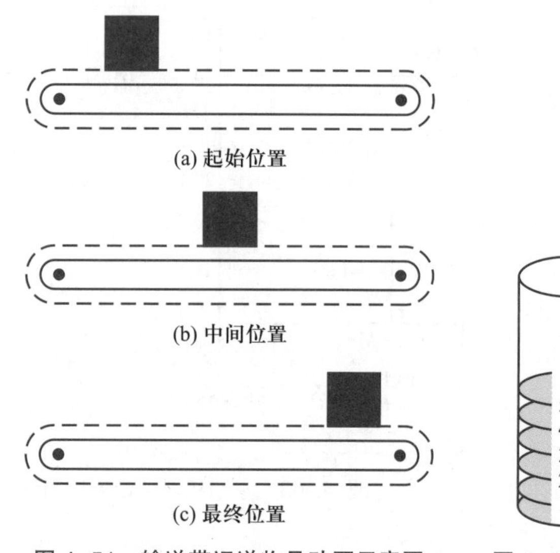

图 4-51　输送带运送物品动画示意图

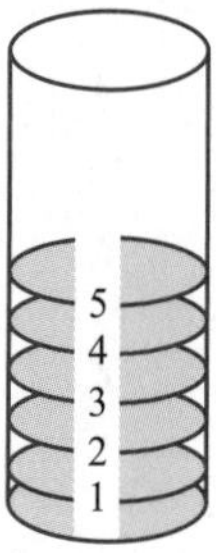

5
4
3
2
1

图 4-52　棒图

任务实施 >>>

4.2.3　PLC I/O 分配和电气接线

从电动机两地启停控制的工艺过程出发，确定 PLC 的输入为停止按钮、正转按钮、反转按钮和热继电器故障信号，PLC 的输出为控制正转 KM1 和控制反转 KM2。表 4-4 是电动机两地启停控制的 I/O 分配，PLC 选型为西门子 CPU1215C DC/DC/DC。

表 4-4　电动机两地启停控制 I/O 分配表

	PLC 软元件	元件符号 / 名称
输入	I0.0	SB1/ 停止按钮（NO）
	I0.1	SB2/ 正转按钮（NO）
	I0.2	SB3/ 反转按钮（NO）
	I1.1	FR/ 热继电器故障信号（NC）
输出	Q0.1	KA1/ 控制正转 KM1
	Q0.2	KA2/ 控制反转 KM2

图 4-53 所示为电动机两地启停控制线路的电气原理图，其中触摸屏与 PLC 之间用 PROFINET 相连。电动机的主电路接线参考项目 2 相关内容，这里不再赘述。

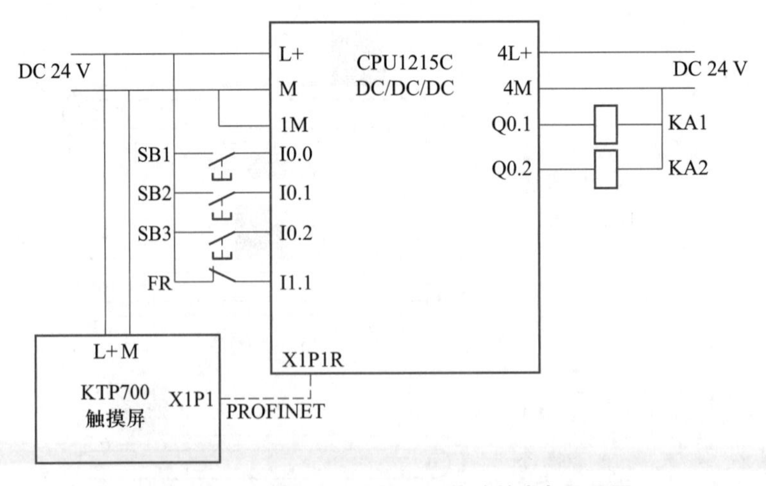

图 4-53　电动机两地启停控制线路的电气原理图

4.2.4　PLC 梯形图编程

1. 变量定义

图 4-54 所示为输入 / 输出变量定义。

名称	变量表	数据类型	地址
停止按钮	默认变量表	Bool	%I0.0
正转按钮	默认变量表	Bool	%I0.1
反转按钮	默认变量表	Bool	%I0.2
热继电器故障信号	默认变量表	Bool	%I1.1
控制正转KM1	默认变量表	Bool	%Q0.1
控制反转KM2	默认变量表	Bool	%Q0.2

图 4-54　输入 / 输出变量定义

图 4-55 所示为中间变量定义。具体说明：M10.0~M10.6 为 HMI 按钮、指示灯等信号；M11.0~M11.6 为编程时的中间变量；M12.1~M12.4 为电动机叶片动画（4 个叶片可见的属性）；MW14 为与电动机动画相关的计数值；M20.1、M20.2 为正反转中间变量；MD24~MD44 为时间变量，用来计算电动机控制的相关时间。

名称	变量表	数据类型	地址
HMI自动按钮	默认变量表	Bool	%M10.0
HMI停止复位按钮	默认变量表	Bool	%M10.1
HMI指示灯	默认变量表	Bool	%M10.2
HMI加按钮	默认变量表	Bool	%M10.3
HMI减按钮	默认变量表	Bool	%M10.4
HMI切换开关	默认变量表	Bool	%M10.5
停机信号	默认变量表	Bool	%M10.6
停止中间变量	默认变量表	Bool	%M11.0
按钮上升沿1	默认变量表	Bool	%M11.1
按钮上升沿2	默认变量表	Bool	%M11.2
自动运行变量1	默认变量表	Bool	%M11.3
一个周期信号	默认变量表	Bool	%M11.4
切换开关上升沿	默认变量表	Bool	%M11.5
计数器输出	默认变量表	Bool	%M11.6
电动机叶片动画1	默认变量表	Bool	%M12.1
电动机叶片动画2	默认变量表	Bool	%M12.2
电动机叶片动画3	默认变量表	Bool	%M12.3
电动机叶片动画4	默认变量表	Bool	%M12.4
计数值	默认变量表	Int	%MW14
正转中间变量1	默认变量表	Bool	%M20.1
反转中间变量1	默认变量表	Bool	%M20.2
延时时间设定	默认变量表	Time	%MD24
一个周期时间	默认变量表	DInt	%MD28
实际运行时间	默认变量表	Time	%MD32
反转时间	默认变量表	DInt	%MD36
显示为s	默认变量表	DInt	%MD40
延时时间停止结束	默认变量表	DInt	%MD44

图 4-55　中间变量定义

2. 梯形图编程

图 4-56 所示为 PLC 梯形图程序。程序解释如下。

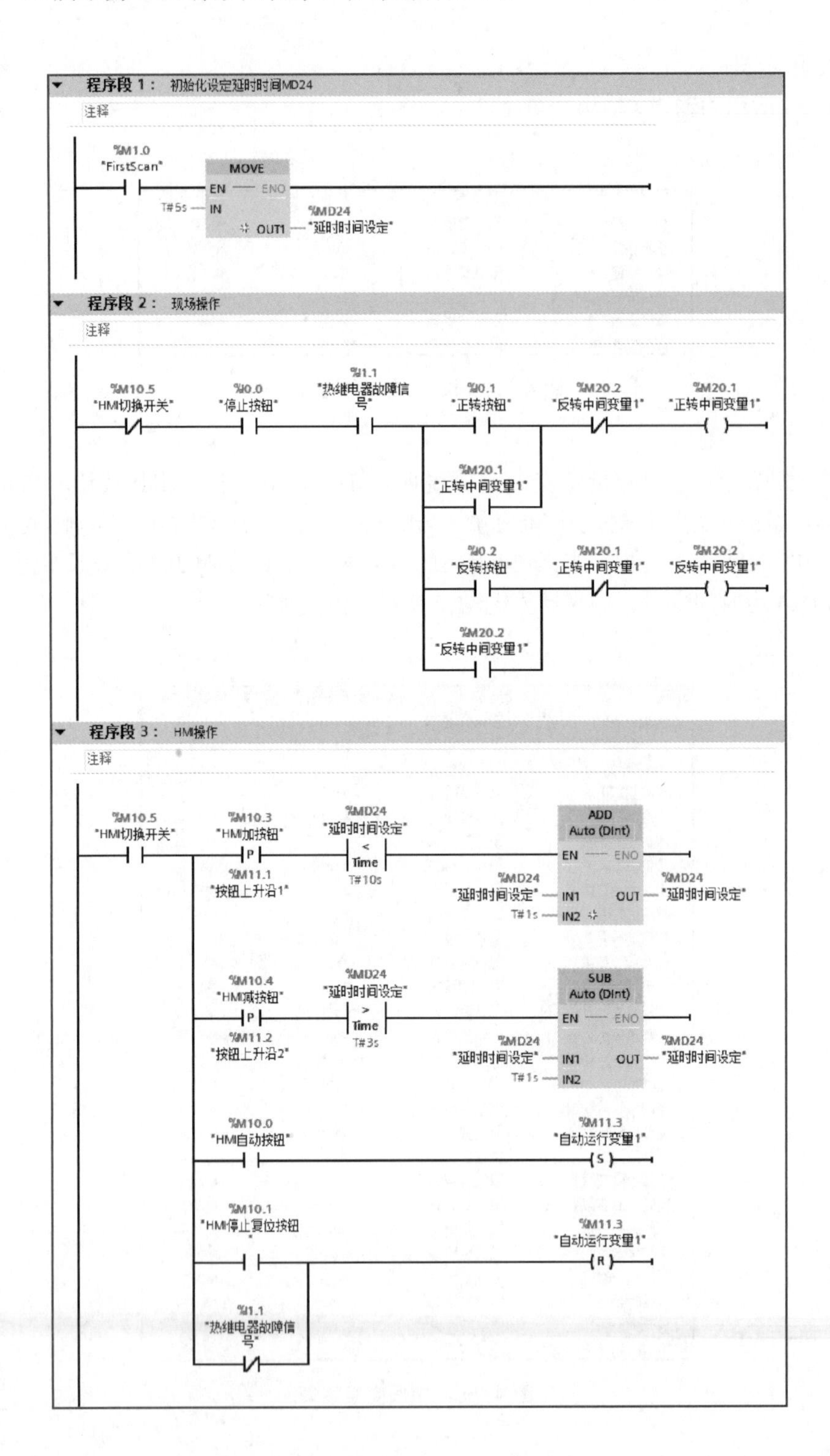

程序段 4： 切换开关动作，停止自动运行变量1

注释

%M10.5
"HMI切换开关"
N
%M11.5
"切换开关上升沿"

%M11.3
"自动运行变量1"
R

程序段 5： 延时时间计算

注释

%M1.2
"AlwaysTRUE"

MUL
Auto (DInt)
EN — ENO
%MD24
"延时时间设定" — IN1　OUT — %MD28 "一个周期时间"
4 — IN2

MUL
Auto (DInt)
EN — ENO
%MD24
"延时时间设定" — IN1　OUT — %MD36 "反转时间"
2 — IN2

MUL
Auto (DInt)
EN — ENO
%MD24
"延时时间设定" — IN1
3 — IN2　OUT — %MD44 "延时时间停止结束"

DIV
Auto (DInt)
EN — ENO
%MD24
"延时时间设定" — IN1　OUT — %MD40 "显示为s"
1000 — IN2

程序段 6： 一个周期运行TONR定时器

注释

%DB3
"IEC_Timer_0_DB_1"

TONR
Time

%M11.3
"自动运行变量1" — IN　Q — %M11.4 "一个周期信号"

ET — %MD32 "实际运行时间"

%M11.4
"一个周期信号" — R

%M11.3
"自动运行变量1"

%MD28
"一个周期时间" — PT

程序段 7： 正转

注释

%MD32
"实际运行时间"
>
Time
T#0s

%MD32
"实际运行时间"
<=
Time
%MD24
"延时时间设定"

%Q0.1
"控制正转KM1"

%M20.1
"正转中间变量1"

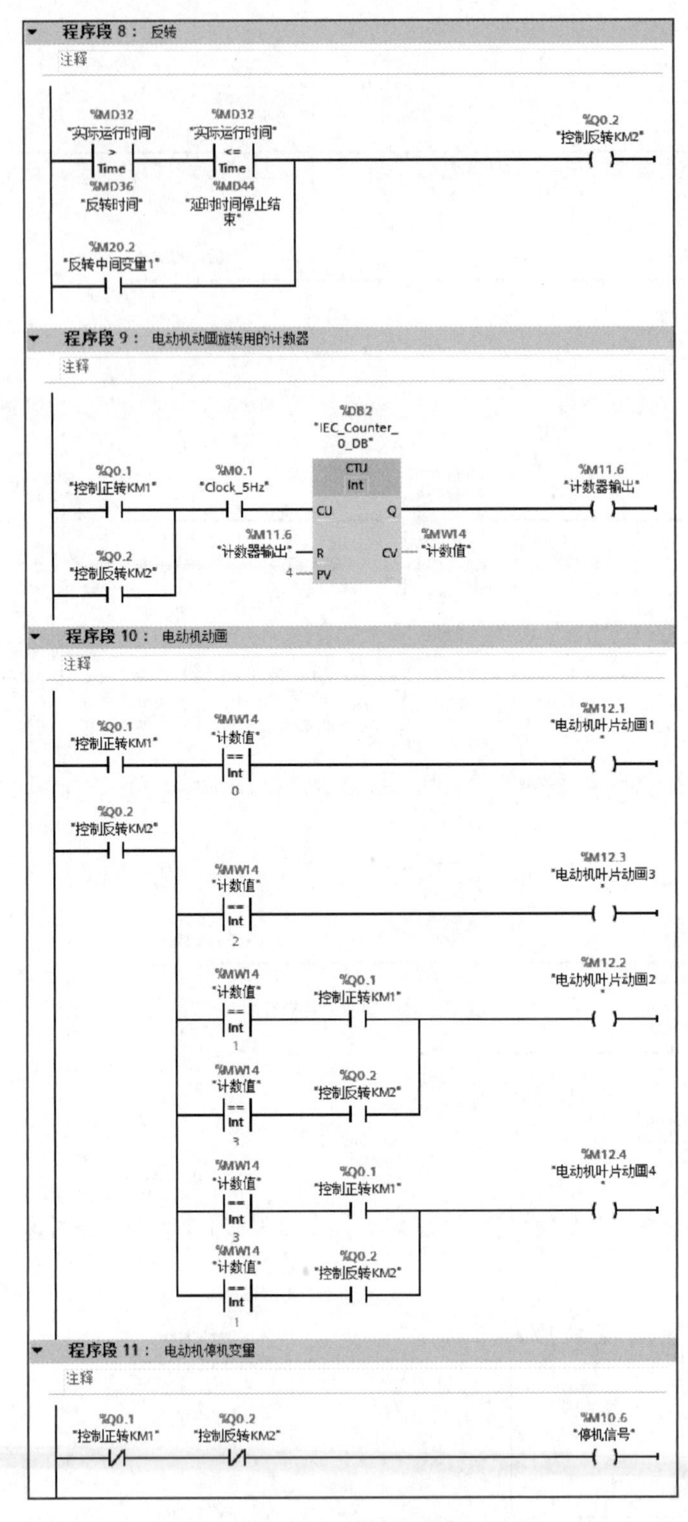
程序段 8： 反转
注释
%MD32
"实际运行时间"
>
Time
%MD36
"反转时间"
%MD32
"实际运行时间"
<=
Time
%MD44
"延时时间停止结束"
%Q0.2
"控制反转KM2"
%M20.2
"反转中间变量1"
程序段 9： 电动机动画旋转用的计数器
注释
%DB2
"IEC_Counter_0_DB"
CTU
Int
%Q0.1
"控制正转KM1"
%M0.1
"Clock_5Hz"
CU
Q
%M11.6
"计数器输出"
%M11.6
"计数器输出"
R
CV
%MW14
"计数值"
%Q0.2
"控制反转KM2"
4
PV
程序段 10： 电动机动画
注释
%Q0.1
"控制正转KM1"
%MW14
"计数值"
==
Int
0
%M12.1
"电动机叶片动画1"
%Q0.2
"控制反转KM2"
%MW14
"计数值"
==
Int
2
%M12.3
"电动机叶片动画3"
%MW14
"计数值"
==
Int
1
%Q0.1
"控制正转KM1"
%M12.2
"电动机叶片动画2"
%MW14
"计数值"
==
Int
3
%Q0.2
"控制反转KM2"
%MW14
"计数值"
==
Int
3
%Q0.1
"控制正转KM1"
%M12.4
"电动机叶片动画4"
%MW14
"计数值"
==
Int
1
%Q0.2
"控制反转KM2"
程序段 11： 电动机停机变量
注释
%Q0.1
"控制正转KM1"
%Q0.2
"控制反转KM2"
%M10.6
"停机信号"

图 4-56 梯形图程序

程序段 1：初始化设定延时时间 MD24 为 5 s。

程序段 2：当 HMI 切换开关为 OFF 时，进行现场操作，根据自锁、互锁原理进行编程，输出 M20.1（正转中间变量 1）和 M20.2（反转中间变量 1）。

程序段 3：当 HMI 切换开关为 ON 时，进行 HMI 操作，包括 HMI 加按钮和 HMI 减按钮进行时间设定（即 3~10 s）；也包括 HMI 自动按钮和 HMI 停止复位按钮、热继电器故障信号动作复位等。

程序段 4：HMI 切换开关从 ON 到 OFF 时，复位自动运行变量 1。这里需要注意的是，当 HMI 切换开关从 OFF 到 ON 时，在程序段 2 中已经确保现场操作自动停机。

程序段 5 和 6：延时时间计算和一个周期运行 TONR 定时器，其时序逻辑如图 4-57 所示。

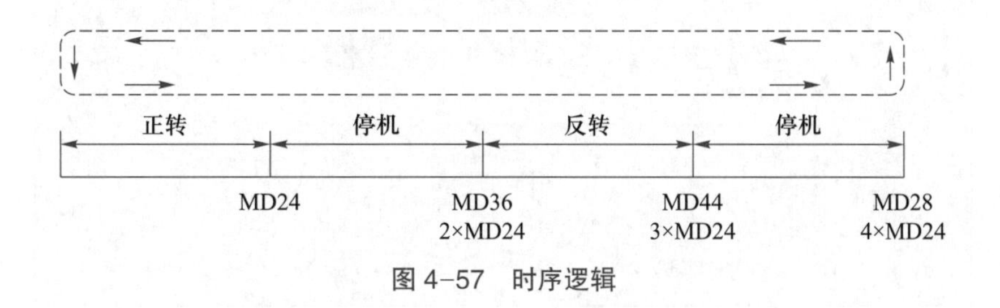

图 4-57　时序逻辑

程序段 7 和 8：根据时序逻辑进行正反转控制编程。

程序段 9 和 10：电动机动画编程，电动机动画示意如图 4-58 所示，通过计数器的 CV 值 MW14 变化来区分正转和反转。比如，正转时，MW14 依次为 0、1、2、3；反转时，MW14 值依次为 0、3、2、1。其中 0 和 2 的时间点不变，1 和 3 与正反转有关。

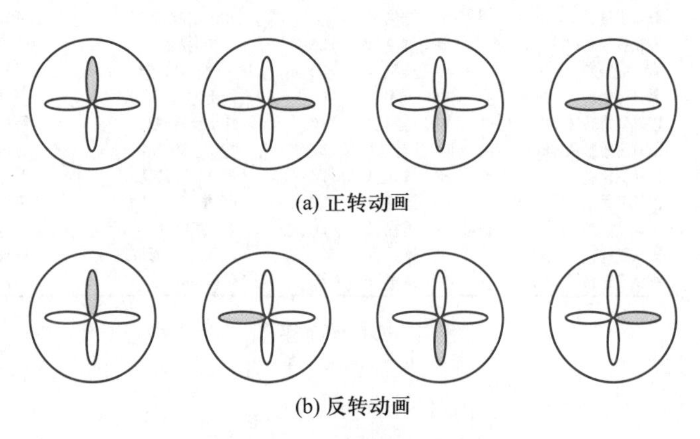

图 4-58　电动机动画示意

程序段 11：电动机停机信号为两个继电器 Q0.1 和 Q0.2 均为 OFF，用于电动机运行状态动画显示。

4.2.5　触摸屏组态

图 4-59 所示是电动机两地启停控制的触摸屏组态。图 4-60 所示为 HMI 变量。

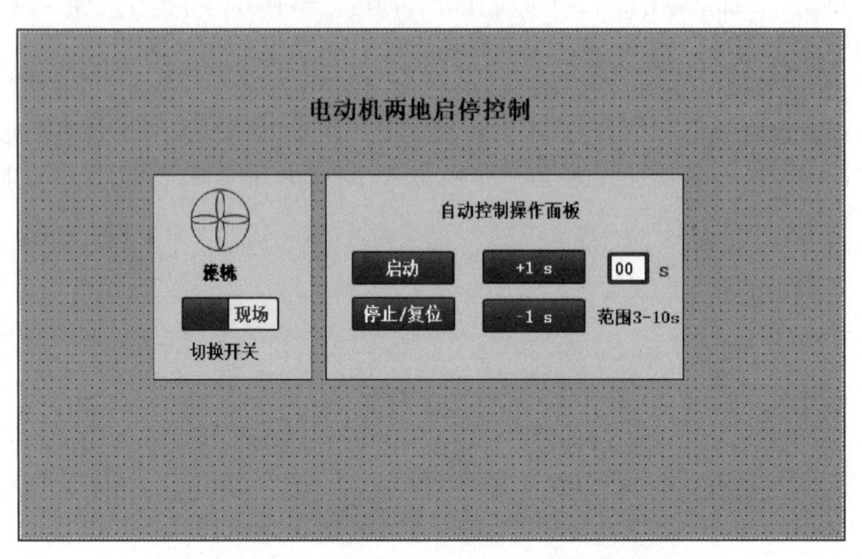

图 4-59　电动机两地启停控制的触摸屏组态

HMI 变量

名称	变量表	数据类型 ▲	连接	PLC 名称	PLC 变量	地址	访问模式	采集周期
HMI启动按钮	默认变量表	Bool	HMI_连接_1	PLC_1	HMI自动按钮		<符号访问>	100 ms
HMI停止按钮	默认变量表	Bool	HMI_连接_1	PLC_1	HMI停止复位...		<符号访问>	100 ms
HMI切换开关	默认变量表	Bool	HMI_连接_1	PLC_1	HMI切换开关		<符号访问>	100 ms
HMI加按钮	默认变量表	Bool	HMI_连接_1	PLC_1	HMI加按钮		<符号访问>	100 ms
HMI减按钮	默认变量表	Bool	HMI_连接_1	PLC_1	HMI减按钮		<符号访问>	100 ms
延时时间设定	默认变量表	Time	HMI_连接_1	PLC_1	延时时间设定		<符号访问>	100 ms
显示为s	默认变量表	DInt	HMI_连接_1	PLC_1	显示为s		<符号访问>	100 ms
控制反转KM2	默认变量表	Bool	HMI_连接_1	PLC_1	控制反转KM2		<符号访问>	100 ms
控制正转KM1	默认变量表	Bool	HMI_连接_1	PLC_1	控制正转KM1		<符号访问>	100 ms
电动机叶片动画1	默认变量表	Bool	HMI_连接_1	PLC_1	电动机叶片动...		<符号访问>	100 ms
电动机叶片动画2	默认变量表	Bool	HMI_连接_1	PLC_1	电动机叶片动...		<符号访问>	100 ms
电动机叶片动画3	默认变量表	Bool	HMI_连接_1	PLC_1	电动机叶片动...		<符号访问>	100 ms
电动机叶片动画4	默认变量表	Bool	HMI_连接_1	PLC_1	电动机叶片动...		<符号访问>	100 ms
停机信号	默认变量表	Bool	HMI_连接_1	PLC_1	停机信号		<符号访问>	100 ms

图 4-60　HMI 变量

1. 开关

引入“开关”元素，作为 HMI/ 现场的切换开关用，其属性如图 4-61 所示，设置格式为“开关”，标签为“HMI” / “现场”，分别对应 ON/OFF。如图 4-62 所示，动画的过程值中添加变量 M10.5。

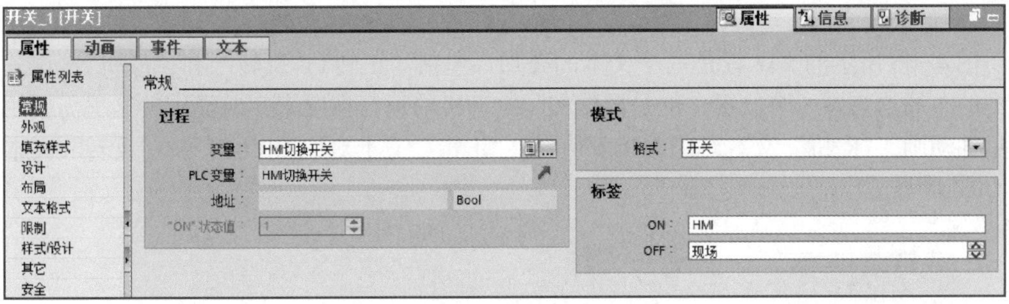

图 4-61　开关属性

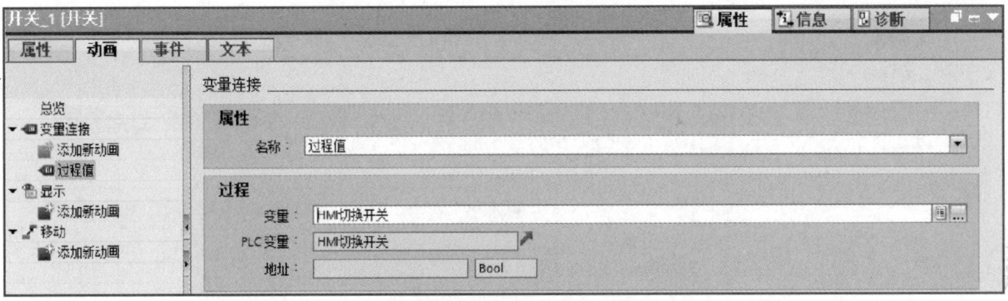

图 4-62　开关过程值

2. I/O 域

在自动控制操作面板中，其显示或按钮操作均以秒为单位，但在 PLC 中则是以毫秒为单位，因此需要设置 I/O 域[00]的显示格式为“十进制”，格式样式为“99”（实际显示 3~10 s），对应 PLC 中的时间变量除以 1 000 后的值 MD40“显示为 s”，如图 4-63~图 4-65 所示。

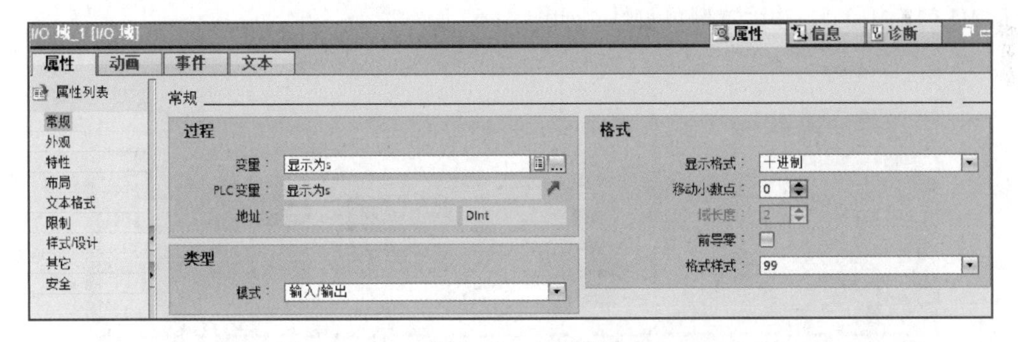

图 4-63　I/O 域

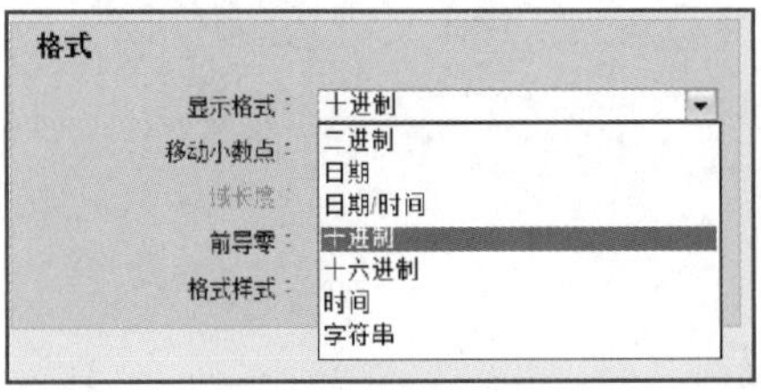

图 4-64　格式

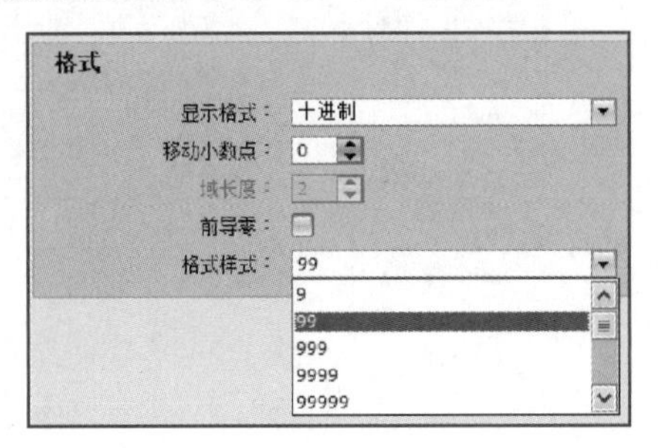

图 4-65　样式

3. 文本域

图 4-66 所示的文本域是三个文本的叠加，包括“正转”“反转”和“停机”，这三个文本的布局均为同一个位置，但是根据实际电动机的运行情况来实时显示。这里需要用到可见性动画，“停机”文本对应 M10.6 信号，“正转”文本对应 Q0.1 信号，“反转”文本对应 Q0.2 信号。

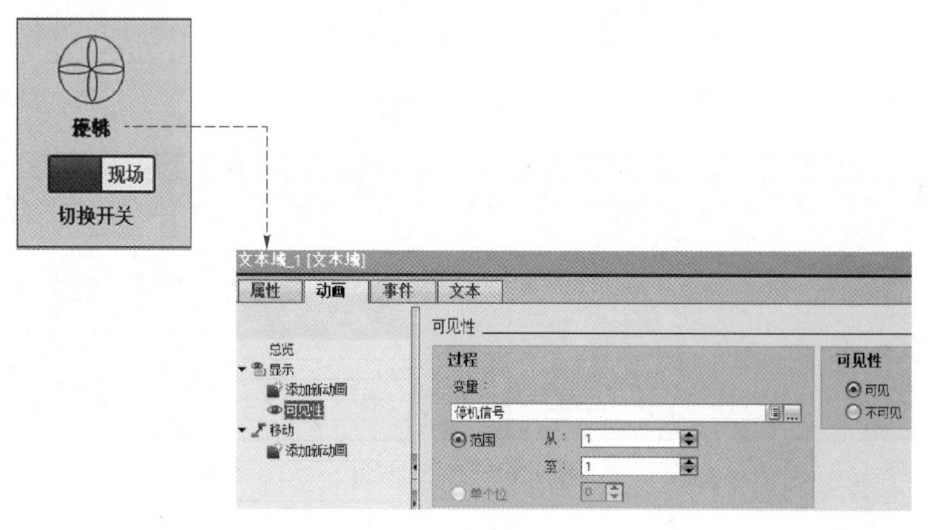

图 4-66 文本域动画

4. 椭圆

根据图 4-58 所示的电动机动画示意图，分别将 4 个椭圆（即电动机 4 个叶片）对应变量 M12.1～M12.4，并设置好可见性，如图 4-67 所示。

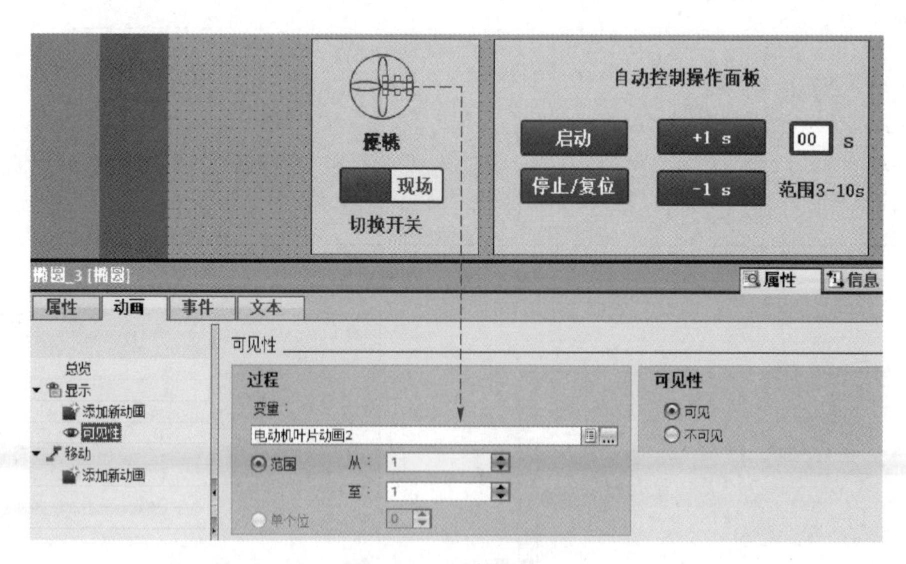

图 4-67 椭圆动画

4.2.6　系统调试

将 PLC 程序和触摸屏程序分别下载后，调试状态分为两种：一是当切换开关为 OFF 时（如图 4-68 所示的“现场”），此时通过现场按钮进行正转、反转和停止；二是当切换开关为 ON 时（如图 4-69 所示的“HMI”），此时通过触摸屏进行启动、停止 / 复位等动作。图 4-70 所示为将时间设置为 8 s；图 4-71 所示为电动机正转动画的 4 个状态，按顺时针方向来设置。

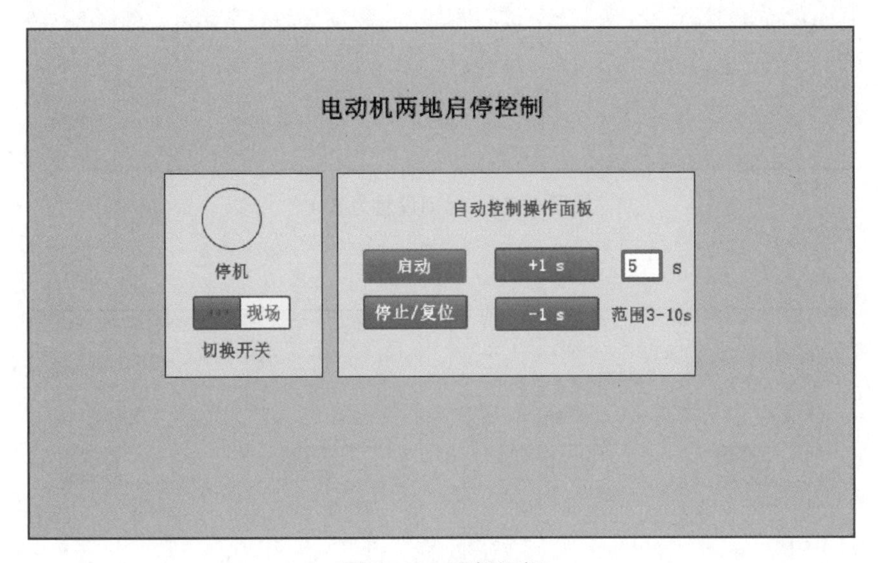

图 4-68　现场运行

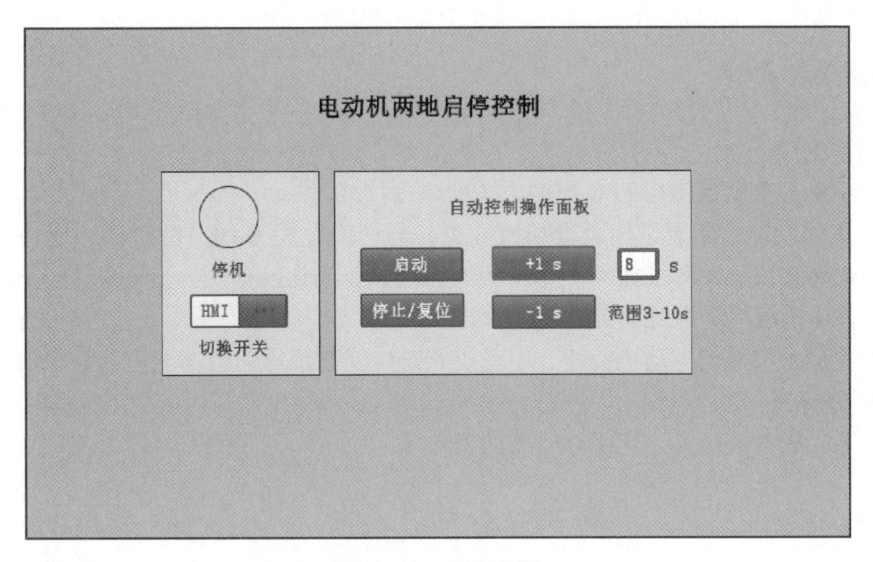

图 4-69　HMI 运行

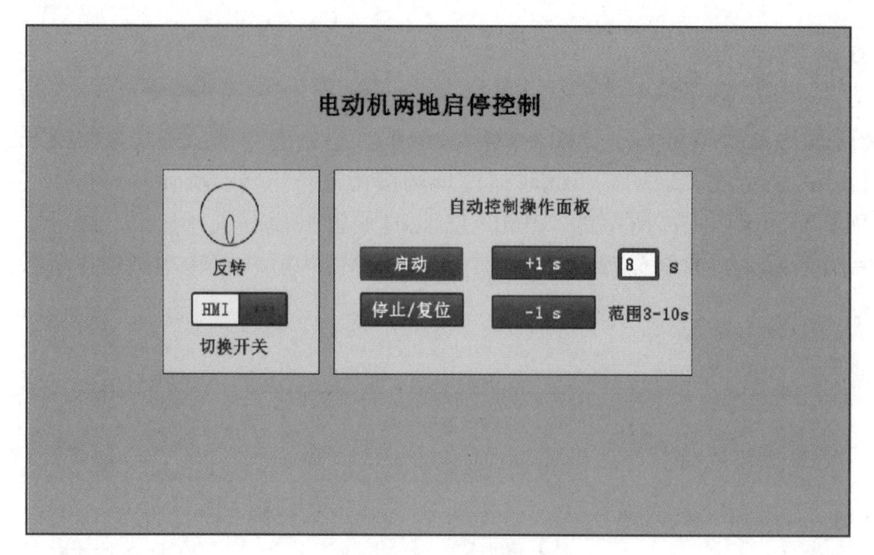

图 4-70　时间设置为 8 s

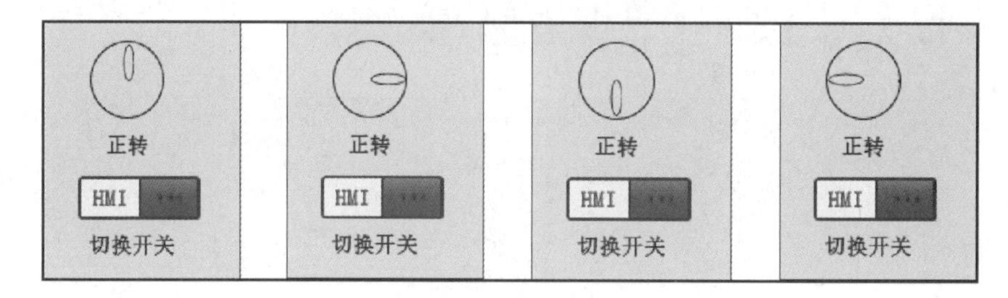

图 4-71　电动机正转动画的 4 个状态

技能考核 >>>

1. 考核任务

（1）正确完成触摸屏与 PLC 控制系统的电气接线。

（2）在触摸屏画面上正确设置切换开关。当切换开关为 OFF 的时候，能通过按钮操作盒上的正转按钮、反转按钮和停止按钮进行控制；当切换开关为 ON 的时候，能实现自动控制，并通过触摸屏进行设置时间。

（3）完成触摸屏的电动机旋转、电动机状态中文指示等动画功能。

2. 评分标准

按要求完成考核任务，其评分标准见表 4-5。

表 4-5　评 分 标 准

<table>
<tr><td colspan="2">姓名：</td><td>任务编号：4.2</td><td colspan="3">综合评价：</td></tr>
<tr><th>序号</th><th>考核项目</th><th>考核内容及要求</th><th>配分</th><th>评分标准</th><th>得分</th></tr>
<tr><td>1</td><td>电工安全操作规范</td><td>着装规范，安全用电，走线规范合理，工具及仪器仪表使用规范，任务完成后进行场地整理并保持清洁有序</td><td>20</td><td rowspan="20">现场考评</td><td></td></tr>
<tr><td>2</td><td>实训态度</td><td>不迟到、不早退、不旷课，实训过程认真负责，组内人员主动沟通、协作，小组间互助</td><td>10</td><td></td></tr>
<tr><td rowspan="3">3</td><td rowspan="3">系统方案制定</td><td>PLC、触摸屏控制对象说明与分析合理</td><td rowspan="3">15</td><td rowspan="3"></td></tr>
<tr><td>PLC 控制电路图正确</td></tr>
<tr><td>触摸屏对象元素等方案合理</td></tr>
<tr><td rowspan="4">4</td><td rowspan="4">编程能力</td><td>能使用开关进行切换功能</td><td rowspan="4">20</td><td rowspan="4"></td></tr>
<tr><td>完成现场控制电动机的编程</td></tr>
<tr><td>完成 HMI 控制电动机的编程</td></tr>
<tr><td>能用动画显示电动机旋转过程并指示当前电动机的状态</td></tr>
<tr><td rowspan="3">5</td><td rowspan="3">操作能力</td><td>根据电气原理图正确接线，接线美观且可靠</td><td rowspan="3">15</td><td rowspan="3"></td></tr>
<tr><td>连接 PLC、触摸屏，并保证正常通信</td></tr>
<tr><td>根据系统功能进行正确操作演示</td></tr>
<tr><td rowspan="3">6</td><td rowspan="3">实践效果</td><td>系统工作可靠，满足工作要求</td><td rowspan="3">10</td><td rowspan="3"></td></tr>
<tr><td>PLC 变量规范命名</td></tr>
<tr><td>按规定的时间完成任务</td></tr>
<tr><td rowspan="2">7</td><td rowspan="2">汇报总结</td><td>工作总结，PPT 汇报</td><td rowspan="2">5</td><td rowspan="2"></td></tr>
<tr><td>填写自我检查表及反馈表</td></tr>
<tr><td>8</td><td>创新实践</td><td>在本任务中有另辟蹊径、独树一帜的实践内容</td><td>5</td><td></td></tr>
<tr><td colspan="3">合计</td><td>100</td><td></td></tr>
</table>

注　综合评价，可以采用教师评价、学生评价、组间评价、企业评价等按一定比例计算后综合得出五级制成绩，即 90~100 为优、80~89 为良、70~79 为中、60~69 为及格、0~59 为不及格。

任务4.3　PLC与触摸屏控制两台电动机仿真

任务描述

某生产机械共有两台电动机需要PLC和KTP700触摸屏进行控制。图4-72所示是PLC与触摸屏控制两台电动机的示意图。

任务要求如下。

（1）单按钮控制两台电动机启停。用一个按钮控制两台电动机，起初每按一次，对应启动一台电动机；待两台电动机完成启动后，该按钮每按一次，则对应停止一台电动机，且后启动的电动机先停止运行。

（2）触摸屏控制两台电动机。在触摸屏上点击启动按钮，第一台电动机开始启动，等待一定时间后（默认设置为5 s），第二台电动机启动，此时两台电动机都处于运行状态；在触摸屏上点击停止按钮，第二台电动机先停止，等待一定时间后（默认设置为10 s），第一台电动机停止，此时两台电动机都处于停止状态；延时启动时间和延时停止时间可以在触摸屏上进行重新设定，其单位为s。

（3）先通过仿真测试成功后再进行实际工程验证。

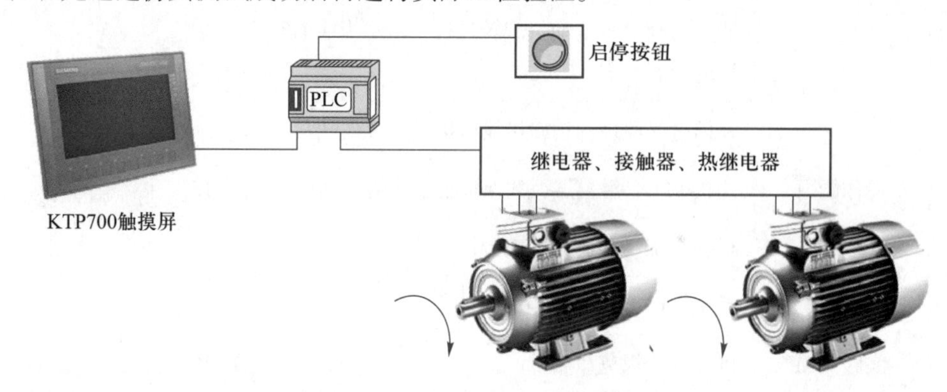

图4-72　任务4.3控制示意图

知识准备

4.3.1　仿真概述

西门子的自动化仿真是在工程文件尚未正式投入使用前进行的，它可以分为PLC离线仿真、触摸屏离线仿真和PLC与触摸屏联合仿真三种情况。其中PLC离线仿真还需要安装与PLC版本相对应的PLCSIM软件，其安装后的图标为▇。

一般情况下，离线仿真不会从PLC等外部真实设备中获取数据，而只从本地地址读取数据，因此所有的数据都是静态的，但离线仿真方便了用户直观地预览效果而不必每次都下载程序到PLC或触摸屏，可以极大地提高编程效率。在调试时使用离线仿真，可以节省大量由于重复下载所花费的工程时间。

4.3.2　从仿真测试到工程验证

将仿真测试成功后的 PLC 和触摸屏程序下载到实际工程中进行验证是非常有必要的，并且要充分考虑到工程实际再进行修改，以符合用户要求。

（1）按钮触点的可靠性。由于按钮触点的机械接触问题，可能会发生似动作而未动作的情况，造成触点产生时通时断的“抖动”现象继而发出误信号；有些输入信号是继电器触点，也会产生瞬间跳动动作，将会引起系统的误动作，影响 PLC 工作的可靠性。这时候就需要在程序中额外增加处理措施，如采用定时器或计数器来消除误动作对程序的干扰。

（2）感应开关的有效性。一般感应开关，特别是气缸的磁感应开关有一个感应区域，执行时，一定要给一个 0.1 s 以上的时间，否则时间短的话会出现机械没有到达指定的位置，而程序就已经自动开始直接执行下一步的情况。

（3）线圈驱动功率。一般 PLC 有内置 DC 24 V 电源，通常都会采用它来进行电磁阀、中间继电器等线圈驱动。但如果输出过多，就会出现驱动乏力的问题，虽然在编程思路上没有问题，但是需要在硬件上进行纠正，即采用外置 DC 24 V 电源。

（4）初始化功能。所有的工业现场的初始状态不是都能达到理想的要求，因此需要增加初始化语句，以确保在正常执行程序前进行清零、复位。

任务实施 >>>

4.3.3　单按钮控制两台电动机启停离线仿真

微课：

任务实施：PLC 与触摸屏控制两台电动机仿真

1. 电气接线和输入 / 输出定义

根据要求先进行 I/O 分配（见表 4-6），再绘制电气原理图（见图 4-73）。需要注意的是，这里未接入热继电器故障信号，在实际工程中，请按要求进行接入。

表 4-6　I/O 分配表

	PLC 软元件	软元件符号 / 名称
输入	I0.0	SB1/ 启停按钮（NO）
输出	Q0.1	KA1/ 控制正转 KM1
	Q0.2	KA2/ 控制反转 KM2

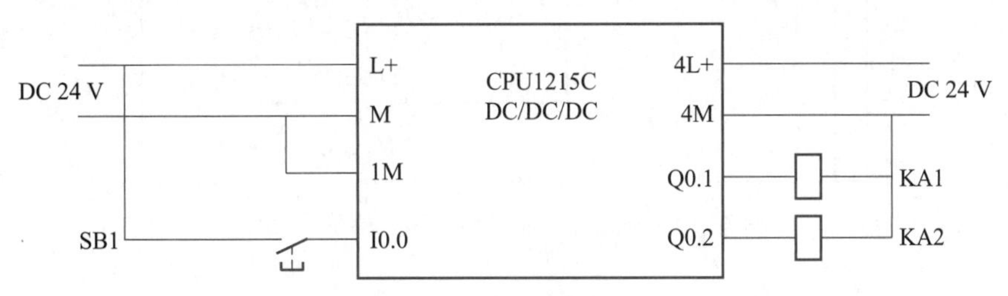

图 4-73　电气原理图

2. PLC 梯形图编程

PLC 梯形图程序如图 4-74 所示。

程序段 1：初始化设置电动机控制字 MW12 为 0。

程序段 2：在电动机控制字 MW12 小于 3 的情况下，每按一下按钮 I0.0，调用 INC 指令一次，使得该控制字加 1。

程序段 3：根据电动机控制字 MW12 的情况，分别输出对应的 QB0 值，即 0→2→6→4→0。电动机控制字等于 4 时，直接赋值为 0。

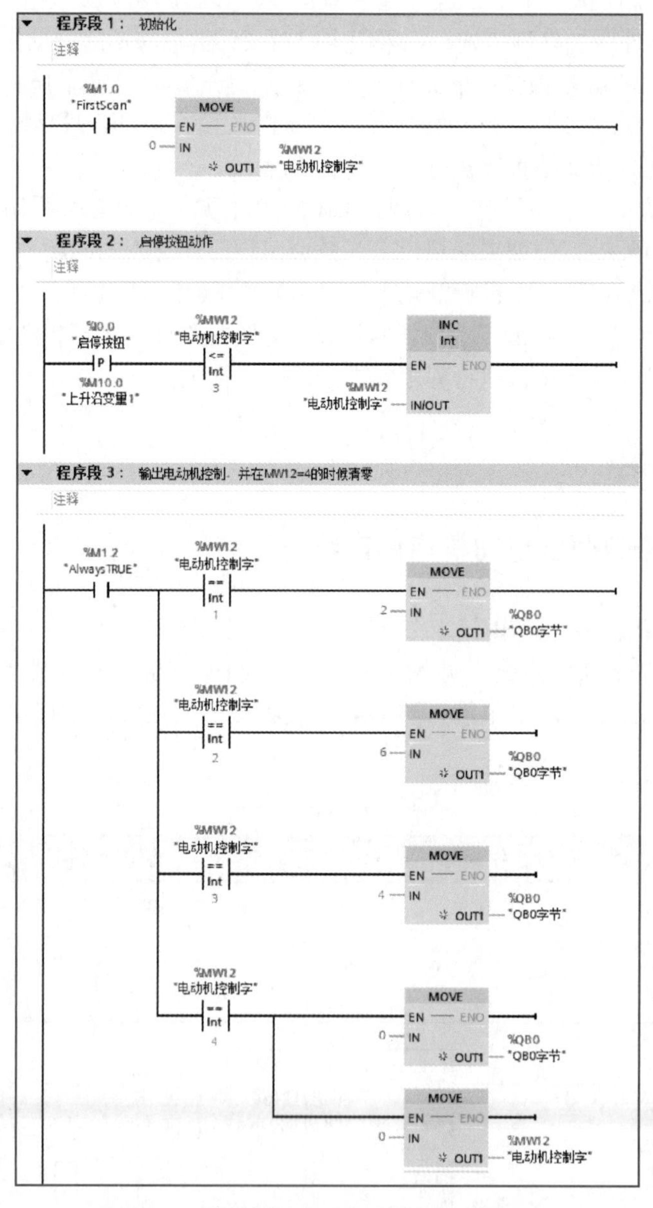

图 4-74　单按钮控制两台电动机梯形图程序

3. PLC 离线仿真

启动 PLC 离线仿真有两种方法，一是在图 4–75 所示的菜单中，选择“在线”→“仿真”→“启动”命令；二是在选择 PLC 后，直接在菜单栏单击仿真启动按钮 。

图 4–75　开始仿真选项

在图 4–76 所示的“扩展下载到设备”窗口中，与实际 PLC 下载一样，选择目标设备（CPUcommon），接口类型选择“PN/IE”，单击“下载”按钮，系统进入图 4–77 所示的仿真器精简视图，包括项目 PLC 名称、运行灯、按钮和 IP 地址。

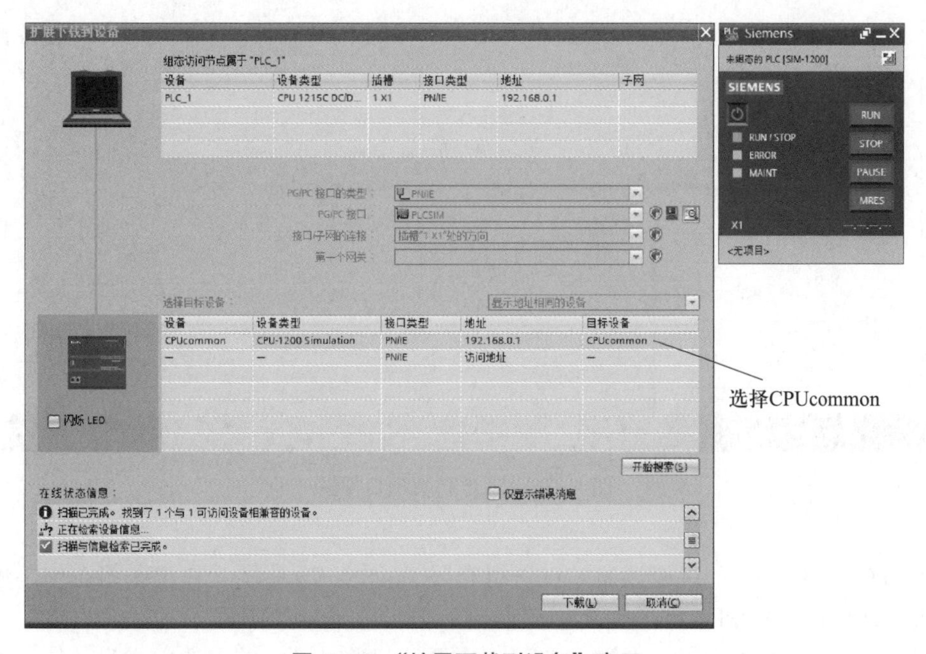

图 4–76　“扩展下载到设备”窗口

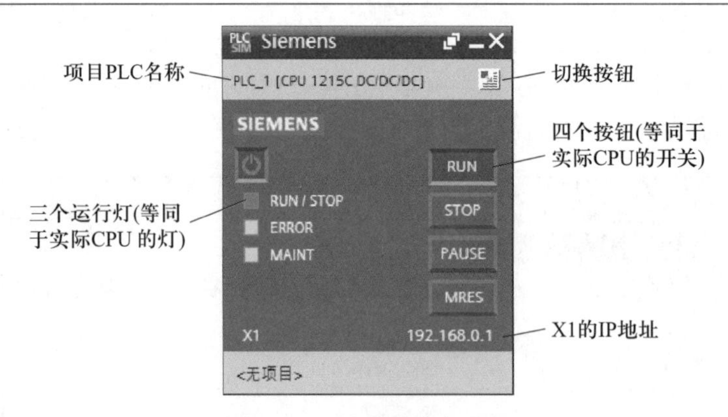

图 4-77　仿真器精简视图

通过图 4-77 所示视图中的切换按钮可以切换仿真器的精简视图和项目视图。切换到项目视图后，单击“项目”→“新建”，创建新项目，如图 4-78 所示，仿真项目的扩展名为“.sim16”（V16 版本）。

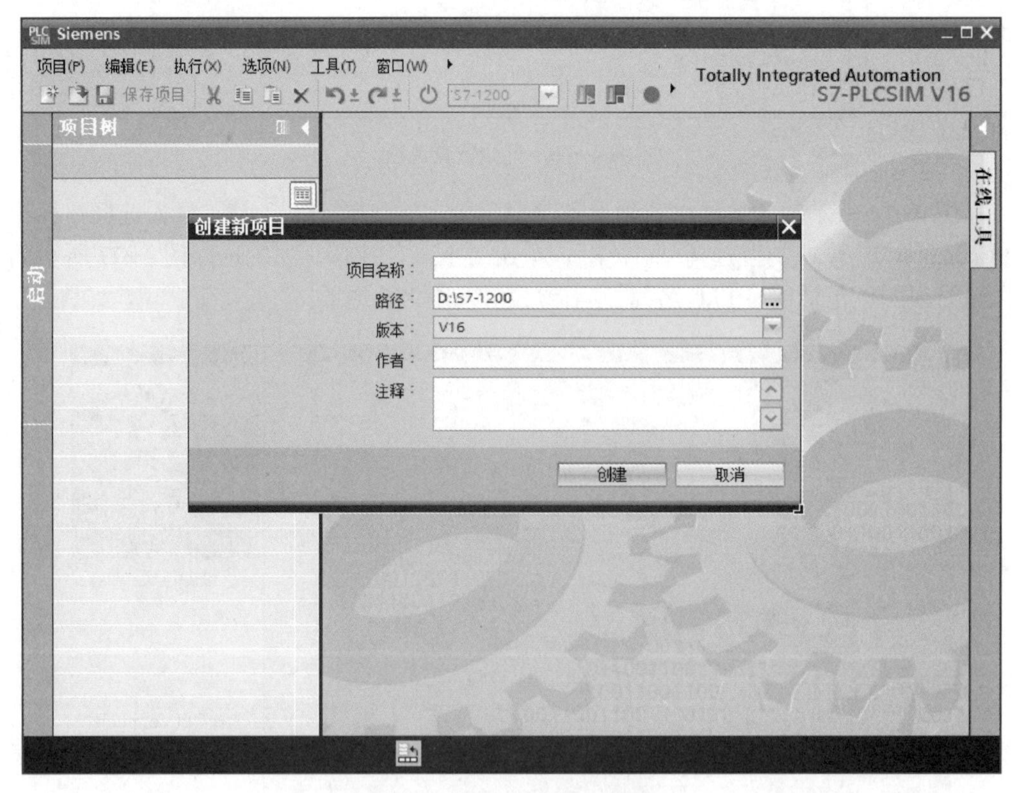

图 4-78　PLC 仿真项目视图

在 PLCSIM 项目中，可以读出“设备组态”，如图 4-79 所示。在设备组态中，单击相应模块，就可以操作 PLC 程序中所需要的输入信号或显示实际程序运行的输出信号，如本实例中“启停按钮”为数字量输入信号。需要注意的是，它的表达方式为硬件直接访问模块（而不是使用过程映像区），在 I/O 地址或符号名称后附加后缀“：P”。

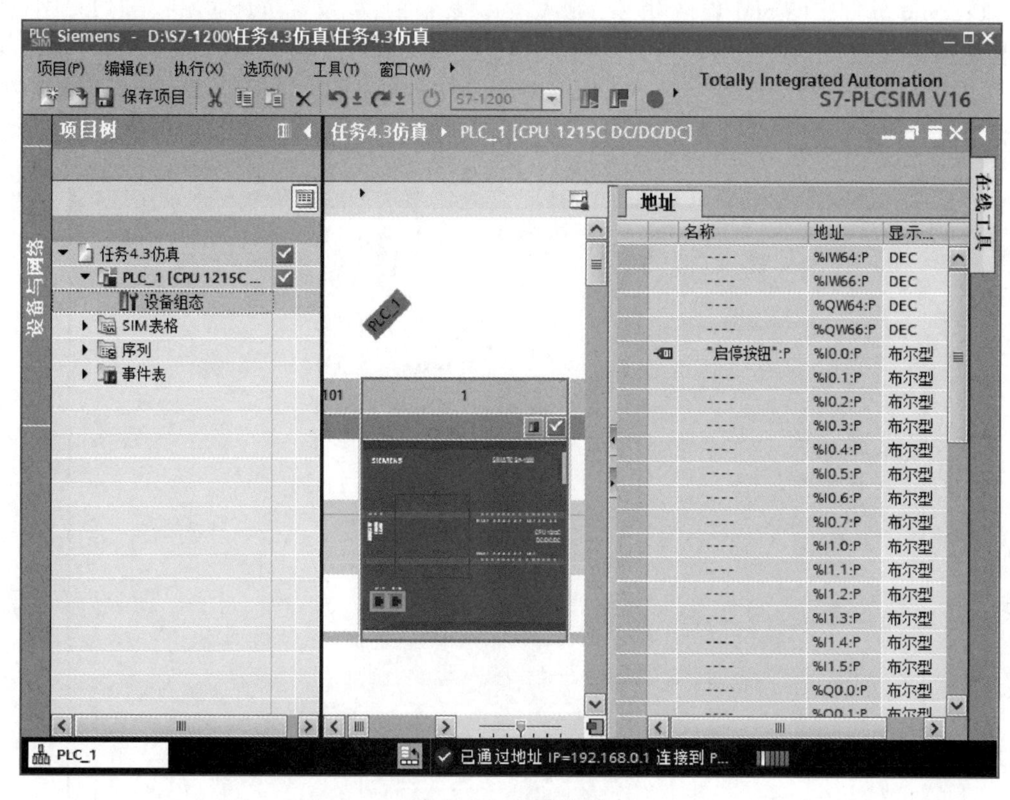

图 4-79　设备组态

为了演示上的方便，将博途软件窗口和 PLCSIM 软件窗口合理排布，如图 4-80 所示，单击博途软件程序编辑窗口的按钮就可以看到数据变化实时情况，当“启停按钮”按下后，MW12 的数据变化就可以非常清晰地被看到。

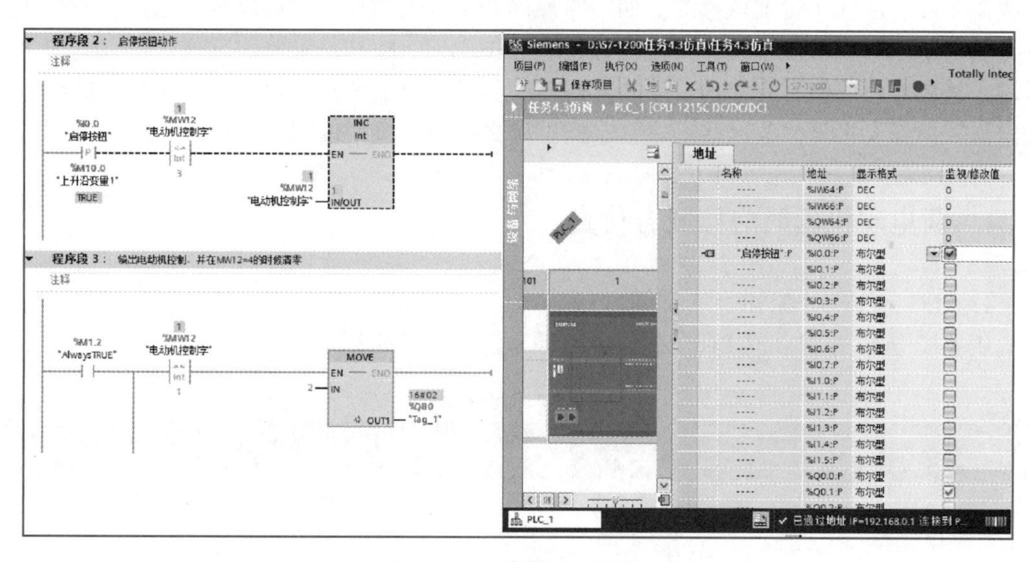

图 4-80　仿真操作启停按钮

4. 创建 SIM 表格

PLCSIM 软件中的 SIM 表格可用于修改仿真输入并且能设置仿真输出，与 PLC 站点中的监视表功能类似。一个仿真项目可包含一个或多个 SIM 表格。双击打开 SIM 表格，在表格中输入需要监控的变量，在“名称”列可以查询变量的名称，除优化的数据块之外，也可以在“地址”栏直接输入变量的绝对地址，如图 4-81 所示。

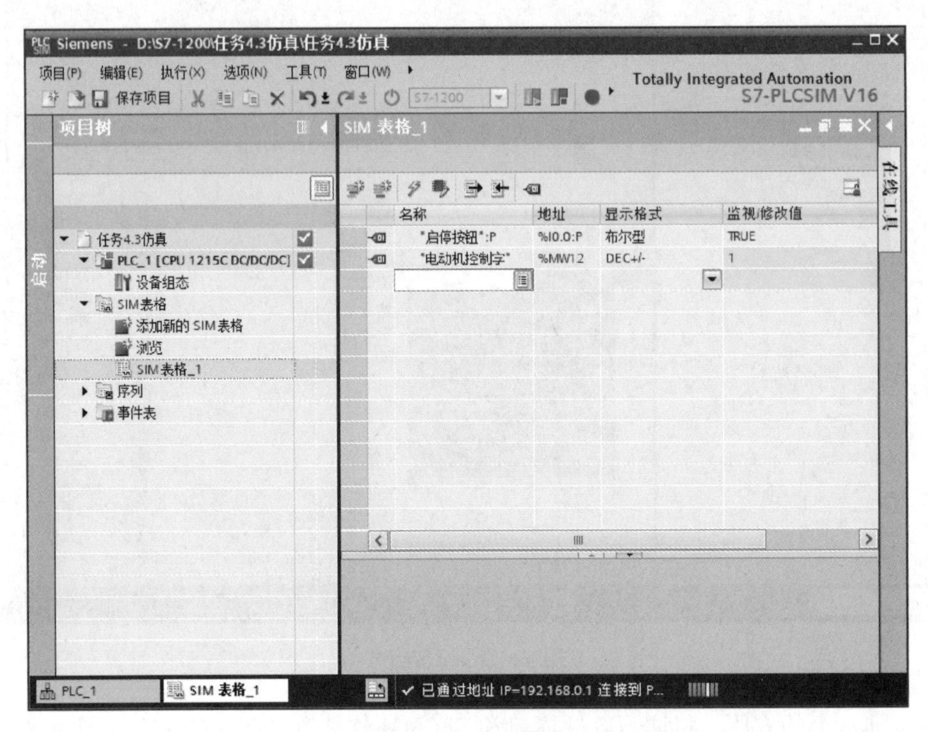

图 4-81　SIM 表格

如图 4-81 所示，在“监视 / 修改值”栏中显示变量当前的过程值，也可以直接输入修改值，然后按回车键确认修改。如果监控的是字节类型变量，可以展开以位信号格式进行显示，单击对应位信号的方格进行置位、复位操作。在“一致修改”栏中可以为多个变量输入需要修改的值，并单击后面的方格使能。然后单击 SIM 表格工具栏中的“修改所有选定值”按钮，批量修改这些变量，这样可以更好地对过程进行仿真。

4.3.4　两电动机延时启停联合仿真

1. PLC 的 I/O 分配和电气接线

表 4-7 所示为 PLC 的 I/O 分配，电气原理图如图 4-82 所示。

表 4-7　I/O 分配

	PLC 软元件	软元件符号 / 名称
输出	Q0.1	KA1/ 控制电动机 KM1
	Q0.2	KA2/ 控制电动机 KM2

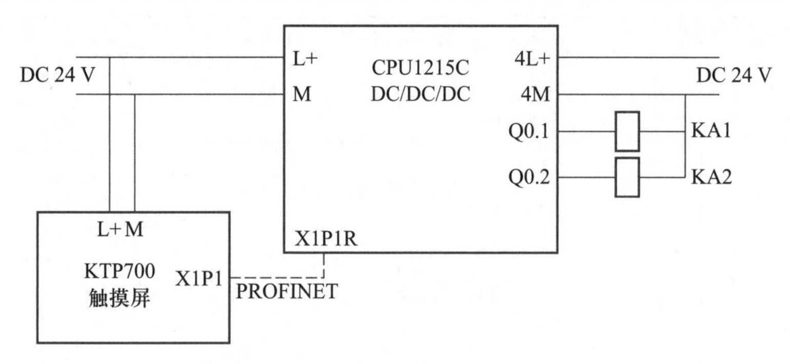

图 4-82　电气原理图

2. PLC 编程

PLC 编程共有两个要点：① 两台电动机的逻辑控制，这里采用了运行中间变量 M11.0 和停止中间变量 M11.2；② 启动延时时间和停止延时时间的转换，需要注意的是 IEC Time 的时基是 ms，因此设置值（s）必须先乘以 1 000，再采用 T_CONV 指令进行转换。

图 4-83 所示为 PLC 变量。

名称	变量表	数据类型	地址
控制电动机KM1	默认变量表	Bool	%Q0.1
控制电动机KM2	默认变量表	Bool	%Q0.2
HMI启动按钮	默认变量表	Bool	%M10.0
HMI停止按钮	默认变量表	Bool	%M10.1
运行中间变量	默认变量表	Bool	%M11.0
启动延时结束	默认变量表	Bool	%M11.1
停止中间变量	默认变量表	Bool	%M11.2
停止延时结束	默认变量表	Bool	%M11.3
电动机控制字	默认变量表	Int	%MW12
启动延时时间	默认变量表	DWord	%MD20
停机延时时间	默认变量表	DWord	%MD24
时间1变量1	默认变量表	UDInt	%MD28
时间2变量1	默认变量表	UDInt	%MD32
时间1变量2	默认变量表	Time	%MD128
时间2变量2	默认变量表	Time	%MD132

图 4-83　PLC 变量

图 4-84 所示为梯形图程序。程序说明如下。

程序段 1：初始化，设定 MD20 和 MD24 分别为 5 和 10，单位为 s。

程序段 2：时间转换，即要乘以 1 000，才能变成 ms 时基的定时器时间值。MD128 和 MD132 为 Time 变量。

程序段 3~6：启动、启动延时、停止和停止延时的逻辑控制。

程序段 7、8：第一台电动机和第二台电动机的动作逻辑。

▼ 程序段 1：初始化

注释

%M1.0
"FirstScan"

MOVE
EN — ENO
5 — IN
OUT1 — %MD20 "启动延时时间"

MOVE
EN — ENO
10 — IN
OUT1 — %MD24 "停机延时时间"

%M11.0
"运行中间变量"
(RESET_BF)
4

▼ 程序段 2：时间值转换（即乘以1000，变为ms）

注释

%M1.2
"AlwaysTRUE"

MUL
UDInt
EN — ENO
%MD20 "启动延时时间" — IN1　OUT — %MD28 "时间1变量1"
1000 — IN2

T_CONV
UDInt TO Time
EN　ENO
%MD28 "时间1变量1" — IN　OUT — %MD128 "时间1变量2"

MUL
UDInt
EN — ENO
%MD24 "停机延时时间" — IN1　OUT — %MD32 "时间2变量1"
1000 — IN2

T_CONV
UDInt TO Time
EN　ENO
%MD32 "时间2变量1" — IN　OUT — %MD132 "时间2变量2"

▼ 程序段 3：启动

注释

%M10.0
"HMI启动按钮"

%M11.0
"运行中间变量"
(S)

▼ 程序段 4：启动延时

注释

%DB1
"IEC_Timer_0_DB"

%M11.0
"运行中间变量"

TON
Time
IN　Q
ET — T#0ms
%MD128 "时间1变量2" — PT

%M11.1
"启动延时结束"
( )

▼ 程序段 5：停止

注释

%M11.0
"运行中间变量"

%M10.1
"HMI停止按钮"

%M11.2
"停止中间变量"
(S)

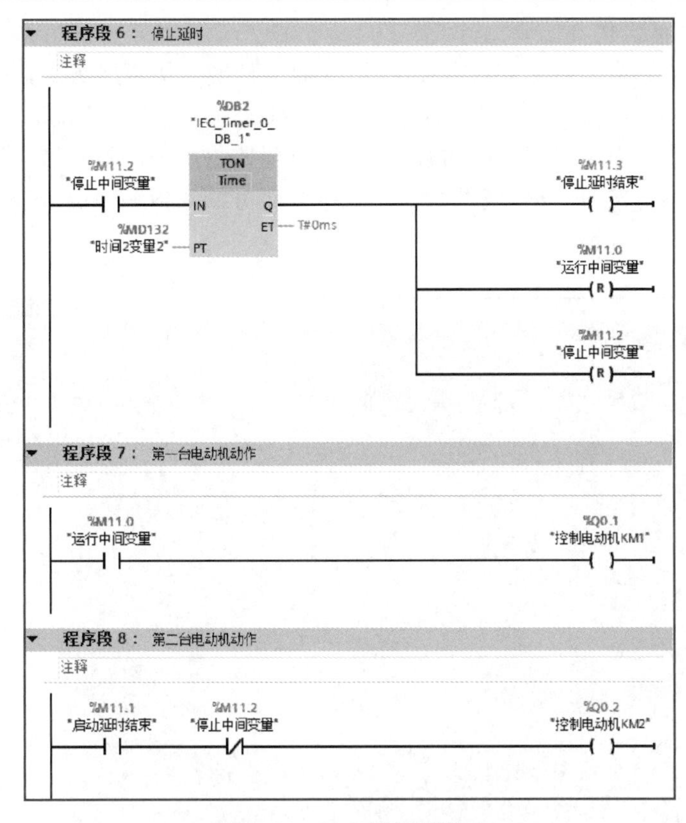

图 4-84　PLC 梯形图程序

3. HMI 画面组态

图 4-85 所示为 HMI 画面组态，包括启动按钮、停止按钮、电动机 1 指示灯、电动机 2 指示灯、启动延时设置和停机延时设置。根据任务要求分别设定按钮的事件、指示灯的动画和 I/O 域的输入 / 输出显示。

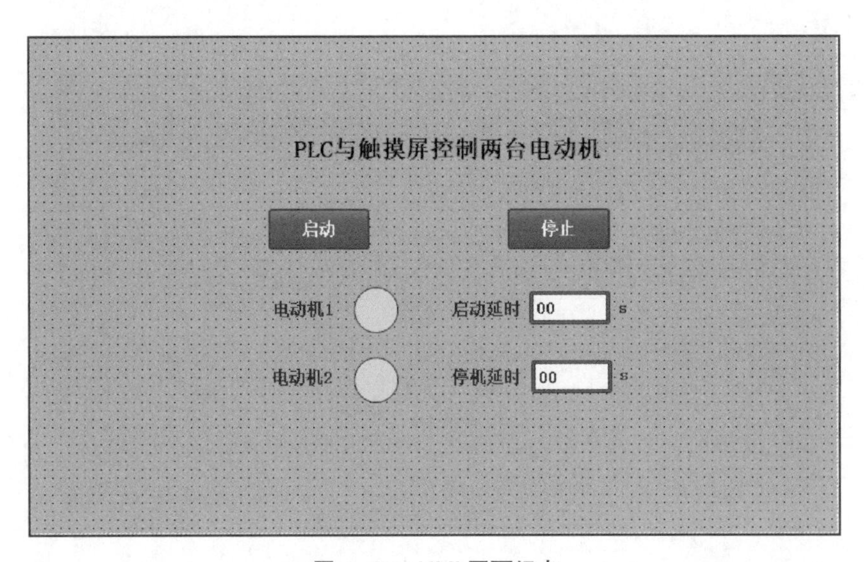

图 4-85　HMI 画面组态

4. PLC 与触摸屏联合仿真

PLC 与触摸屏联合仿真是指按照 PLC 仿真加上触摸屏仿真的方式联合进行。在 PLC 处右击，在弹出的菜单中选择“开始仿真”，装载程序后出现 PLC RUN 状态；在 HMI 处右击，在弹出的菜单中选择“开始仿真”，即可出现如图 4-86 所示的联合仿真初始画面。在仿真画面中可以对按钮、I/O 域进行操作，一方面可以看到触摸屏的变化，另外一方面可以监控到 PLC 的实际情况。

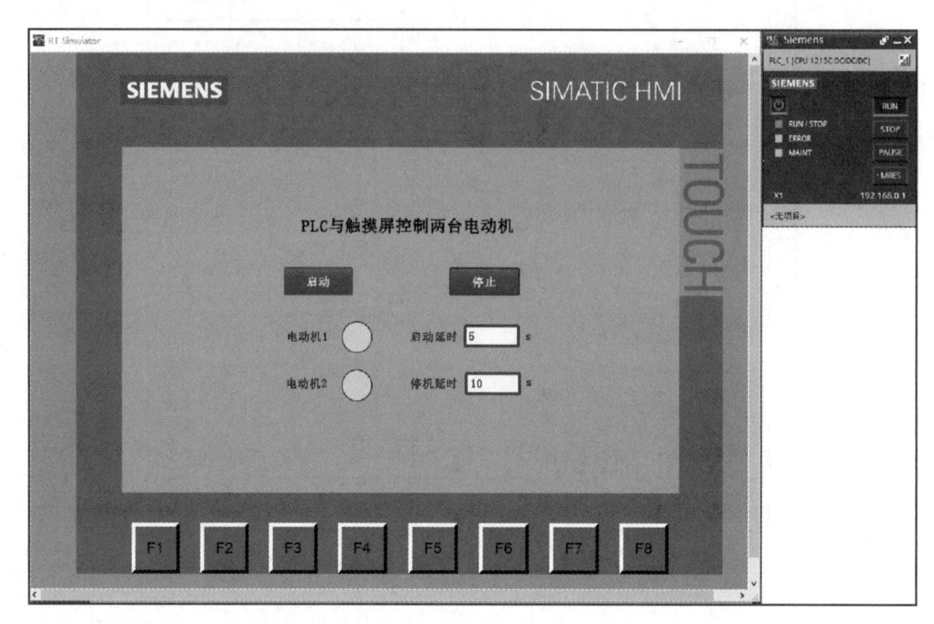

图 4-86　联合仿真初始画面

单击启动延时 I/O 域（即数字输入 / 输出），系统会弹出图 4-87 所示的 I/O 域输入画面，如输入“8”（见图 4-88），则可以在 PLC 程序的仿真实时监控中看到相关的定时器变化情况（见图 4-89）。

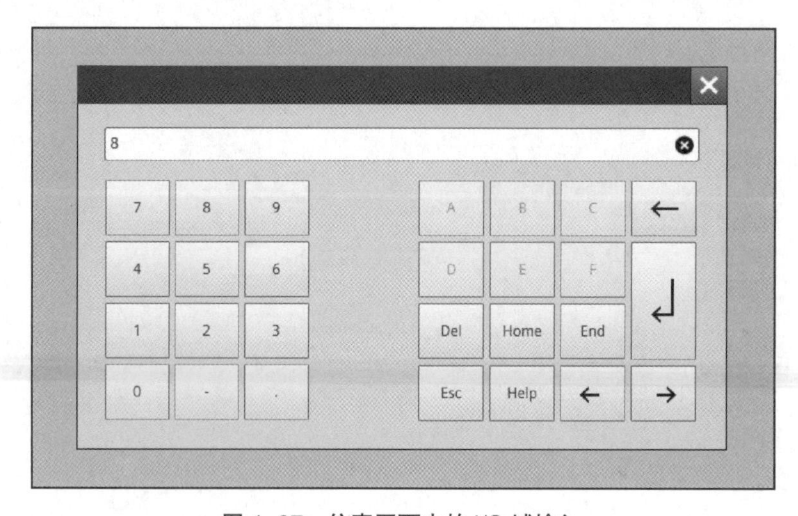

图 4-87　仿真画面中的 I/O 域输入

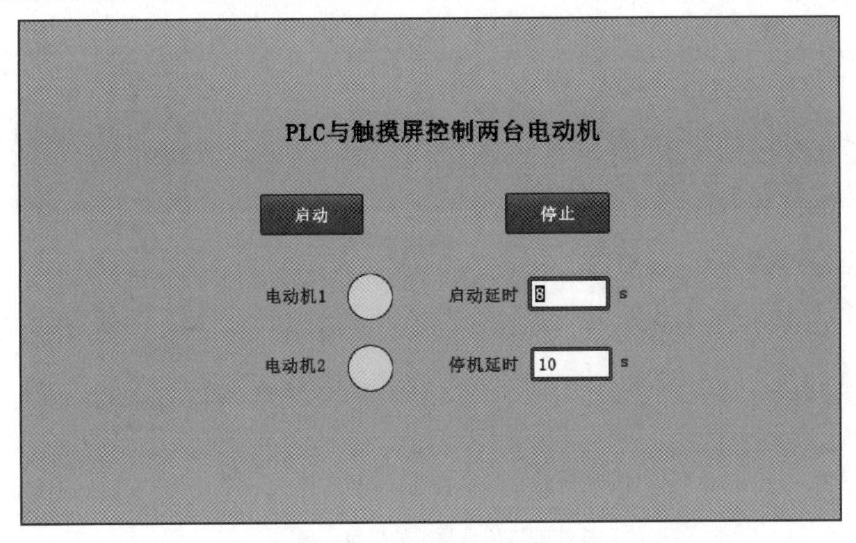

图 4-88　延时时间变化情况

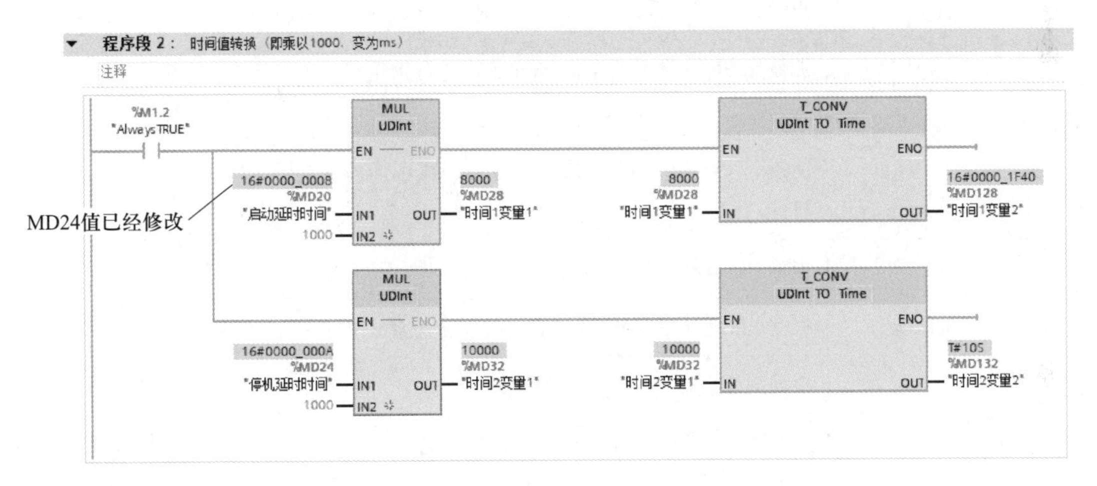

图 4-89　PLC 监控

技能考核 >>>

1. 考核任务

（1）能使用 PLCSIM 软件实现单按钮控制两台电动机的启停。

（2）能使用联合仿真方法实现触摸屏控制两台电动机的延时启动和延时停止功能。

（3）从仿真测试到工程验证中发现问题并找到解决方案。

2. 评分标准

按要求完成考核任务，其评分标准见表 4-8。

表 4-8　评 分 标 准

姓名：		任务编号：4.3	综合评价：		
序号	考核项目	考核内容及要求	配分	评分标准	得分
1	电工安全操作规范	着装规范，安全用电，走线规范合理，工具及仪器仪表使用规范，任务完成后进行场地整理并保持清洁有序	20	现场考评	
2	实训态度	不迟到、不早退、不旷课，实训过程认真负责，组内人员主动沟通、协作，小组间互助	10		
3	系统方案制定	PLC 与触摸屏控制对象说明与分析合理	10		
		使用仿真软件进行仿真测试的思路正确			
4	编程能力	能使用 PLCSIM 软件对 PLC 程序进行输入 / 输出测试	25		
		能使用 PLCSIM 软件创建 SIM 表格进行批量数据监控			
		能进行 PLC 和触摸屏的联合仿真，实现任务目标			
5	操作能力	根据 PLC 程序进行 PLC 仿真	15		
		根据 PLC 程序和触摸屏组态进行联合仿真			
		根据系统仿真测试实施工程验证			
6	实践效果	系统工作可靠，满足工作要求	10		
		PLC、触摸屏变量规范命名			
		按规定的时间完成任务			
7	汇报总结	工作总结，PPT 汇报	5		
		填写自我检查表及反馈表			
8	创新实践	在本任务中有另辟蹊径、独树一帜的实践内容	5		
合计			100		

注　综合评价，可以采用教师评价、学生评价、组间评价、企业评价等按一定比例计算后综合得出五级制成绩，即 90~100 为优、80~89 为良、70~79 为中、60~69 为及格、0~59 为不及格。

思考与练习

习题 4.1　图 4-90 所示为某灌装生产线，需要用 KTP700 触摸屏进行启停控制。动作包括输送带运转、灌装动作，生产线设置有灌装到位感应开关，灌装采用定时器设定 5 s 进行控制，一个循环周期灌装 12 瓶，完成后输送带电动机停机并指示，等待复位按钮动作后重新启动新循环周期。请采用触摸屏和 PLC 对该灌装生产线进行控制列出 I/O 分配表，完成电气设计，编写 PLC 程序，组态触摸屏，并进行调试。

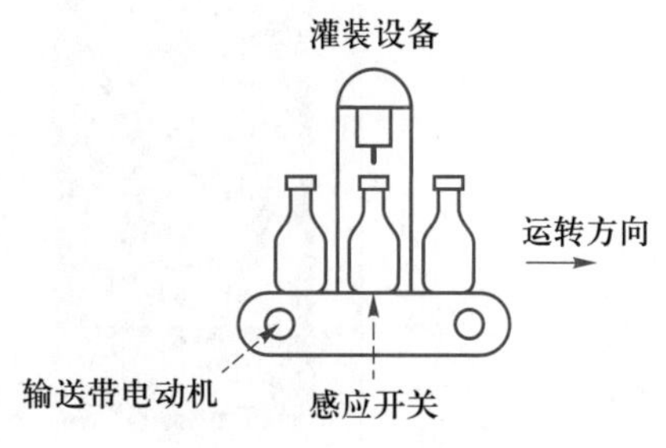

图 4-90　习题 4.1 图

习题 4.2　图 4-91 所示为交通灯控制示意图。其中东西向和南北向控制刚好相反，东西向红灯亮 20 s、绿灯亮 15 s、黄灯闪烁 5 s，周期是 40 s。请分配 I/O 后画出 PLC 控制线路的电气原理图，并在 KTP700 触摸屏上进行组态。

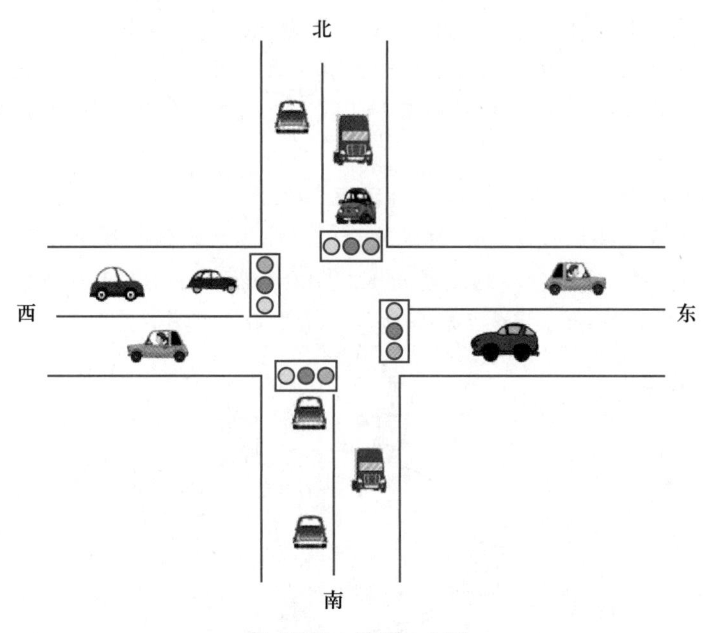

图 4-91　习题 4.2 图

习题 4.3　通过 PLCSIM 软件对 PLC 控制的双速电动机控制进行程序模拟，请列出 I/O 分配表，并在 SIM 表格中进行操作。

习题 4.4　选择 KTP700 触摸屏和 S7-1200 PLC 实现四层电梯控制系统的仿真，其中监控画面可以参考图 4-92 所示。该电梯具体功能如下。

（1）监控内容包括曳引机的上下行动作、电梯内动作与显示、电梯外动作与显示和门机开关。

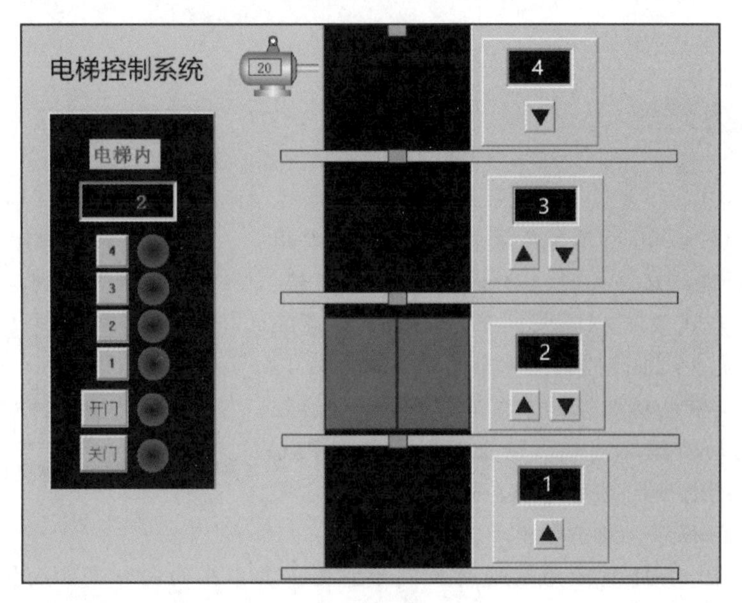

图 4-92　习题 4.4 图

（2）曳引机为电动机驱动，分上行或下行。

（3）电梯内设置按键 1~4、开门和关门，设置楼层显示和要去楼层命令指示。

（4）电梯外设置上下行按键和楼层指示，其中楼层指示来自 1~4 层的限位开关。

要求先列出 I/O 分配表，并用触摸屏和 PLC 来模拟人在电梯外的按键动作和在电梯内按键的动作。

习题 4.5　图 4-93 所示为某糖果全自动包装生产线，通过一转盘进行，共有 6 道工序，其中工序 1 为袋子供料，工序 2 为取袋子，工序 3 为吸盘将袋子分开，工序 4 为装糖果，工序 5 为热封，工序 6 为贴标。请用 KTP700 触摸屏和 S7-1200 PLC 进行控制，列出 I/O 分配，设计电气系统，并进行联合仿真，实现以上工序。

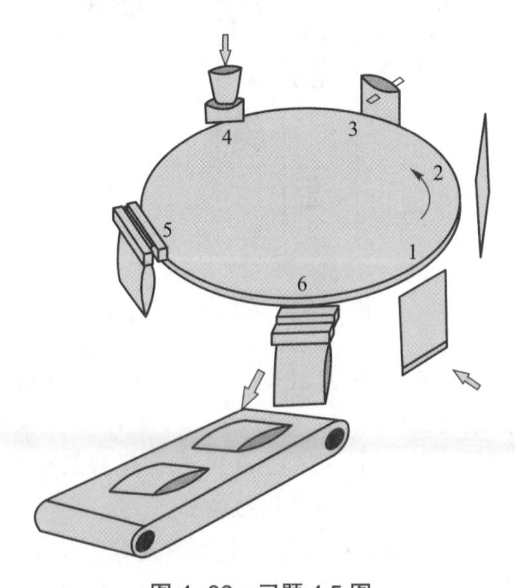

图 4-93　习题 4.5 图

项目 5

G120 变频器的 S7-1200 PLC 控制

导读

变频器主要用于调节交流电动机的转速，是理想的调速方法。变频调速以其自身所具有的调速范围广、调速精度高、动态响应好等优点，在许多需要精确控制速度的应用中发挥着提高产品质量和生产效率的作用。变频器常见的频率指令主要有操作面板给定、接点信号给定、模拟信号给定、脉冲信号给定和通信方式给定等。变频器的启动指令包括操作面板控制、端子控制和通信控制等。PLC 控制变频器的控制方式有很多种，目前主流的方式就是 PLC 通过通信方式来控制变频器的启停和进行速度设定，尤其对于多台变频器来说，接线简单，一根通信线就解决了很多问题。

知识目标

- 了解通用变频器的基本组成。
- 掌握变频器的调速原理。
- 掌握变频器的运转指令、频率给定方式和参数设置。
- 掌握变频器 PROFINET 通信报文的含义。

能力目标

- 会根据控制要求，并结合设备手册，使用软件正确测试电动机运行。
- 会根据控制要求，进行 PLC 端子控制 G120 变频器的电气接线与编程。
- 能设计包含触摸屏、PLC 和变频器在内的 PROFINET 控制系统。

素养目标

- 养成对现代技术的兴趣，并且善于通过查阅图书文献等方式来拓展思维。
- 遵循电气安全规范，养成良好的操作习惯。
- 培养由浅入深、循序渐进、学以致用的意识。

任务 5.1　PLC 端子控制 G120 变频器

任务描述 >>>

图 5-1 所示是用 PLC 控制 G120 变频器所带动电动机的示意图，其中 PLC 外接停止按钮、启动按钮、速度切换按钮和指示灯，并输出信号到 G120 变频器上，最终完成变频控制系统的构建。

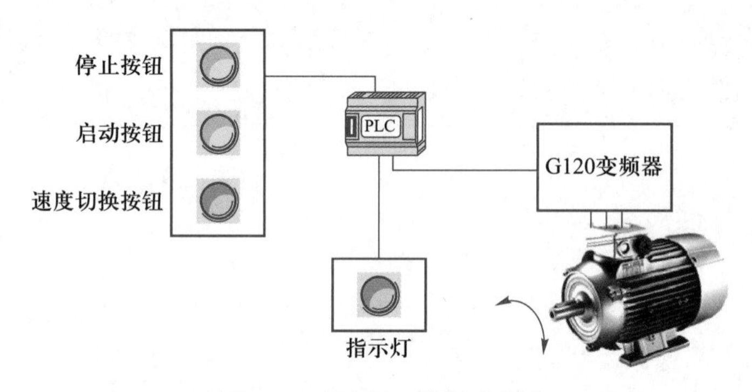

图 5-1　任务 5.1 控制示意图

任务要求如下。

（1）能用 Startdrive 集成工程工具正确完成变频器的参数设置和单机调试。

（2）能实现 PLC 控制变频器的启动与停止。

（3）能用速度切换按钮来实现电动机的四段速度运行。

知识准备 >>>

微课：

5.1.1　变频器概述

变频调速是通过改变异步电动机输入电源的频率 f 来实现无级调速

的，它具有下列两个特点：① 接线简单，如图 5-2 所示，只需要将变频器安装在进线电源与交流电动机中间，即电动机转轴直接与负载连接，电动机由变频器供电；② 调速方便，根据计算公式转速 $n=60f/p$（其中，p 为电动机的磁极对数），利用变频变压原理，电动机就可以在 0~400 Hz 进行无级调速。

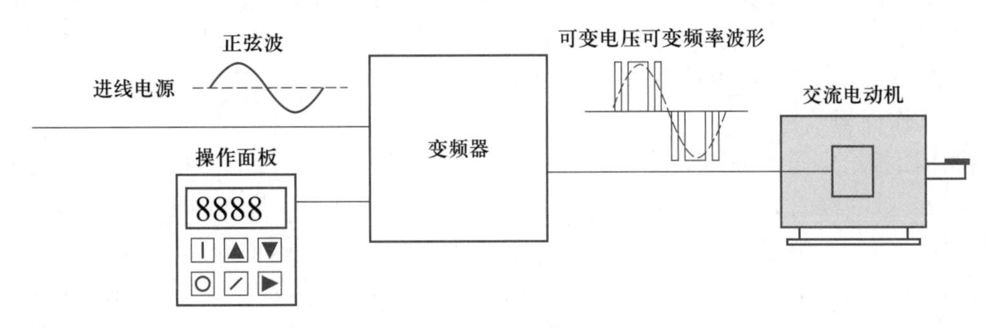

图 5-2　变频调速原理

根据电力电子原理，变频器是一种将交流电源整流成直流后再逆变成频率、电压可变的交流电源的专用装置，主要由功率模块主电路、超大规模专用单片机控制电路构成。如图 5-3 所示，变频器的主电路要解决整流、逆变控制中与高压大电流有关的技术问题和新型电力电子器件的应用技术问题；变频器的控制电路部分要解决基于现代控制理论的控制策略和智能控制策略的硬、软件开发问题。

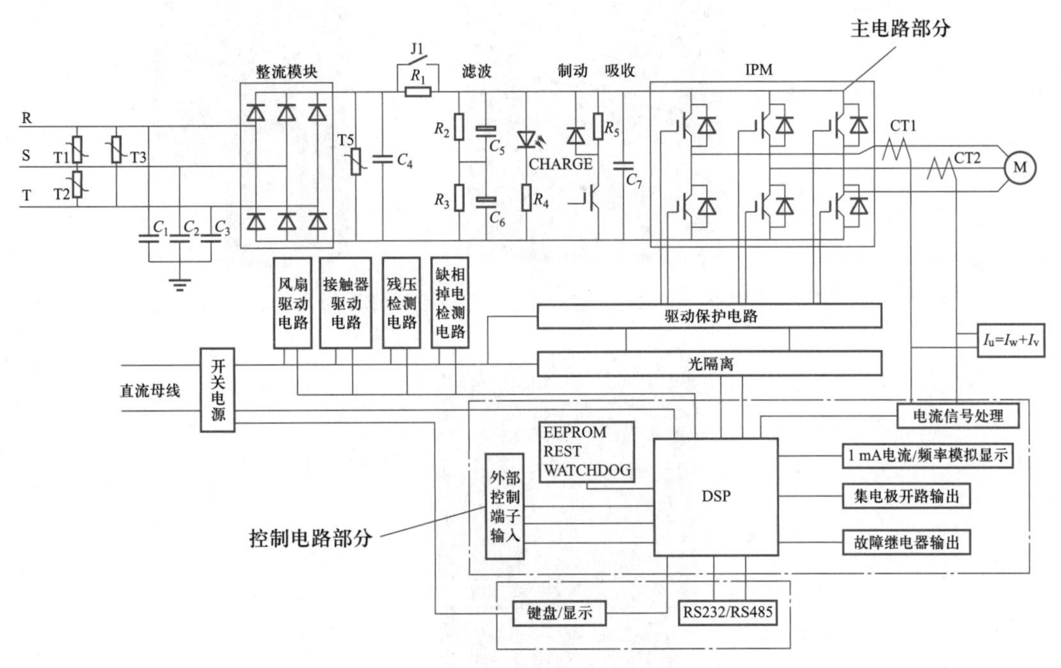

图 5-3　通用变频器电路结构

5.1.2　变频器的频率指令方式

变频器的频率指令方式就是调节变频器输出频率的具体方法，也就是提供频率给定信号的方式。常见的频率指令方式主要有：操作面板给定、触点信号给定、模拟信号给定、脉冲信号给定和通信方式给定等。这些频率指令各有其优缺点，应按照实际需要进行选择设置，同时也可以根据功能需要选择不同频率指令的叠加和切换。

1. 操作面板给定

操作面板给定是变频器最简单的频率指令，用户可以通过变频器操作面板上的电位器或旋钮、数字键或上升下降键来直接改变变频器的设定频率。操作面板给定的最大优点就是简单、方便、醒目（可选配 LED 数码显示或中英文 LCD 液晶显示），同时又兼具监视功能，即能够将变频器运行时的电流、电压、实际转速、母线电压等实时显示出来。图 5–4 所示为 G120 变频器及 BOP–2 操作面板。如果选择键盘数字键或上升 / 下降键给定，则由于是数字量给定，精度和分辨率会非常高。图 5–5 所示为 G120 变频器的智能操作面板 IOP，它可以利用 OK 旋钮快速设定频率，并通过大屏幕液晶面板将更多的变频器运行信息显示在一个页面上，方便用户操作和维护使用。变频器的操作面板通常可以取下或者另外选配，再通过延长线安置在用户操作和使用方便的地方。

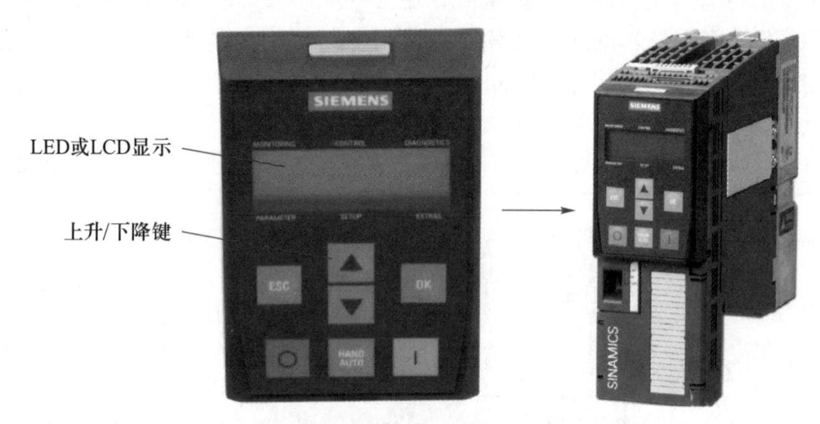

图 5–4　G120 变频器及 BOP–2 操作面板

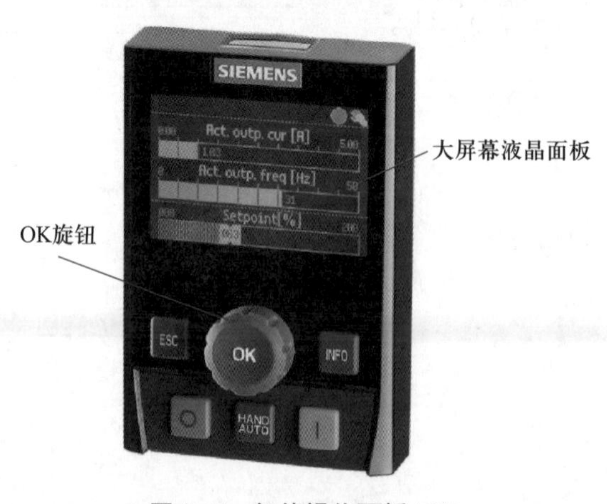

图 5–5　智能操作面板 IOP

2. 模拟量给定

模拟量给定方式即通过变频器的模拟量端子从外部输入模拟量信号（电流或电压）进行给定，并通过调节模拟量的大小来改变变频器的输出频率，如图 5-6 所示。

模拟量给定通常采用电流或电压信号，常见于电位器、仪表、PLC 和 DCS 等控制回路。电流信号一般取 0~20 mA 或 4~20 mA，电压信号一般取 0~10 V、2~10 V、0~±10 V、0~5 V、1~5 V、0~±5 V 等。

3. 通信给定

通信给定方式是指上位机通过通信口按照特定的通信协议、特定的通信介质进行数据传输到变频器以改变变频器设定频率的方式。如图 5-7 所示，上位机是指 PLC 通过 RJ45 端口以 PROFINET 协议与变频器进行频率通信设定。

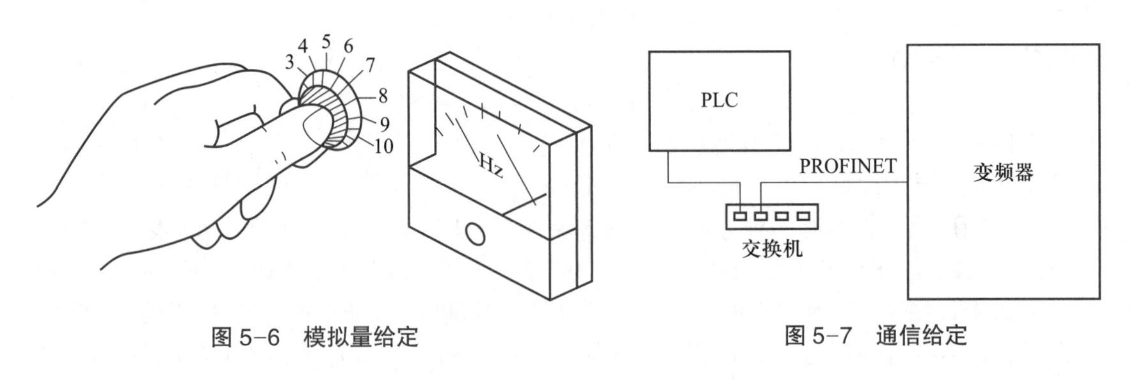

图 5-6 模拟量给定　　图 5-7 通信给定

其他还有结点给定、脉冲给定等多种方式，这里暂不介绍。

5.1.3 变频器的启动指令方式

变频器的启动指令方式是指控制变频器的启动、停止、正转与反转、正向点动与反向点动、复位等基本运行功能。与变频器的频率指令类似，变频器的启动指令也有操作面板控制、端子控制和通信控制三种。这些启动指令应按照实际的需要进行选择设置，同时也可以根据功能进行相互切换。

1. 操作面板控制

操作面板控制是变频器最简单的启动指令，用户可以通过变频器操作面板上的运行键、停止键、点动键和复位键直接控制变频器的运转。操作面板控制的最大特点就是方便实用，同时又能起到报警故障功能，能够将变频器是否运行或故障、报警都告知给用户，因此用户无须配线就能真正了解到变频器是否确实在运行中、是否在报警（过载、超温、堵转等）以及通过 LED 数码和 LCD 液晶显示的故障类型。

2. 端子控制

端子控制是变频器的运转指令通过其外接输入端子从外部输入开关信号（或电平信号）进行控制的方式。如图 5-8 所示，由按钮、选择开关、继电器、PLC 的继电器模块替代了 VF 变频器操作面板上的运行键、停止键、点动键和复位键，可以在远距离来控制变频器的运转。

在图 5-8 中，正转 DI1、反转 DI2、点动 DI3、复位 DI4、使能 DI5 在实际变频器的端子中有以下具体表现形式。

（1）上述功能都是由专用的端子组成，即每个端子固定为一种功能。在实际接线过程中，非常简单，不会造成误解，这在早期的变频器中较为普遍。

（2）上述功能都是由通用的多功能端子组成的，每个端子都不固定，可以通过定义多功能端子的具体内容来实现。在实际接线过程中，非常灵活，可以大量节省端子空间。目前的变频器都有这个趋向。

由变频器拖动的电动机负载在实现正转和反转功能时非常简单，只需改变控制回路（或激活正转和反转）即可，而不需要改变主回路。

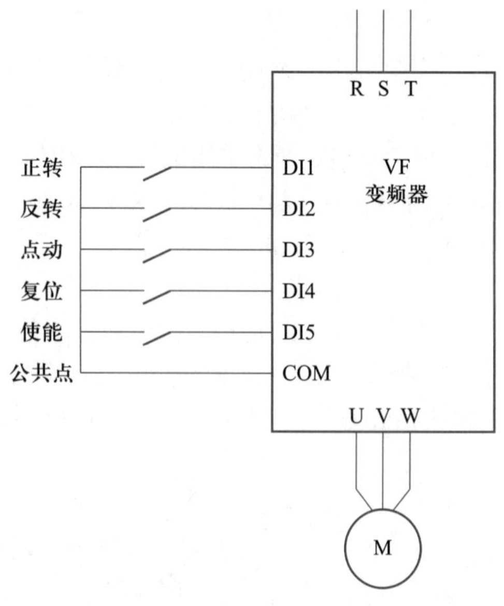

图 5-8　端子控制原理

常见的正反转控制有两种方法，如图 5-9 所示。DI1 表示正转端子，DI2 表示反转端子，K1、K2 表示正反转控制的触点信号（“0”表示断开；“1”表示吸合）。图 5-9（a）所示的方法中，接通 DI1 和 DI2 的其中一个就能够正反转控制，即 DI1 接通后正转、DI2 接通后反转，若两者都接通或都不接通，则表示停机。图 5-9（b）所示的方法中，接通 DI1 才能实现正反转控制，即 DI2 不接通表示正转、DI2 接通表示反转，若 DI1 不接通，则表示停机。

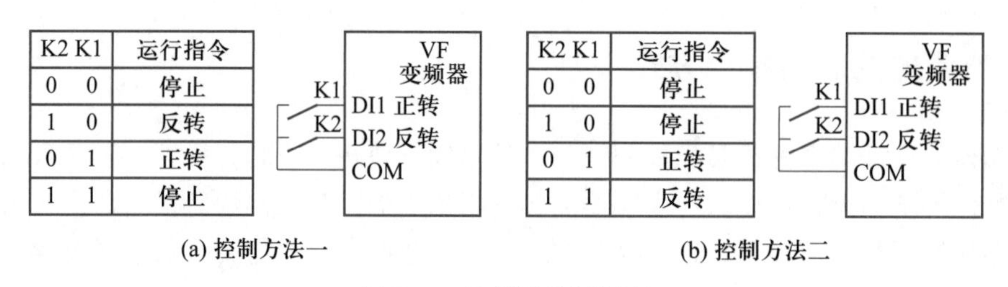

图 5-9　正反转控制原理

3. 通信控制

通信控制的方式与通信给定的方式相同，在不增加线路的情况下，只需将上位机给变频器的传输数据进行修改即可对变频器进行正反转、点动、故障复位等控制。

5.1.4　G120 变频器的硬件与调试软件

1. G120 变频器概述

西门子 SINAMICS G120 变频器（以下简称 G120 变频器）系列的设计目标是为交流电动机提供经济、高精度的速度和转矩控制，按照结构尺寸从 FSA 到 FSGX，其功率范围覆盖 0.37～250 kW（见表 5-1），广泛适用于各种变频驱动的应用场合。

表 5-1　G120 变频器的结构尺寸与功率范围一览表

结构尺寸	FSA	FSB	FSC	FSD	FSE	FSF	FSGX
功率范围 /kW	0.37~1.5	2.2~4	7.5~15	18.5~30	37~45	55~132	160~250

G120 是模块化变频器，由控制单元（CU）和功率模块（PM）组合而成，如图 5-10 所示。控制单元以 V/f 控制、无编码器的矢量闭环控制、带编码器的矢量控制等几种不同的方式对功率模块和所接的电动机进行控制和监控，它支持与本地或中央控制的通信，表 5-2 为不同控制单元支持的通信协议列表；控制单元还支持通过监控设备和 I/O 端子的直接控制。功率模块支持的电动机功率范围为 0.37~250 kW，并由控制单元里的微处理器进行控制。常见的功率模块型号有 PM340 1AC、PM240、PM240-2 IP20 型和穿墙式安装型、PM250、PM260 等。

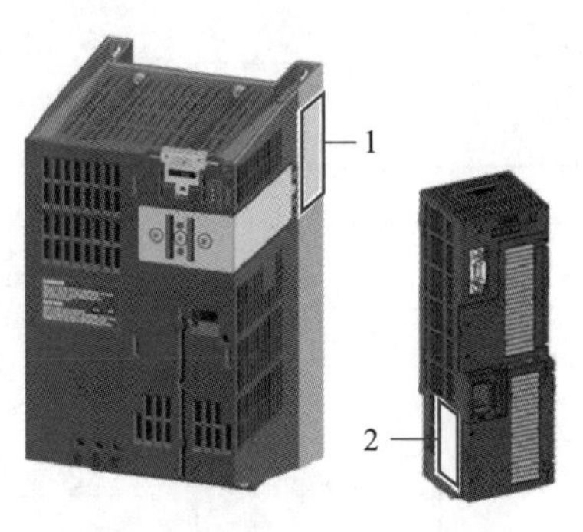

1—功率模块　2—控制单元

图 5-10　G120 变频器的两部分

表 5-2　不同 CU 支持的通信协议列表

名称	订货号	现场总线
CU250S-2	6SL3246-0BA22-1BA0	USS，Modbus RTU
CU250S-2 DP	6SL3246-0BA22-1PA0	PROFIBUS
CU250S-2 PN	6SL3246-0BA22-1FA0	PROFINET，EtherNet/IP
CU250S-2 CAN	6SL3246-0BA22-1CA0	CANopen

图 5-11 所示为 G120 变频器的主回路电气接线。

2. Startdrive 集成工程工具

Startdrive 集成工程工具是无缝式集成在博途软件中进行变频器驱动配置和参数分配的一个组件，安装完成后的软件如图 5-12 所示。它与 PLC、HMI 等可以直接在项目树中一同呈现。

安装 Startdrive 软件后可以进行以下任务。

（1）创建项目用于驱动专用解决方案。使用“参数设置编辑器”根据驱动任务对驱动进行优化设置。

（2）将驱动作为单驱动插入项目中或连接至上层控制器。在“网络视图”中，将驱动与上位控制器进行联网并设置该参数。

（3）输入已使用的功率单元、电动机和编码器来配置驱动。在“设备配置”中插入具体的组件，如功率模块等。

（4）指定指令源、设定值源和控制类型分配参数至驱动。

（5）通过驱动专用功能（如自由功能块和工艺控制器）扩展参数设置。

（6）通过驱动控制面板将驱动联机并测试参数设置。它使用“驱动向导”配置驱动，选择电动机和操作模式。在线模式下，使用驱动控制面板测试驱动并将参数分配载入驱动。

（7）出现错误时执行诊断。

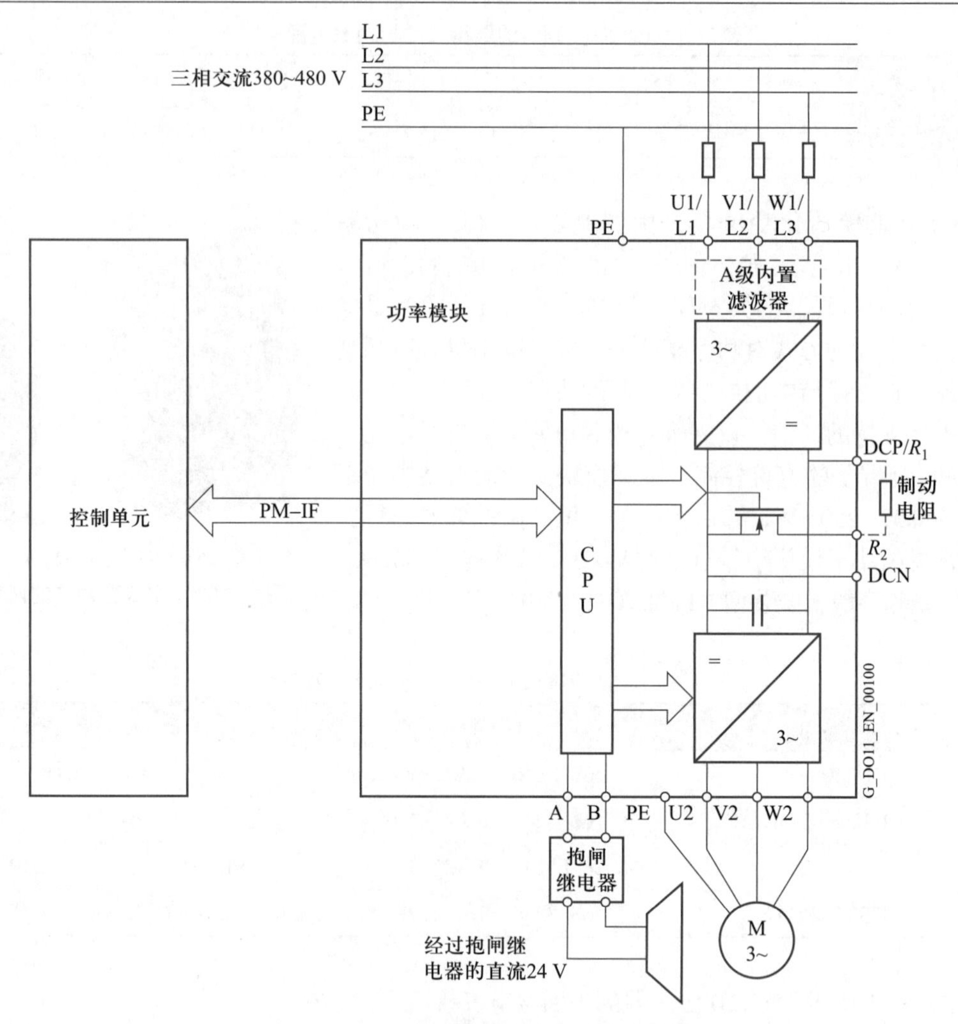

图 5-11　G120 变频器的主回路电气接线

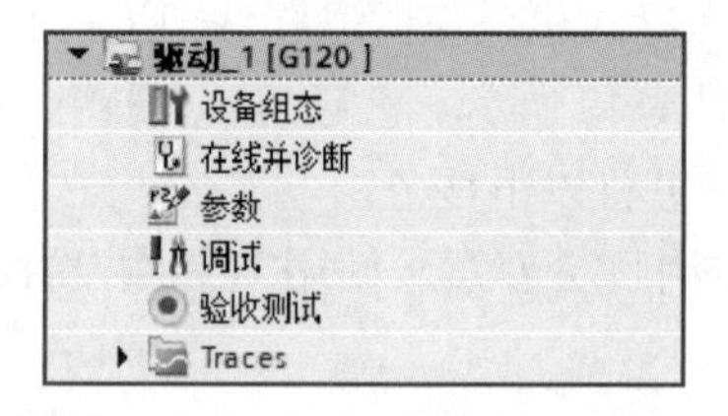

图 5-12　Startdrive 集成工程工具

任务实施 >>>

任务实施：PLC 端子控制 G120 变频器

5.1.5　PLC 的 I/O 分配与控制电路设计

从 PLC 端子控制 G120 变频器的工艺过程出发，确定 PLC 外接停止按钮、启动按钮、速度切换按钮共 3 个输入，同时外接指示灯、速度选择位 1~3 的中间继电器 KA1~KA3、启动控制（速度选择位 0）中间继电器 KA4 共 5 个输出。表 5-3 所示为 PLC 端子控制 G120 变频器的 I/O 分配，PLC 选型为西门子 CPU1215C DC/DC/DC。

表 5-3　PLC 端子控制 G120 变频器 I/O 分配

	PLC 元件	元件符号 / 名称
输入	I0.0	SB1/ 停止按钮（NO）
	I0.1	SB2/ 启动按钮（NO）
	I0.2	SB3/ 速度切换按钮（NO）
输出	Q0.0	HL1/ 指示灯
	Q0.1	KA1/ 速度选择位 1
	Q0.2	KA2/ 速度选择位 2
	Q0.3	KA3/ 速度选择位 3
	Q1.0	KA4/ 启动控制（速度选择位 0）

图 5-13 所示为 PLC 控制电路接线，包括 PLC 侧和变频器侧两部分。

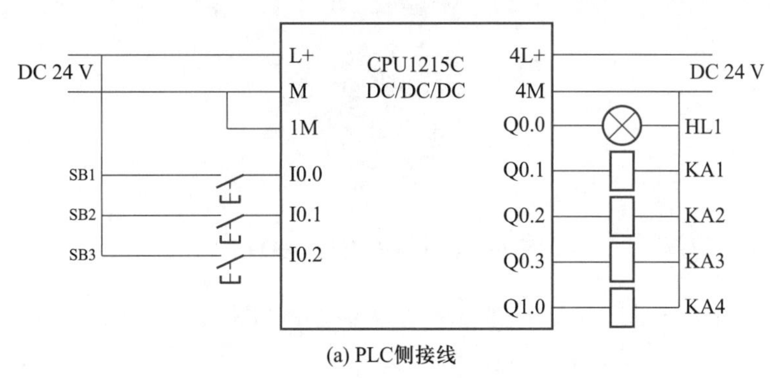

(a) PLC侧接线

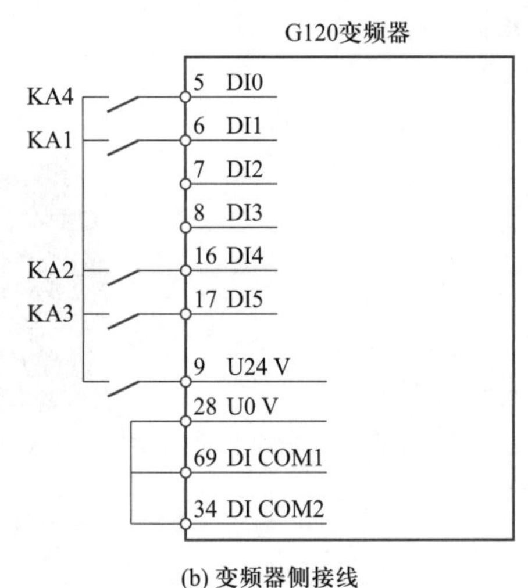

(b) 变频器侧接线

图 5-13　PLC 外部接线

5.1.6　通过 Startdrive 调试 G120 变频器

1. 变频器选型与安装

这里以单相变频器为例进行说明。G120 变频器选型见表 5-4，包括控制单元、功率模块和 IOP-2 操作面板三部分，如图 5-14 所示进行组合安装。

表 5-4　G120 变频器选型

序号	名称	型号	说明
1	G120 变频器控制单元	6SL3246-0BA22-1FA0	CU250S-2 PN Vector
2	G120 变频器功率模块	6SL3210-1PB13-8ULx	PM240-2 IP20 （1AC/3AC 200 V 0.75 KW）
3	G120 IOP-2 操作面板	6SL3255-0AA00-4JA2	—

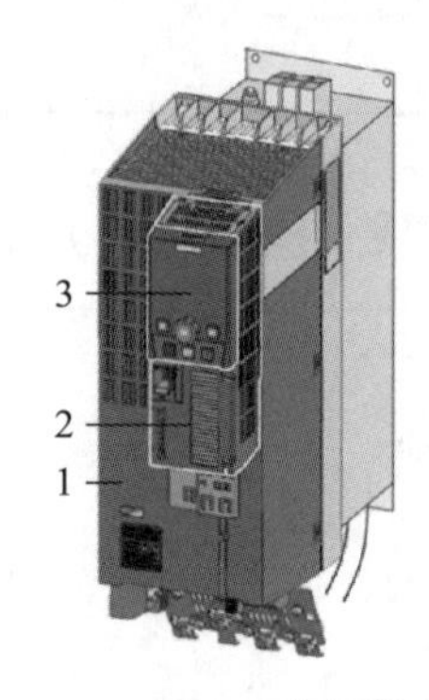

图 5-14　G120 变频器安装

电气接线共分为两部分：第一部分是动力接线，如图 5-15 所示，将进线和出线接入到 PM240-2 的端子上；第二部分是网线，如图 5-16 所示，将网线插入 X150 端口的 P1 或 P2，注意不是 X100 的 DRIVE-CLiQ 接口。

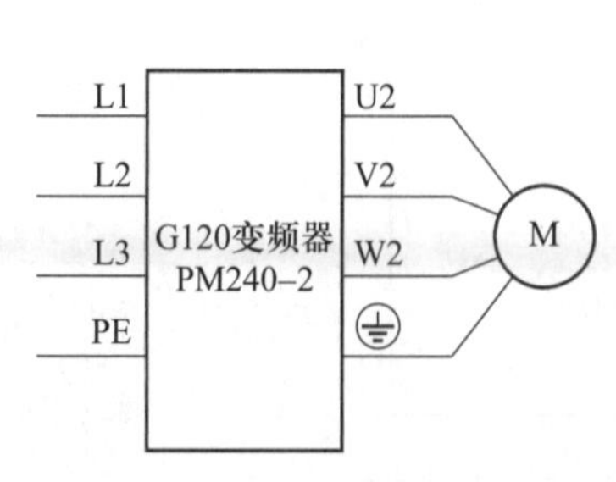

图 5-15　G120 功率模块接线

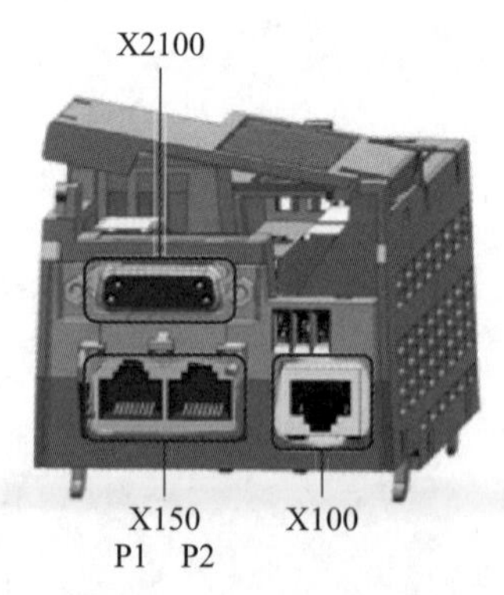

X2100—编码器接口　X150—PROFINET接口
X100—DRIVE-CLiQ接口

图 5-16　PROFINET 网线接口

2. 变频器硬件配置

实施本步骤之前，需要先安装“SINAMICS Startdrive Advanced 驱动包”，且保证与博途软件版本一致。然后如图 5-17 所示，连接网线从 PC 到变频器的 PROFINET 端口。

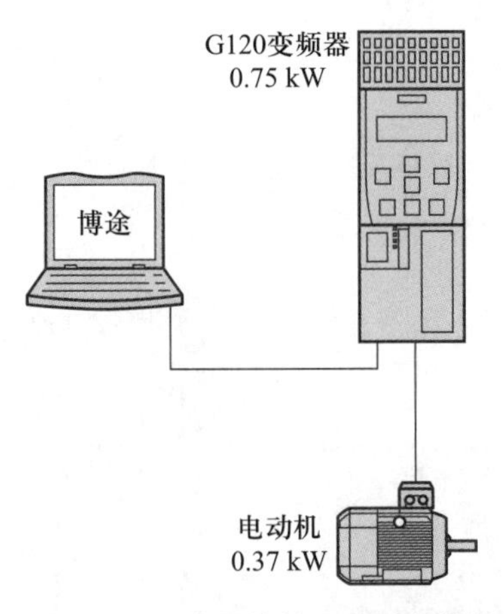

图 5-17　连接网线从 PC 到变频器

添加新设备如图 5-18 所示，即 G120 控制单元 CU250S-2 PN Vector（订货号为 6SL3246-0BA22-1FA0）。

图 5-18　添加新设备

完成后，继续添加功率模块，将图 5-19 所示的“Power units”→“PM240-2”→“1AC/3AC 200-240V”→“FSA”→“IP20 A 1AC/3AC 200V 0.75kW”拖入左侧，即可完成 G120 变频器硬件添加过程。如果出现订货号不对的情况，则可以单击鼠标右键选择“更改设备”菜单，如图 5-20 所示。

3. 修改变频器的 IP 地址

选择“项目树”→“设备”→“在线访问”→“更新可访问的设备”，即可出现图 5-21 所示的驱动，由于该驱动尚未设置 IP 地址，因此出现的是 MAC 地址（如 68-3E-02-11-01-32）。

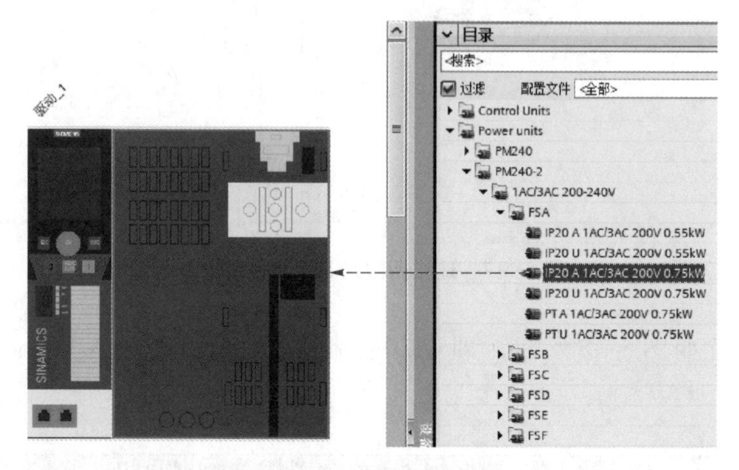

图 5-19　添加功率模块

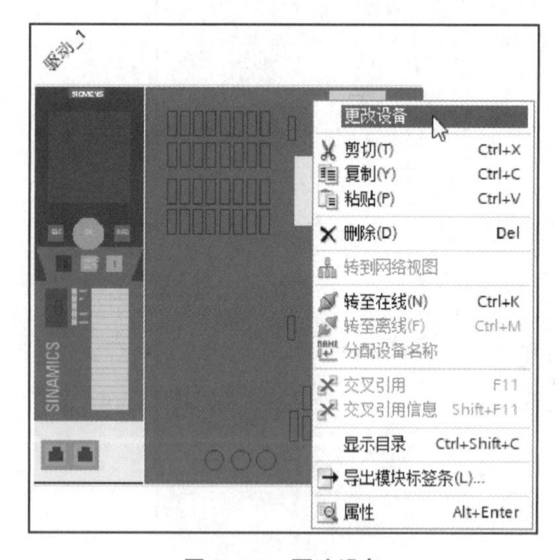

图 5-20　更改设备

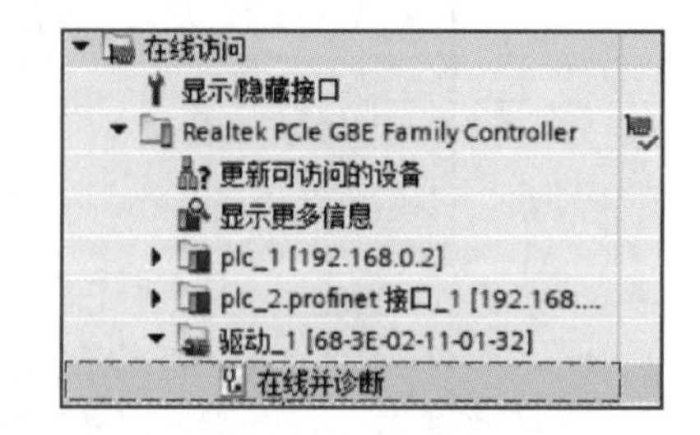

图 5-21　在线访问

如图 5-22 所示，单击“分配 IP 地址”后进行 G120 变频器的 IP 地址和子网掩码设置，如 192.168.0.15、255.255.255.0，最后单击“分配 IP 地址”按钮。分配完成后，可以选择“分配名称”（见图 5-23），定义组态的 PROFINET 设备，如 G120-CU250。最后需要重新启动驱动，新配置才生效。

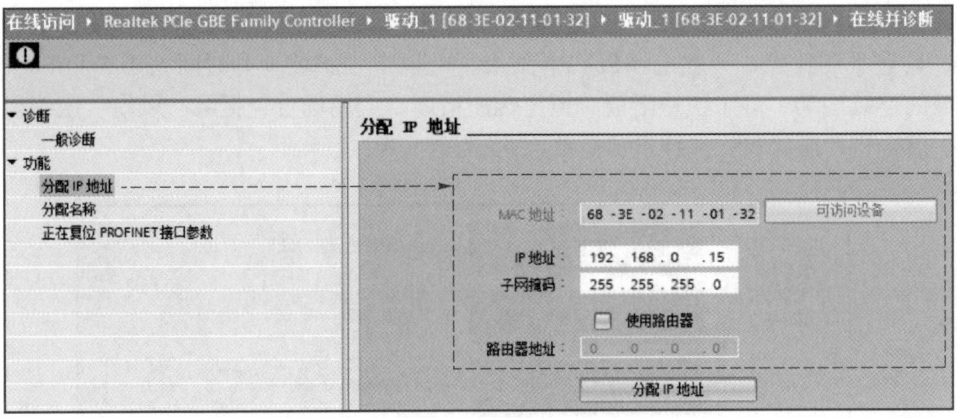

图 5-22　分配 IP 地址

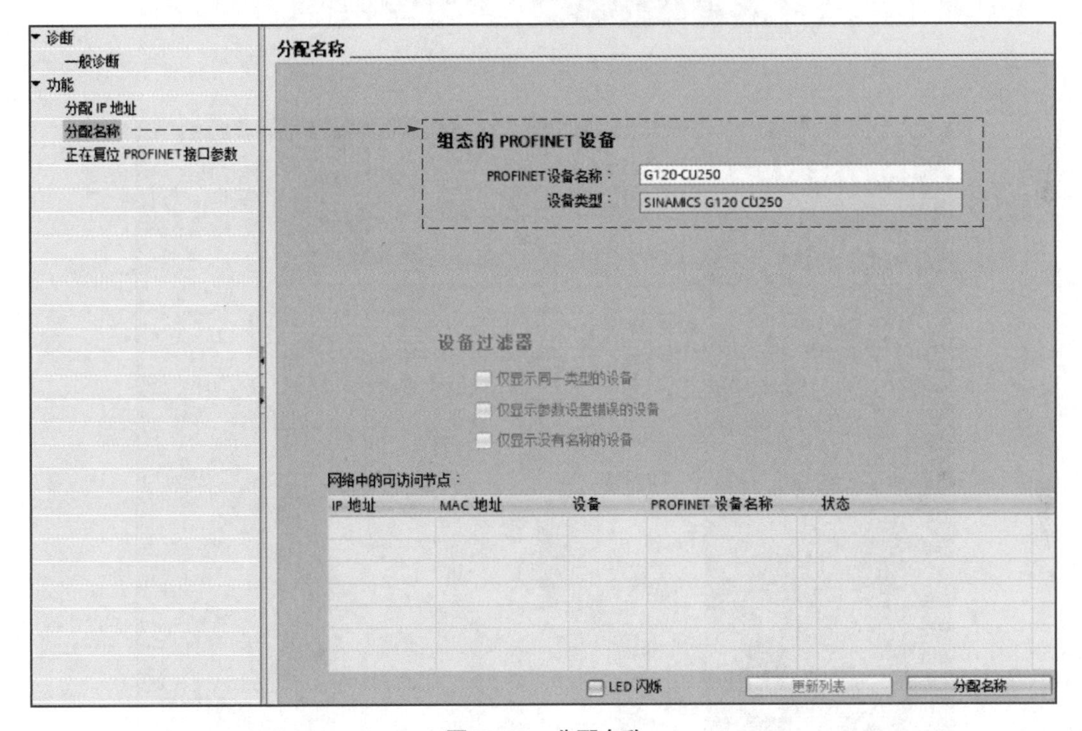

图 5-23　分配名称

4. 调试向导

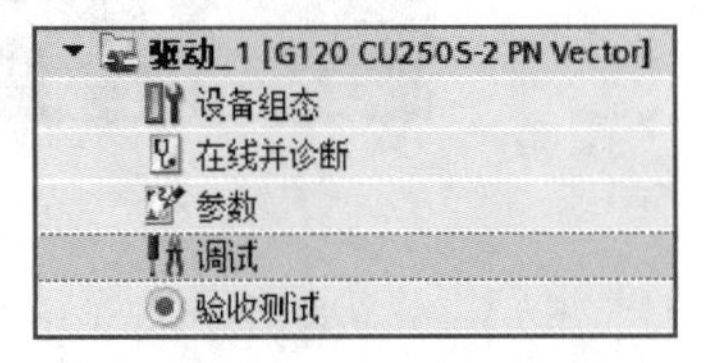

图 5-24　选择“调试”菜单

如图 5-24 所示，选择“调试”菜单，进入包括“调试向导”“控制面板”“电机优化”和“保存 / 复位”四个功能的调试区域。

图 5-25 所示的调试向导是按步骤对驱动（这里是指 G120 变频器）进行基本调试，根据不同的 CU 控制单元，其界面会有所不同，这里仅对 CU250S-2 PN Vector 进行介绍。

（1）应用等级的选择。图 5-26 所示为应用等级，包括“[0] Expert”“[1] Standard Drive Control（SDC）”和“[2] Dynamic Drive Control（DDC）”三种，分别对应于所有应用、

鲁棒矢量控制和精密矢量控制。这里选择“[1] Standard Drive Control (SDC)”，用于简单搬运，具有下列特点：一般电动机功率在 45 kW 以下、斜坡上升时间大于 5~10 s、带持续负载的连续运动、静态扭矩限值、恒定转速精度，应用场合包括泵、风扇、压缩机、研磨机、混合机、压碎机、搅拌机和简单主轴等。

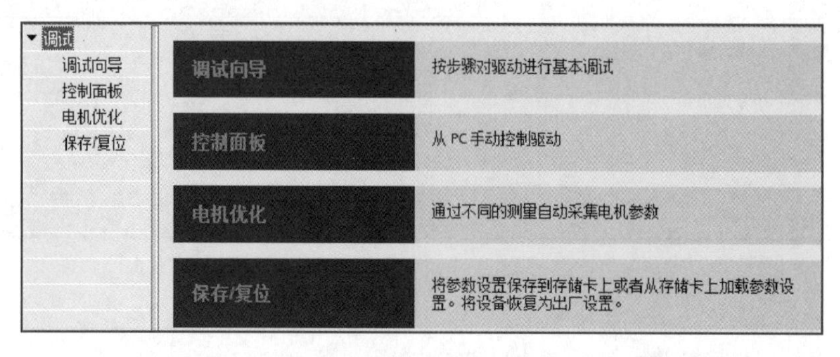

图 5-25　调试区域

图 5-26　应用等级

（2）设定值指定的选择。图 5-27 所示为设定值指定，选择驱动是否连接 PLC 以及在何处创建设定值，这里不选择 PLC 与驱动之间为数据交换（即通信），而是选择驱动外接的端口信号来实现变频器的设定值指定。

（3）更多功能的选择。图 5-28 所示为更多功能，包括工艺控制器、基本定位器、扩展显示信息 / 监控、自由功能块等，本任务不进行选择。

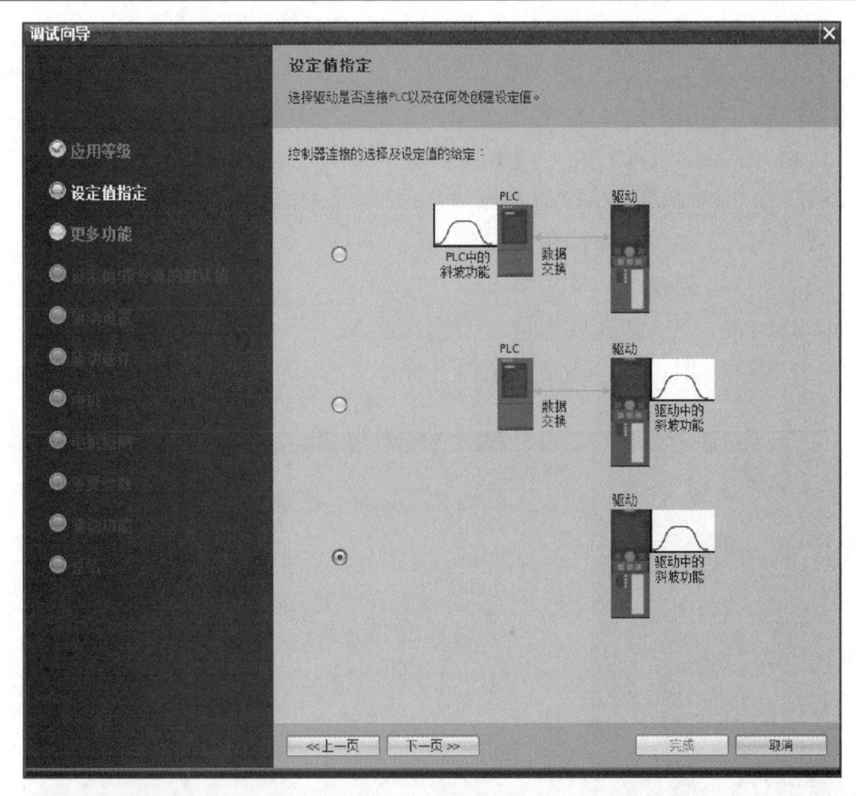

图 5-27　设定值指定

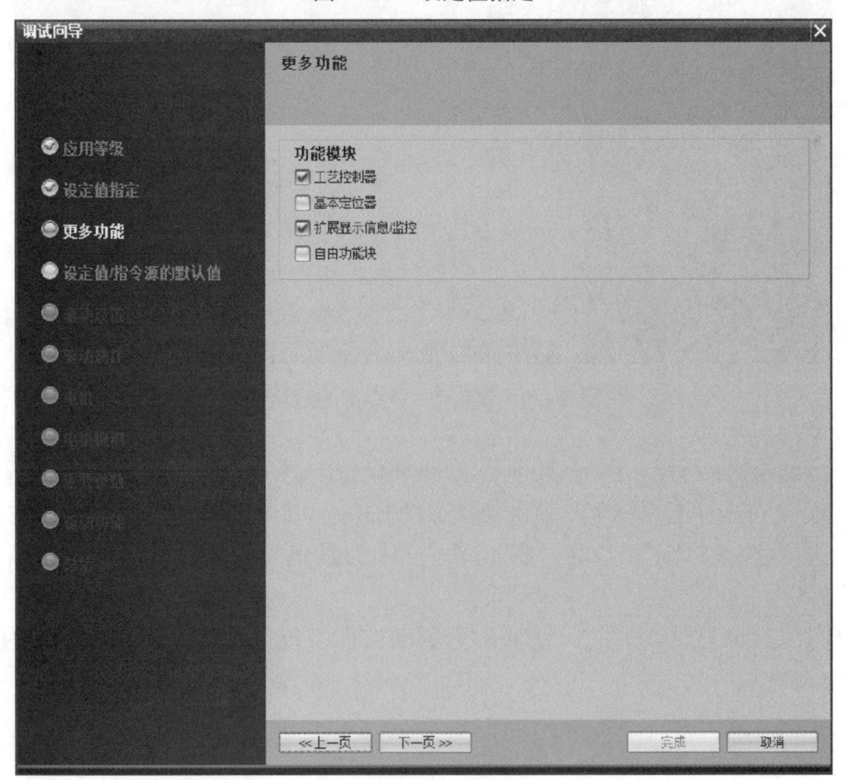

图 5-28　更多功能

（4）设定值 / 指令源的默认值的选择。图 5-29 所示为设定值 / 指令源的默认值，选择输入 / 输出以及可能有的现场总线报文的预定义互联。这里选择 I/O 的默认配置为“［3］送技术，有 4 个固定频率”。具体为：

DI 0：p840［0］BI：ON/OFF（OFF1）；

p1020［0］BI：转速固定设定值选择位 0；

DI 1：p1021［0］BI：转速固定设定值选择位 1；

DI 2：p2103［0］BI：1. 应答故障；

DI 4：p1022［0］BI：转速固定设定值选择位 2；

DI 5：p1023［0］BI：转速固定设定值选择位 3。

图 5-29　设定值 / 指令源的默认值

（5）驱动设置的选择。图 5-30 所示为驱动设置，其中中国和欧洲采用 IEC 标准，即频率为 50 Hz，功率单位为 kW；北美则采用 NEMA 标准，即频率为 60 Hz，功率单位为 hp 或 kW。这里选择标准为“［0］IEC 电机”，因为是单相变频器，因此设备输入电压为 200~240 V。

（6）驱动选件的选择。图 5-31 所示为驱动选件，包括制动电阻和滤波器的配置，这里测试均不选择。

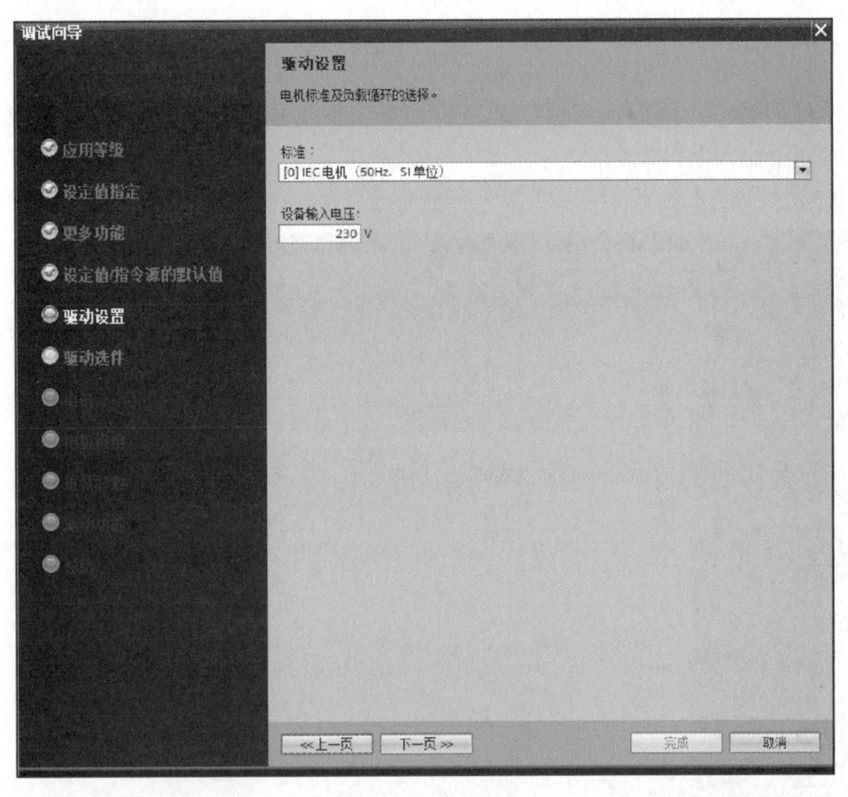

图 5-30　驱动设置

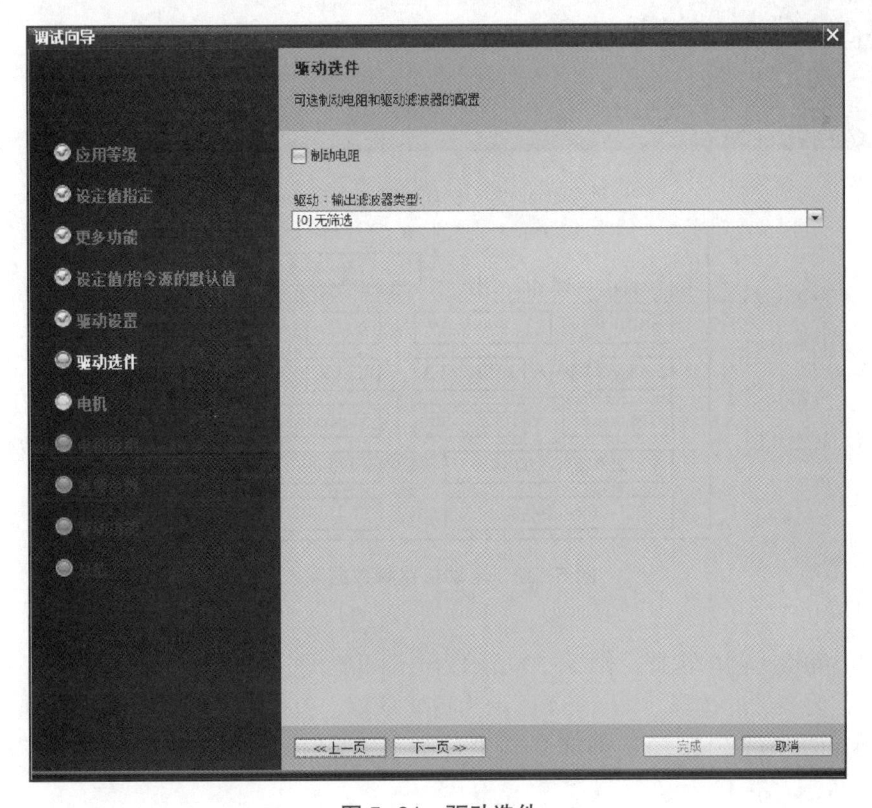

图 5-31　驱动选件

（7）电动机的选择。图 5-32 所示为电动机，如果是西门子电动机，只需电动机订货号，否则需要记录下电动机铭牌上的相关数据。这里采用国产电动机，需要输入电动机数据，并选择星形联结。数据输入错误或空缺，则会提示如下信息：“ⓘ没有完整地输入电机数据。请完整输入电机数据。”

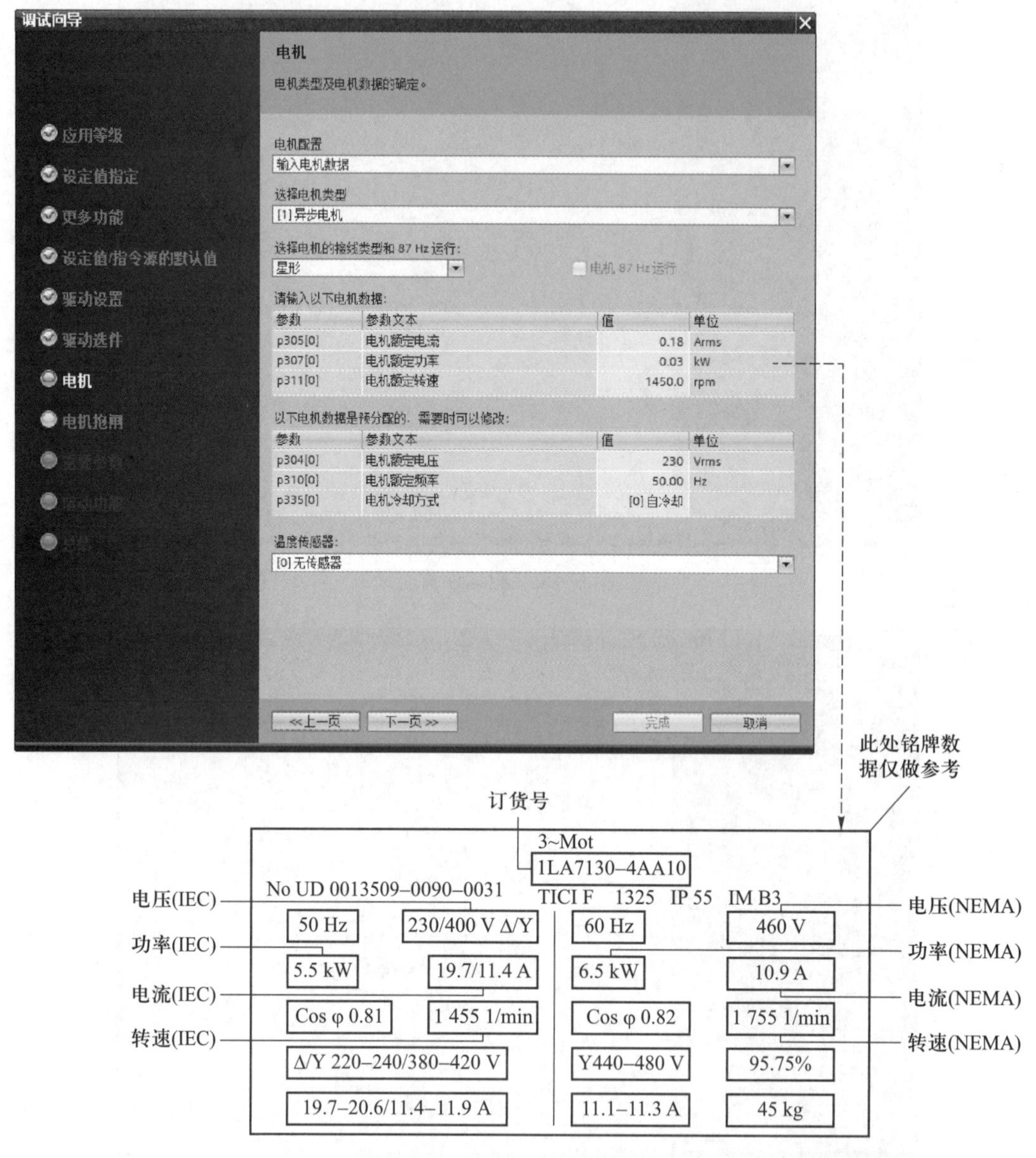

图 5-32　电动机铭牌数据输入

（8）电动机抱闸的选择。图 5-33 所示为电动机抱闸，这里选择无即可。

（9）重要参数的选择。图 5-34 所示为重要参数，包括参考转速、最大转速、斜坡上升时间、OFF1 斜坡下降时间、OFF3（急停）斜坡下降时间、电流极限等。

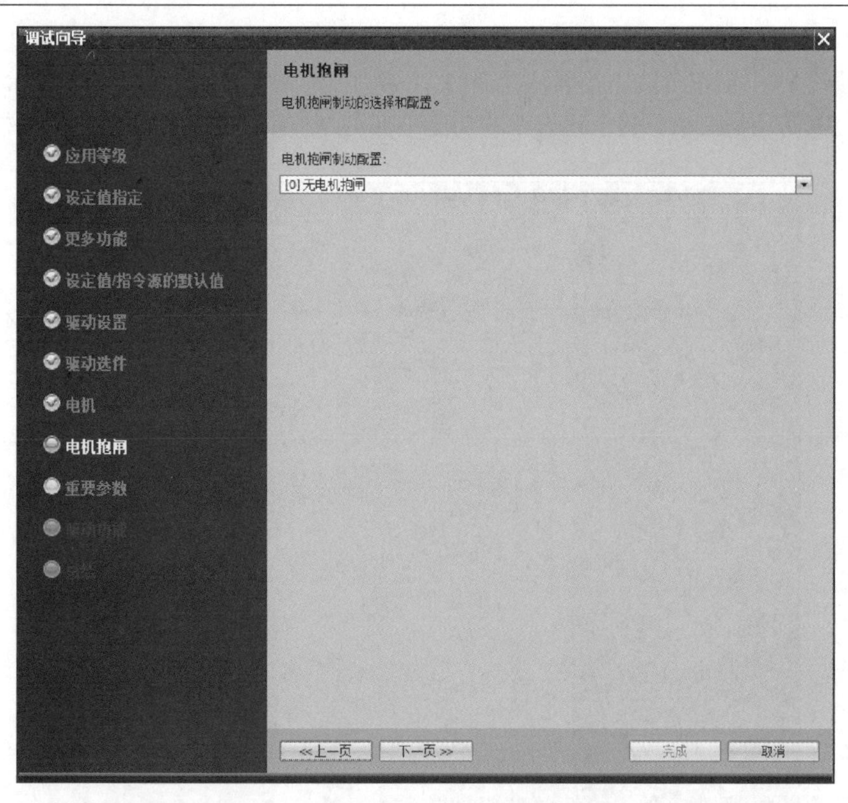

图 5-33　电动机抱闸

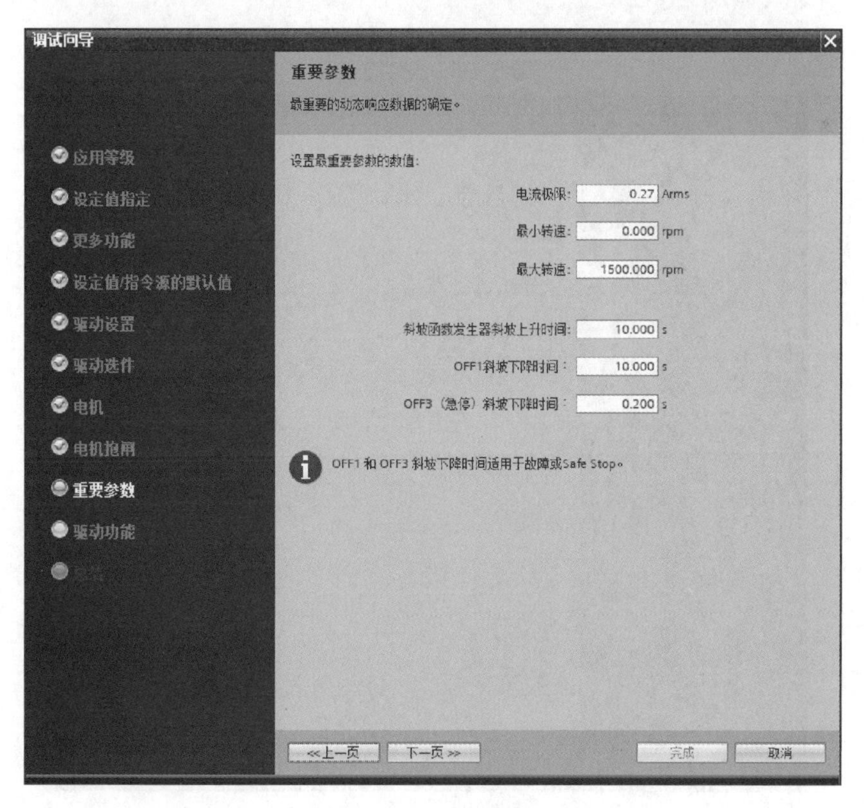

图 5-34　重要参数

（10）驱动功能的选择。图 5-35 所示为驱动功能，包括工艺应用和电动机识别，这里分别选择“[0] 恒定负载（线性特性曲线）”和“[0] 禁用”。

图 5-36 所示为总结，将上述设置的功能全部汇总显示出来，以便用户进行检查。

图 5-35　驱动功能

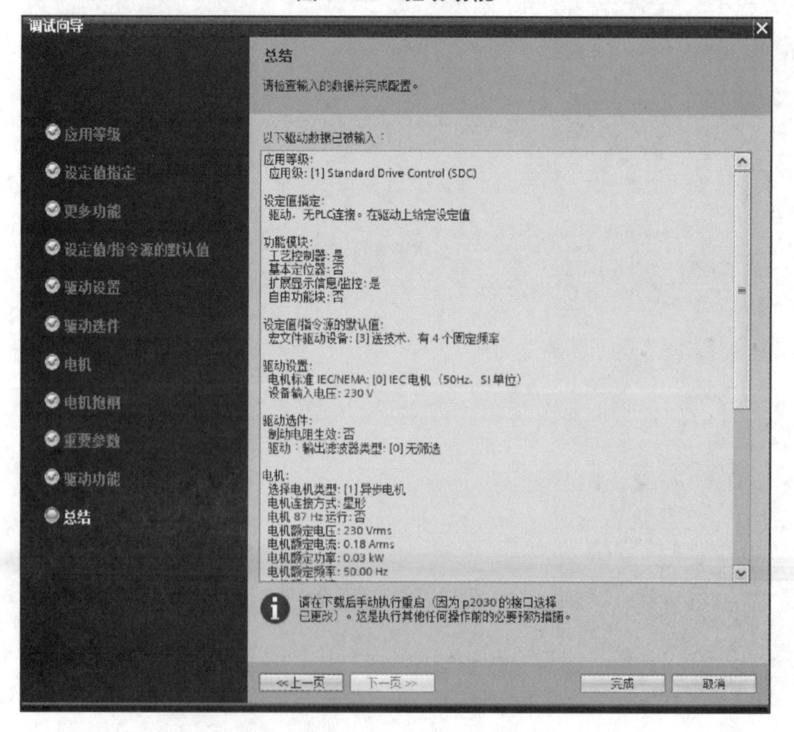

图 5-36　总结

5. 下载并调试

确保驱动与 PC 的 IP 地址为同一频段，并将所设置参数进行下载，如图 5-37 所示。下载前会有图 5-38 所示的下载预览，勾选“将参数设置保存在 EEPROM 中”，即可将设置的参数完整下载到驱动 EEPROM 中。

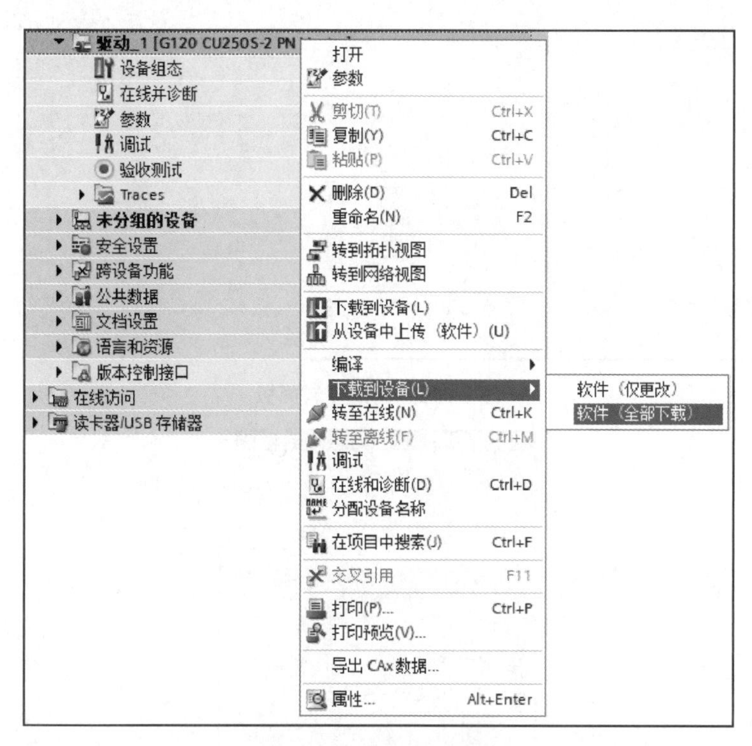

图 5-37　下载到设备

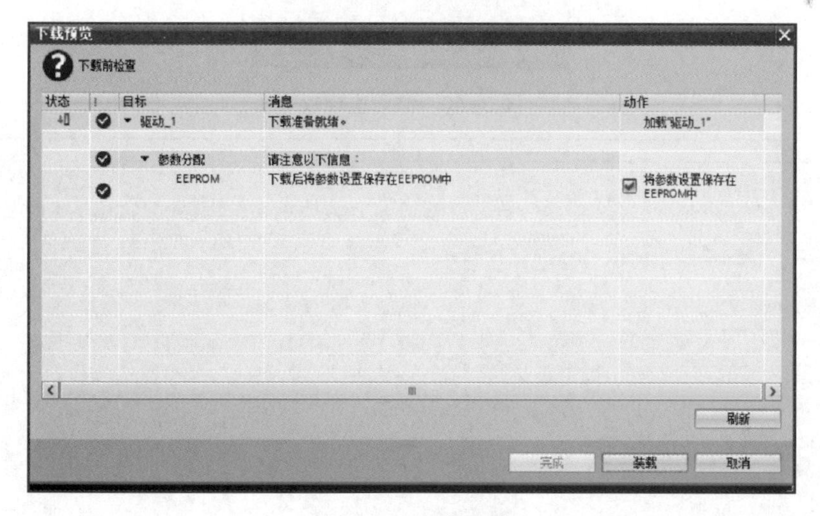

图 5-38　下载预览

下载后，变频器需要重新上电（这一点尤其重要），再次联机。

如图 5-39 所示，进入调试菜单的“控制面板”。从图 5-40 所示窗口“激活主控权”，则会显示主控权激活状态，如图 5-41 所示。

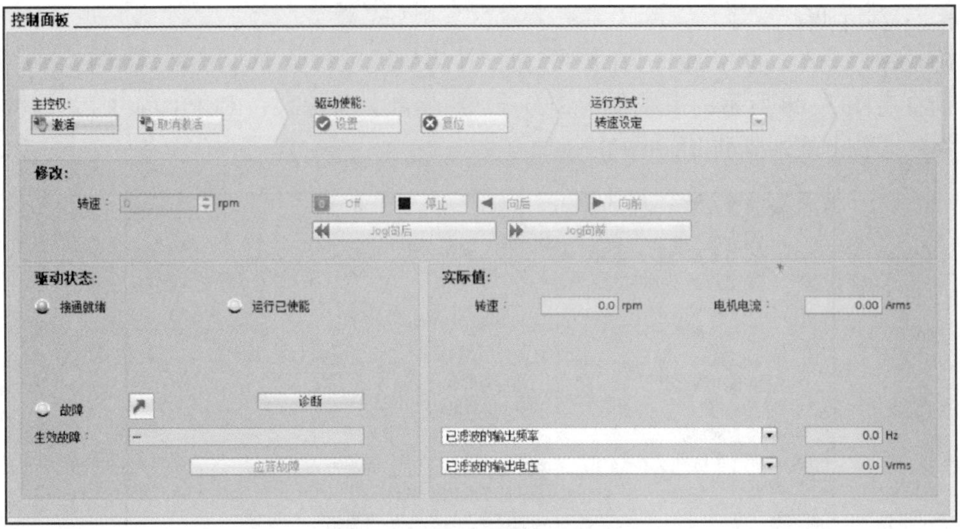

图 5-39　调试控制面板

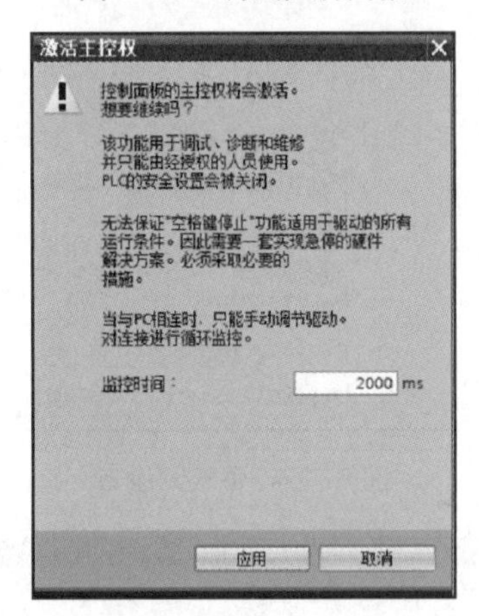

图 5-40　激活主控权

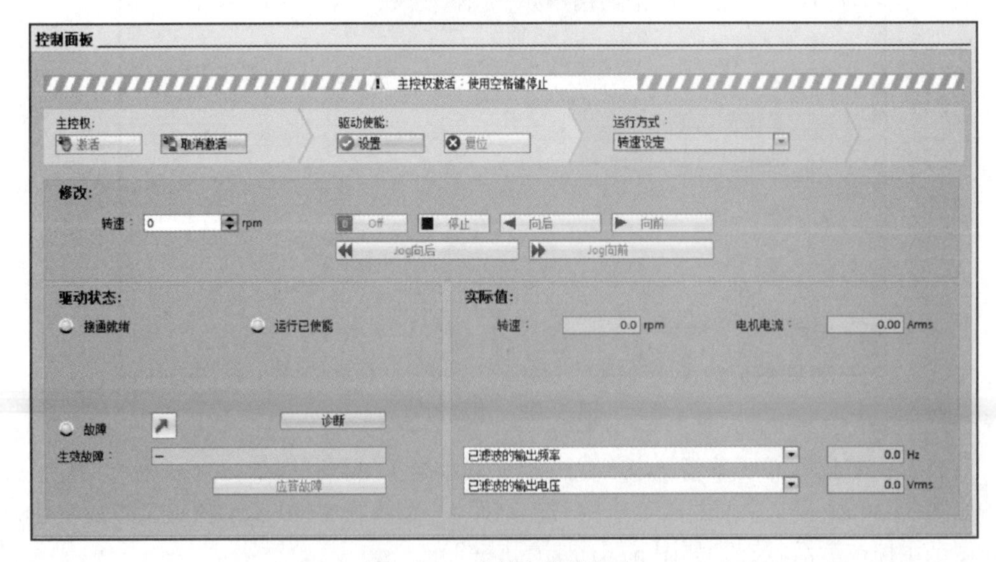

图 5-41　主控权激活状态

然后，按照图 5-42 所示进入“电机优化”调试窗口，选择测量方式为“静止测量”（见图 5-43），并单击激活按钮（见图 5-44），系统弹出“感应电机静止测量的注意事项”窗口（见图 5-45）后切换至运行模式，如图 5-46 所示。

图 5-42　选择“电机优化”

图 5-43　选择测量方式

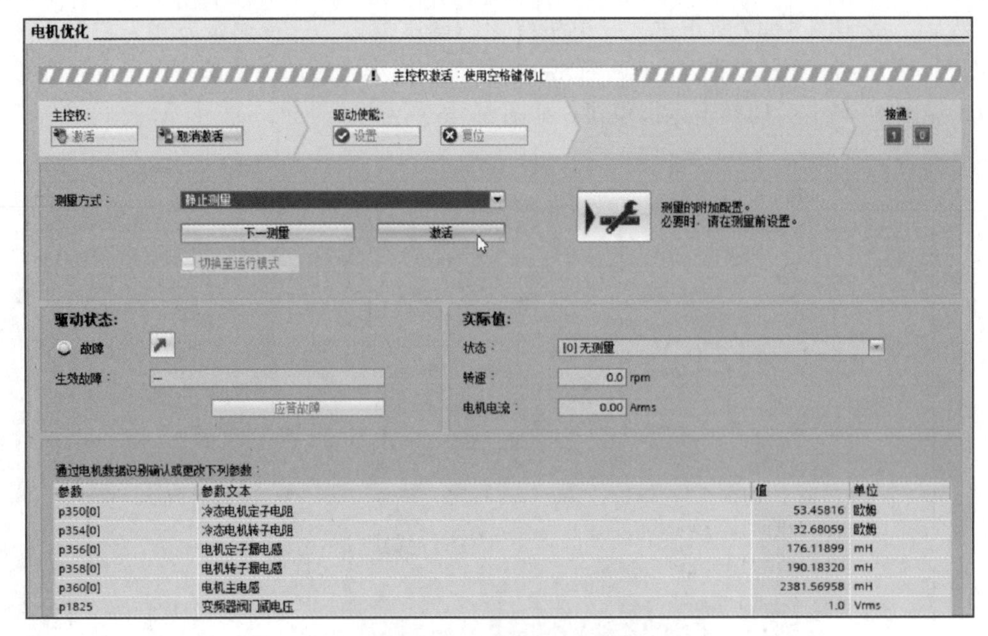

图 5-44　激活静止测量

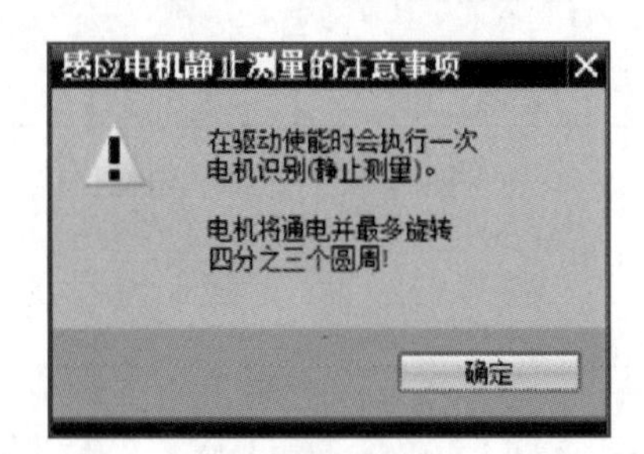

图 5-45　感应电机静止测量的注意事项

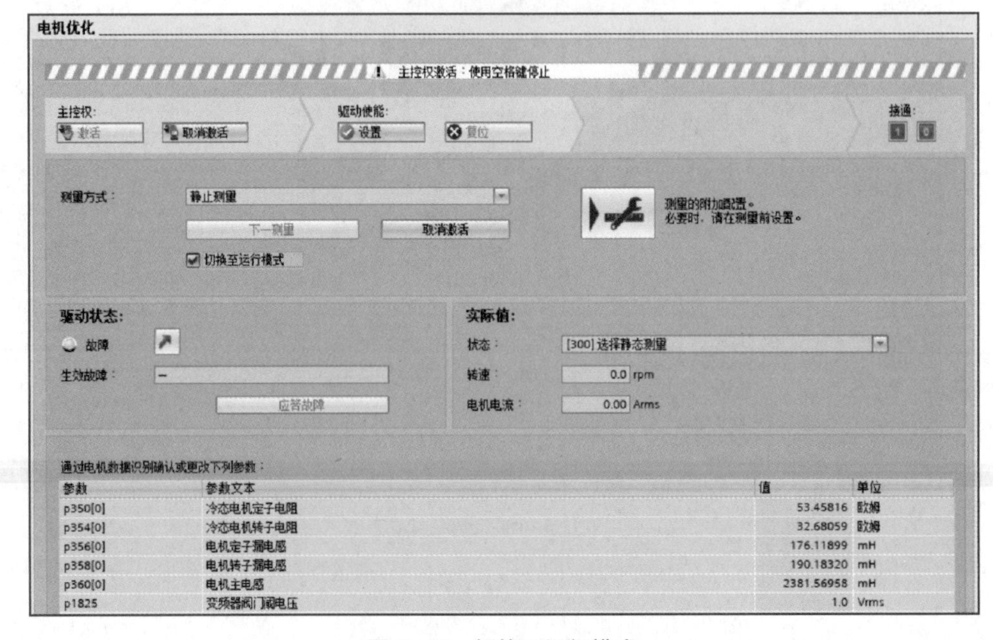

图 5-46　切换至运行模式

如图 5-47 所示，在“转速”框内输入电动机应遵循的转速设定值，这里选择 750 rpm（r/min）。指定速度设定值后，此时可以观察到驱动状态为绿色，表示可以正常调试。当鼠标首次单击按钮“向后”“向前”“Jog 向前”或“Jog 向后”时，驱动即会接通。其中，单击“向后”，使电动机向后运转；单击“向前”，使电动机向前运转；单击“Jog 向前”向前运转电动机；单击“Jog 向后”向后运转电动机。

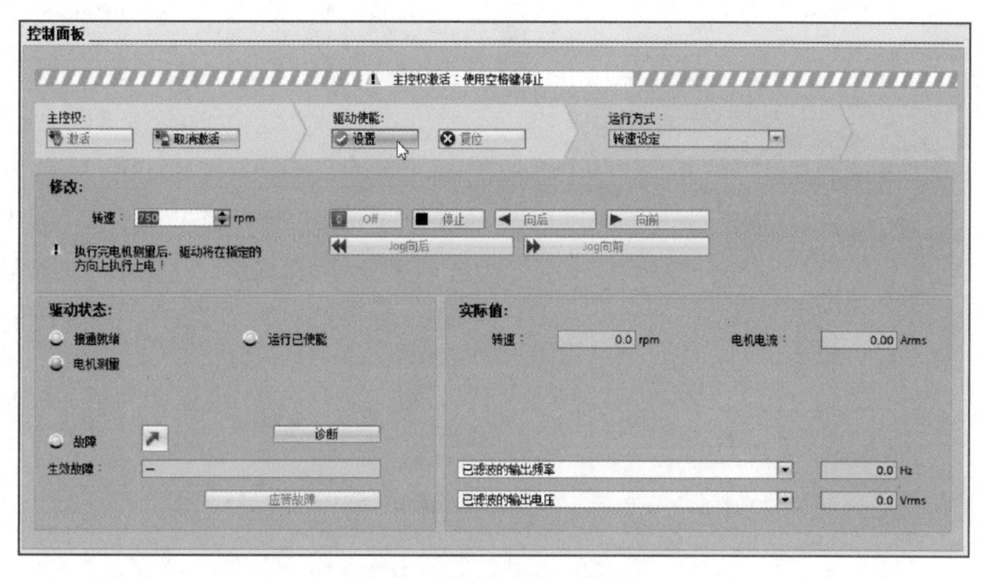

图 5-47　速度修改和驱动使能

如图 5-48 所示为向后运行的相关数据，包括速度为 −750 rpm、电动机电流为 0.17 A、已滤波的输出频率为 −25.2 Hz、已滤波的输出电压为 123.7 V。

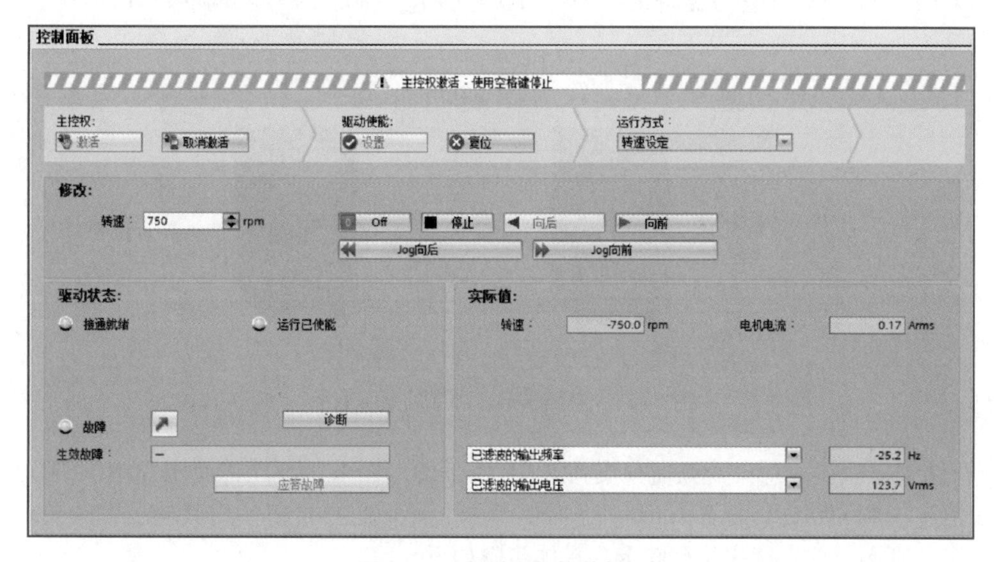

图 5-48　向后运行相关数据

6. 保存 / 复位

图 5-49 所示为保存 / 复位的操作画面，因为未插入存储卡，所以是将 RAM 中的数据保存到 EEPROM 中，单击“保存”按钮即可。

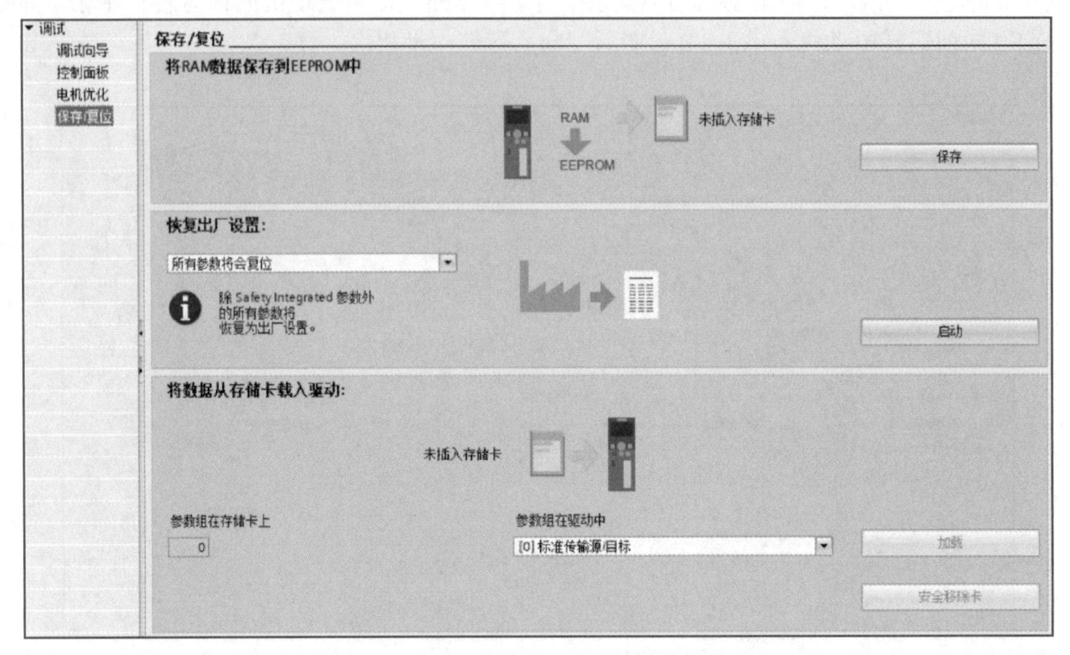

图 5-49　保存 / 复位

如果选择存储卡，则应在变频器通电前先插入存储卡，如图 5-50 所示，严格执行步骤 1、2。再次通电后，图 5-49 所示的存储卡将会从灰色激活，此时可以进行数据导入或导出操作；同时可以设置数据备份的编号，在存储卡上备份 99 项不同的设置。

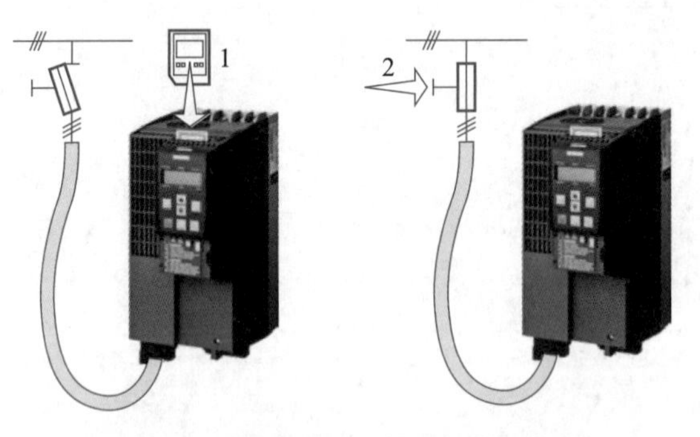

图 5-50　存储卡插入到变频器示意图

存储卡还需要注意：变频器只支持 2 GB 以下的存储卡，不允许使用 SDHC（SD High Capacity）卡和 SDXC（SD Extended Capacity）卡。如果用户希望使用其他品牌的 SD 卡或 MMC 卡，则必须首先格式化存储卡，具体步骤如下。

（1）MMC：FAT 16 格式

① 将存储卡插入 PC 中的读卡器上。

② 格式化指令：format x：/fs：fat（x：存储卡在 PC 上的盘符）。

（2）SD：FAT 16 或 FAT 32 格式

① 将存储卡插入 PC 中的读卡器上。

② 格式化指令：format x：/fs：fat 或 format x：/fs：fat32（x：存储卡在 PC 上的盘符）。

5.1.7　通过 Startdrive 进行 G120 变频器参数设置

1. 参数设置入口

图 5-51 所示为博途 Startdrive 的 G120 变频器参数设置入口。图 5-52 所示为参数窗口左上角的参数视图选项，包括显示默认参数、显示扩展参数和显示服务参数共三个选项，方便用户一目了然地显示可用于设备的参数。这里选择“显示扩展参数”。

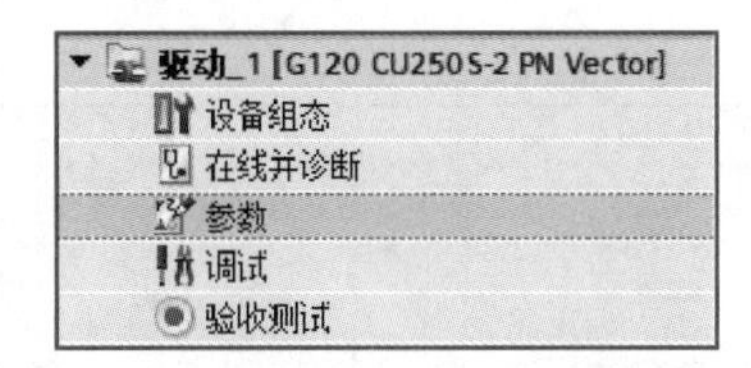

图 5-51　G120 变频器参数设置入口

显示默认参数
显示默认参数
显示扩展参数
显示服务参数

所有参数
调试
调试接口
保存&复位
系统信息
基本设置
输入/输出端
通道设定值
运行方式
驱动功能
安全集成
应用功能
通讯
诊断

二级浏览栏

号	参数文本	值	单位
<全部>	<全部>	<全部>	<全部>
r2	驱动的运行显示	[31] 接通就绪 - 设置“ON/OFF1” = “0/1”(p0840)	
p10	驱动调试参数筛选	[0] 就绪	
p15	宏文件驱动设备	[7] 场总线，带有数据组转换	
r18	控制单元固件版本	4711504	
r20	已滤波的转速设定值	0.0	rpm
r21	已滤波的转速实际值	-0.0	rpm
r25	已滤波的输出电压	0.0	Vrms
r26	经过滤波的直流母线电压	303.3	V
r27	已滤波的电流实际值	0.00	Arms
r31	已滤波的转矩实际值	0.00	Nm
r32	已滤波的有功功率实际值	0.00	kW
r34	电机热负载率	-200	%
r35	电机温度	25.2	°C
r39[0]	电能显示，电能结算（总和）	0.30	kWh
r41	节省的能源	6.78	kWh
r42[0]	过程电能显示，电能结算（总和）	0	Wh
p43	BI：使能能耗显示	0	
r46	缺少使能信号	40000001H	
r47	电机数据检测和转速控制器优化	[0] 无测量	
r49[0]	电机编码数据组有效，电机数据组MDS有效	0	
r51	驱动数据组DDS有效	0H	
r52	状态字 1	EB31H	
r53	状态字 2	2A0H	
r54	控制字 1	47EH	
r61[0]	未滤波的转速实际值，编码器 1	0.00	rpm
p96	应用级	[1] Standard Drive Control (SDC)	
p100	电机标准 IEC/NEMA	[0] IEC电机（50Hz，SI 单位）	

图 5-52　显示扩展参数

为便于用户查找参数，G120 变频器参数视图所有参数按照其主题在二级浏览栏中进行了归类。各个参数的输入栏以一定颜色显示，含义见表 5-5。

表 5-5　参数输入栏的颜色含义

编辑级别	离线颜色	在线颜色
只读	灰色	浅橙色
读 / 写	白色	橙色
动态锁定	白色，并有锁的符号	橙色，并有锁的符号

2. 宏文件驱动设备参数

本任务是多段速控制，可以直接采用 p15 宏文件驱动设备参数。设置 p15 参数前，需要先设置 p10 驱动调试参数筛选为 1，即快速调试，如图 5-53 所示。然后再如图 5-54 所示设置 p15 宏文件驱动设备为 3。完成后的相关参数汇集如图 5-55 所示。

显示扩展参数

参数表

所有参数
调试
调试接口
保存&复位
系统信息
基本设置
▸ 输入/输出端
▸ 通道设定值
▸ 运行方式
▸ 驱动功能
安全集成
▸ 应用功能
▸ 通讯
▸ 诊断

编号	参数文本	值
<全部>	<全部>	<全部>
r2	驱动的运行显示	[46] 接通禁止 -结束调试模式(p0009, p0010)
p10	驱动调试参数筛选	[1] 快速调试
p15	宏文件驱动设备	
r18	控制单元固件版本	
r20	已滤波的转速设定值	
r21	已滤波的转速实际值	
r22	已滤波的转速实际值 rpm	
r24	已滤波的输出频率	
r25	已滤波的输出电压	
r26	经过滤波的直流母线电压	
r27	已滤波的电流实际值	
r31	已滤波的转矩实际值	0.00
r32	已滤波的有功功率实际值	0.00
r34	电机热负载率	-200
r35	电机温度	25.2
r36	功率单元过载 I2t	0.0
▸ r39[0]	电能显示, 电能结算（总和）	0.30

[0] 就绪
[1] 快速调试
[2] 功率单元调试
[3] 电机调试
[4] 编码器调试
[5] 工艺应用/单元
[11] 功能模块
[15] 数据组
[17] 基本定位调试
[25] 位置控制调试
[29] 仅西门子内部
[30] 参数复位

图 5-53　p10 驱动调试参数筛选

显示扩展参数

参数表

所有参数
调试
调试接口
保存&复位
系统信息
基本设置
▸ 输入/输出端
▸ 通道设定值
▸ 运行方式
▸ 驱动功能
安全集成
▸ 应用功能
▸ 通讯

编号	参数文本	值
<全部>	<全部>	<全部>
r2	驱动的运行显示	[46] 接通禁止 -结束调试模式(p0009, p0010)
p10	驱动调试参数筛选	[1] 快速调试
p15	宏文件驱动设备	[3] 送技术，有 4 个固定频率
r18	控制单元固件版本	
r20	已滤波的转速设定值	
r21	已滤波的转速实际值	
r22	已滤波的转速实际值 rpm	
r24	已滤波的输出频率	
r25	已滤波的输出电压	
r26	经过滤波的直流母线电压	
r27	已滤波的电流实际值	
r31	已滤波的转矩实际值	

[3] 送技术，有 4 个固定频率
[4] 送技术，带有现场总线
[5] 送技术，带有现场总线和基本安全功能
[7] 场总线，带有数据组转换
[8] 动电位器，带基本安全功能
[9] 电动电位器的标准 I/O
[12] 准 I/O，带有模拟设定值
[13] 准 I/O，带有模拟设定值和安全功能
[14] 程工业，带有现场总线
[15] 程工业
[17] 线制（向前/向后 1）
[18] 线制（向前/向后 2）

图 5-54　p15 宏文件驱动设备

参数	名称	值	单位
p1000[0]	转速设定值选择	[3] [illegible]	
p1001[0]	转速固定设定值 1	500.000	rpm
p1002[0]	转速固定设定值 2	550.000	rpm
p1003[0]	转速固定设定值 3	600.000	rpm
p1004[0]	转速固定设定值 4	650.000	rpm
p1005[0]	转速固定设定值 5	0.000	rpm
p1006[0]	转速固定设定值 6	0.000	rpm
p1007[0]	转速固定设定值 7	0.000	rpm
p1008[0]	转速固定设定值 8	0.000	rpm
p1009[0]	转速固定设定值 9	0.000	rpm
p1010[0]	转速固定设定值 10	0.000	rpm
p1011[0]	转速固定设定值 11	0.000	rpm
p1012[0]	转速固定设定值 12	0.000	rpm
p1013[0]	转速固定设定值 13	0.000	rpm
p1014[0]	转速固定设定值 14	0.000	rpm
p1015[0]	转速固定设定值 15	0.000	rpm
p1016	转速固定设定值选择模式	[1] 直接	
p1020[0]	BI: 转速固定设定值选择 位 0	r722.0 CO/BO: CU 数字输入状态: DI 0 (Kl. 5)	
p1021[0]	BI: 转速固定设定值选择 位 1	r722.1 CO/BO: CU 数字输入状态: DI 1 (Kl. 6, ...	
p1022[0]	BI: 转速固定设定值选择 位 2	r722.4 CO/BO: CU 数字输入状态: DI 4 (Kl. 16)	
p1023[0]	BI: 转速固定设定值选择 位 3	r722.5 CO/BO: CU 数字输入状态: DI 5 (Kl. 17,...	

图 5-55　相关参数汇集

图 5-56 所示为 p15 = 3 宏文件的 I/O 配置示意图。从这里也可以理解 p15 就是类似于把 p700 和 p1000 参数组进行批处理设置的功能。

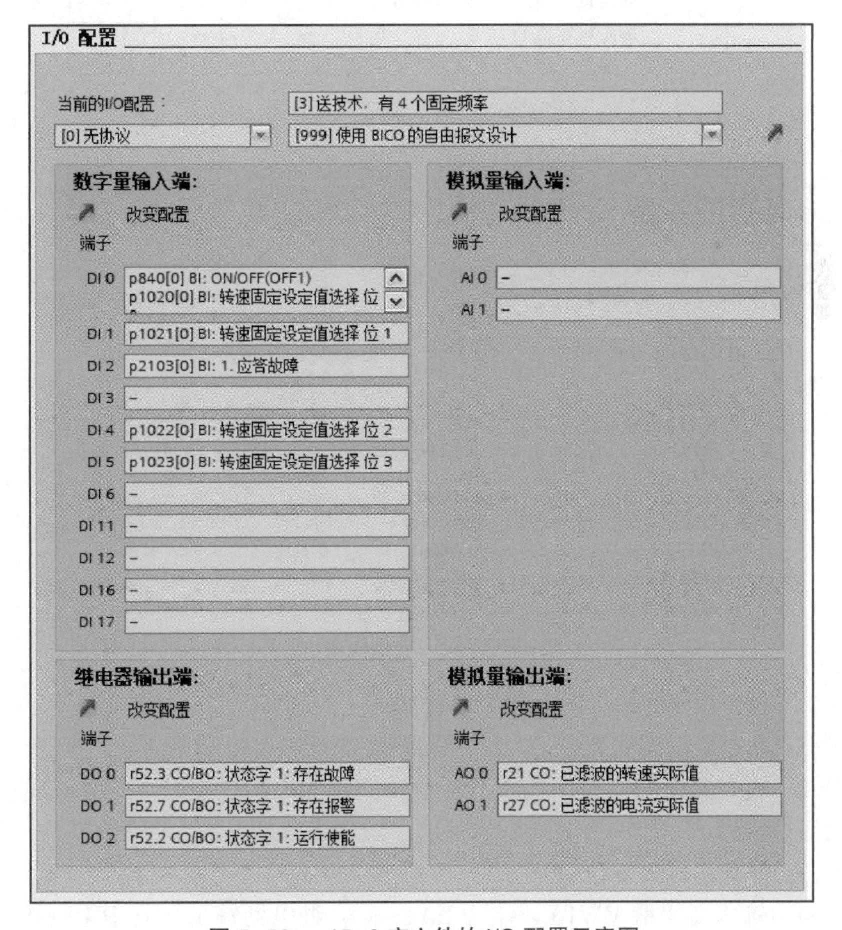

图 5-56　p15=3 宏文件的 I/O 配置示意图

图 5-57 所示是 p15=3 宏文件所对应的端子功能，其固定转速选择根据图 5-58 进行设定，相应的固定设定值为 p1001~p1004。

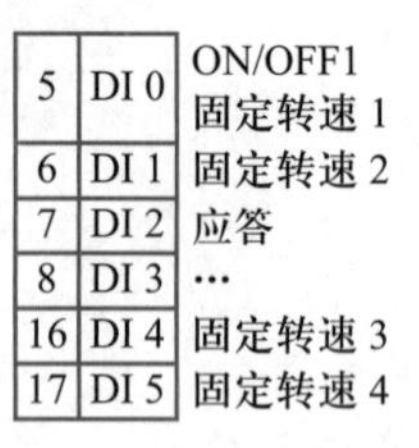

图 5-57　对应的端子功能

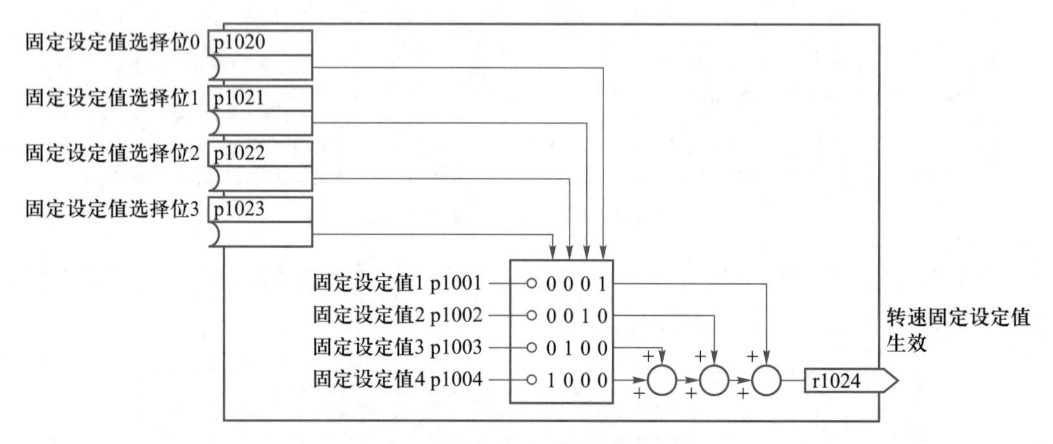

图 5-58　固定转速设定示意图

5.1.8　PLC 梯形图编程

如图 5-59 所示为变量说明。

名称	变量表	数据类型	地址
停止按钮	默认变量表	Bool	%I0.0
启动按钮	默认变量表	Bool	%I0.1
速度切换按钮	默认变量表	Bool	%I0.2
指示灯	默认变量表	Bool	%Q0.0
KA1	默认变量表	Bool	%Q0.1
KA2	默认变量表	Bool	%Q0.2
KA3	默认变量表	Bool	%Q0.3
KA4	默认变量表	Bool	%Q1.0
速度变量	默认变量表	Int	%MW10
上升沿变量	默认变量表	Bool	%M12.0

图 5-59　变量说明

图 5-60 所示为程序的梯形图。程序解释如下。

程序段 1：通过启动按钮置位 Q0.0，并将速度变量 MW10 设为 1。

程序段 2：通过速度切换按钮的上升沿脉冲实现 MW10 的变化，即 1—2—3—4—1—2—3—4，依次循环。

程序段 3：停止信号，复位 Q0.0。

程序段 4：将速度变量 MW10 转化为 KA1~KA4 继电器输出，其中第一段速为 KA4，第二段速为 KA1 和 KA4，第三段速为 KA2 和 KA4，第四段速为 KA3 和 KA4。

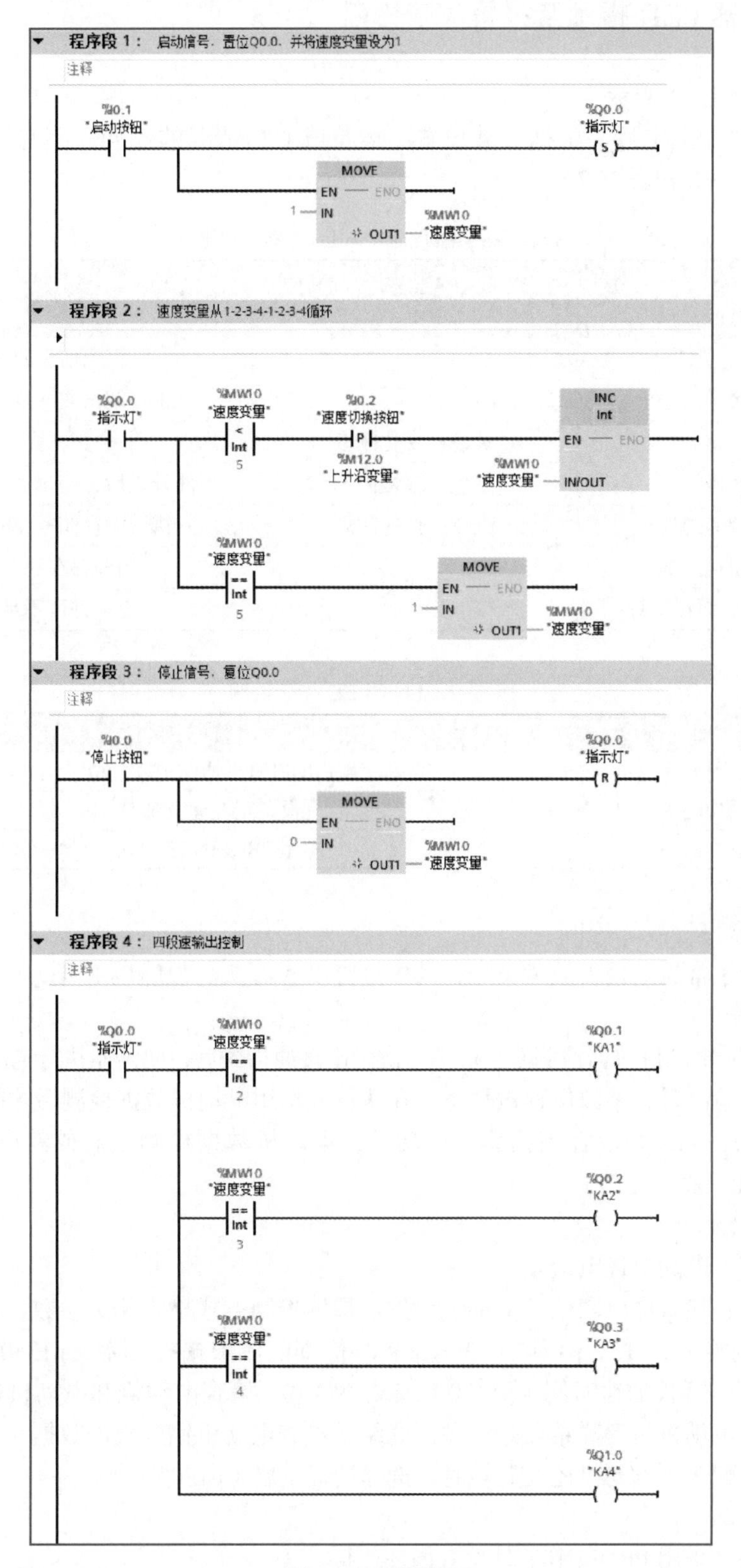

图 5-60　梯形图

5.1.9　变频器 LED 指示及报警故障诊断

1. 变频器 LED 指示

G120 变频器上电后，根据参数设置、运行或通信情况的不同，会有不同的 LED 指示，具体见表 5-6 和表 5-7。

表 5-6　RDY 和 BF LED 指示说明

<table>
<tr><th colspan="2">LED</th><th rowspan="2">说明</th></tr>
<tr><th>RDY</th><th>BF</th></tr>
<tr><td>绿色，亮</td><td rowspan="2">不相关</td><td>当前无故障</td></tr>
<tr><td>绿色，缓慢闪烁</td><td>正在调试或恢复出厂设置</td></tr>
<tr><td>红色，亮</td><td>黄色，变化频率</td><td>正在更新</td></tr>
<tr><td>红色，缓慢闪烁</td><td>红色，缓慢闪烁</td><td>固件升级后，变频器等待重新上电</td></tr>
<tr><td>红色，快速闪烁</td><td>红色，快速闪烁</td><td>错误的存储卡或升级失败</td></tr>
<tr><td>红色，快速闪烁</td><td rowspan="2">不相关</td><td>当前存在一个故障</td></tr>
<tr><td>绿色 / 红色，缓慢闪烁</td><td>许可不足</td></tr>
</table>

表 5-7　LNK LED 指示说明

LNK LED	说明
绿色恒亮	PROFINET 通信成功建立
绿色，缓慢闪烁	设备正在建立通信
熄灭	无 PROFINET 通信

2. 变频器报警故障诊断

这里给出了常见的报警故障类型，其中报警以 A 开头、故障以 F 开头。

（1）A07991。

报警原因：电动机数据检测激活。下一次给出接通指令后，便开始执行电动机数据检测。在选择了旋转检测时，参数保存被禁止。在执行或禁用电动机数据检测后才能进行保存。

解决方法：无须采取任何措施。成功结束电动机数据检测之后或者设置 p1900＝0，报警便会自动解除。

（2）F07801。

报警原因：电动机过电流。

解决方法：检查电流限值（p0640），然后根据控制方式检查相关参数，如矢量控制时检查电流控制器（p1715、p1717）、V/f 控制时检查电流限幅控制器（p1340~p1346）。还需要以下内容：延长加速时间（p1120）或减小负载；检查电动机和电动机连线是否短接和接地；检查电动机星形联结还是三角形联结，检查电动机铭牌上的数据；检查功率模块和电动机是否配套；电动机还在旋转时，选择捕捉重启（p1200）等。

（3）A08526。

报警原因：采用 PROFINET 时没有循环连接。

解决方法：激活控制器周期性通信，同时检查参数“Name of Station”和“IP of Station”（r61000，r61001）。

（4）F30003。

报警原因：直流母线欠电压。

解决方法：检查主电源电压（p0210）。由于 PM 模块和部分 CU 模块是单独供电的，因此需要确认主电源电压是否正确接入。

技能考核

1. 考核任务

（1）使用 Startdrive 集成工程工具与变频器正常通信，并调试成功。

（2）使用 Startdrive 集成工程工具完成四段速控制的参数，并保存。

（3）完成 PLC 的梯形图编程，实现电动机启停和四段速度运行。

2. 评分标准

按要求完成考核任务，其评分标准见表 5-8。

表 5-8　评 分 标 准

姓名：		任务编号：5.1	综合评价：		
序号	考核项目	考核内容及要求	配分	评分标准	得分
1	电工安全操作规范	着装规范，安全用电，走线规范合理，工具及仪器仪表使用规范，任务完成后进行场地整理并保持清洁有序	20	现场考评	
2	实训态度	不迟到、不早退、不旷课，实训过程认真负责，组内人员主动沟通、协作，小组间互助	10		
3	系统方案制定	PLC 和变频器控制对象说明与分析合理	10		
		Startdrive 集成工程工具功能分析合理			
4	编程能力	能使用梯形图编程方法实现变频器启停和四段速运行	15		
5	操作能力	根据变频器说明正确安装 PM 和 CU，并接线上电	25		
		根据变频器 LED 指示完成参数设置			
		根据系统功能进行正确操作演示			
6	实践效果	系统工作可靠，满足工作要求	10		
		PLC 和变频器规范命名			
		按规定的时间完成任务			
7	汇报总结	工作总结，PPT 汇报	5		
		填写自我检查表及反馈表			
8	创新实践	在本任务中有另辟蹊径、独树一帜的实践内容	5		
合计			100		

注　综合评价，可以采用教师评价、学生评价、组间评价、企业评价等按一定比例计算后综合得出五级制成绩，即 90~100 为优、80~89 为良、70~79 为中、60~69 为及格、0~59 为不及格。

任务 5.2　PLC 通信控制 G120 变频器

任务描述

如图 5-61 所示，需要在触摸屏 KTP700 上进行 G120 变频器的启动与停止控制，并设置相应的转速，其中电动机为四极、额定转速为 1 390 rad/min。其中 PLC 不外接任何按钮。

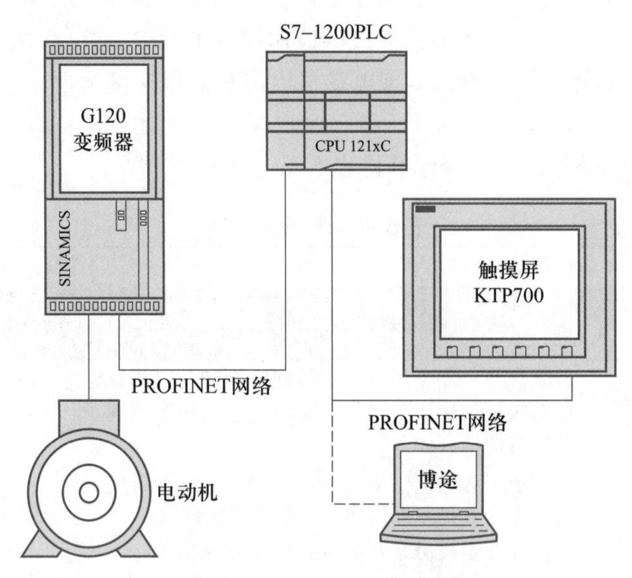

图 5-61　任务 5.2 控制示意图

任务要求如下。

（1）将 PLC、触摸屏和变频器完成 PROFINET 网络连接，并设置在同一个 IP 频段。

（2）将 PLC 与变频器的通信方式设置为标准报文 1（PZD-2/2）。

（3）在触摸屏上组态变频器的启动、停止、复位按钮和以转速为单位的速度设定画面。

知识准备

5.2.1　G120 变频器的 PROFINET 网络通信功能

G120 变频器具有强大的 PROFINET 网络通信功能，能和多个设备进行通信，使用户可以方便地监控变频器的运行状态并修改参数。如图 5-62 所示，将 G120 变频器接入 PROFINET 网络或通过以太网与变频器进行通信。

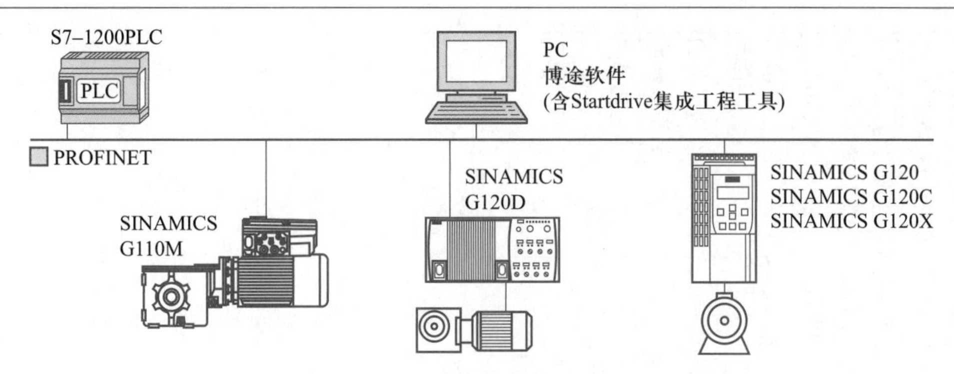

图 5-62　G120 变频器接入 PROFINET 网络

1. 参数访问

参数访问分为两种：一种是周期过程数据交换，即 PROFINET IO 控制器可以将控制字和主给定值等过程数据周期性地发送至西门子变频器，并从西门子变频器周期性地读取状态字和实际转速等过程数据；另一种是变频器的参数访问，即提供 PROFINET IO 控制器访问西门子变频器参数的接口。

2. 周期性通信

西门子变频器的周期性通信，即周期性通信的 PKW 通道（参数数据区）：通过 PKW 通道 PROFINET IO 控制器可以读写西门子变频器的参数，每次只能读或写一个参数，PKW 通道的长度固定为 4 个字，如图 5-63 所示。参数通道的结构为：① PKE（第 1 个字）中，AK 为读或写任务（包括任务 ID 和应答 ID），位 11 预留且值始终为 0，PNU 为参数号；② IND（第 2 个字）为参数下标；③ PWE（第 3 个和第 4 个字）为参数值。

参数通道						
PKE(第1个字)			IND(第2个字)		PWE(第3个和第4个字)	
15...12	11	10...0	15...8	7...0	15...0	15...0
AK	SPM	PNU	子索引	分区索引	PWE1	PWE2

图 5-63　PKW 通道示意图

3. 非周期性通信

西门子变频器的非周期性通信，即 PROFINET IO 控制器通过非循环通信访问西门子变频器数据记录区，每次可以读或写多个参数。

5.2.2　G120 变频器通信控制字和状态字格式

G120 变频器通信的部分报文见表 5-9。它一般都包含控制字和状态字，且过程值（即 PZD）数量不一。

表 5-9　G120 变频器通信的部分报文

报文编号	1		2		3		4		7		9		20	
过程值 1	控制字 1	状态字 1	控制字 1	状态字 1	控制字 1	状态字 1	控制字 1	状态字 1	控制字 1	状态字 1	控制字 1	状态字 1	控制字 1	状态字 1
过程值 2	转速设定值 16 位	转速实际值 16 位	转速设定值 32 位	转速实际值 32 位	转速设定值 32 位	转速实际值 32 位	转速设定值 32 位	转速实际值 32 位	选择程序段	EPOS 选择的程序段	选择程序段	EPOS 选择的程序段	转速设定值 16 位	经过平滑的转速实际值 A（16 位）
过程值 3											控制字 2	状态字 2		经过平滑的输出电流
过程值 4			控制字 2	状态字 2	控制字 2	状态字 2	控制字 2	状态字 2			MDI 目标位置			经过平滑的转矩实际值
过程值 5					编码器 1 控制字	编码器 1 状态字	编码器 1 控制字	编码器 1 状态字			MDI 速度			有功功率实际值
过程值 6						编码器 1 位置实际值 1 32 位	编码器 2 控制字	编码器 1 位置实际值 1 32 位			MDI 加速度			
过程值 7											MDI 减速度			
过程值 8						编码器 1 位置实际值 2 32 位		编码器 1 位置实际值 2 32 位			MDI 模式选择			
过程值 9														
过程值 10								编码器 2 状态字						
过程值 11								编码器 2 位置实际值 1 32 位						
过程值 12														
过程值 13								编码器 2 位置实际值 2 32 位						
过程值 14														

以本任务用到的标准报文 1 为例，控制字含义与参数设置见表 5-10。状态字含义与参数设置见表 5-11。根据表格含义，可以得出下列常用控制字：16#047E 表示停止就绪，16#047F 表示启动，16#0C7F 表示正转，16#04FE 表示故障复位等。

表 5-10　控制字含义与参数设置

控制字位	含义	参数设置
0	ON/OFF1	P840 = r2090.0
1	OFF2 停车	P844 = r2090.1
2	OFF3 停车	P848 = r2090.2
3	脉冲使能	P852 = r2090.3
4	使能斜坡函数发生器	P1140 = r2090.4
5	继续斜坡函数发生器	P1141 = r2090.5
6	使能转速设定值	P1142 = r2090.6
7	故障应答	P2103 = r2090.7
8，9	预留	
10	通过 PLC 控制	P854 = r2090.10
11	反向	P1113 = r2090.11
12	未使用	
13	电动电位计升速	P1035 = r2090.13
14	电动电位计降速	P1036 = r2090.14
15	CDS 位 0	P0810 = r2090.15

表 5-11　状态字含义与参数设置

状态字位	含义	参数设置
0	接通就绪	r899.0
1	运行就绪	r899.1
2	运行使能	r899.2
3	故障	r2139.3
4	OFF2 激活	r899.4
5	OFF3 激活	r899.5
6	禁止合闸	r899.6
7	报警	r2139.7

续表

状态字位	含义	参数设置
8	转速差在公差范围内	r2197.7
9	控制请求	r899.9
10	达到或超出比较速度	r2199.1
11	I、P、M 比较	r1407.7
12	打开抱闸装置	r899.12
13	报警电动机过热	r2135.14
14	正反转	r2197.3
15	CDS	r836.0

5.2.3 速度设定转换指令

标准报文 1 中的转速设定值和实际值，其对应的数据为 0~50.0 Hz（或 0~额定转速）或 0~16384（即 16#4000）。在实际编程中需要采用转换指令。

1. NORM_X 标准化指令

图 5-64（a）所示为 NORM_X 标准化指令，它通过将输入 VALUE 中变量的值映射到线性标尺，对其进行标准化，如图 5-64（b）所示。可以使用参数 MIN 和 MAX 定义该值的限值。输出 OUT 中的结果经过计算并存储为浮点数，这取决于要标准化的值在该值范围中的位置。如果要标准化的值等于输入 MIN 中的值，则输出 OUT 将返回值“0.0”。如果要标准化的值等于输入 MAX 中的值，则输出 OUT 需返回值“1.0”。

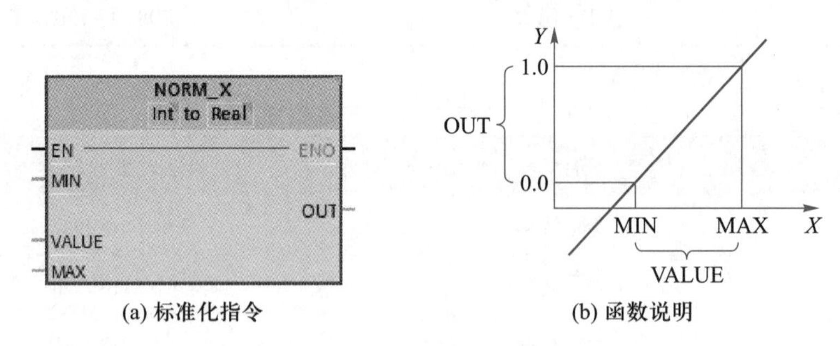

(a) 标准化指令　(b) 函数说明

图 5-64　NORM_X 指令

“标准化”指令将按下列公式进行计算，即

$$OUT = (VALUE - MIN) / (MAX - MIN)$$

如果满足下列条件之一，则使能输出 ENO 的信号状态为“0”。

（1）使能输入 EN 的信号状态为“0”。

（2）输入 MIN 的值大于或等于输入 MAX 的值。

（3）根据 IEEE-754 标准，指定浮点数的值超出了标准的数范围。

（4）输入 VALUE 的值为 NaN（无效算术运算的结果）。

2. SCALE_X 缩放指令

图 5-65（a）所示为 SCALE_X 缩放指令，它通过将输入 VALUE 的值映射到指定的范围内，对该值进行缩放，如图 5-65（b）所示。当执行“缩放”指令时，输入 VALUE 的浮点值会缩放到由参数 MIN 和 MAX 定义的范围。缩放结果为整数，存储在输出 OUT 中。

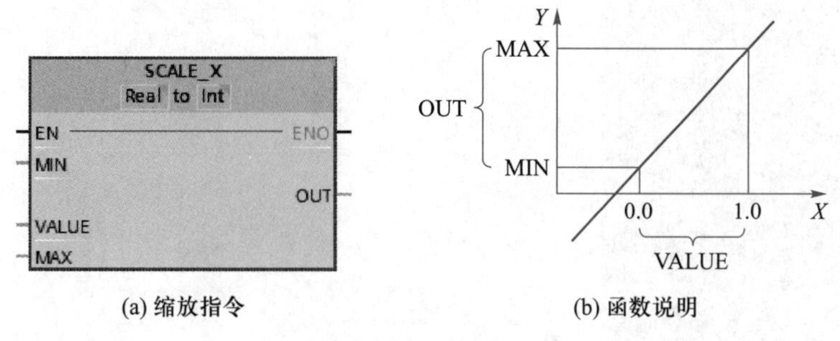

(a) 缩放指令　　(b) 函数说明

图 5-65　SCALE_X 指令

“缩放”指令将按下列公式进行计算，即

$$OUT = [VALUE \times (MAX - MIN)] + MIN$$

如果满足下列条件之一，则使能输出 ENO 的信号状态为“0”。

（1）使能输入 EN 的信号状态为“0”。

（2）输入 MIN 的值大于或等于输入 MAX 的值。

（3）根据 IEEE-754 标准，指定的浮点数的值超出了标准的数范围。

（4）发生溢出。

（5）输入 VALUE 的值为 NaN（无效算术运算的结果）。

任务实施 >>>

5.2.4　通过 Startdrive 进行 G120 变频器报文配置

1. 报文设置

与任务 5.1 一样进行 G120 变频器的安装、接线、上电后，进入 Startdrive 调试向导。其中在“设定值指定”窗口中需要选择 PLC 与驱动数据交换，如图 5-66 所示。

在图 5-67 所示的“设定值 / 指令源的默认值”窗口中选择 I/O 的默认配置为“[7] 场总线，带有数据组转换”，并设置“报文配置”为“[1] 标准报文 1，PZD-2/2”。

微课：

任务实施：PLC 通信控制 G120 变频器

完成上述步骤后，按任务 5.1 的步骤进行电动机调试。

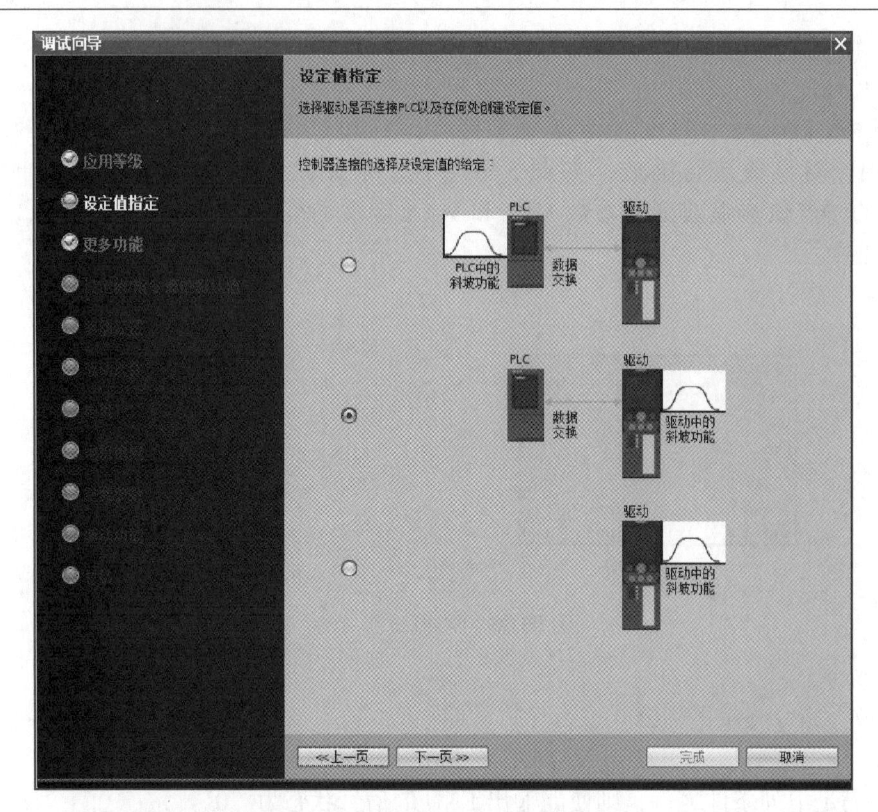

图5-66　选择PLC与驱动数据交换

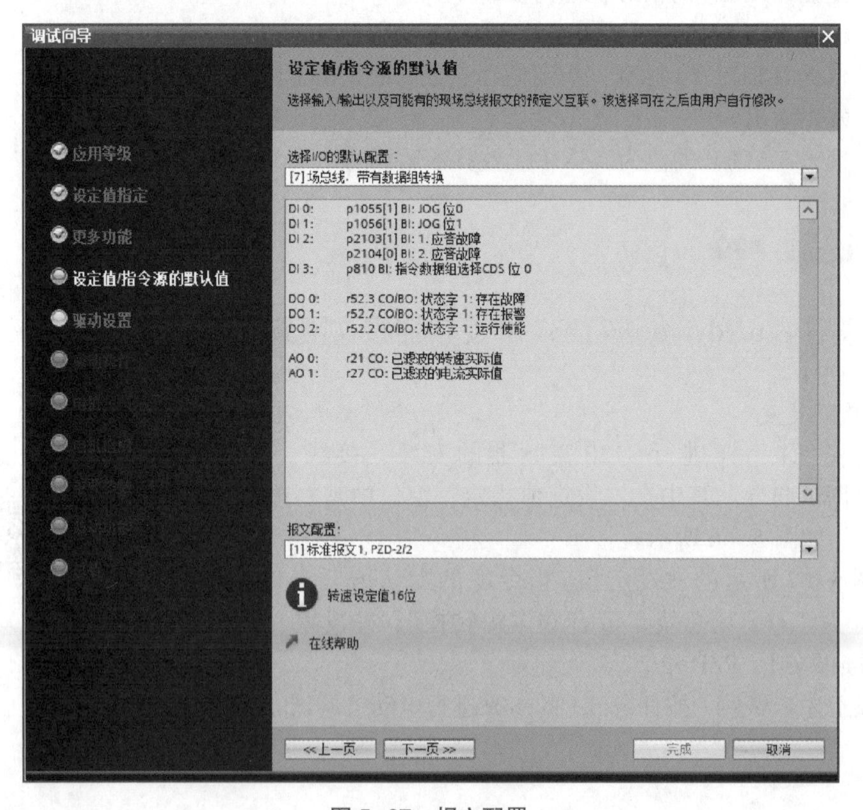

图5-67　报文配置

2. 设置通信伙伴

从博途中添加 PLC 和触摸屏设备，并按照图 5–68 所示进行设备 PN 联网，包括 PLC_1（CPU1215C）、驱动 _1（G120 CU250S–2 PN）、HMI_1（KTP700 Basic PN），其 IP 地址在同一频段内。

单击 G120 需要详细设置的报文配置，如图 5–69 和图 5–70 所示。无论发送还是接收，起始地址都可以改变，这里选择默认值 I256 和 Q256。

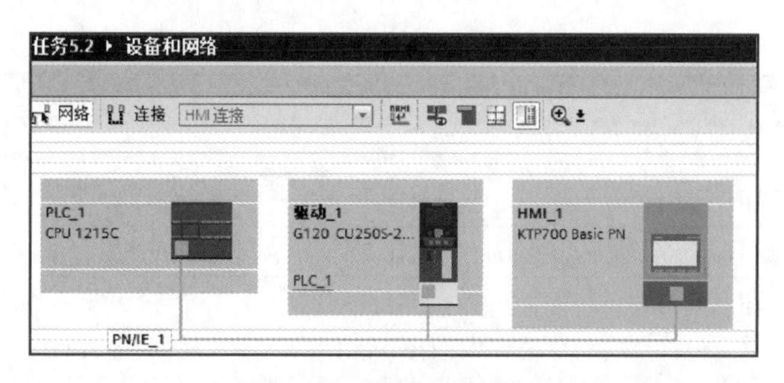

图 5–68　设备 PN 联网

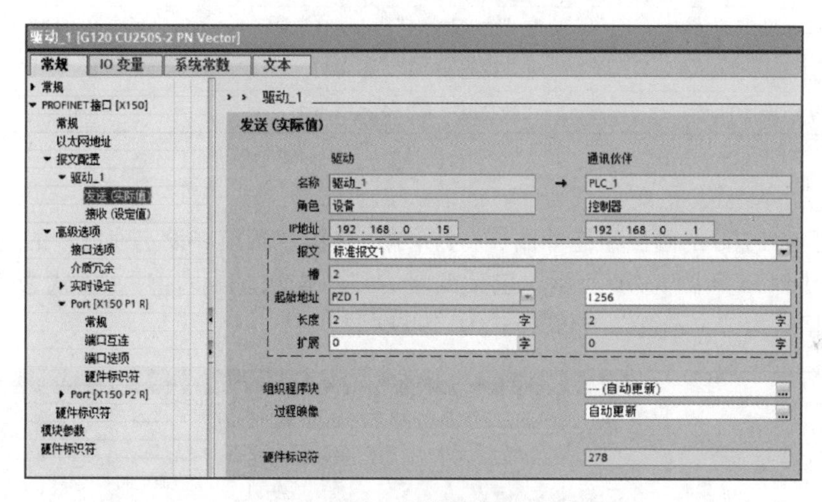

图 5–69　发送报文配置

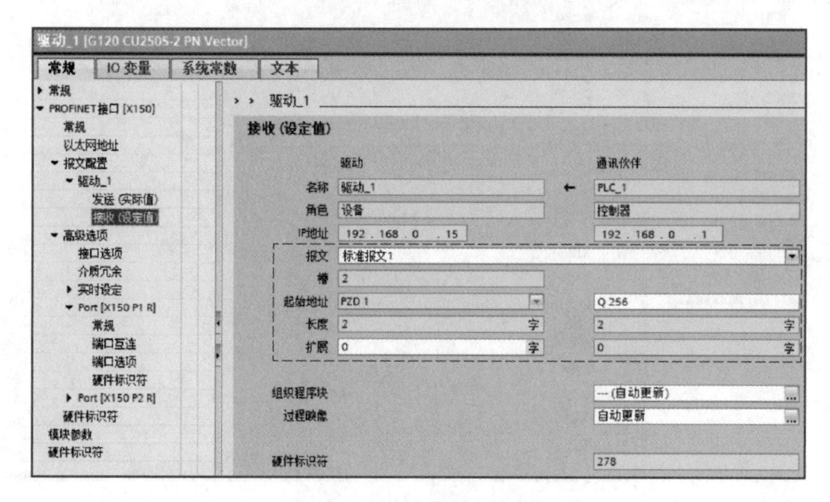

图 5–70　接收报文配置

5.2.5　PLC 编程与触摸屏组态

1. 变量、数据块定义

本任务的变量定义见表 5-12，包括触摸屏变量、PLC 到 G120 变频器控制字以及数据块 _1（DB1）。其中数据块定义如图 5-71 ~ 图 5-73 所示。

表 5-12　变 量 定 义

名称	变量名	备注
HMI 启动按钮	M10.0	触摸屏按钮
HMI 停止按钮	M10.1	触摸屏按钮
变频器启停信号	M10.2	中间变量
HMI 复位按钮	M10.3	触摸屏按钮
控制字 1	QW256	PLC → G120 变频器
控制字 2	QW258	PLC → G120 变频器
触摸屏设定速度	“数据块 _1”.speed1	Int 类型
变频器实际设定值	“数据块 _1”.speed2	Int 类型
速度转换中间值	“数据块 _1”.speedreal1	Real 类型

2. 触摸屏画面组态

触摸屏 KTP700 的画面组态如图 5-74 所示。其中“触摸屏设定速度”的过程值和常规设置如图 5-75 和图 5-76 所示，包括变量为“数据块 _1.speed1”、模式为“输入 / 输出”、显示格式为“十进制”、格式样式为“9999”。

图 5-71　数据块定义

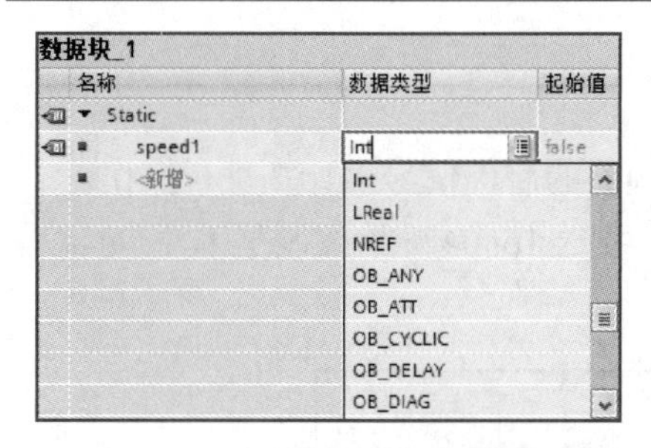

图 5-72　添加变量并修改数据类型

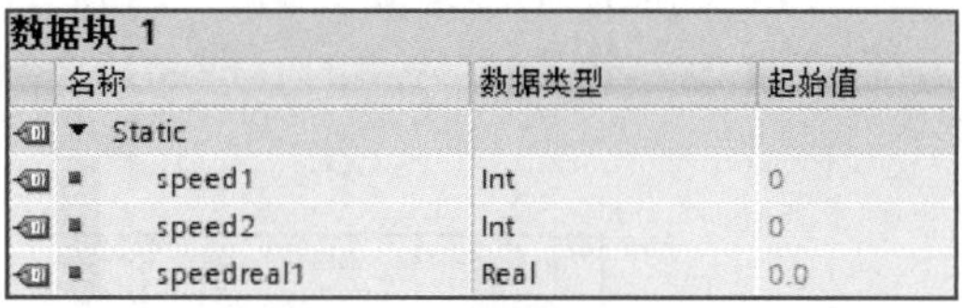

图 5-73　完成后的数据块

数据块_1		
名称	数据类型	起始值
▼ Static		
speed1	Int	0
speed2	Int	0
speedreal1	Real	0.0

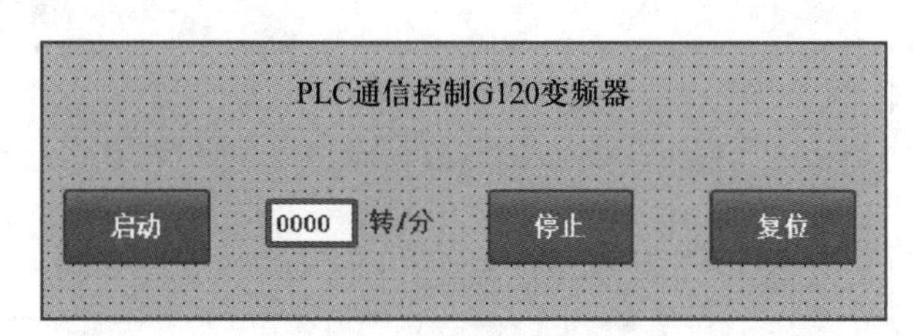

图 5-74　触摸屏画面组态

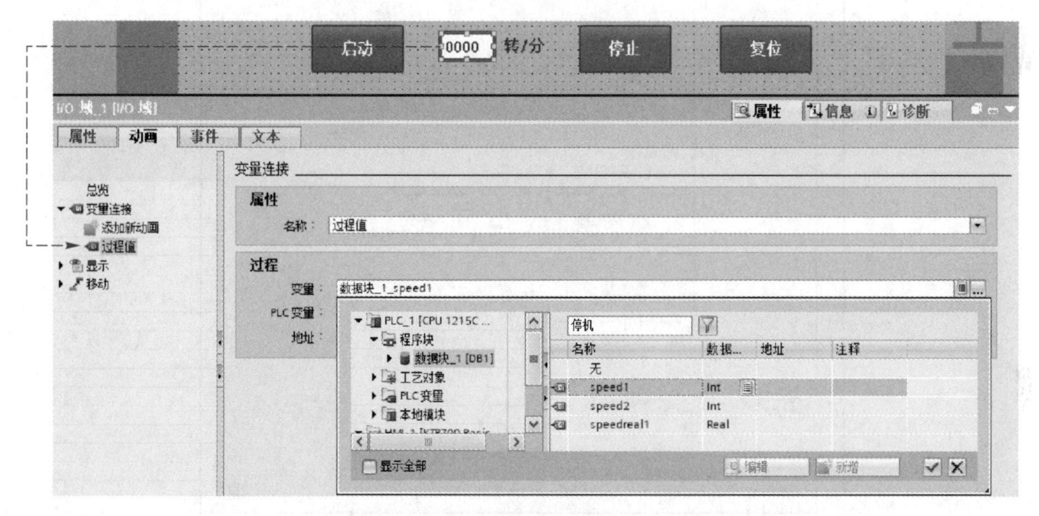

图 5-75　“触摸屏设定速度”的过程值

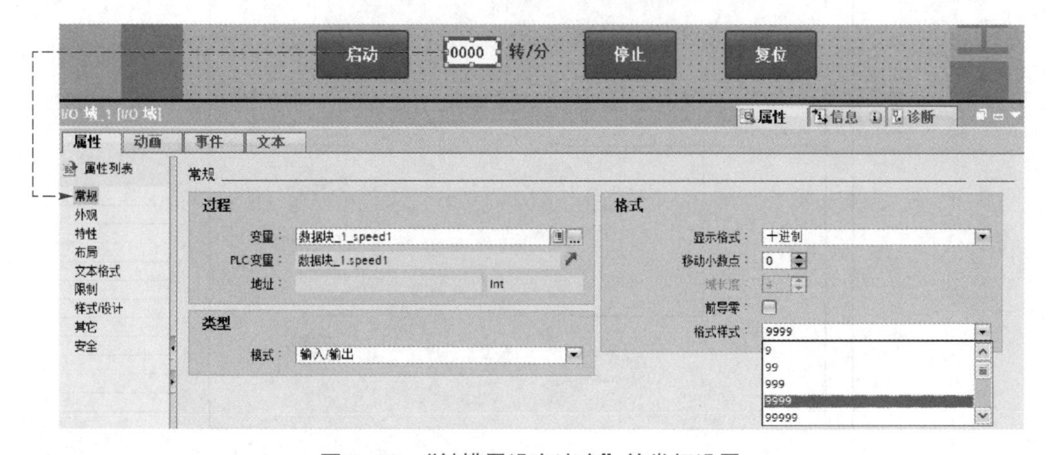

图 5-76　“触摸屏设定速度”的常规设置

3. PLC 梯形图编程

图 5-77 所示为 PLC 梯形图程序，具体分析如下。

程序段 1 和 3：在触摸屏上进行按钮启停，对变频器的启停信号 M10.2 进行操作。

程序段 2：当变频器停机时，即 M10.2 = OFF 时，发送 16#047e 给控制字 1。

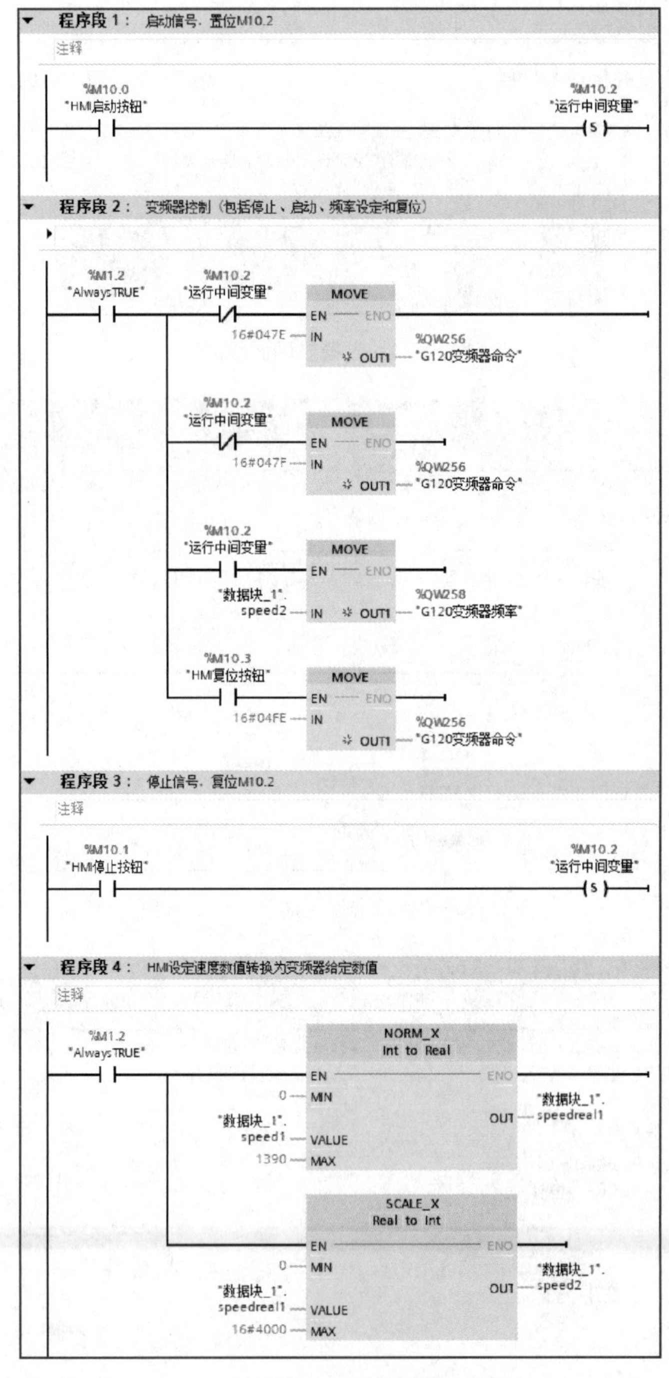

图 5-77　梯形图程序

程序段 2：当变频器运行时，即 M10.2＝ON 时，发送 16#047f 给控制字 1，发送变频器实际设定值（即“数据块 _1”.speed2）到控制字 2。

程序段 4：在变频器运行时将触摸屏上的速度设定值通过 NORM_X 转换为速度转换中间值，再通过 SCALE_X 转换为变频器实际设定值。

5.2.6　系统调试

当变频器运行时，输入运行速度为 750 r/min，图 5-78 所示为数据监控，变频器实际设定值为 8840（十进制）。

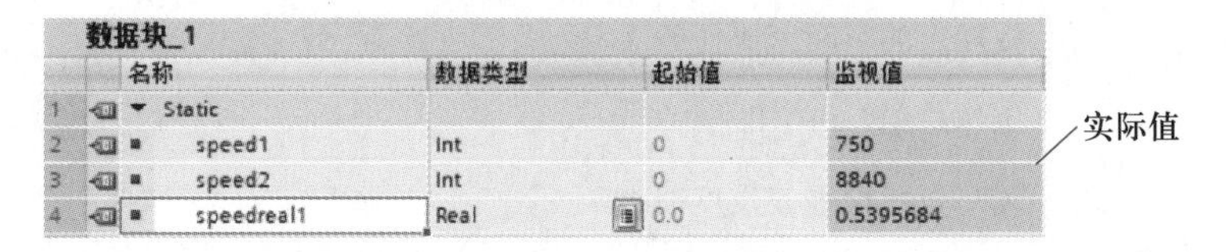

数据块_1

	名称	数据类型	起始值	监视值
1	▼ Static			
2	■ speed1	Int	0	750
3	■ speed2	Int	0	8840
4	■ speedreal1	Real	0.0	0.5395684

图 5-78　数据监控

技能考核 >>>

1. 考核任务

（1）完成 PLC、G120 变频器和触摸屏之间的 PROFINET 网络连接且保证通信正常。

（2）采用软件设置 PLC 与 G120 变频器的通信方式为标准报文 1。

（3）采用触摸屏组态和 PLC 编程完成变频器的通信控制。

2. 评分标准

按要求完成考核任务，其评分标准见表 5-13。

表 5-13　评 分 标 准

姓名：		任务编号：5.2	综合评价		
序号	考核项目	考核内容及要求	配分	评分标准	得分
1	电工安全操作规范	着装规范，安全用电，走线规范合理，工具及仪器仪表使用规范，任务完成后进行场地整理并保持清洁有序	20	现场考评	
2	实训态度	不迟到、不早退、不旷课，实训过程认真负责，组内人员主动沟通、协作，小组间互助	10		
3	系统方案制定	PLC 和 G120 变频器控制对象说明与分析合理	10		
		PLC 和 G120 变频器控制电路图正确			
4	编程能力	能使用通信组态采用标准报文 1 进行编程	15		
		能进行数据块定义，并正确使用数据块变量			

续表

序号	考核项目	考核内容及要求	配分	评分标准	得分
5	操作能力	根据电气原理图正确接线，接线美观且可靠	25	现场考评	
		根据变频器说明书正确设定通信方式			
		根据系统功能进行正确操作演示			
6	实践效果	系统工作可靠，满足工作要求	10		
		PLC 和触摸屏变量规范命名			
		按规定的时间完成任务			
7	汇报总结	工作总结，PPT 汇报	5		
		填写自我检查表及反馈表			
8	创新实践	在本任务中有另辟蹊径、独树一帜的实践内容	5		
合计			100		

注　综合评价，可以采用教师评价、学生评价、组间评价、企业评价等按一定比例计算后综合得出五级制成绩，即 90~100 为优、80~89 为良、70~79 为中、60~69 为及格、0~59 为不及格。

思考与练习

习题 5.1　使用 Startdrive 集成工程工具对给定的变频器和电动机进行如下调试：

（1）电动机参数测量。

（2）点动测试。

（3）恢复变频器出厂设置。

（4）修改 p15 参数。

习题 5.2　使用 Startdrive 集成工程工具设置 p15 参数为 17，并用 PLC 编程实现图 5-79 所示的数字量输入与指令的分配，即数字量输入 0（ON/OFF1 正转）、数字量输入 1（ON/OFF1 反转）。

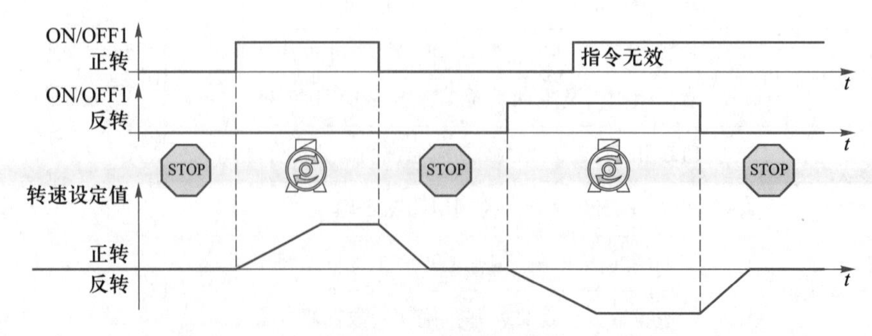

图 5-79　习题 5.2 图

习题 5.3　使用 Startdrive 集成工程工具设置 p15 参数为 18，并用 PLC 编程实现图 5-80 所示的三线式控制。

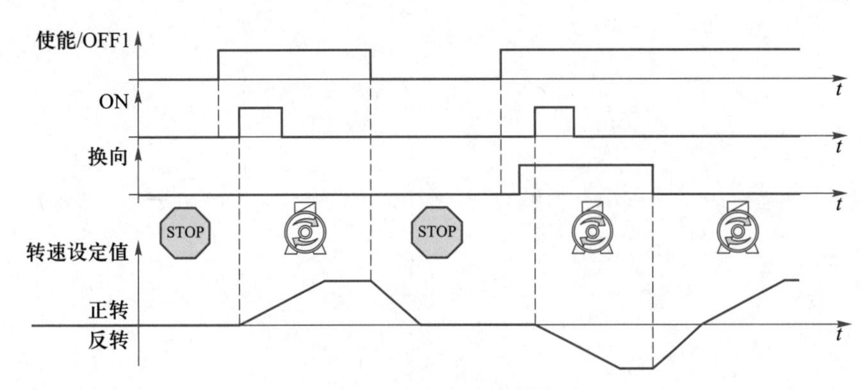

图 5-80　习题 5.3 图

习题 5.4　基于任务 5.2 的 G120 变频器通信接线方式，请编程完成以下内容。

（1）在 KTP700 触摸屏设定当前频率（0~50.0 Hz），显示当前 G120 变频器的状态和运行频率。

（2）在 KTP700 触摸屏设定四段速度（0~1390 r/min），通过按钮来选择某段速度并通信控制变频器运行。

（3）在 KTP700 触摸屏设定八段速度（0~1390 r/min），通过定时器来自动选择这八段速度按时间变化运行。

项目 6

PLC 系统综合应用

导读

在 PLC 控制系统设计中，一般都要从工艺出发，分析其控制要求，确定用户的输入输出元件，选择 PLC，然后分配 I/O，设计 I/O 连接图；接下来是 PLC 程序设计，包括绘制流程图、设计梯形图、编制程序清单、输入程序并检查、调试与修改。与此同时，在 PLC 工程方面，需要做的是控制台（柜）设计及现场施工，最后完成电气接线。最终当用户验收后，需要编制技术文件直至交付用户使用。在满足生产工艺要求的前提下，应力求使 PLC 控制系统简单、经济、合理，尽量选用标准、常用的或经过实际考验过的算法、环节或电路，最终确保 PLC 控制系统安全、可靠、操作与维修方便。

知识目标

- 掌握有关生产线电动机和气动回路的控制思路。
- 掌握 PLC 控制系统设计的基本原则及步骤。

能力目标

- 能够对生产现场的各类机械设备进行电气控制要求的分析，并能通过分析提出 PLC 解决方案，开展 PLC 系统的设计、调试工作。
- 面对 PLC 控制的各类机械设备，能够很快了解其工作过程，了解其电气接线，能够诊断、处理各类系统故障。

素养目标

● 具有克服困难的信心和决心，善于从战胜困难、实现目标、完善成果中体验喜悦。

● 具有实事求是的科学态度，乐于通过亲身实践，检验、判断各种技术问题。

● 具有与他人合作的团队精神，敢于提出与别人不同的见解，有担当和责任感。

任务 6.1 小型装配工作站的设计与 PLC 应用

任务描述 >>>

图 6-1 所示为小型装配工作站示意图。将本体元件中嵌入零件进行装配，组成一个最终产品进行包装。推出气缸接二位五通电磁阀，气动机械手包括双杆气缸控制、回转气缸控制和吸盘控制。同时在装配位安装阻挡气缸进行定位，在装配位、包装位均有光电开关进行检测。输送带电动机为变频器驱动。

任务要求如下。

（1）实现所有气缸动作的气路图设计，并进行安装。

（2）实现 PLC、触摸屏、变频器之间的 PROFINET 通信设置。

（3）实现小型装配工作站工艺流程的触摸屏工艺控制。

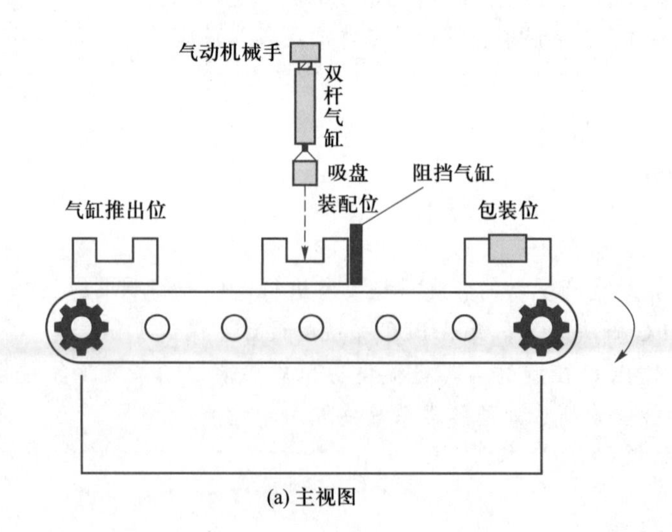

(a) 主视图

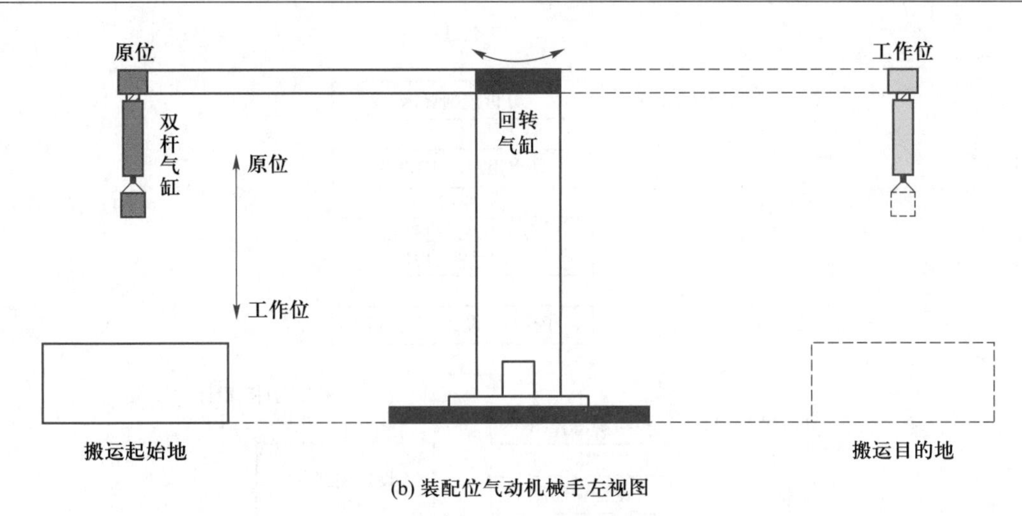

(b) 装配位气动机械手左视图

图 6–1　任务 6.1 控制示意图

知识准备

6.1.1　PLC 控制系统设计的步骤

图 6–2 所示为 PLC 控制系统设计的一般步骤。它从工艺过程出发，分析控制要求，确定用户的 I/O 设备，选择 PLC，然后分配 I/O 资源，设计 I/O 连接图。接下来分两方面进行：一方面是 PLC 程序设计，包括绘制流程图、设计梯形图、编制程序清单、输入程序并检查、调试与修改；另一方面是控制台（柜）设计及现场施工，完成电气接线。完成并满足用户要求后，编制技术文件，直至交付用户使用。

下面对 PLC 控制系统设计中的关键步骤做以下说明。

1. 选择 PLC、电器和气动元件（液压）

PLC 控制系统是由 PLC、用户输入及输出设备、控制对象等连接而成的。设计时需要认真选择用户输入设备（按钮、开关、限位开关和传感器等）和输出设备（继电器、接触器、信号灯、气动元件、液压元件等执行元件）。要求进行电器元件的选用说明，必要时应设计完成系统主电路图。

根据选用输入输出设备的数目和电气特性，选择合适的 PLC。PLC 是控制系统的核心部件，对于保证整个控制系统的技术经济性能指标起着重要作用。选择 PLC 时应包括机型、容量、I/O 点数、输入输出模块（类型）、电源模块以及特殊功能模块的选择等。

2. 分配 I/O 点，设计 I/O 连接图

根据选用的输入输出设备、控制要求，确定 PLC 外部 I/O 端口分配。

（1）作 I/O 分配表，对各 I/O 点功能作出说明（即输入输出定义）。对于输入信号要做 NC 或 NO 说明，对 NPN 或 PNP 传感器要正确区分；对于输出信号则要做电压等级说明，需要进行中间继电器转化的要特别说明。

（2）画出 PLC 外部 I/O 接线图，依据输入输出设备和 I/O 点分配关系，画出 I/O 接线图，接线图中各元件应有代号或编号说明。

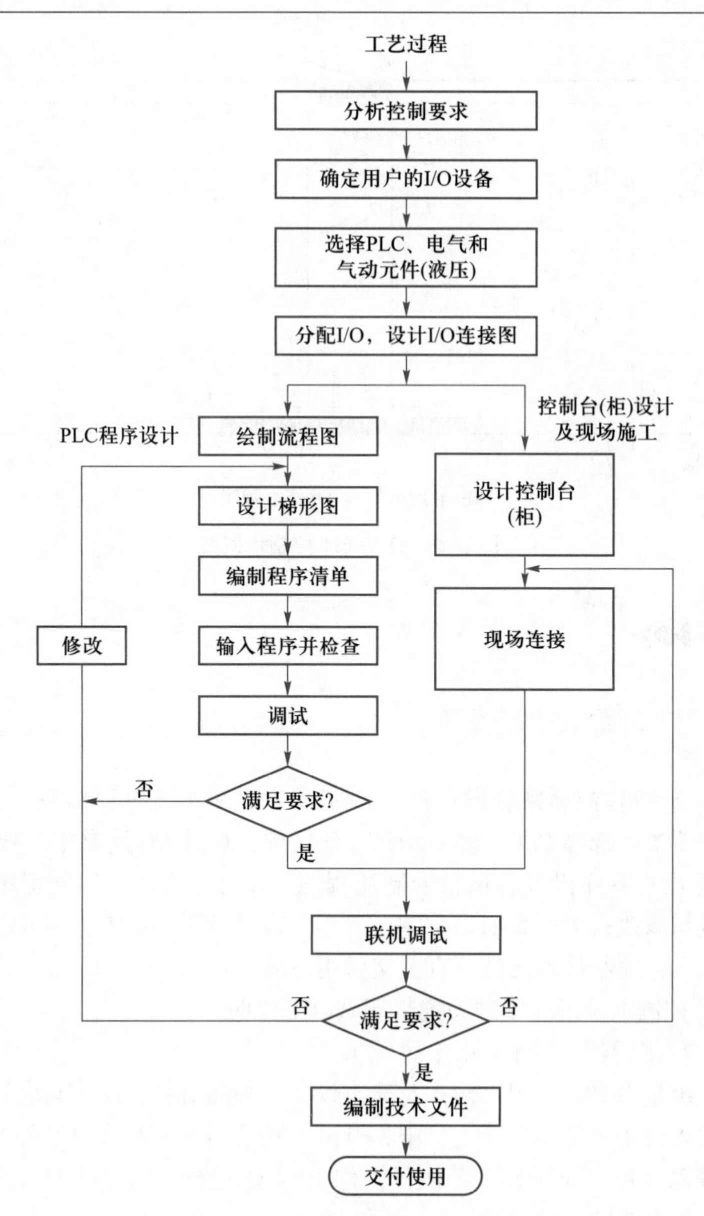

图 6-2　PLC 控制系统设计的一般步骤

（3）必要时列出电器元件明细表，并注明规格数量等详细信息。

3. 绘制流程图

绘制 PLC 控制系统程序流程图，完成程序设计过程的分析说明，尤其是步序控制流程图中要把相关的转移条件和执行列出。

4. 设计梯形图

利用编程软件编写控制系统的梯形图程序。在满足系统技术要求和工作情况的前提下，应尽量简化程序，尽量减少 PLC 的输入输出点，设计简单、可靠的梯形图程序；同时应注意安全保护，检查自锁和联锁要求、防误操作功能等是否实现。

5. 调试

（1）在计算机上仿真运行，调试 PLC 控制程序。

（2）与 PLC 仅输入及输出设备联机进行程序调试。调试中对设计的系统工作原理进行分析，审查控制实现的可靠性，检查系统功能，完善控制程序。控制程序应经过反复调试、修改，直到满意为止。

6. 编制技术文件

技术文件应有控制要求、系统分析、主电路、控制流程图、I/O 分配表、I/O 接线图、内部元件分配表、系统电气原理图、PLC 程序、程序说明、操作说明、结论等。技术文件要重点突出，图文并茂，文字通畅。

6.1.2　智能制造背景下的 PLC 应用

在智能制造系统中，PLC 不仅仅是机械装备和生产线的控制器，而且还是制造信息的采集器和转发器，其具体任务如下。

（1）越来越多的传感器被用来监控环境、设备的健康状态和生产过程的各类参数，这些工业大数据的有效采集，迫使 PLC 的 I/O 应由集中安装在机架上转型为分布式 I/O。如图 6-3 所示为 PLC 与分布式 I/O 拓扑结构。

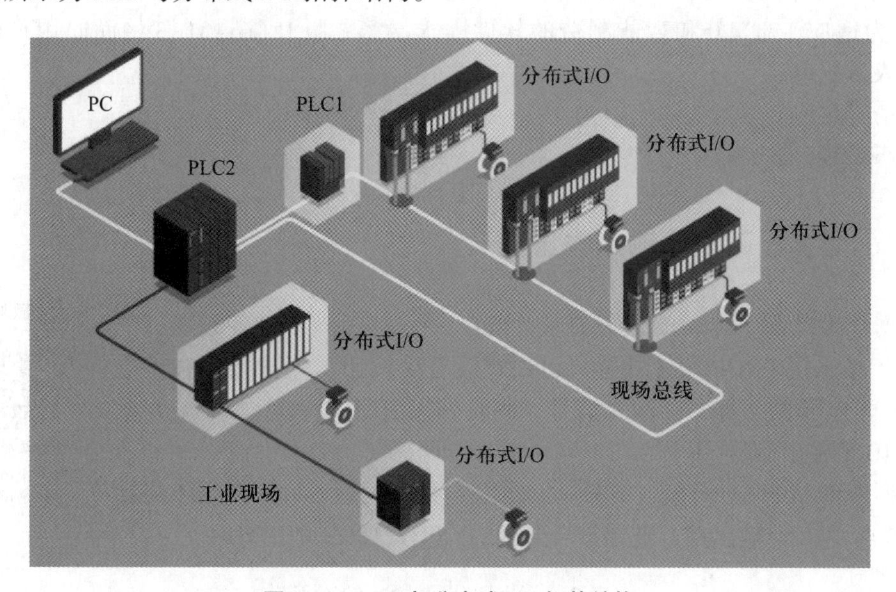

图 6-3　PLC 与分布式 I/O 拓扑结构

（2）云组态是 PLC 未来发展的一个方向，通过绑定相关网关，可对配对的 PLC 进行组态设计，并且可通过手机 APP、Web 网页等不同终端登录云后台，实时监控和信息检索，如图 6-4 所示。

（3）IEC61131-3 推动了 PLC 在软件方面的平台化，进一步发展为工程设计的自动化和智能化，具体体现如下。

① 编程的标准化，促进了工程控制编程从语言到工具性平台的开放，同时为工程控制程序在不同硬件平台间的移植创造了前提条件。

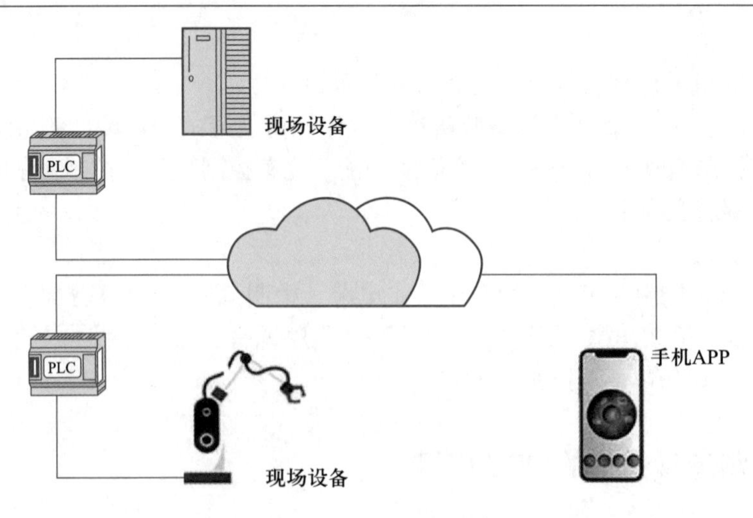

图 6-4　PLC 的云组态

② 为控制系统创立统一的工程应用软环境打下坚实基础。从应用工程程序设计的管理，到提供逻辑和顺序控制、过程控制、批量控制、运动控制、传动、人机界面等统一的设计平台，以至于将调试、投运和投产后的维护等都纳入统一的工程平台。

③ 应用程序的自动生成工具和仿真工具。

④ 为适应工业 4.0 和智能制造的软件需求，第 3 版 IEC61131-3 将面向用户的编程 OOP 纳入本标准。

任务实施 >>>

6.1.3　小型装配工作站输入输出定义

微课：

任务实施：小型装配工作站的设计与PLC应用

根据小型装配工作站的任务要求，PLC、触摸屏和 G120 变频器三个自动化产品采用 PROFINET 相连。PLC 外接启动按钮、停止按钮和光电开关 1、光电开关 2 等 4 个输入信号，同时外接 HL1 指示灯、Y1～Y9 电磁阀等 10 个输出信号。

小型装配站的 I/O 分配（即输入 / 输出定义）见表 6-1。本任务共计 4 个输入点、10 个输出点，选用符合要求的 CPU1215C DC/DC/DC。

表 6-1　小型装配站的 I/O 分配

	PLC 软元件	元件符号 / 名称		PLC 软元件	元件符号 / 名称
输入	I0.0	SB1/ 停止 / 复位按钮（NO）	输出	Q0.3	Y3/ 吸盘控制
	I0.1	SB2/ 启动按钮（NO）		Q0.4	Y4/ 双杆气缸原位控制
	I1.1	B1/ 光电开关 1（NO）		Q0.5	Y5/ 双杆气缸工作位控制
	I1.2	B2/ 光电开关 2（NO）		Q0.6	Y6/ 回转气缸原位控制
输出	Q0.0	HL1/ 指示灯		Q0.7	Y7/ 回转气缸工作位控制
	Q0.1	Y1/ 推出气缸原位控制		Q1.0	Y8/ 阻挡气缸原位控制
	Q0.2	Y2/ 推出气缸工作位控制		Q1.1	Y9/ 阻挡气缸工作位控制

如图 6-5 所示为小型装配工作站的 PLC 电气原理图，包括 I/O 连接和 PROFINET 连接。

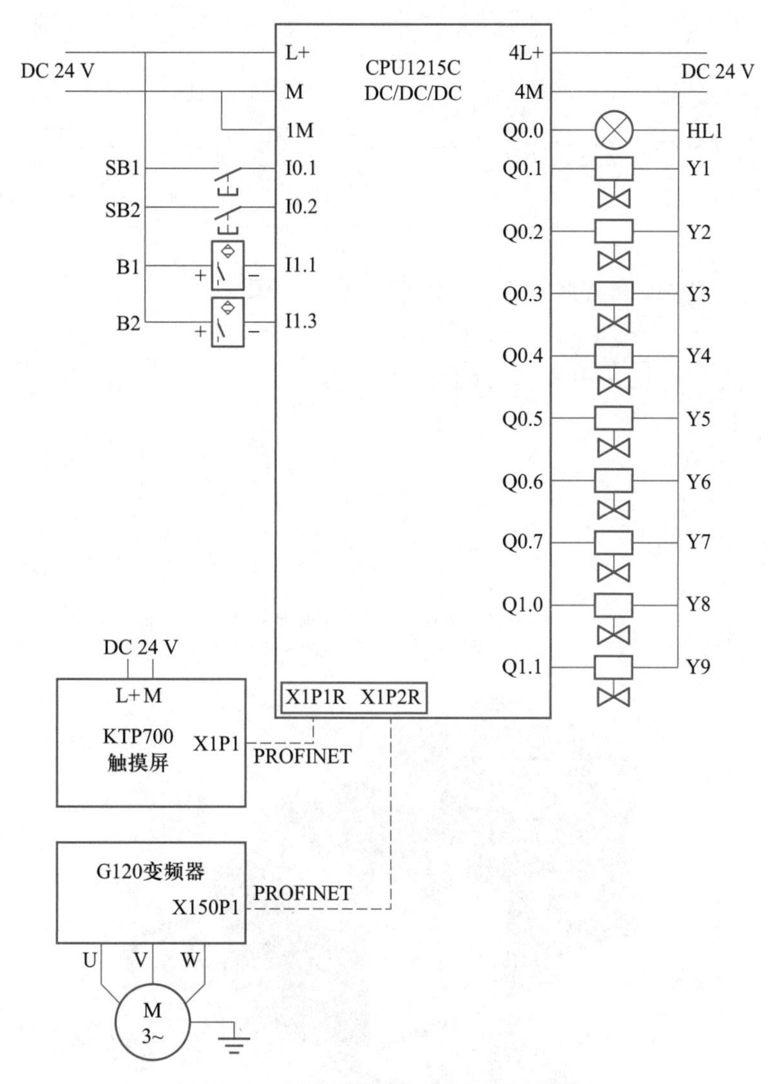

图 6-5　小型装配站的 PLC 电气原理图

6.1.4　小型装配工作站气路图设计与安装

图 6-6 所示是小型装配工作站气路图。它包括气泵、气源二联件（空气过滤器、调压阀）、气源开关、气阀底座、4 对二位五通电磁阀（分别控制推出气缸、双杆气缸、回转气缸、阻挡气缸）、一个二位二通电磁阀和相应的真空发生器（用于控制吸盘）。

由汇流板和电磁阀等组成的阀组如图 6-7 所示。包括：① 电磁阀，如两位五通电磁阀，建议选线圈电压 DC 24 V；② 进气孔及气管接头；③ 出气孔及气管接头；④ 消音器；⑤ 堵头；⑥ 汇流板。

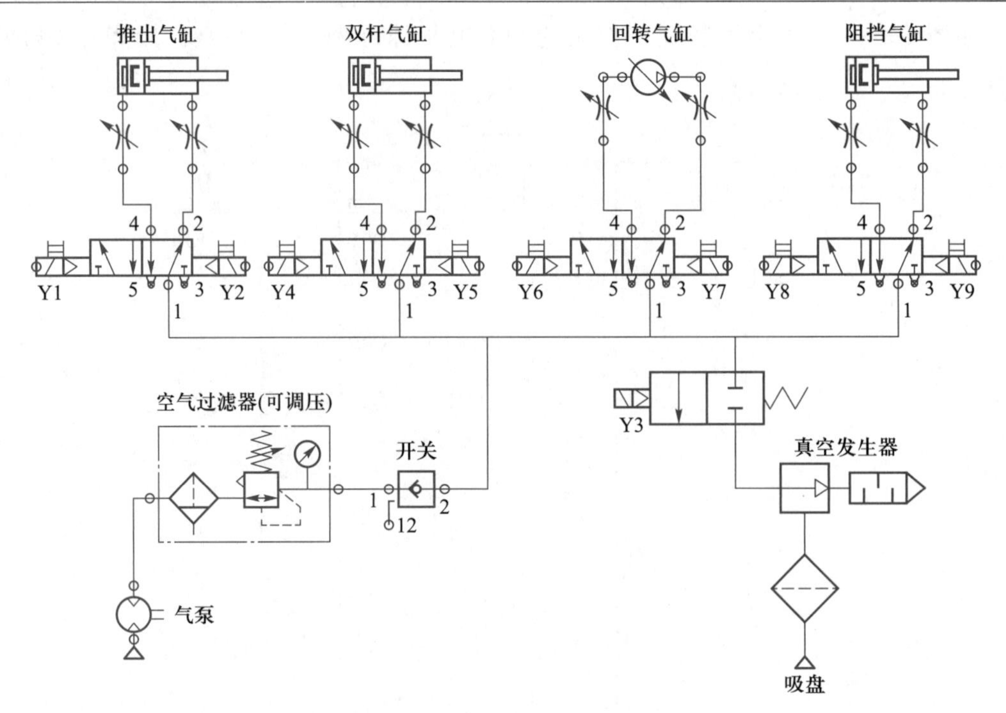

图6-6　小型装配工作站气路图

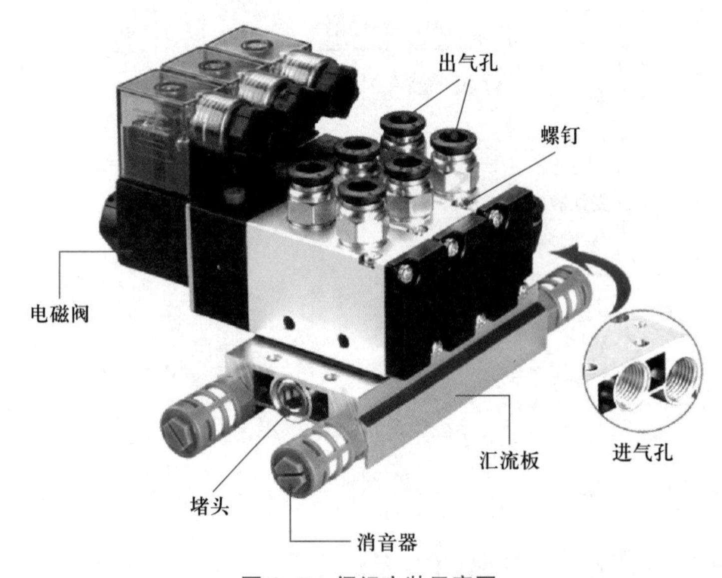

图6-7　阀组安装示意图

6.1.5　小型装配工作站 PLC 编程

1. 设备组网

如图 6-8 所示为本任务用到的 PLC、G120 变频器和 KTP700 触摸屏三个自动化产品，将它们组成 PN/IE 网络，并设置为一个频段内的 IP 地址，确保网络测试成功。

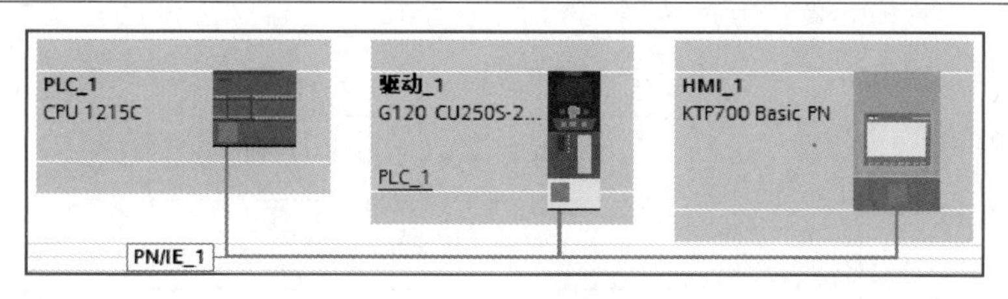

图 6-8 设备与网络

2. 步序控制编程思路

图 6-9 所示为步序控制说明。其中从步序控制 0→步序控制 1→…→步序控制 9→步序控制 END，步序控制转移条件为气缸动作时间、阻挡位物料检测和包装位光电开关检测。需要注意的是，阻挡气缸从工作位到原位的时候，涉及输送的速度问题，需要及时调整合理的时间，本程序中时间是 5 s。

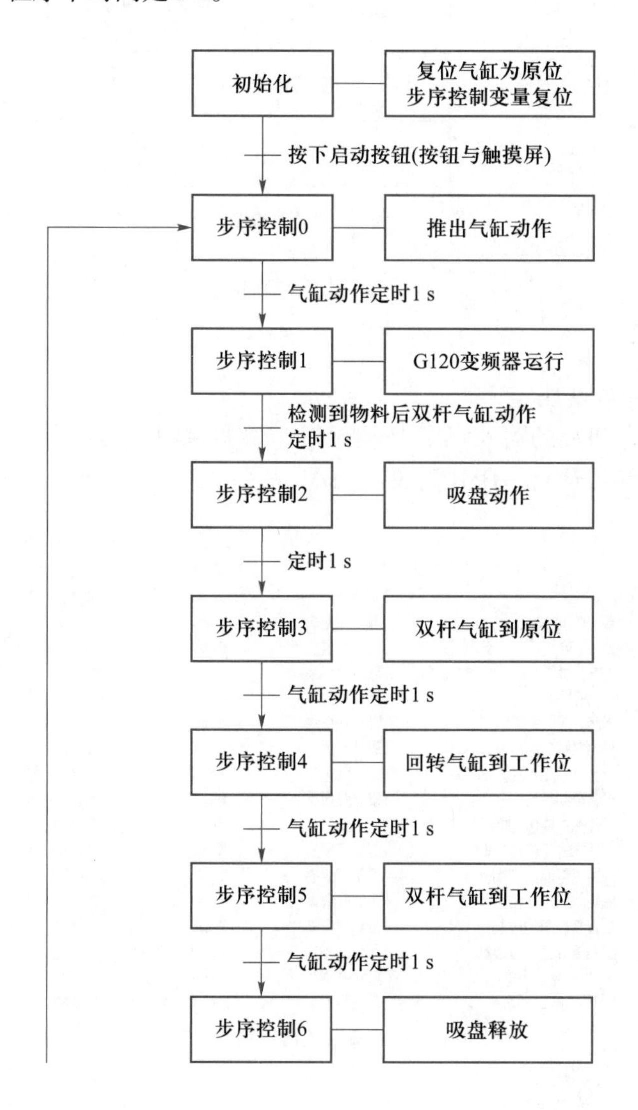

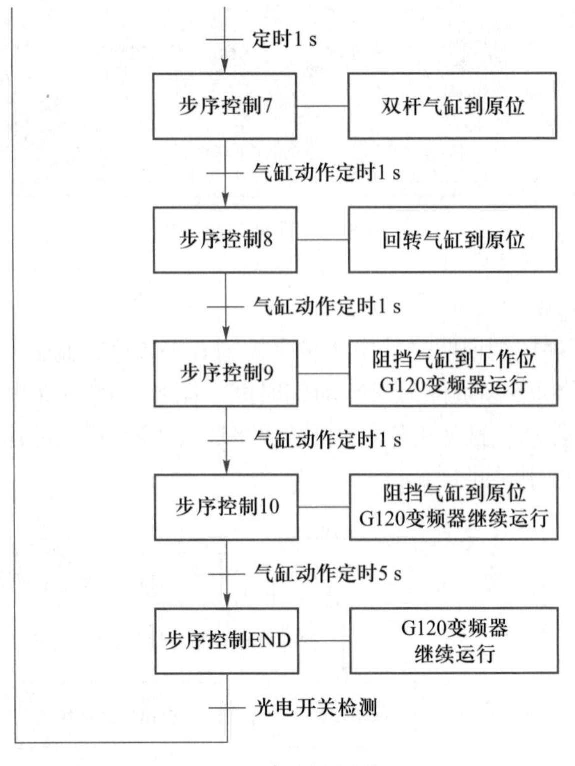

图 6-9　步序控制说明

3. 变量定义和数据块定义

图 6-10 所示为 PLC 的输入 / 输出变量和中间变量说明。其中步序控制变量为 M10.0~M11.3，而 HMI 变频器运行、HMI 箭头 1、HMI 箭头 2、HMI 箭头 3 和 HMI 方块为触摸屏显示用。

名称	变量表	数据类型	地址
停止/复位按钮	默认变量表	Bool	%I0.0
启动按钮	默认变量表	Bool	%I0.1
光电开关1	默认变量表	Bool	%I1.1
光电开关2	默认变量表	Bool	%I1.3
指示灯	默认变量表	Bool	%Q0.0
推出气缸原位控制	默认变量表	Bool	%Q0.1
推出气缸工作位控制	默认变量表	Bool	%Q0.2
吸盘控制	默认变量表	Bool	%Q0.3
双杆气缸原位控制	默认变量表	Bool	%Q0.4
双杆气缸工作位控制	默认变量表	Bool	%Q0.5
回转气缸原位控制	默认变量表	Bool	%Q0.6
回转气缸工作位控制	默认变量表	Bool	%Q0.7
阻挡气缸原位控制	默认变量表	Bool	%Q1.0
阻挡气缸工作位控制	默认变量表	Bool	%Q1.1
G120变频器命令	默认变量表	Word	%QW256
G120变频器频率	默认变量表	Word	%QW258

(a) 输入/输出变量

名称	变量表	数据类型	地址
步序控制0	默认变量表	Bool	%M10.0
步序控制1	默认变量表	Bool	%M10.1
步序控制2	默认变量表	Bool	%M10.2
步序控制3	默认变量表	Bool	%M10.3
步序控制4	默认变量表	Bool	%M10.4
步序控制5	默认变量表	Bool	%M10.5
步序控制6	默认变量表	Bool	%M10.6
步序控制7	默认变量表	Bool	%M10.7
步序控制8	默认变量表	Bool	%M11.0
步序控制9	默认变量表	Bool	%M11.1
步序控制10	默认变量表	Bool	%M11.2
步序控制END	默认变量表	Bool	%M11.3
HMI变频器运行	默认变量表	Bool	%M12.0
HMI箭头1	默认变量表	Bool	%M12.1
HMI箭头2	默认变量表	Bool	%M12.2
HMI箭头3	默认变量表	Bool	%M12.3
HMI方块	默认变量表	Bool	%M12.4
停止标志	默认变量表	Bool	%M13.0
初始化计时变量	默认变量表	Bool	%M20.0
HMI启动按钮	默认变量表	Bool	%M20.1
HMI停止按钮	默认变量表	Bool	%M20.2

(b) 中间变量

图 6-10　变量说明

在编程中会用到大量的定时器作为气缸动作到位控制和步序控制转移条件，最简洁的方法是将这些定时器都放入一个全局数据块。如图 6-11 所示，添加计时器 DB1，并分别定义 T0~T14 的数据类型为“IEC_TIMER”，如图 6-12 和图 6-13 所示。

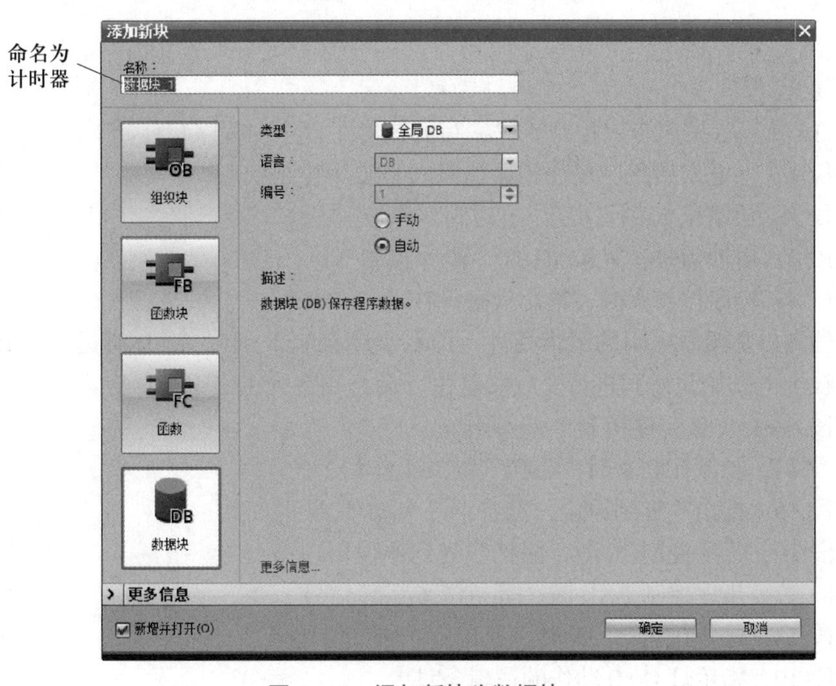

图 6-11　添加新块为数据块

图 6-12　计时器数据块

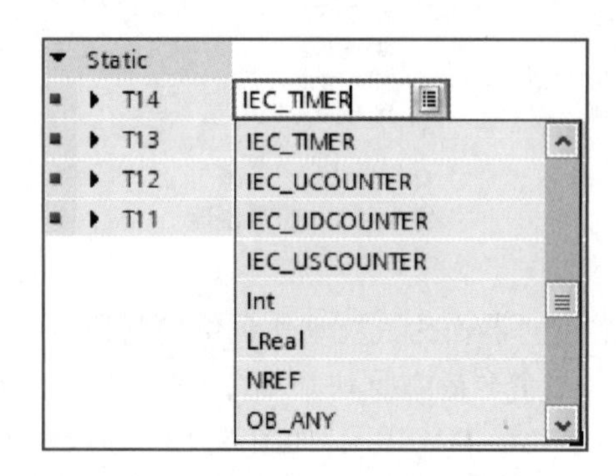

图 6-13　IEC_TIMER 数据类型

4. PLC 编程

图 6-14 所示为按照步序控制流程编写的梯形图程序。程序解释如下。

程序段 1：上电初始化，复位相关电磁阀、步序控制状态。

程序段 2：初始化 1 s 后，复位电磁阀到原位。

程序段 3：启动信号，置位 M10.0（步序控制 0）。

程序段 4：步序控制 0 时，推出气缸动作。

程序段 5：变频器控制的逻辑条件，即在步序控制 1、10、END 时运行，其他时间停止，同时在上电初始化期间进行变频器复位，运行频率为 12.5 Hz。

程序段 6~13：按步序控制 1~8 动作。

程序段 14：步序控制 9 时，阻挡气缸到工作位。

程序段 15：推出气缸到原位，准备下一个循环。

程序段 16：步序控制 10 时，阻挡气缸到原位。

程序段 17：步序控制 END 时，等待继续运转信号。

程序段 18：停止按钮为 ON 时，置位停止中间继电器。

程序段 19：指示灯 Q0.0 动作的逻辑条件。

程序段 20~24：触摸屏显示的变量逻辑条件。

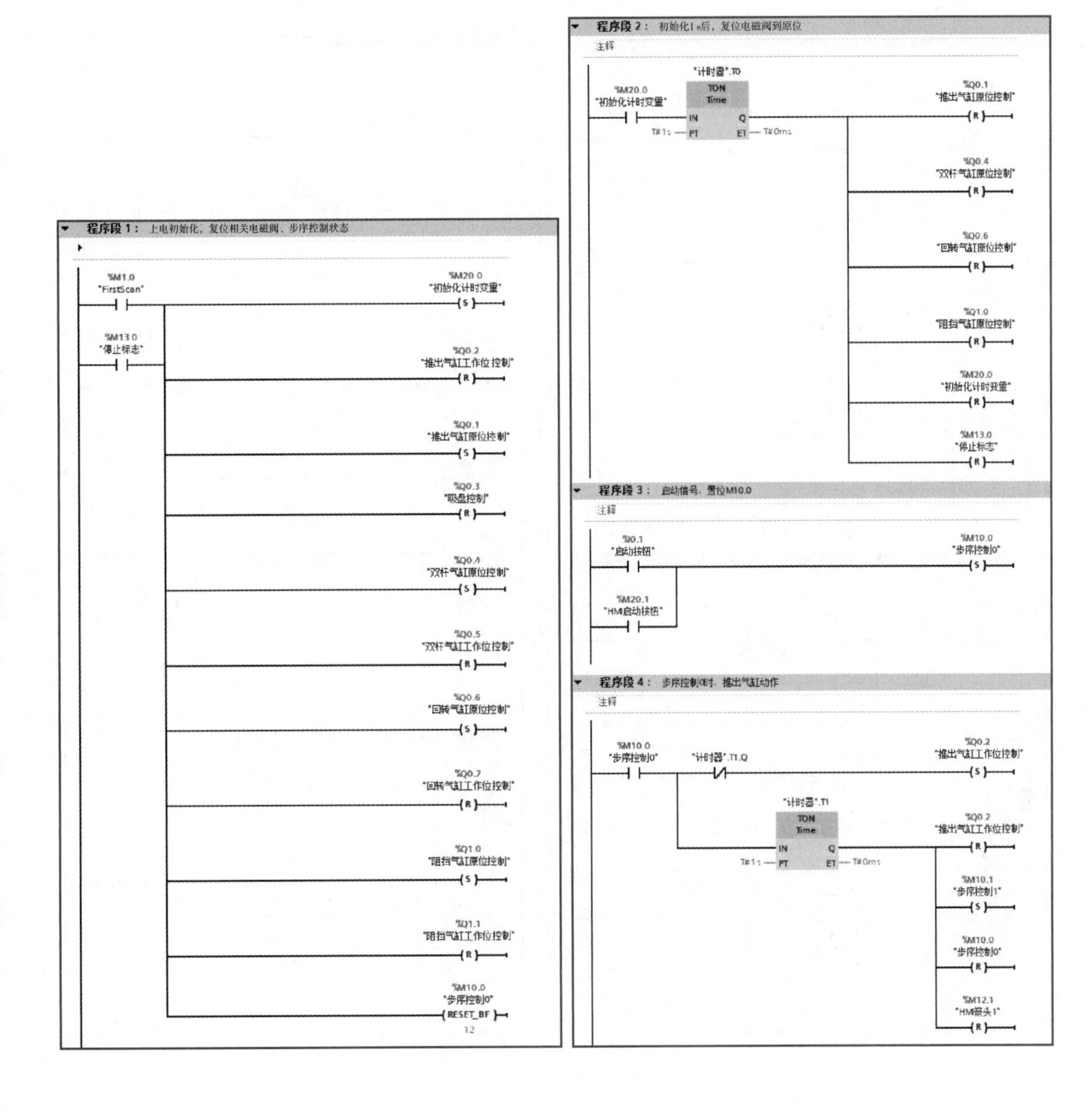
程序段 1： 上电初始化，复位相关电磁阀、步序控制状态
%M1.0
"FirstScan"
%M13.0
"停止标志"
%M20.0
"初始化计时变量"
S
%Q0.2
"推出气缸工作位控制"
R
%Q0.1
"推出气缸原位控制"
S
%Q0.3
"吸盘控制"
R
%Q0.4
"双杆气缸原位控制"
S
%Q0.5
"双杆气缸工作位控制"
R
%Q0.6
"回转气缸原位控制"
S
%Q0.7
"回转气缸工作位控制"
R
%Q1.0
"阻挡气缸原位控制"
S
%Q1.1
"阻挡气缸工作位控制"
R
%M10.0
"步序控制0"
RESET_BF
12
程序段 2： 初始化1 s后，复位电磁阀到原位
注释
"计时器".T0
TON
Time
%M20.0
"初始化计时变量"
IN
Q
T#1s
PT
ET
T#0ms
%Q0.1
"推出气缸原位控制"
R
%Q0.4
"双杆气缸原位控制"
R
%Q0.6
"回转气缸原位控制"
R
%Q1.0
"阻挡气缸原位控制"
R
%M20.0
"初始化计时变量"
R
%M13.0
"停止标志"
R
程序段 3： 启动信号，置位M10.0
注释
%I0.1
"启动按钮"
%M20.1
"HMI启动按钮"
%M10.0
"步序控制0"
S
程序段 4： 步序控制0时，推出气缸动作
注释
%M10.0
"步序控制0"
"计时器".T1.Q
%Q0.2
"推出气缸工作位控制"
S
"计时器".T1
TON
Time
IN
Q
T#1s
PT
ET
T#0ms
%Q0.2
"推出气缸工作位控制"
R
%M10.1
"步序控制1"
S
%M10.0
"步序控制0"
R
%M12.1
"HMI箭头1"
R

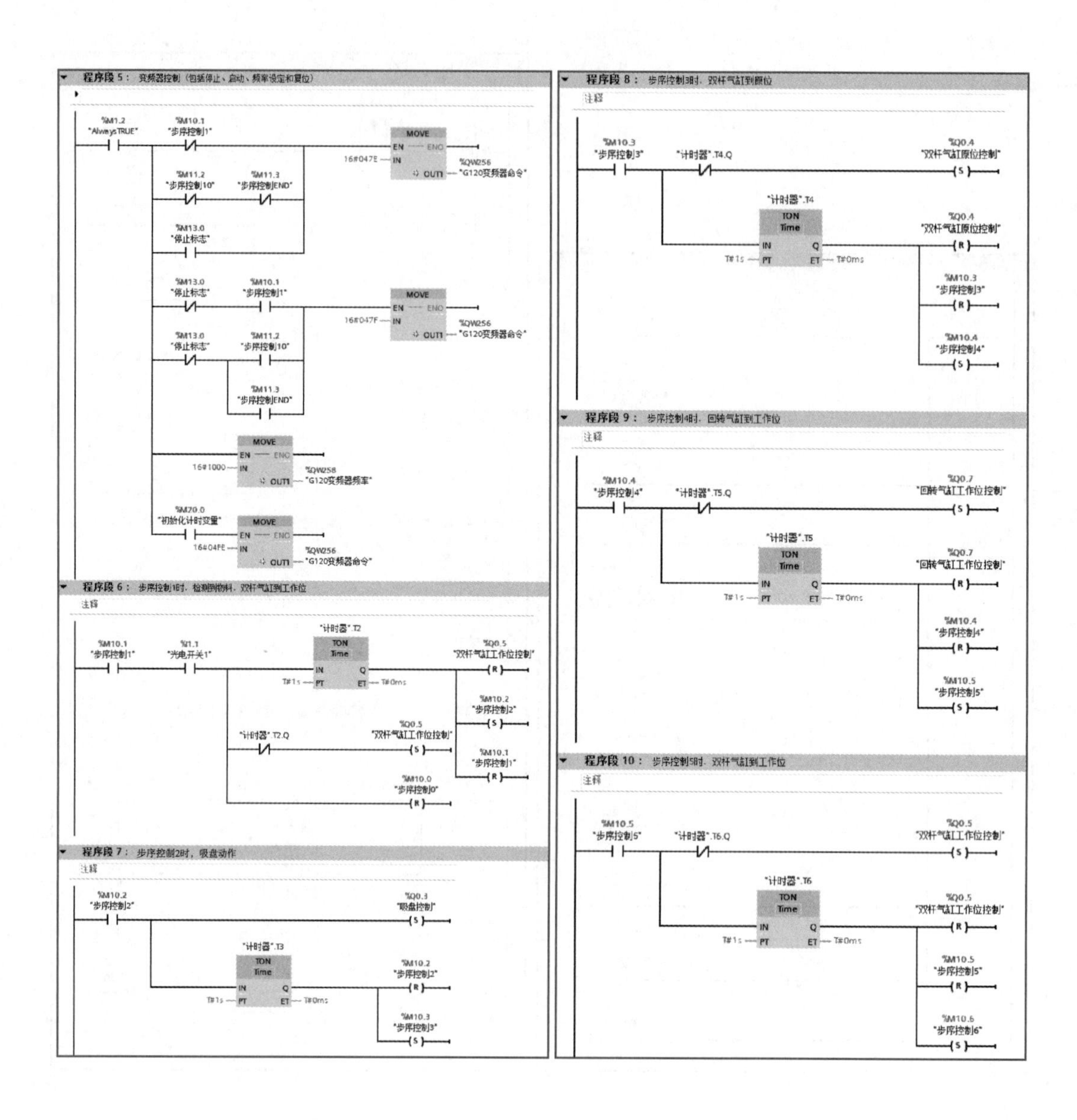

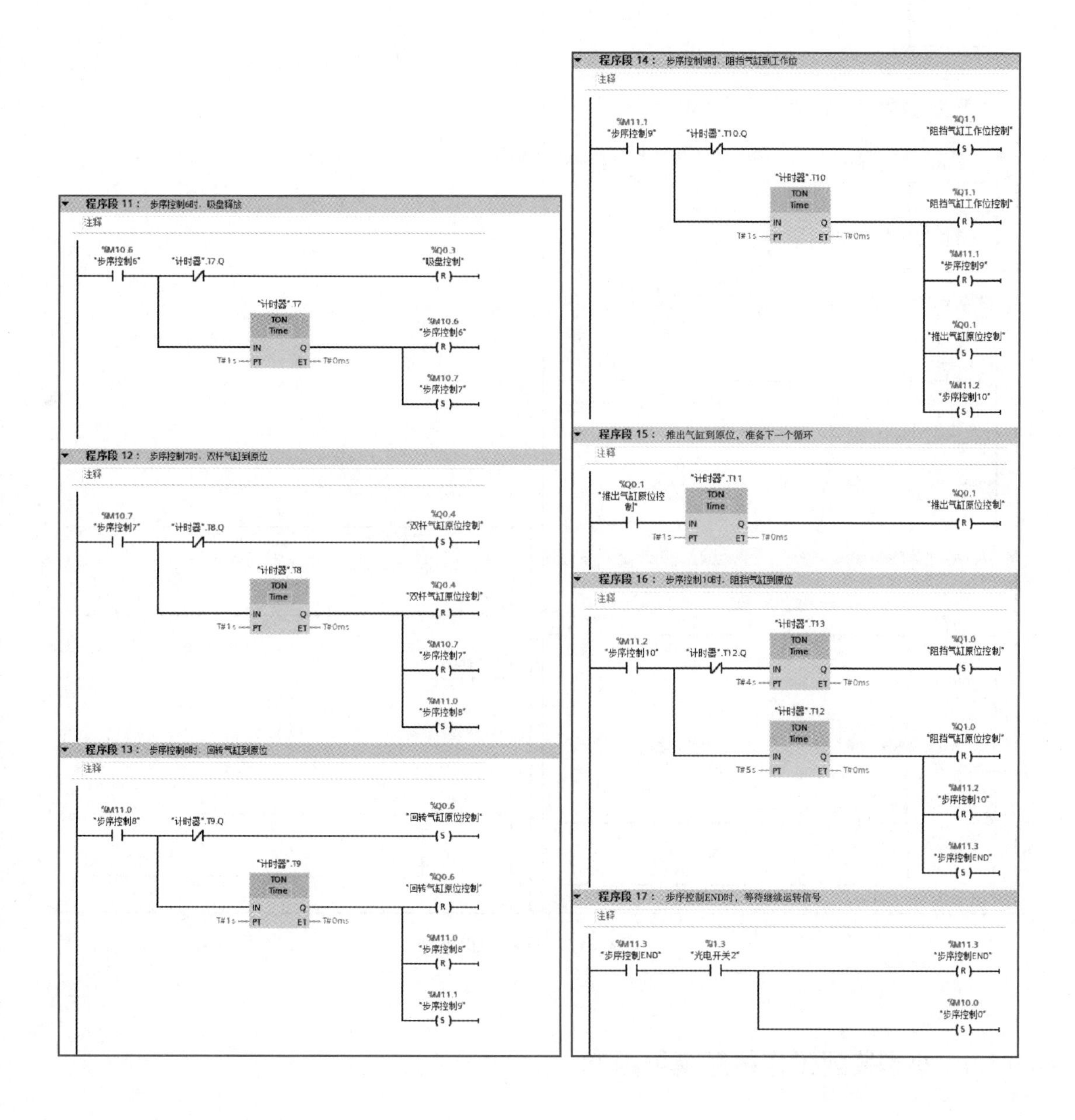
程序段 11：步序控制6时，吸盘释放
注释
%M10.6
"步序控制6"
"计时器".T7.Q
%Q0.3
"吸盘控制"
R
"计时器".T7
TON
Time
IN
Q
T#1s
PT
ET
T#0ms
%M10.6
"步序控制6"
R
%M10.7
"步序控制7"
S
程序段 12：步序控制7时，双杆气缸到原位
注释
%M10.7
"步序控制7"
"计时器".T8.Q
%Q0.4
"双杆气缸原位控制"
S
"计时器".T8
TON
Time
IN
Q
T#1s
PT
ET
T#0ms
%Q0.4
"双杆气缸原位控制"
R
%M10.7
"步序控制7"
R
%M11.0
"步序控制8"
S
程序段 13：步序控制8时，回转气缸到原位
注释
%M11.0
"步序控制8"
"计时器".T9.Q
%Q0.6
"回转气缸原位控制"
S
"计时器".T9
TON
Time
IN
Q
T#1s
PT
ET
T#0ms
%Q0.6
"回转气缸原位控制"
R
%M11.0
"步序控制8"
R
%M11.1
"步序控制9"
S
程序段 14：步序控制9时，阻挡气缸到工作位
注释
%M11.1
"步序控制9"
"计时器".T10.Q
%Q1.1
"阻挡气缸工作位控制"
S
"计时器".T10
TON
Time
IN
Q
T#1s
PT
ET
T#0ms
%Q1.1
"阻挡气缸工作位控制"
R
%M11.1
"步序控制9"
R
%Q0.1
"推出气缸原位控制"
S
%M11.2
"步序控制10"
S
程序段 15：推出气缸到原位，准备下一个循环
注释
%Q0.1
"推出气缸原位控制"
"计时器".T11
TON
Time
IN
Q
T#1s
PT
ET
T#0ms
%Q0.1
"推出气缸原位控制"
R
程序段 16：步序控制10时，阻挡气缸到原位
注释
%M11.2
"步序控制10"
"计时器".T12.Q
"计时器".T13
TON
Time
IN
Q
T#4s
PT
ET
T#0ms
%Q1.0
"阻挡气缸原位控制"
S
"计时器".T12
TON
Time
IN
Q
T#5s
PT
ET
T#0ms
%Q1.0
"阻挡气缸原位控制"
R
%M11.2
"步序控制10"
R
%M11.3
"步序控制END"
S
程序段 17：步序控制END时，等待继续运转信号
注释
%M11.3
"步序控制END"
%I1.3
"光电开关2"
%M11.3
"步序控制END"
R
%M10.0
"步序控制0"
S

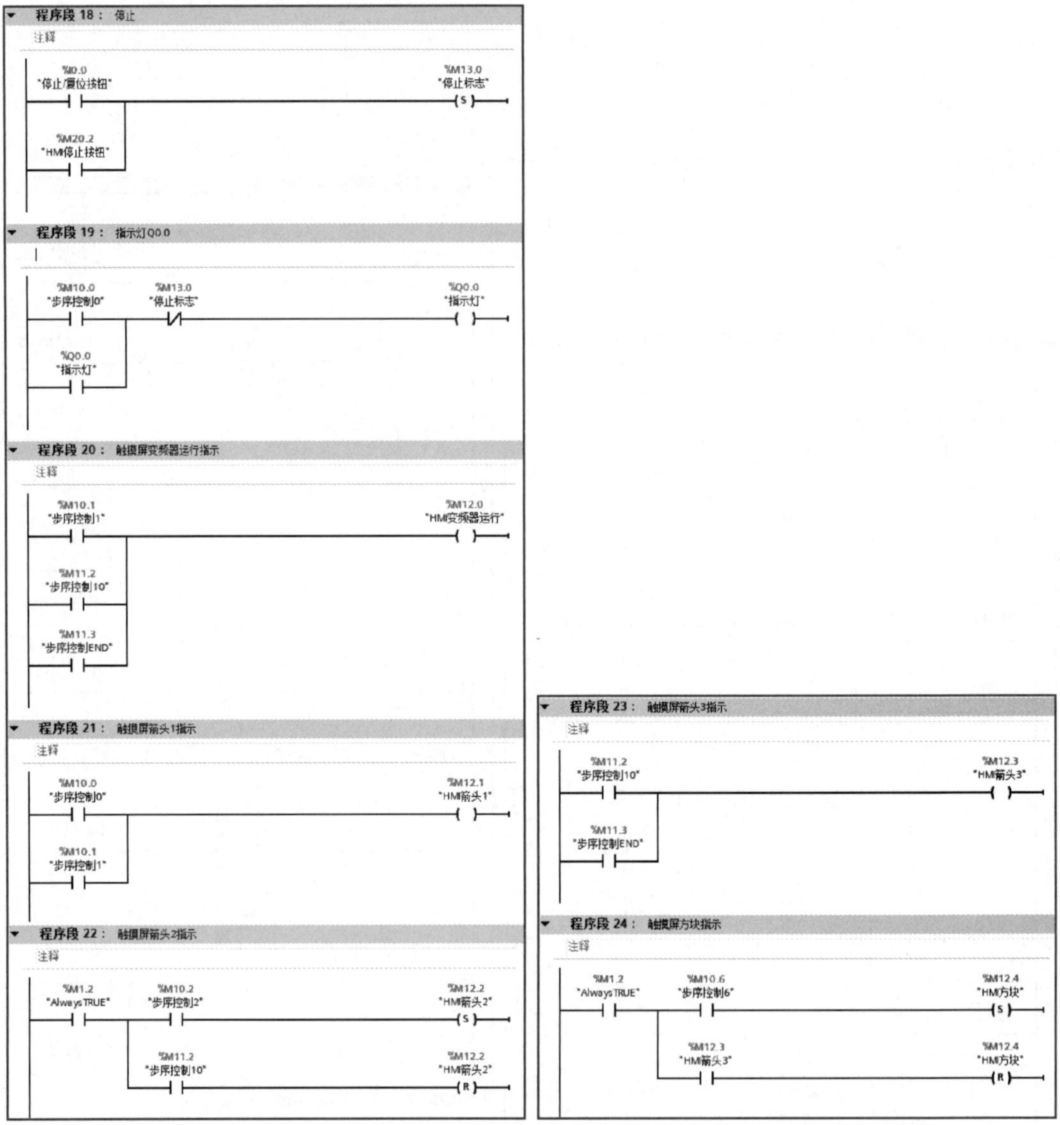

程序段 18：停止
注释
%I0.0 "停止/复位按钮"
%M20.2 "HMI停止按钮"
%M13.0 "停止标志" (S)

程序段 19：指示灯Q0.0
%M10.0 "步序控制0"
%Q0.0 "指示灯"
%M13.0 "停止标志"
%Q0.0 "指示灯" ( )

程序段 20：触摸屏变频器运行指示
注释
%M10.1 "步序控制1"
%M11.2 "步序控制10"
%M11.3 "步序控制END"
%M12.0 "HMI变频器运行" ( )

程序段 21：触摸屏箭头1指示
注释
%M10.0 "步序控制0"
%M10.1 "步序控制1"
%M12.1 "HMI箭头1" ( )

程序段 22：触摸屏箭头2指示
注释
%M1.2 "AlwaysTRUE"
%M10.2 "步序控制2"
%M12.2 "HMI箭头2" (S)
%M11.2 "步序控制10"
%M12.2 "HMI箭头2" (R)

程序段 23：触摸屏箭头3指示
注释
%M11.2 "步序控制10"
%M11.3 "步序控制END"
%M12.3 "HMI箭头3" ( )

程序段 24：触摸屏方块指示
注释
%M1.2 "AlwaysTRUE"
%M10.6 "步序控制6"
%M12.4 "HMI方块" (S)
%M12.3 "HMI箭头3"
%M12.4 "HMI方块" (R)

图 6-14　梯形图程序

6.1.6　小型装配工作站触摸屏组态

图 6-15 所示为小型装配工作站触摸屏画面组态。其显示的变量逻辑条件从 PLC 程序段 20~24 处获得，触摸屏变量定义如图 6-16 所示。

图 6-17 所示为小型装配工作站的动画示意图。

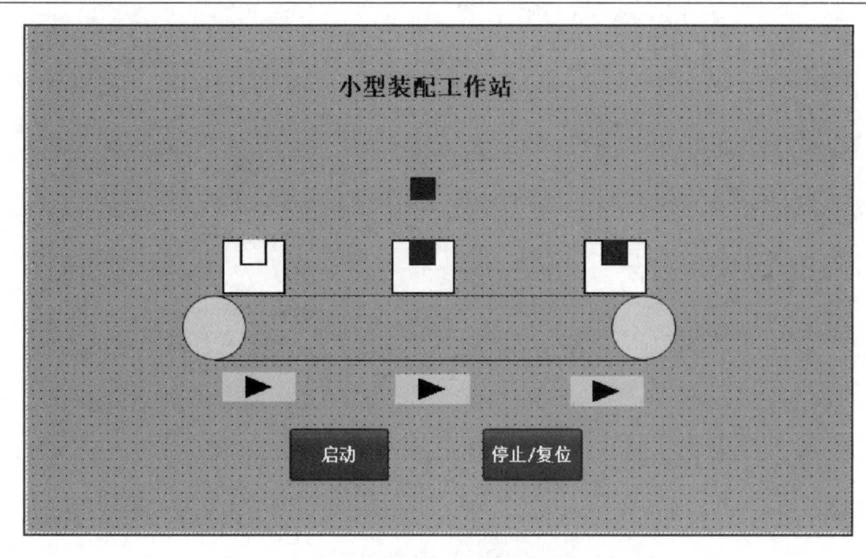

图 6-15　小型装配工作站触摸屏画面组态

名称 ▲	变量表	数据类型	连接	PLC 名称	PLC 变量	地址	访问模式	采集周期
HMI变频器运行	默认变量表	Bool	HMI_连接_1	PLC_1	HMI变频器运行		<符号访问>	100 ms
HMI方块	默认变量表	Bool	HMI_连接_1	PLC_1	HMI方块		<符号访问>	100 ms
HMI箭头1	默认变量表	Bool	HMI_连接_1	PLC_1	HMI箭头1		<符号访问>	100 ms
HMI箭头2	默认变量表	Bool	HMI_连接_1	PLC_1	HMI箭头2		<符号访问>	100 ms
HMI箭头3	默认变量表	Bool	HMI_连接_1	PLC_1	HMI箭头3		<符号访问>	100 ms
HMI启动按钮	默认变量表	Bool	HMI_连接_1	PLC_1	HMI启动按钮		<符号访问>	100 ms
HMI停止按钮	默认变量表	Bool	HMI_连接_1	PLC_1	HMI停止按钮		<符号访问>	100 ms
步序控制4	默认变量表	Bool	HMI_连接_1	PLC_1	步序控制4		<符号访问>	100 ms
步序控制6	默认变量表	Bool	HMI_连接_1	PLC_1	步序控制6		<符号访问>	100 ms

图 6-16　触摸屏变量定义

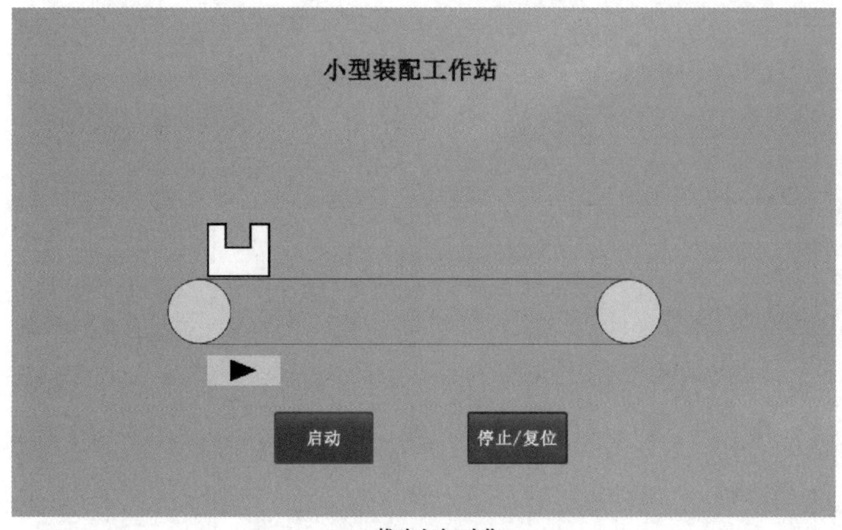

(a) 推出气缸动作

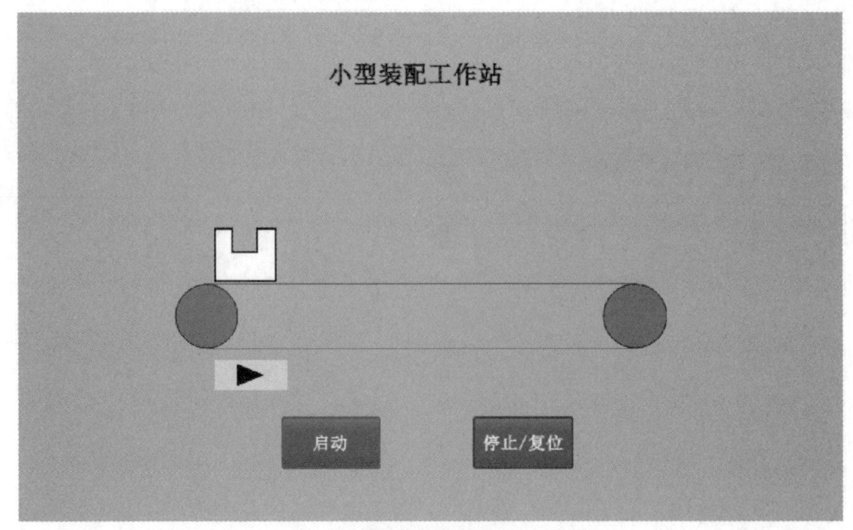

(b) G120变频器运行

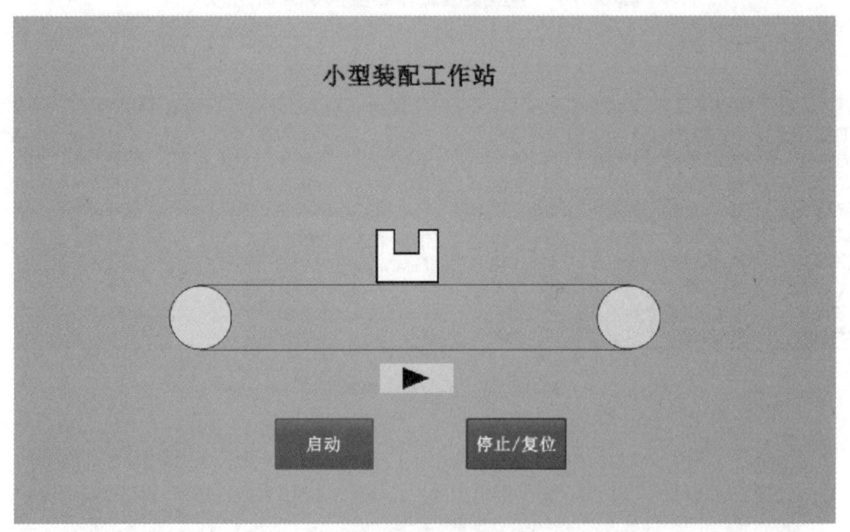

(c) 装配位感应

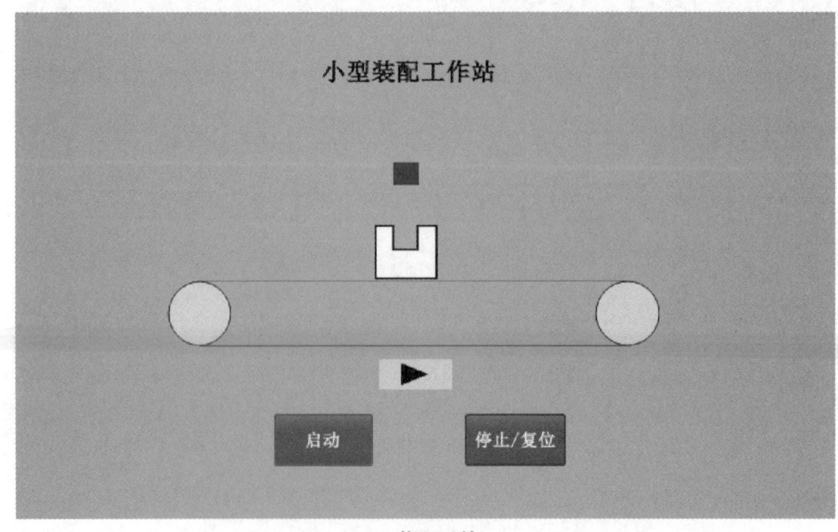

(d) 装配元件

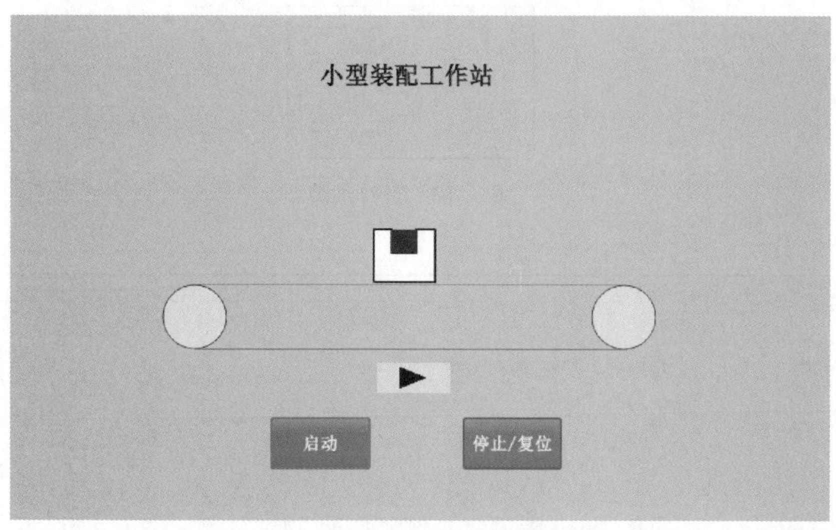

(e) 装配元件结束

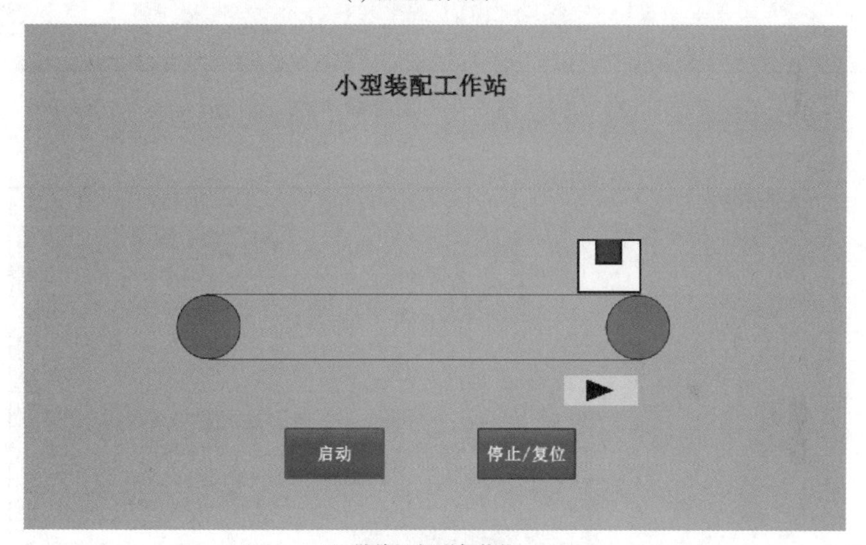

(f) 继续运行到包装位

图 6-17　触摸屏调试画面

6.1.7　小型装配工作站变频器故障诊断

1. I/O 设备故障

当 G120 变频器由于异常原因无法与 PLC 联网时，反映到 PLC 的 CPU 操作面板，显示 ERROR 灯闪烁，如图 6-18 所示。此时可以打开博途软件进行在线诊断，图 6-19 所示的诊断缓冲区显示“IO 设备故障 - 找不到 IO 设备”，事件详细信息如图 6-20 所示。

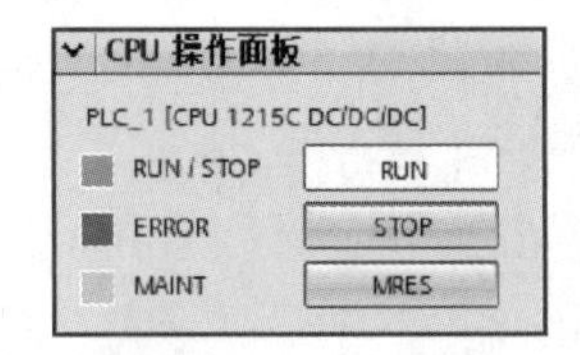

图 6-18　CPU 故障

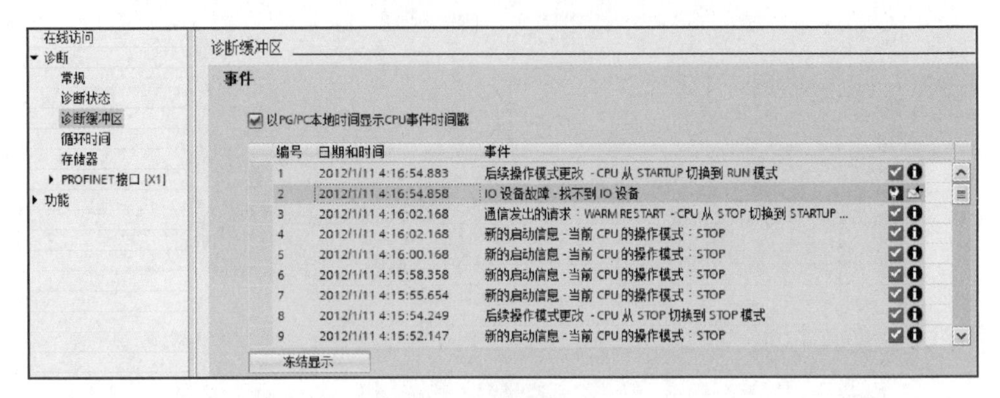

图 6-19　诊断缓冲区

事件详细信息：
事件详细信息：2 / 50　事件 ID：16# 02:39CB
模块：驱动_1
机架/插槽：机架 --- / 插槽 ---
说明：错误：IO 设备故障 - 找不到 IO 设备
驱动_1
关于事件的帮助信息：详细信息中指定的 IO 设备发生故障或不存在。
检查故障是否属于预期的维护干预。
检查故障是偶发现象还是反复发生/消失。
检查是否存在更多设备故障，并在 IO 系统拓扑中确定故障设备的位置。检查特殊设备类型（例如，智能设备、IE-IE-IOC）
解决方法：
检查电源、网络接线和连接器。
工厂标识：　位置标识：
到达/离去：到达事件　事件类型：错误
在编辑器中打开　另存为...

图 6-20　事件详细信息

此时可以检查驱动的以太网接口是否设置错误，如图 6-21 所示。

2. 变频器从子网断开

在实际工程中，经常需要进行分段调试，如暂时不将变频器进行联机，这时可以在变频器的 PROFINET 端口中单击鼠标右键，弹出相应菜单，选择“从子网断开”命令，如图 6-22 所示。当分段调试完成后，依旧可以单击该变频器端口，选择“分配给新 IO 控制器”命令，如图 6-23 所示。然后在图 6-24 所示的弹出窗口选择相应的 PLC 即可。

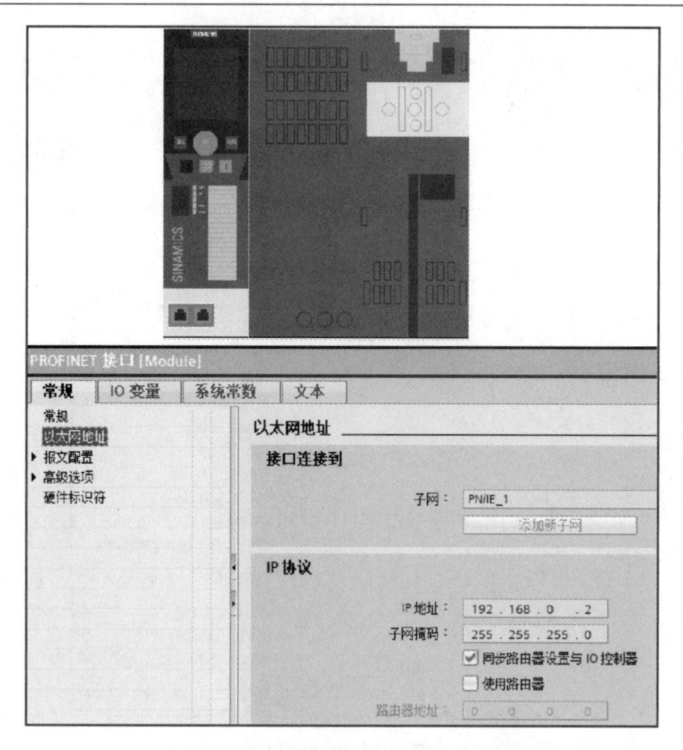

图 6-21　驱动器的 PROFINET 接口

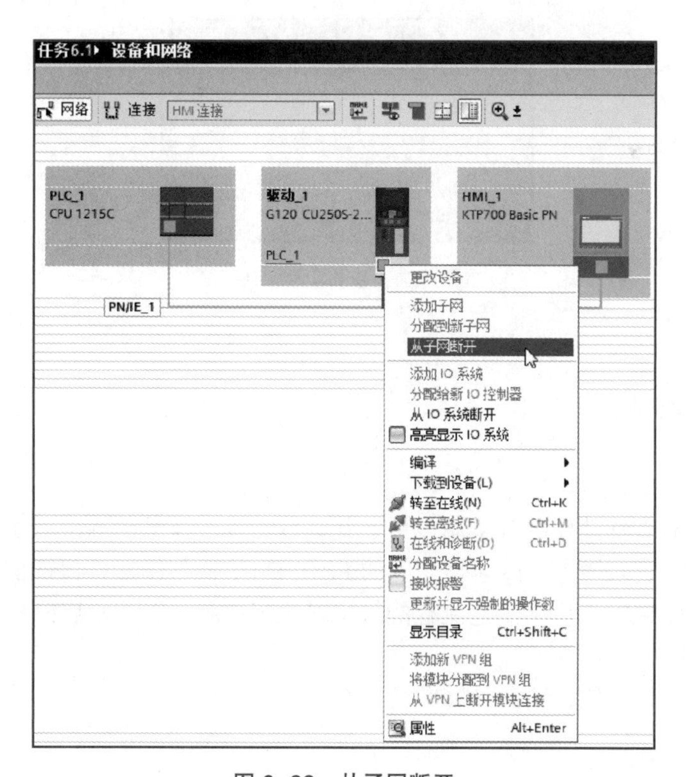

图 6-22　从子网断开

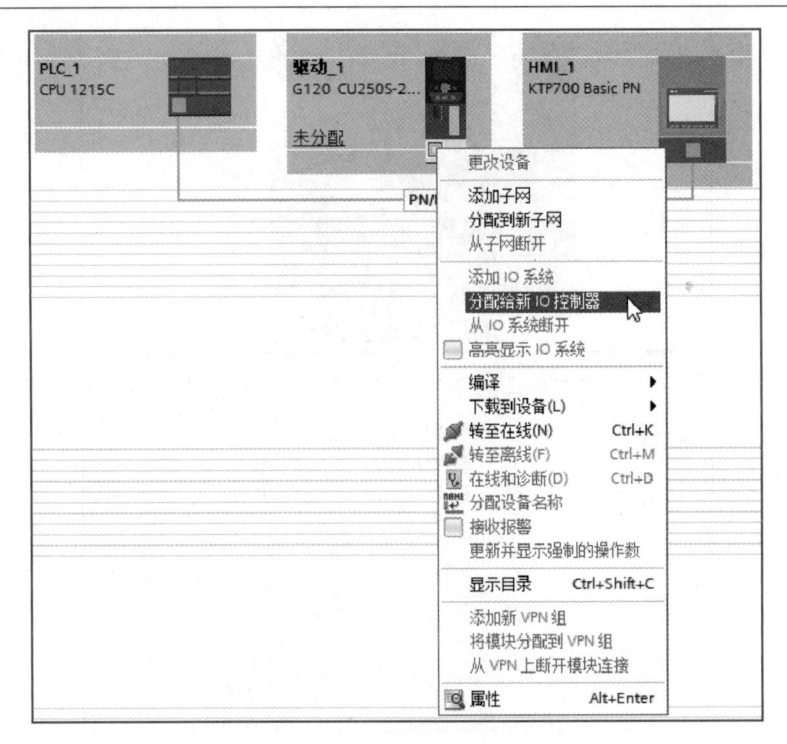

图 6-23　分配给新 IO 控制器

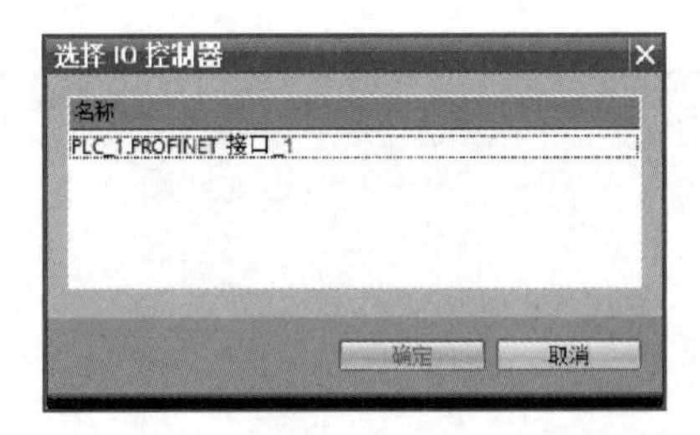

图 6-24　选择 IO 控制器

技能考核

1. 考核任务

（1）实现所有气缸动作的气路图设计，并进行安装，经手动测试后动作正常。

（2）实现 PLC、触摸屏、变频器之间的 PROFINET 通信设置，保证信号传送正常。

（3）实现小型装配工作站工艺流程的触摸屏工艺控制，能正常启停，符合工艺流程。

2. 评分标准

按要求完成考核任务，其评分标准见表 6-2。

表 6-2　评 分 标 准

<table>
<tr><td colspan="2">姓名：</td><td>任务编号：6.1</td><td colspan="3">综合评价：</td></tr>
<tr><th>序号</th><th>考核项目</th><th>考核内容及要求</th><th>配分</th><th>评分标准</th><th>得分</th></tr>
<tr><td>1</td><td>电工安全操作规范</td><td>着装规范，安全用电，走线规范合理，工具及仪器仪表使用规范，任务完成后进行场地整理并保持清洁有序</td><td>20</td><td rowspan="20">现场考评</td><td></td></tr>
<tr><td>2</td><td>实训态度</td><td>不迟到、不早退、不旷课，实训过程认真负责，组内人员主动沟通、协作，小组间互助</td><td>10</td><td></td></tr>
<tr><td rowspan="3">3</td><td rowspan="3">系统方案制定</td><td>PLC、触摸屏和变频器的通信分析合理</td><td rowspan="3">15</td><td rowspan="3"></td></tr>
<tr><td>PLC 系统控制电路图正确</td></tr>
<tr><td>气路图设计正确，气动元件选型合理</td></tr>
<tr><td rowspan="3">4</td><td rowspan="3">编程能力</td><td>PLC 步序控制思路明确</td><td rowspan="3">20</td><td rowspan="3"></td></tr>
<tr><td>触摸屏画面符合任务要求</td></tr>
<tr><td>触摸屏、PLC 和变频器之间通信连接正常</td></tr>
<tr><td rowspan="3">5</td><td rowspan="3">操作能力</td><td>根据电气原理图正确接线，接线美观且可靠</td><td rowspan="3">15</td><td rowspan="3"></td></tr>
<tr><td>变频器的参数设置正确，调试正常</td></tr>
<tr><td>根据系统功能进行正确操作演示</td></tr>
<tr><td rowspan="3">6</td><td rowspan="3">实践效果</td><td>系统工作可靠，满足工作要求</td><td rowspan="3">10</td><td rowspan="3"></td></tr>
<tr><td>PLC 变量规范命名、触摸屏变量规范命名</td></tr>
<tr><td>按规定的时间完成任务</td></tr>
<tr><td rowspan="2">7</td><td rowspan="2">汇报总结</td><td>工作总结，PPT 汇报</td><td rowspan="2">5</td><td rowspan="2"></td></tr>
<tr><td>填写自我检查表及反馈表</td></tr>
<tr><td>8</td><td>创新实践</td><td>在本任务中有另辟蹊径、独树一帜的实践内容</td><td>5</td><td></td></tr>
<tr><td colspan="3">合计</td><td>100</td><td></td><td></td></tr>
</table>

注　综合评价，可以采用教师评价、学生评价、组间评价、企业评价等按一定比例计算后综合得出五级制成绩，即 90~100 为优、80~89 为良、70~79 为中、60~69 为及格、0~59 为不及格。

任务 6.2　物料输送系统的 PLC 综合应用

任务描述 >>>

图 6–25 所示为某物料输送系统。该物料被推出气缸推出到 1 号位后，经输送带 A 电动机运行到 2 号位，然后经过双杆气缸、吸盘和回转气缸的动作被转送到 3 号位，再经输送带 B 电动机输送到目的地。

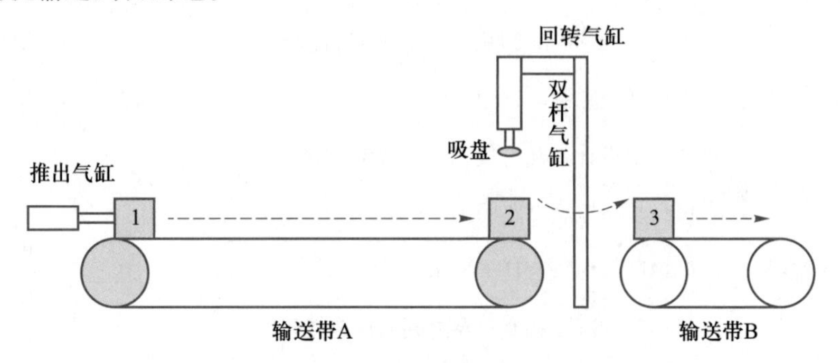

图 6–25　任务 6.2 控制示意图

任务要求如下。

（1）实现物料在 3 号位进行计数，当计满 12 个时，自动停机。

（2）实现物料输送过程中的步序控制。

（3）实现触摸屏物料输送过程中的流畅动画和气缸动作的流畅动画。

知识准备 >>>

6.2.1　PLC 控制系统的设计原则

1. 最大限度地实现生产设备对 PLC 控制系统的要求

在设计之前，要调查清楚生产要求，对生产设备的工作性能、结构特点和实际运行情况有充分的了解。生产工艺要求一般是由机械设计人员和工艺人员提供的，常常是一般性的原则意见，这就需要电气设计人员深入现场对同类或类似的产品进行调查、收集资料，并加以分析和综合，在此基础上考虑逻辑控制方式和操作方式，以及电动机传动的启动、制动和调速要求，并设置各种联锁和保护装置。

2. PLC 控制系统力求简单经济合理

在满足生产工艺要求的前提下，力求使 PLC 控制系统简单、经济、合理，应尽量选用标准、常用的或经过实际考验过的算法、环节或电路。

3. PLC 控制系统的安全性和可靠性

（1）合理配置 PLC 供电电源。PLC 控制系统自身的抗干扰能力比较强，但是供电电源的抗干扰能力比较弱，因此需要进行供电电源合理配置。包括：第一，如果在 PLC 控制系统设计过程中遇到特殊情况，可以通过屏蔽层隔离变压器进行供电，从而避免电磁波对供电电源的影响；第二，如果附近的干扰源非常强，为了保证 PLC 控制系统能安全稳定地运行，就需要对 PLC 控制系统进行系统科学的优化，如把供电电源单独安置在箱体当中，既能减少外界高温、电磁波、灰尘对供电电源造成的干扰，还能实现供电电源的合理配置，对 PLC 控制系统安全稳定运行有非常重要的作用。

（2）PLC 软件系统的安全性和可靠性。在 PLC 控制系统设计中，软件系统可靠与否直接决定了 PLC 控制系统运行的效率和稳定性，所以要从避错设计、差错设计、改错设计、容错设计等方面保证软件系统设计的安全性和可靠性。

4. 操作与维修方便

PLC 控制系统应该从操作人员与维修人员的实际工作出发，力求操作和维修方便。PLC 的 I/O 点要有一定的余量，电器元件应留有备用，以便检修、改线使用。如有必要，控制方式可设置手动控制和自动控制。

6.2.2　PLC 控制系统设计的注意事项

1. 合理选择 PLC 外围控制电路的电源

尽量减少 PLC 外围控制电路的电源种类。电源有交流和直流两大类，接触器和继电器等也有交流和直流两大类，要尽量把电源规格进行统一。以直流 24 V 电源为例，S7-1200 CPU 为信号模块的 24 V 输入点、继电器输出模块或其他设备提供电源（如传感器电源），如果实际负载超过了此电源的能力，则需要增加一个额外的电源，如图 6-26 所示，此电源不可与 CPU 提供的 24 V 电源并联，并且建议将所有 24 V 电源的负端连接到一起。

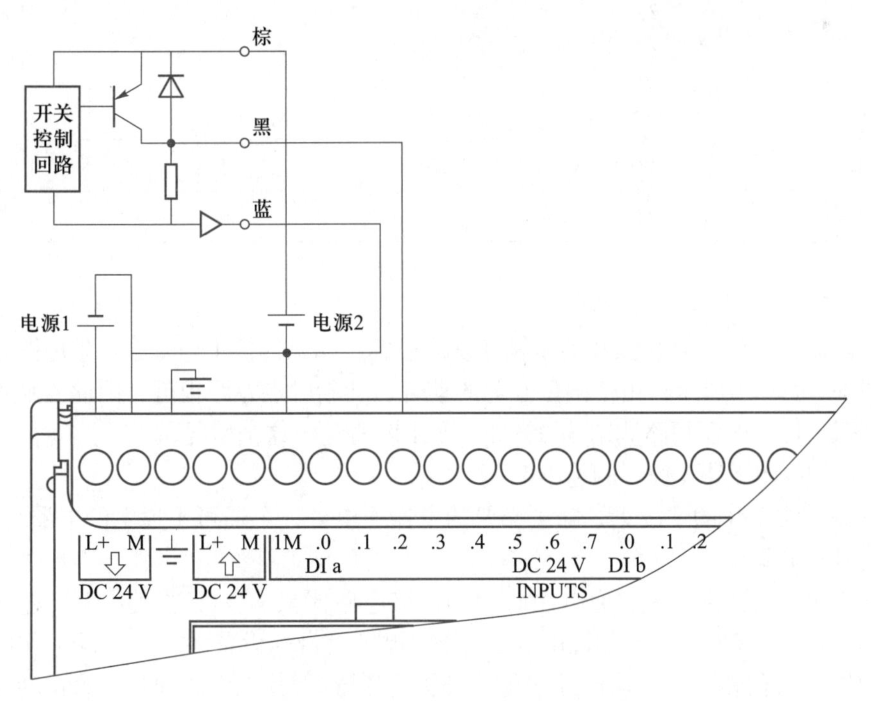

图 6-26　直流 24 V 电源接线方式

2. 正确连接 PLC 输出负载的线圈

如图 6-27 所示，如果 PLC 的输出点 Qx.y 外接直流线圈负载，为抑制线圈浪涌电流，可以在线圈两端并联一个反向二极管 A，规格如 1N4001 二极管或同等元件；如果用户应用要求更快的关闭时间，则可以再增加一个稳压二极管 B，规格如 8.2 V 稳压二极管（直流输出）或 36 V 稳压二极管（继电器输出），确保正确选择稳压二极管，以适合输出电路中的电流量。

对于继电器型输出的 S7-1200 PLC 来说，如果输出是交流线圈，可以采用电容 C、电阻 R 和压敏电阻 MOV 进行浪涌抑制，如图 6-28 所示。R、C 具体规格见表 6-3。MOV 的工作电压要超过额定电压 20% 以上。

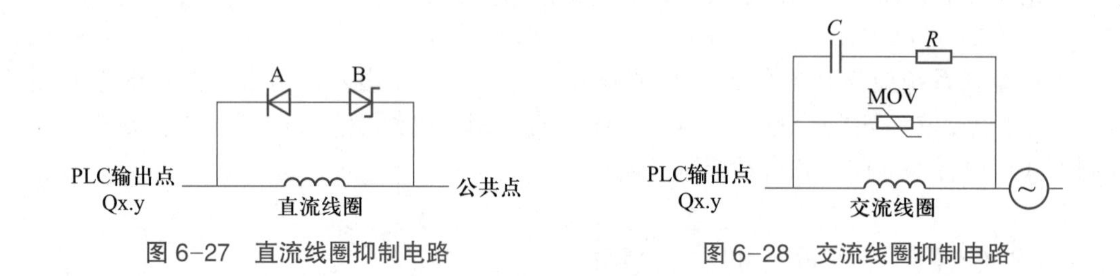

图 6-27 直流线圈抑制电路　　图 6-28 交流线圈抑制电路

表 6-3 感性负载和抑制值选型

感性负载（AC 220 V）		抑制值		
I/A	S/VA	R/Ω	P/W	C/nF
0.02	4.6	15 000	0.1	15
0.05	11.5	5 600	0.25	470
0.1	23	2 700	0.5	100
0.2	46	1 500	1	150
0.5	115	560	2.5	470
1	230	270	5	1 000
2	460	150	10	1 500

3. 正确连接电器元件的触点

同一电器元件的动合触点和动断触点靠得很近，如果连接不当则会导致电路工作不正常。如图 6-29（a）所示，由于限位开关的动合、动断触点相距很近，因此当触点断开时会产生电弧，形成电源短路。图 6-29（b）所示就避免了这个情况。

4. 尽量减少电器不必要的通电时间

在电路正常工作的情况下，除了必要的电器通电外，可通可不通电的电器均应断电，以减少电路故障隐患。

以图 6-30 所示的二位五通电磁阀为例，该电磁阀具有一个进气孔（接进气气源）、一个正动作出气孔和一个反动作出气孔（分别提供给目标设备的一正一反动作的气源）、一个正动作排气孔和一个反动作排气孔（安装消音器）。其工作原理是：给正动作线圈通电，则正动作气路接通（正动作出气孔有气），即使给正动作线圈断电后正动作气路仍然是接通的，将会一直维持到给反动作线圈通电为止；给反动作线圈通电，则反动作气路接通（反动作出气孔有气），即使给反动作线圈断电后反动作气路仍然是接通的，将会一直维持到给正动作线圈通电为止。正是基于这样的情况，因此，在 PLC 程序中要用定时器或者磁感应式接近开关确保气路动作到位后，就立即切断该路线圈电压。

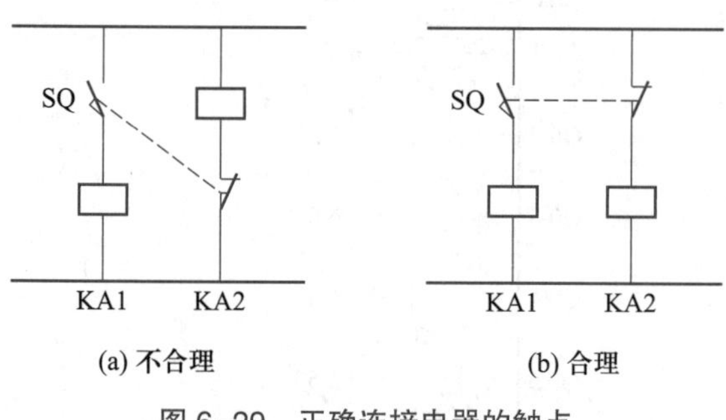

图 6-29　正确连接电器的触点

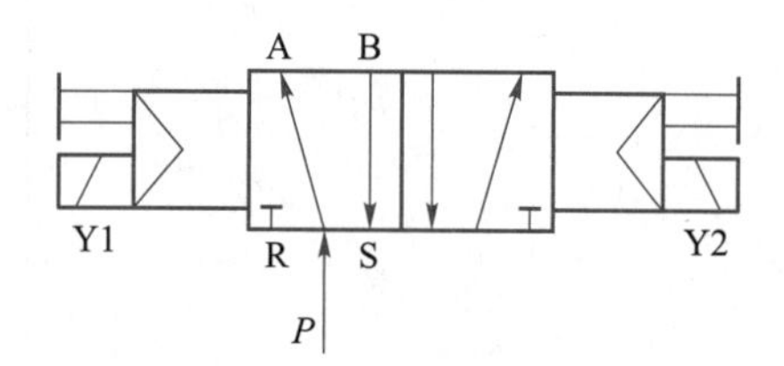

图 6-30　二位五通电磁阀通电示意图

5. 电路应具有的必要保护环节

电器控制电路在故障情况下，应能保证操作人员、电气设备及生产机械的安全，并能有效防止故障的扩大。为此，在 PLC 控制电路中应采取一定的保护措施，常用的有漏电开关保护器、过载保护、过电流保护、短路保护、过电压保护、联锁保护与限位保护等。必要时，还应考虑设置合闸、断开、故障及安全指示信号，甚至对于特种设备选用安全的 PLC 来作为控制器（如 S7-1200 F-CPU）。

任务实施

6.2.3　物料输送系统电气系统设计

从物料输送系统的工艺过程出发，确定采用 PLC 和触摸屏，输送带 A 和输送带 B 的电动机可以选择直接传动或变频器驱动。PLC 外接指示灯、电磁阀 Y1~Y7、电动机控制 KA1 和 KA2，同时通过 PROFINET 与 KTP700 触摸屏相连。物料输送系统的 I/O 分配见表 6-4。

表 6-4　物料输送系统的 I/O 分配

	PLC 软元件	元件符号 / 名称		PLC 软元件	元件符号 / 名称
输出	Q0.0	HL1/ 指示灯	输出	Q0.5	Y5/ 双杆气缸工作位控制
	Q0.1	Y1/ 推出气缸原位控制		Q0.6	Y6/ 回转气缸原位控制
	Q0.2	Y2/ 推出气缸工作位控制		Q0.7	Y7/ 回转气缸工作位控制
	Q0.3	Y3/ 吸盘控制		Q1.0	KA1/ 输送带 A 电动机控制
	Q0.4	Y4/ 双杆气缸原位控制		Q1.1	KA2/ 输送带 B 电动机控制

图6-31所示为物料输送系统的电气原理图，包括I/O连接、PLC与触摸屏的PROFINET连接等。气路图设计参见任务6.1相关内容，这里不再赘述。

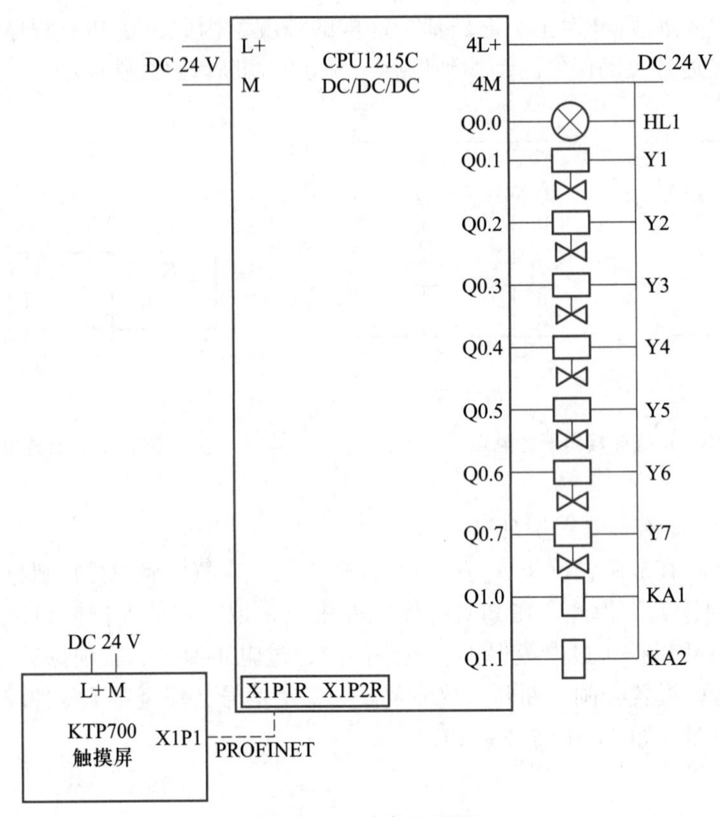

图6-31　电气原理图

6.2.4　物料输送系统PLC编程

1. 步序控制思路

图6-32所示为步序控制示意图。

2. 计时器数据块和变量定义

图6-33所示是本任务编程用到的计时器数据块，包括T0~T12，定义数据类型为IEC_TIMER；图6-34所示为输出变量和中间变量定义，其中MW100为步序控制字。与之前步序控制不同的是，这里不再使用位变量，而是采用了字变量，这样可以避免使用大量的R、S语句，减少了大量程序，而且看起来非常整洁，因为步序控制字的增加只用INC指令就可以实现。

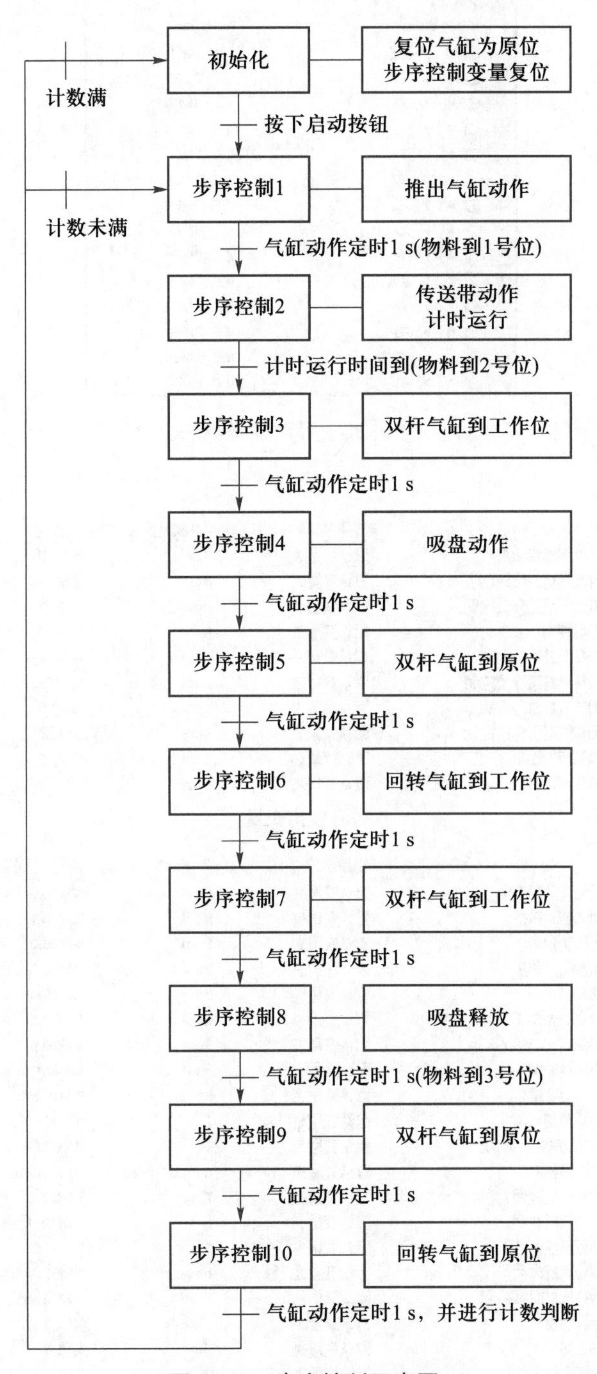

图 6-32　步序控制示意图

		计时器	
		名称	数据类型
1		▼ Static	
2		▪ ▸ T12	IEC_TIMER
3		▪ ▸ T11	IEC_TIMER
4		▪ ▸ T0	IEC_TIMER
5		▪ ▸ T10	IEC_TIMER
6		▪ ▸ T9	IEC_TIMER
7		▪ ▸ T8	IEC_TIMER
8		▪ ▸ T7	IEC_TIMER
9		▪ ▸ T6	IEC_TIMER
10		▪ ▸ T5	IEC_TIMER
11		▪ ▸ T4	IEC_TIMER
12		▪ ▸ T3	IEC_TIMER
13		▪ ▸ T2	IEC_TIMER
14		▪ ▸ T1	IEC_TIMER

图 6-33 计时器数据块

名称	变量表	数据类型	地址
计数完成指示灯	默认变量表	Bool	%Q0.0
推出气缸原位控制	默认变量表	Bool	%Q0.1
推出气缸工作位控制	默认变量表	Bool	%Q0.2
吸盘控制	默认变量表	Bool	%Q0.3
双杆气缸原位控制	默认变量表	Bool	%Q0.4
双杆气缸工作位控制	默认变量表	Bool	%Q0.5
回转气缸原位控制	默认变量表	Bool	%Q0.6
回转气缸工作位控制	默认变量表	Bool	%Q0.7
输送带A电机	默认变量表	Bool	%Q1.0
输送带B电机	默认变量表	Bool	%Q1.1

(a) 输出变量

名称	变量表	数据类型	地址
初始化计时变量	默认变量表	Bool	%M20.0
HMI启动按钮	默认变量表	Bool	%M20.1
HMI停止按钮	默认变量表	Bool	%M20.2
HMI复位按钮	默认变量表	Bool	%M20.3
输送带B运行	默认变量表	Bool	%M20.4
输送带A运行	默认变量表	Bool	%M20.5
输送带B运输物料	默认变量表	Bool	%M20.6
步序控制字	默认变量表	Int	%MW100
上升沿变量1	默认变量表	Bool	%M102.0
动画数据1	默认变量表	Time	%MD200
输送带A运行时间	默认变量表	Time	%MD204
动画数据2	默认变量表	DWord	%MD208
双杆气缸时间1	默认变量表	Time	%MD212
双杆气缸时间2	默认变量表	Time	%MD216
动画数据3	默认变量表	Time	%MD220
双杆气缸时间3	默认变量表	Time	%MD224
双杆气缸时间4	默认变量表	Time	%MD228
动画数据5	默认变量表	Time	%MD232
输送带B运行时间	默认变量表	Time	%MD236
动画数据6	默认变量表	DInt	%MD240
完成次数	默认变量表	DWord	%MD300

(b) 中间变量

图 6-34 输出变量和中间变量定义

3. PLC 编程

PLC 的梯形图如图 6-35 所示。程序解释如下。

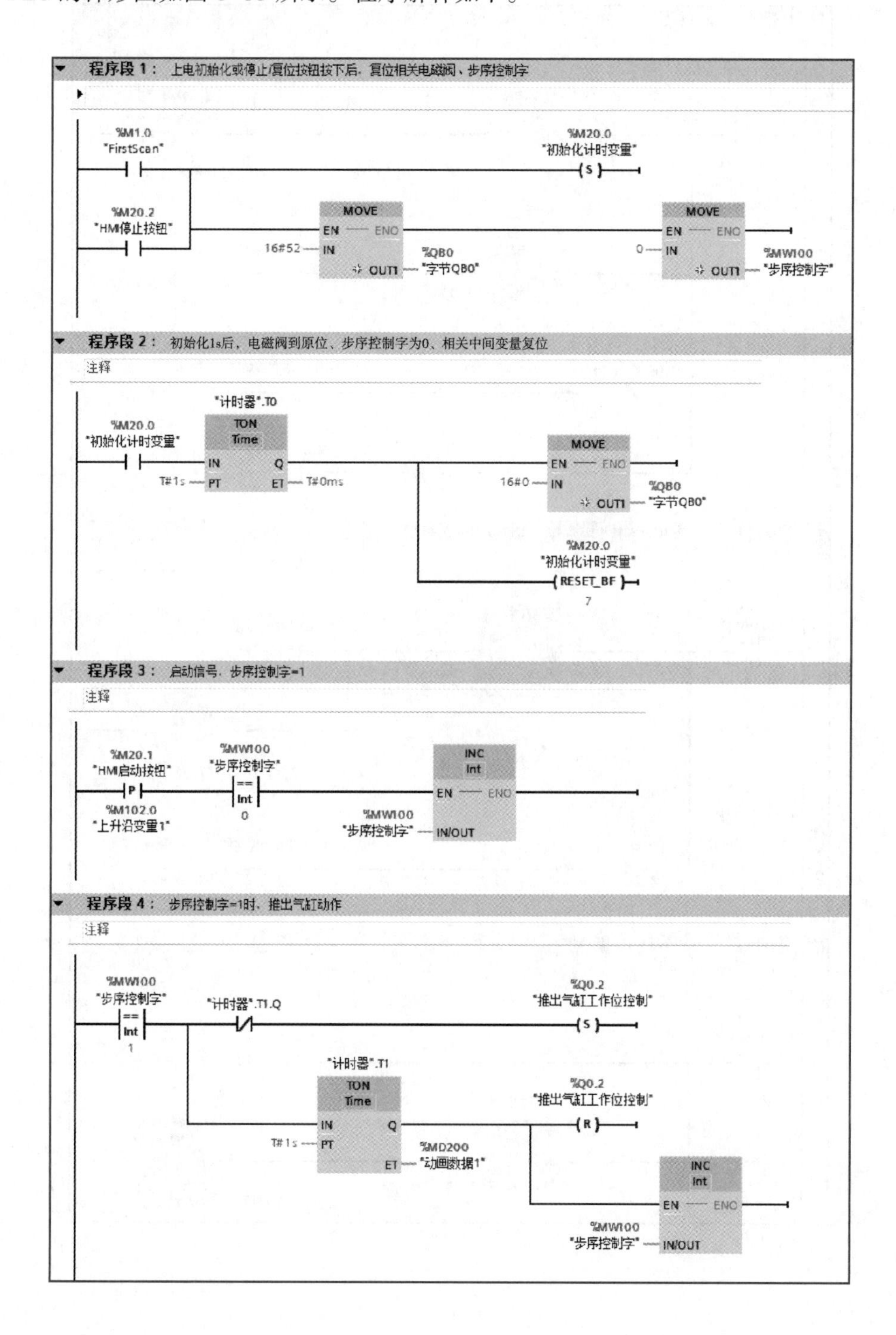

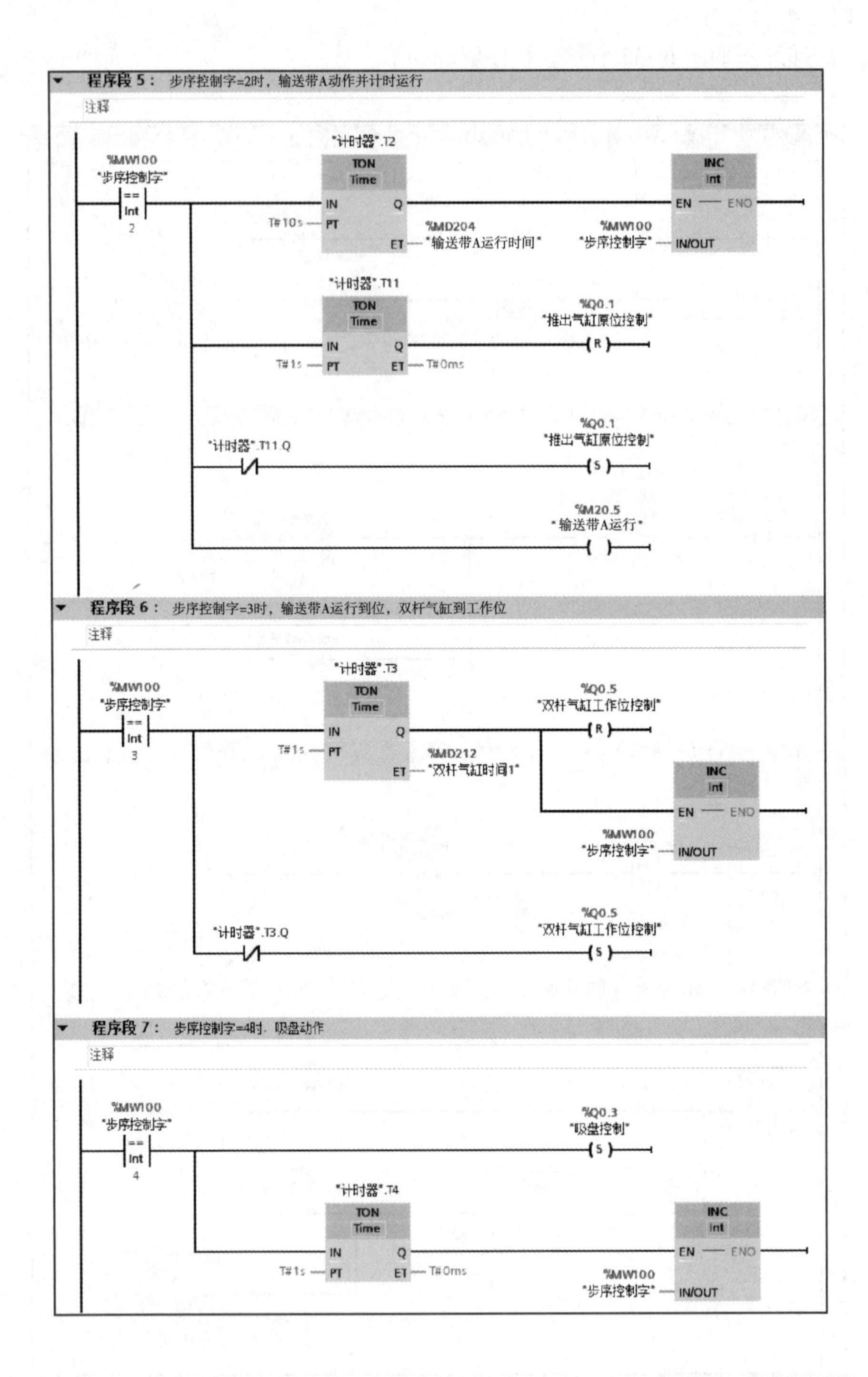
程序段 5：步序控制字=2时，输送带A动作并计时运行
注释
%MW100
"步序控制字"
==
Int
2
"计时器".T2
TON
Time
IN
Q
T#10s
PT
ET
%MD204
"输送带A运行时间"
INC
Int
EN
ENO
%MW100
"步序控制字"
IN/OUT
"计时器".T11
TON
Time
T#1s
T#0ms
%Q0.1
"推出气缸原位控制"
R
"计时器".T11.Q
%Q0.1
"推出气缸原位控制"
S
%M20.5
"输送带A运行"
程序段 6：步序控制字=3时，输送带A运行到位，双杆气缸到工作位
注释
%MW100
"步序控制字"
3
"计时器".T3
%Q0.5
"双杆气缸工作位控制"
R
%MD212
"双杆气缸时间1"
"计时器".T3.Q
S
程序段 7：步序控制字=4时，吸盘动作
注释
%MW100
"步序控制字"
4
%Q0.3
"吸盘控制"
S
"计时器".T4

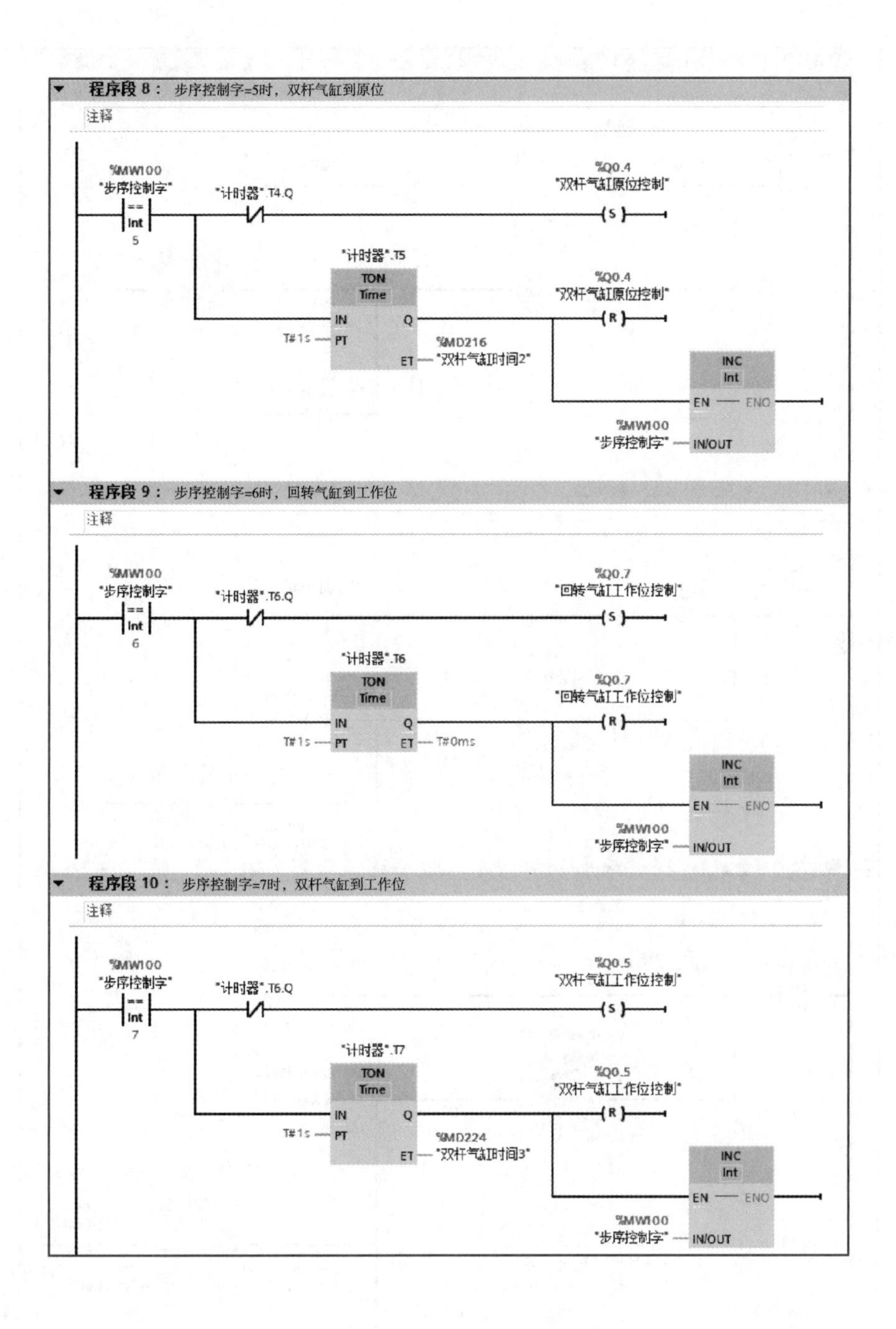
程序段 8： 步序控制字=5时，双杆气缸到原位
注释
%MW100
"步序控制字"
==
Int
5
"计时器".T4.Q
%Q0.4
"双杆气缸原位控制"
S
"计时器".T5
TON
Time
IN
Q
T#1s
PT
ET
%MD216
"双杆气缸时间2"
%Q0.4
"双杆气缸原位控制"
R
INC
Int
EN
ENO
%MW100
"步序控制字"
IN/OUT
程序段 9： 步序控制字=6时，回转气缸到工作位
注释
%MW100
"步序控制字"
==
Int
6
"计时器".T6.Q
%Q0.7
"回转气缸工作位控制"
S
"计时器".T6
TON
Time
IN
Q
T#1s
PT
ET
T#0ms
%Q0.7
"回转气缸工作位控制"
R
INC
Int
EN
ENO
%MW100
"步序控制字"
IN/OUT
程序段 10： 步序控制字=7时，双杆气缸到工作位
注释
%MW100
"步序控制字"
==
Int
7
"计时器".T6.Q
%Q0.5
"双杆气缸工作位控制"
S
"计时器".T7
TON
Time
IN
Q
T#1s
PT
ET
%MD224
"双杆气缸时间3"
%Q0.5
"双杆气缸工作位控制"
R
INC
Int
EN
ENO
%MW100
"步序控制字"
IN/OUT

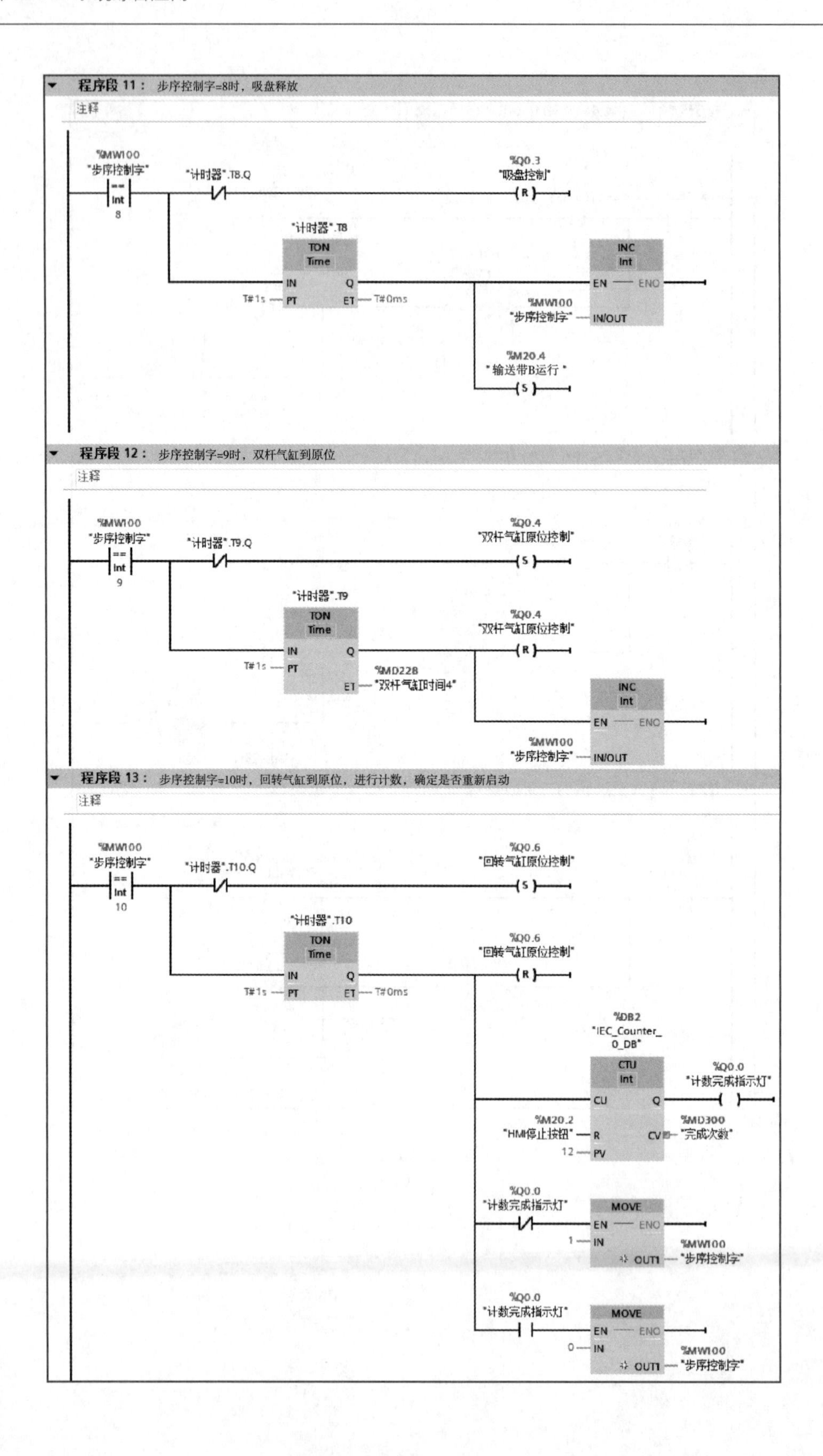
程序段 11： 步序控制字=8时，吸盘释放
注释
%MW100
"步序控制字"
==
Int
8
"计时器".T8.Q
%Q0.3
"吸盘控制"
R
"计时器".T8
TON
Time
IN
Q
T#1s
PT
ET
T#0ms
INC
Int
EN
ENO
%MW100
"步序控制字"
IN/OUT
%M20.4
"输送带B运行"
S
程序段 12： 步序控制字=9时，双杆气缸到原位
注释
%MW100
"步序控制字"
==
Int
9
"计时器".T9.Q
%Q0.4
"双杆气缸原位控制"
S
"计时器".T9
TON
Time
%Q0.4
"双杆气缸原位控制"
R
IN
Q
T#1s
PT
ET
%MD228
"双杆气缸时间4"
INC
Int
EN
ENO
%MW100
"步序控制字"
IN/OUT
程序段 13： 步序控制字=10时，回转气缸到原位，进行计数，确定是否重新启动
注释
%MW100
"步序控制字"
==
Int
10
"计时器".T10.Q
%Q0.6
"回转气缸原位控制"
S
"计时器".T10
TON
Time
%Q0.6
"回转气缸原位控制"
R
IN
Q
T#1s
PT
ET
T#0ms
%DB2
"IEC_Counter_0_DB"
CTU
Int
%Q0.0
"计数完成指示灯"
CU
Q
%M20.2
"HMI停止按钮"
R
CV
%MD300
"完成次数"
12
PV
%Q0.0
"计数完成指示灯"
MOVE
EN
ENO
1
IN
OUT1
%MW100
"步序控制字"
%Q0.0
"计数完成指示灯"
MOVE
EN
ENO
0
IN
OUT1
%MW100
"步序控制字"

程序段 14：　输送带B运行

注释

"计时器".T12

%M20.4
"输送带B运行"

TON
Time

IN　Q

T#4 s — PT

ET — %MD236 "输送带B运行时间"

%M20.4
"输送带B运行"
(R)

程序段 15：　输送带电动机控制

注释

%M1.2
"AlwaysTRUE"

%M20.4
"输送带B运行"

%Q1.1
"输送带B电动机"

%M20.5
"输送带A运行"

%Q1.0
"输送带A电动机"

程序段 16：　HMI动画计算1

注释

%M1.2
"AlwaysTRUE"

DIV
Auto (DInt)
EN — ENO
%MD204 "输送带A运行时间" — IN1　OUT — %MD208 "动画数据2"
100 — IN2

DIV
Auto (DInt)
EN — ENO
%MD236 "输送带B运行时间" — IN1　OUT — %MD240 "动画数据6"
100 — IN2

%MW100
"步序控制字"
==
Int
3

MOVE
EN — ENO
%MD212 "双杆气缸时间1" — IN　OUT1 — %MD220 "动画数据3"

%MW100
"步序控制字"
==
Int
4

MOVE
EN — ENO
T#1s — IN　OUT1 — %MD220 "动画数据3"

%MW100
"步序控制字"
==
Int
5

SUB
Auto (DInt)
EN — ENO
T#1s — IN1　OUT — %MD220 "动画数据3"
%MD216 "双杆气缸时间2" — IN2

%MW100
"步序控制字"
<
Int
3

MOVE
EN — ENO
T#0s — IN　OUT1 — %MD220 "动画数据3"

%MW100
"步序控制字"
>
Int
5

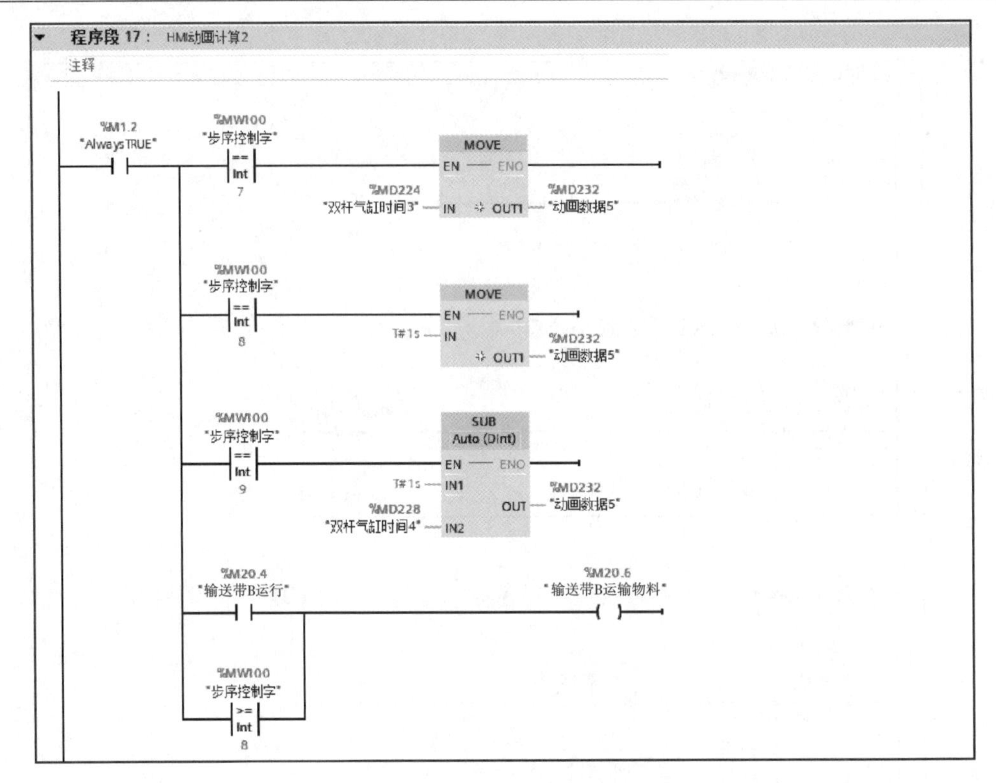

图 6-35　梯形图

程序段 1：上电初始化或停止 / 复位按钮按下后的处理，即复位相关电磁阀（QB0），并将步序控制字 MW100 设置为 0。

程序段 2：初始化 1 s 后，相关电磁阀到原位。

程序段 3：启动信号，步序控制字加 1，即 MW100 = 1（用 INC 指令）。

程序段 4：步序控制字为 1 时，推出气缸动作，计时 1 s 后，步序控制字加 1，即 MW100 = 2。

程序段 5：步序控制字为 2 时，输送带 A 运行并计时（这里设定 10 s，用户可以根据实际情况设定），推出气缸回到原位，计时 10 s 后，步序控制字加 1，即 MW100 = 3。

程序段 6~12：步序控制字为 3~9 时，根据步序控制示意进行编程，每次计时 1 s 后，步序控制字加 1，直至 MW100 = 10 为止。

程序段 13：步序控制字为 10 时，回转气缸到原位，物料计数进行判断。如果仍未到达 12 个，则返回 MW100 = 1。如果达到 12 个，则将 MW100 清零。

程序段 14：输送带 B 运行定时 4 s。

程序段 15：输送带 A 和输送带 B 的电动机控制。

程序段 16~17：HMI 动画数据计算。其中输送带 A 和输送带 B 电动机的物料移动以定时器时间除以 100 为动画数据，即动画数据 2 和 6；双杆气缸的动画数据 3 和 5 则根据步序控制字的不同而改变（上行、保持和下降共三段）；输送带 B 物料则是输送带 B 电动机动作或步序控制字大于 8 的情况。

6.2.5　物料输送系统触摸屏画面组态和调试

1. 触摸屏画面组态

图 6-36 所示为物料输送系统触摸屏组态。需要注意，HMI 变量采集周期为 100 ms，才能确保动画流畅。

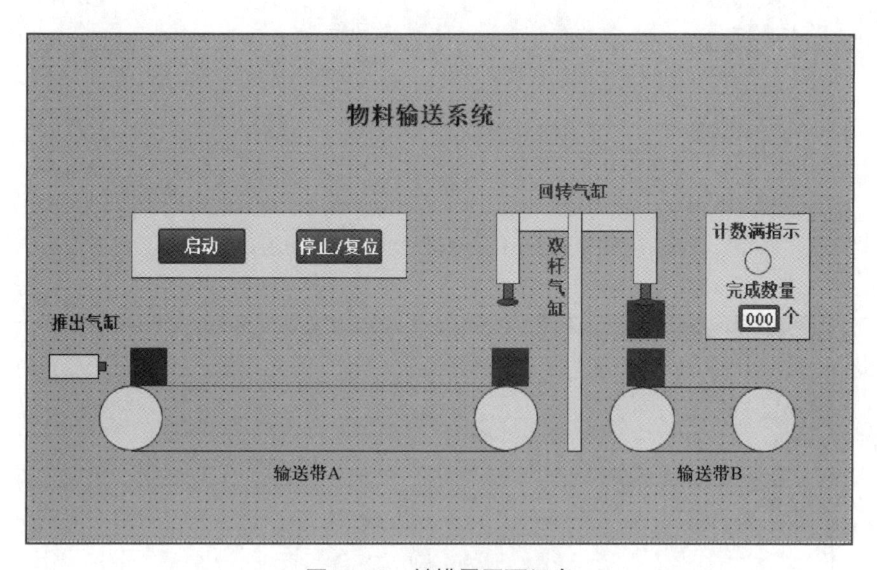

图 6-36　触摸屏画面组态

为了完整显示物料运输过程，该物料需要出现 4 次，分别是任务要求中的 1 号、2 号、3 号和 3 号正上方的 4 号。其中 1 号物料的可见性如图 6-37 所示，设置步序控制字为 2 时为可见；1 号物料的水平移动动画来自变量“动画数据 2”，范围为 0~100，位移从 X = 102 到 X = 450，如图 6-38 所示。

图 6-39 所示为左侧双杆气缸的可见性动画，取自步序控制字 6~9 为不可见；如图 6-40 所示，左侧双杆气缸的垂直移动动画来自变量“动画数据 3”，范围为 0~1000，位移从 Y = 189 到 X = 234。

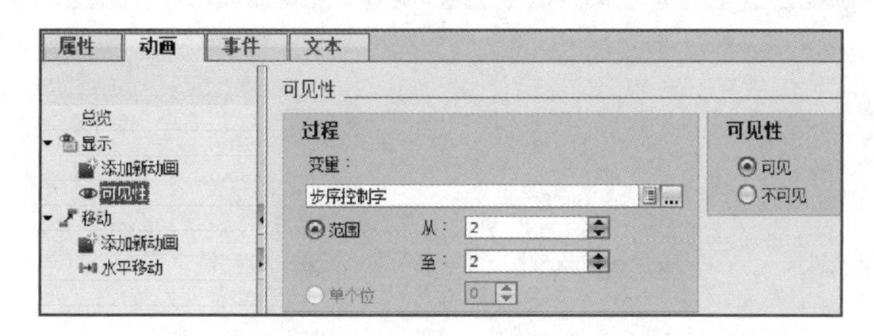

图 6-37　1 号物料的可见性动画

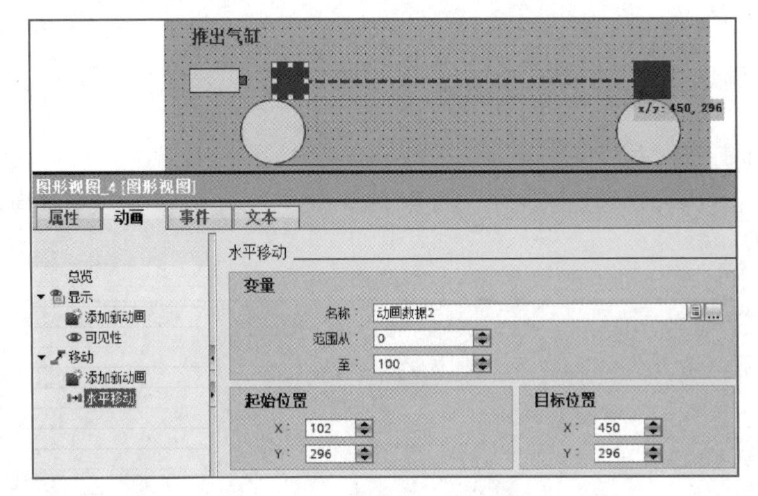

图 6-38　1 号物料的水平移动动画

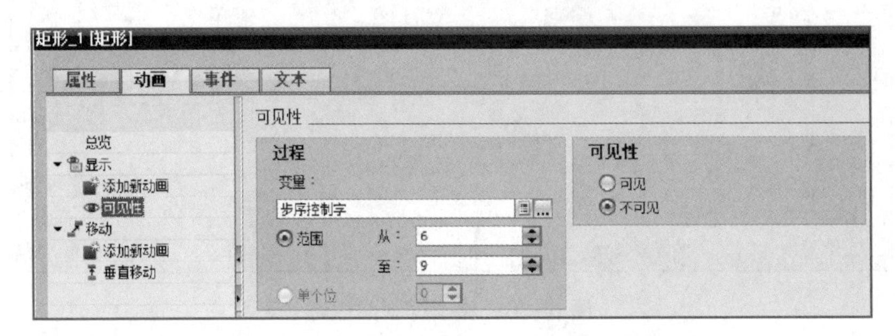

图 6-39　左侧双杆气缸的可见性动画

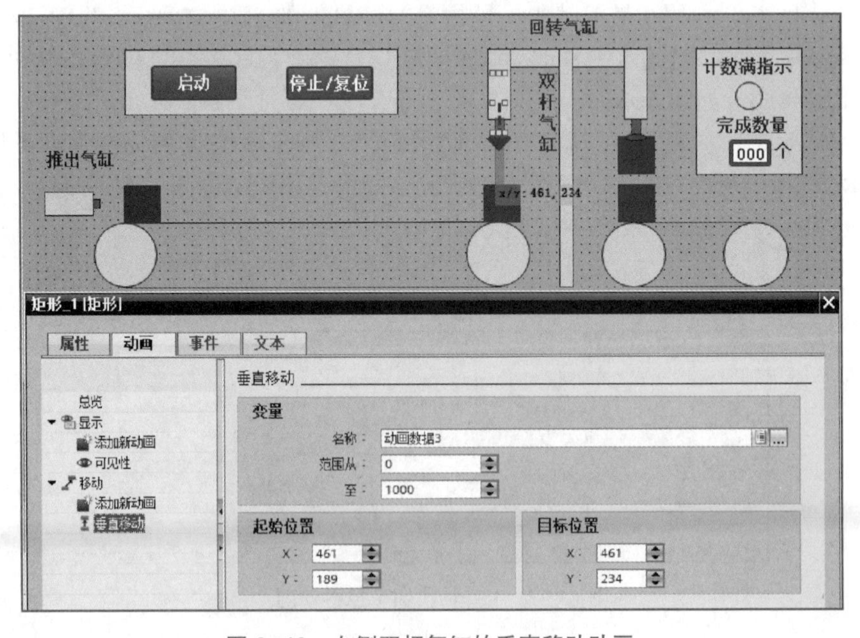

图 6-40　左侧双杆气缸的垂直移动动画

2. 触摸屏画面调试

图 6–41 所示为触摸屏画面调试从初始状态到推出气缸动作、输送带 A 输送带运行、输送带 A 输送到位、双杆气缸到工作位、双杆气缸上升、回转气缸动作、输送带 A/B 同时运行、输送带 A 继续运行、计数满完成停机等过程。

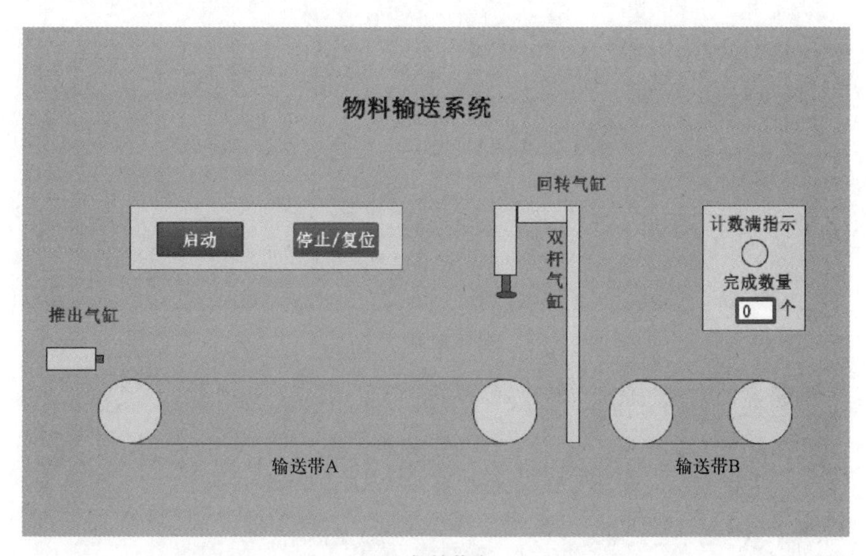

(a) 初始状态

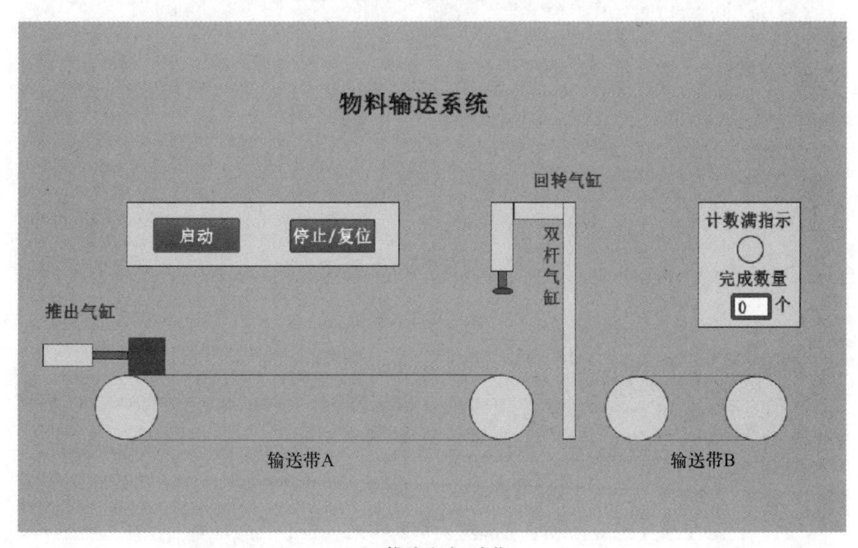

(b) 推出气缸动作

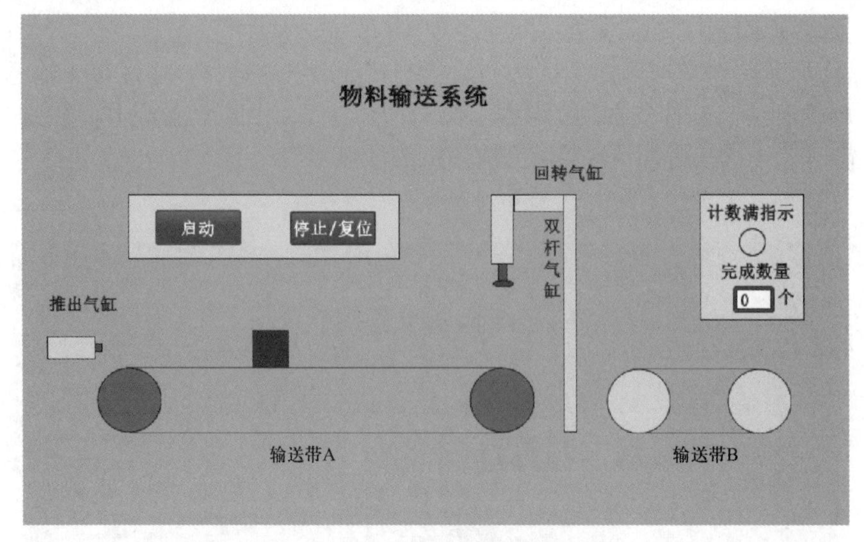

(c) 输送带A运行

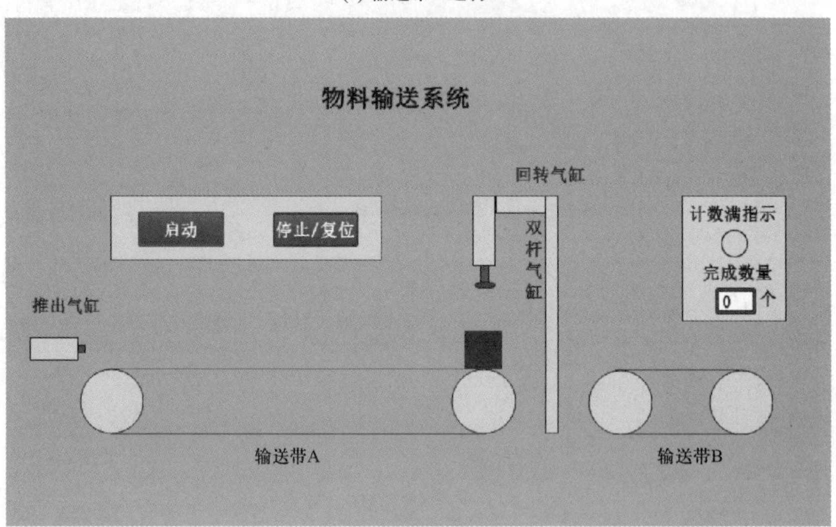

(d) 输送带A到位

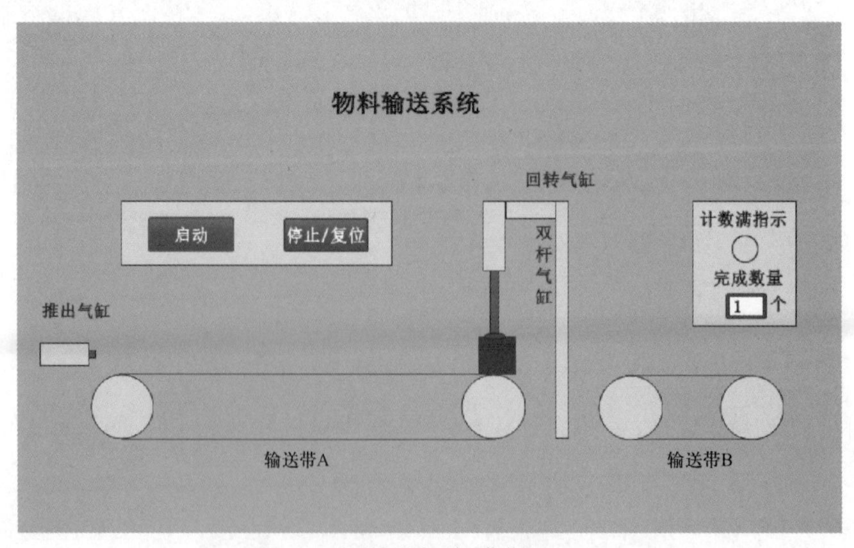

(e) 双杆气缸到工作位

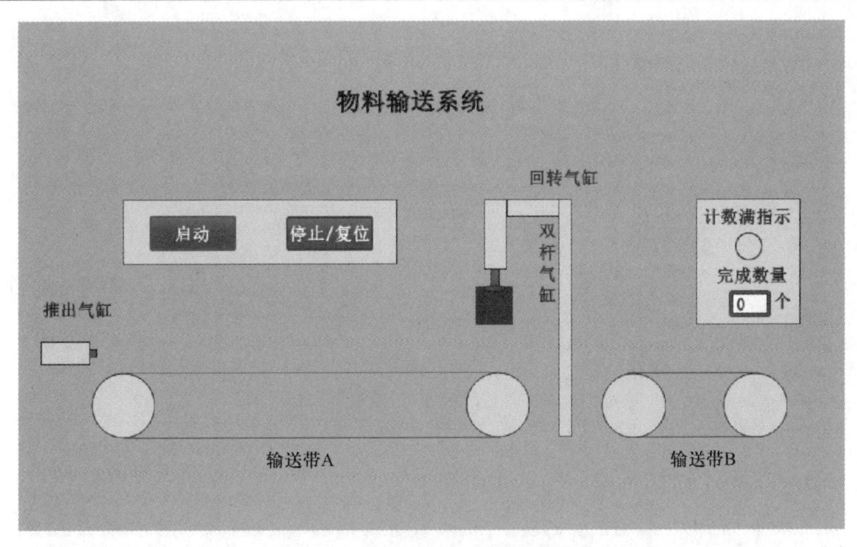

(f) 双杆气缸上升

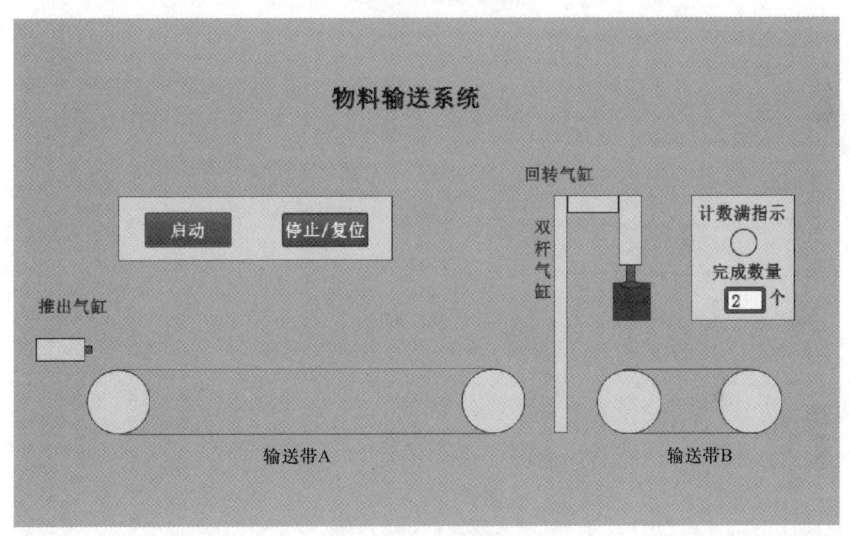

(g) 回转气缸动作

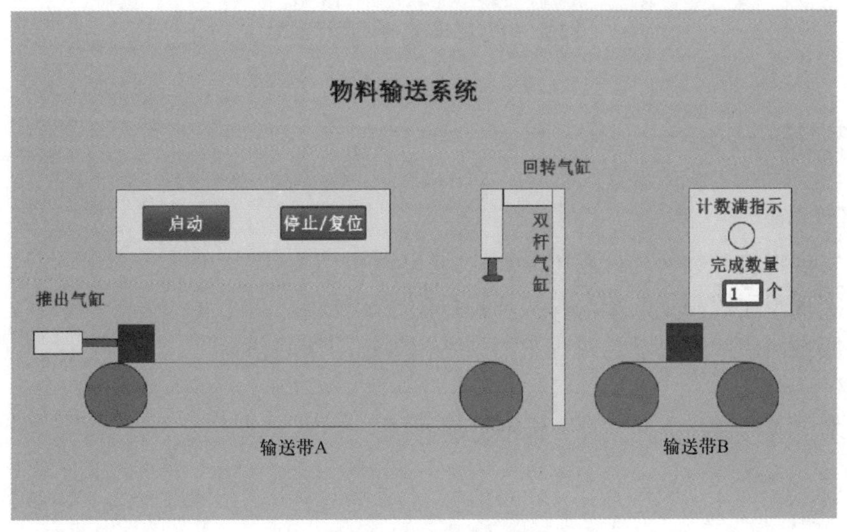

(h) 输送带A/B同时运行

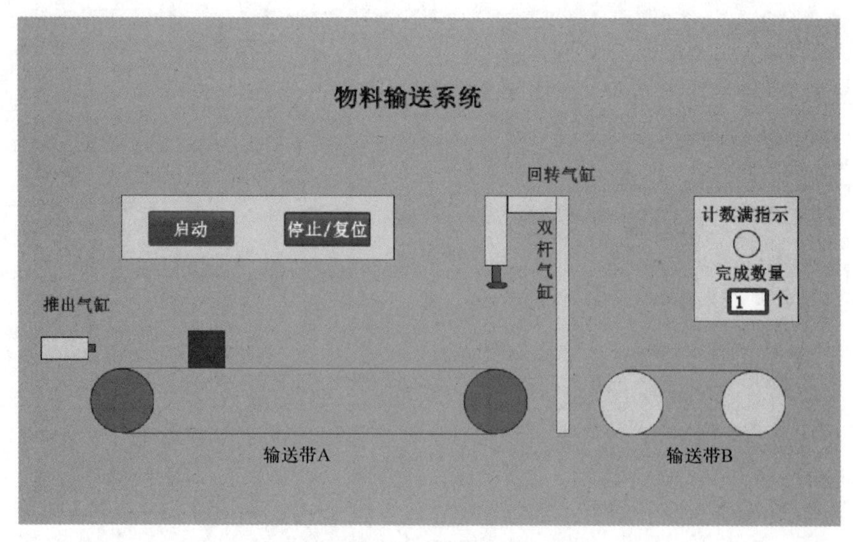

(i) 输送带A继续运行

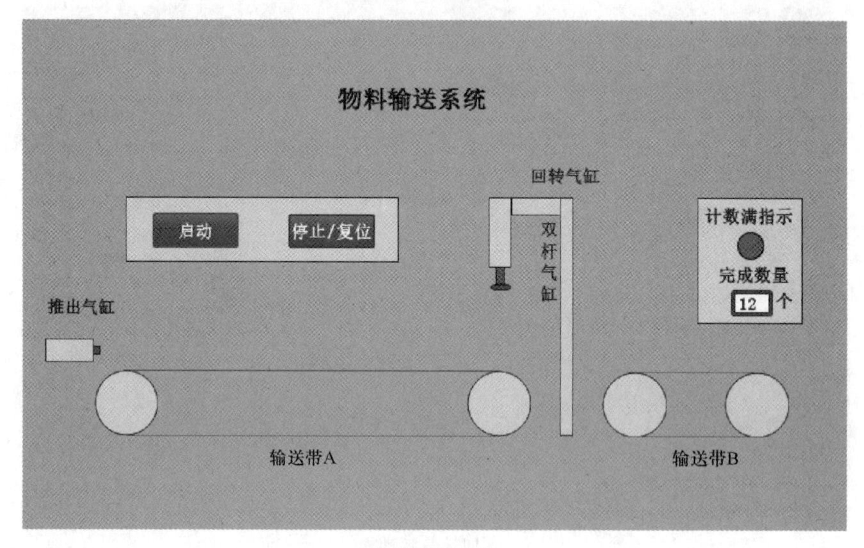

(j) 计数满完成

图 6-41 触摸屏实际运行画面

技能考核 >>>

1. 考核任务

（1）实现物料计数，当计满 12 个时，自动停机。

（2）实现步序控制字的编写并实现物料输送全过程。

（3）实现触摸屏物料输送过程中的动画和气缸动作的动画。

2. 评分标准

按要求完成考核任务，其评分标准见表 6-5。

表 6-5 评分标准

姓名：		任务编号：6.2	综合评价：		
序号	考核项目	考核内容及要求	配分	评分标准	得分
1	电工安全操作规范	着装规范，安全用电，走线规范合理，工具及仪器仪表使用规范，任务完成后进行场地整理并保持清洁有序	20	现场考评	
2	实训态度	不迟到、不早退、不旷课，实训过程认真负责，组内人员主动沟通、协作，小组间互助	10		
3	系统方案制定	PLC 控制系统设计合理和可靠	10		
		PLC、触摸屏的控制电路图正确			
4	编程能力	通过 PLC 编程实现物料输送系统的步序控制	20		
		通过触摸屏画面组态实现物料输送系统的动画显示			
		触摸屏与 PLC 之间通信连接正常			
5	操作能力	根据电气原理图对 PLC 和触摸屏正确接线，接线美观且可靠	20		
		PLC 和触摸屏联合仿真正确			
		PLC 和触摸屏工程测试正确			
6	实践效果	系统工作可靠，满足工作要求	10		
		PLC、触摸屏变量规范命名			
		按规定的时间完成任务			
7	汇报总结	工作总结，PPT 汇报	5		
		填写自我检查表及反馈表			
8	创新实践	在本任务中有另辟蹊径、独树一帜的实践内容	5		
合计			100		

注　综合评价，可以采用教师评价、学生评价、组间评价、企业评价等按一定比例计算后综合得出五级制成绩，即 90~100 为优、80~89 为良、70~79 为中、60~69 为及格、0~59 为不及格。

习题 6.1　如图 6-42 所示，请用步序控制的方式来编写交通灯控制程序，具体要求

如下：

（1）信号灯系统由一个启动开关控制，当启动开关接通时，该信号灯系统开始工作，当启动开关关断时，所有信号灯都熄灭。

（2）南北绿灯和东西绿灯不能同时亮。如果同时亮起则应关闭信号灯系统，并立刻报警。

（3）南北红灯亮维持 25 s。在南北红灯亮的同时东西绿灯也亮，并维持 20 s。到 20 s 时，东西绿灯闪亮，闪亮 3 s 后熄灭，此时，东西黄灯亮，并维持 2 s。到 2 s 时，东西黄灯熄灭，东西红灯亮。同时，南北红灯熄灭，南北绿灯亮。

（4）东西红灯亮维持 30 s。南北绿灯亮维持 25 s，然后闪亮 3 s 后熄灭。同时南北黄灯亮，维持 2 s 后熄灭，这时南北红灯亮，东西绿灯亮。

请绘制步序控制示意图，进行触摸屏 KTP700 和 S7-1200 PLC 的电气连接，列出 I/O 分配表，并进行 PLC 编程和触摸屏编程。

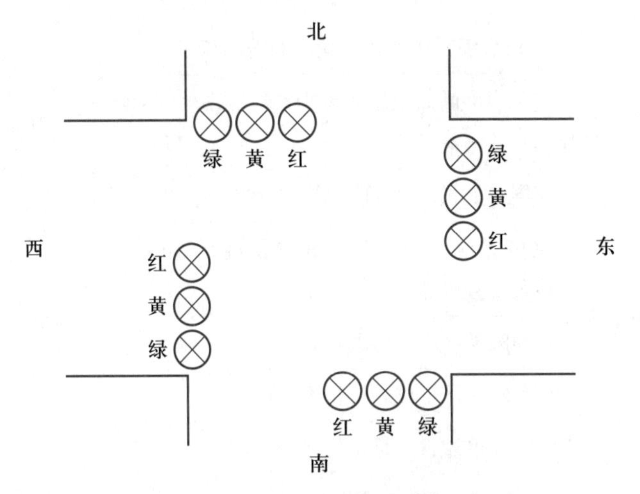

图 6-42 习题 6.1 图

习题 6.2 图 6-43 所示是气动风阀控制示意图，要求如下：

（1）实现在触摸屏上对 3 台风机、3 台风阀的自由匹配选择，即 1 号风机可以连接 2 号风阀、2 号风机可以连接 3 号风阀，依次类推。

（2）匹配完成后，实现风机风阀的联动控制，即开机时先开风阀再开风机，停机时先关风机再关风阀。要求：根据工艺要求分配 I/O，并进行 PLC 编程和触摸屏组态，最后完成系统仿真调试。

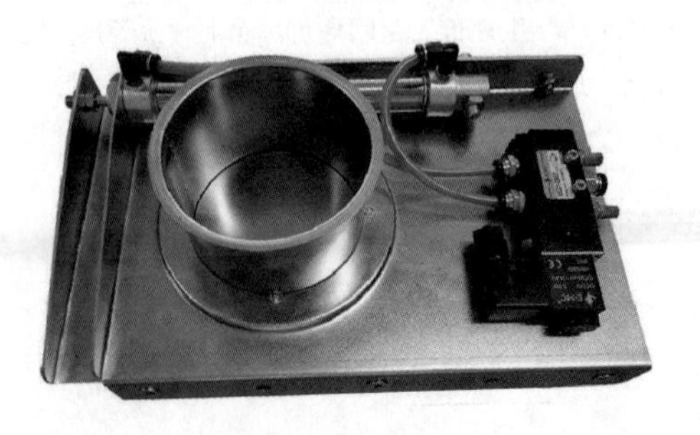

(a) 气动风阀

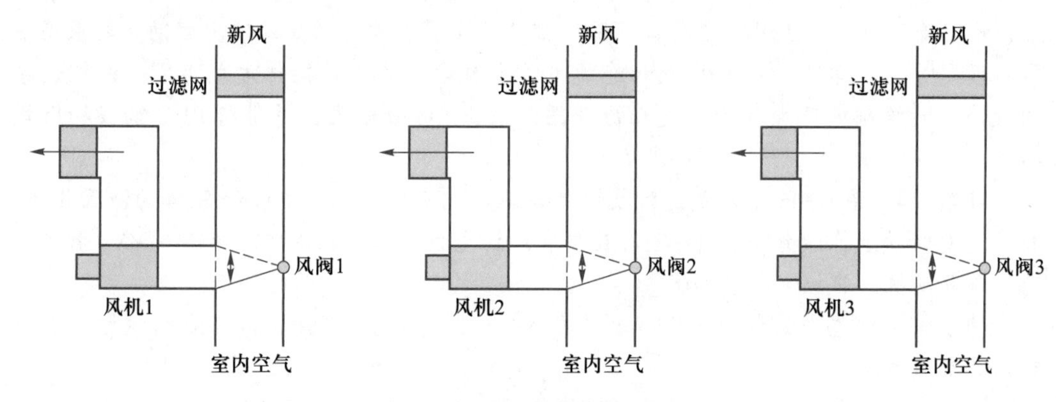

(b) 三个风阀与风机联动示意图

图 6-43　习题 6.2 图

习题 6.3　某简易机械手的工作示意图如图 6-44（a）所示，运动示意图如图 6-44（b）所示。机械手将工件从 A 点向 B 点传送。机械手的上升、下降与左行、右行都是由双线圈两位五通电磁阀驱动气缸来实现的。抓手对工件的放松和夹紧是由一个单线圈两位三通电磁阀驱动气缸完成的，只有在电磁阀通电时抓手才能夹紧。该机械手工作原点在左上

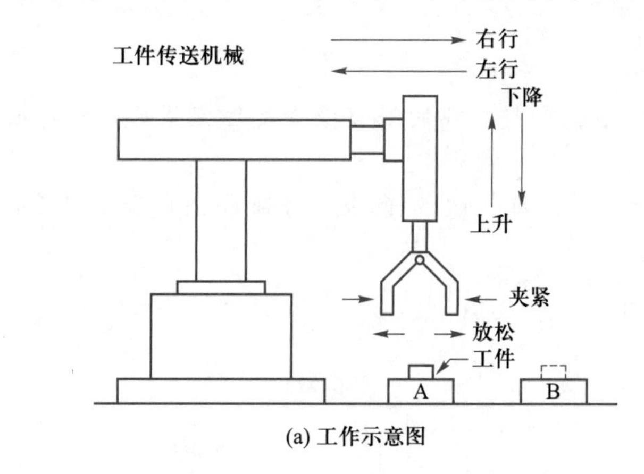

(a) 工作示意图

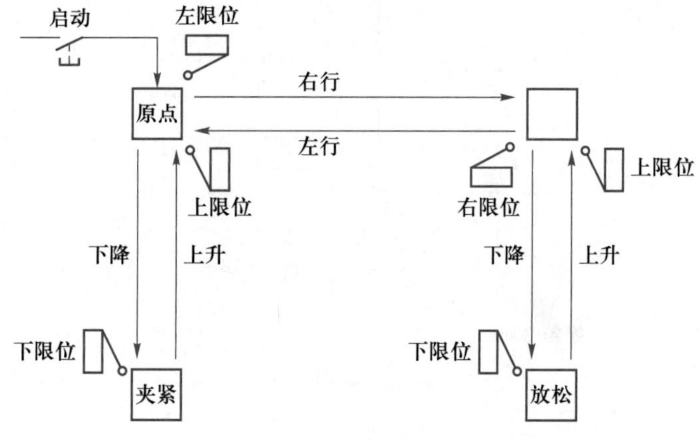

(b) 运动示意图

图 6-44　习题 6.3 图

方，按下降、夹紧、上升、右行、下降、松开、上升、左行的顺序依次运动。要求用触摸屏来设定手动、单步、一个周期和连续工作（自动）共四种操作方式实现对该控制系统的设计。请绘制电气原理图和气动原理图，列出 I/O 分配表，并进行 PLC 编程和触摸屏组态。

习题 6.4　图 6-45 所示是三种液体混合装置，SQ1、SQ2、SQ3 和 SQ4 为液面传感器，液面淹没时接通，液体 A、B、C 与混合液阀由电磁阀 YV1、YV2、YV3、YV4 控制，M 为搅匀电动机，其控制要求如下：

（1）初始状态：装置投入运行时，液体 A、B、C 阀门关闭，混合液阀门打开 20 s 将容器放空后关闭。

（2）启动操作：按下启动按钮 SB1，装置开始按下列给定规律运转。

① 液体 A 阀门打开，液体 A 流入容器。当液面达到 SQ3 时，SQ3 接通，关闭液体 A 阀门，打开液体 B 阀门。

② 当液面达到 SQ2 时，关闭液体 B 阀门，打开液体 C 阀门。

③ 当液面达到 SQ1 时，关闭液体 C 阀门，搅匀电动机开始搅拌。

④ 搅匀电动机工作 1 min 后停止搅动，混合液体阀门打开，开始放出混合液体。

⑤ 当液面下降到 SQ4 时，SQ4 由接通变为断开，再过 20 s 后，容器放空，混合液阀门关闭，开始下一周期。

（3）停止操作：

按下停止按钮 SB2 后，要将当前的混合操作处理完毕后，才停止操作（停在初始状态）。

请绘制步序控制示意图，列出 I/O 分配表，并通过 PLC 和触摸屏的联合仿真实现上述要求。

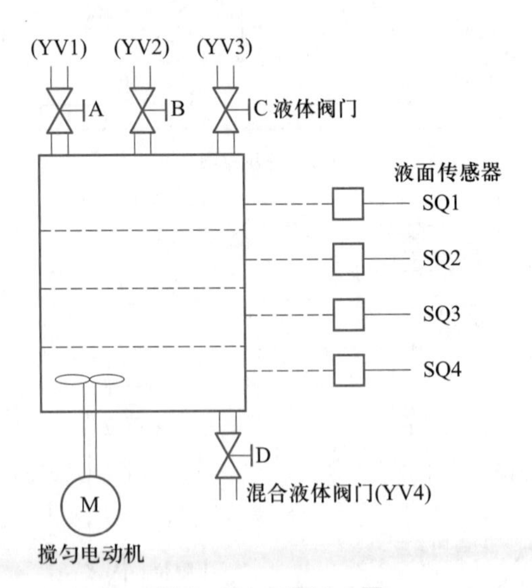

图 6-45　习题 6.4 图

参考文献

［1］李方园．西门子 S7-1200 PLC 从入门到精通［M］．北京：电子工业出版社，2018.

［2］芮庆忠，黄诚．西门子 S7-1200 PLC 编程及应用［M］．北京：电子工业出版社，2020.

［3］可编程控制系统集成及应用职业技能等级标准［R］．杭州：浙江瑞亚能源科技有限公司，2021.

读者意见反馈

为收集对教材的意见建议，进一步完善教材编写并做好服务工作，读者可将对本教材的意见建议通过如下渠道反馈至我社。

咨询电话 400-810-0598

反馈邮箱 gjdzfwb@pub.hep.cn

通信地址 北京市朝阳区惠新东街4号富盛大厦1座
高等教育出版社总编辑办公室

邮政编码 100029